新工科建设·计算机类特色教材

河南科技大学教材出版基金资助

基于 HTML5 的网页设计及应用

（第2版）

范伊红　黄彩霞　李连民　主　编

電子工業出版社

Publishing House of Electronics Industry

北京•BEIJING

内容简介

本书系统讲解HTML5程序设计需要掌握的HTML5、CSS3和JavaScript的基本知识，并按照循序渐进的科学原则组织内容，知识体系完整、结构清晰、叙述简洁、例题典型丰富、可操作性强。通过学习本书，读者能够掌握使用HTML5进行客户端页面设计和客户端程序开发的基本技术。

全书分为4部分。第1部分详细介绍HTML5网页设计基础知识，包括网页设计概述、HTML5语言、HTML5表单；第2部分详细介绍CSS3相关知识，包括CSS基础，CSS盒子模型，CSS高级选择器，DIV+CSS布局，CSS过渡、转换与动画；第3部分详细介绍JavaScript程序设计，包括JavaScript基础、JavaScript对象、JavaScript事件处理和AJAX基础；第4部分详细介绍HTML5应用，包括HTML5 Canvas绘制图形、HTML5音频和视频技术。

本书内容丰富，注重实际编程与开发能力的培养。本书包含配套源代码、习题参考答案、电子课件、教学大纲、实验指导等。

本书可作为高等学校计算机科学与技术、计算机应用、网络工程、软件工程等专业的"网页设计与制作""JavaScript程序设计""HTML5程序设计"课程的教材，也可作为相关培训学校的培训教材，还可作为网页设计人员的参考书。

图书在版编目（CIP）数据

基于HTML5的网页设计及应用 / 范伊红，黄彩霞，李连民主编. —2版. —北京：电子工业出版社，2022.2

ISBN 978-7-121-42634-6

Ⅰ. ①基… Ⅱ. ①范… ②黄… ③李… Ⅲ. ①超文本标记语言－程序设计 Ⅳ. ①TP312.8

中国版本图书馆CIP数据核字（2022）第015178号

责任编辑：戴晨辰　　特约编辑：田学清
印　　刷：三河市良远印务有限公司
装　　订：三河市良远印务有限公司
出版发行：电子工业出版社
北京市海淀区万寿路173信箱　　邮编：100036
开　　本：787×1092　1/16　印张：22.5　字数：612千字
版　　次：2014年6月第1版
2022年2月第2版
印　　次：2022年11月第3次印刷
定　　价：69.90元

凡所购买电子工业出版社图书有缺损问题，请向购买书店调换。若书店售缺，请与本社发行部联系，联系及邮购电话：（010）88254888，88258888。

质量投诉请发邮件至zlts@phei.com.cn，盗版侵权举报请发邮件到dbqq@phei.com.cn。

本书咨询联系方式：dcc@phei.com.cn。

前　言

作为新一代互联网标准的开发语言，HTML5 的地位举足轻重。全面学习和掌握 HTML5、CSS3、JavaScript 这三个核心的客户端应用技术，可以帮助读者更好地进行网页设计和客户端代码开发。

本书集 HTML5、CSS3、JavaScript 技术于一体，详细地介绍了客户端程序设计的相关知识。书中配备了大量的示例，可操作性极强。

全书分为 4 部分，共 14 章。第 1 部分为 HTML5 网页设计基础，包括 3 章内容。第 1 章主要介绍互联网和网页的诞生和发展，网页相关术语，网页设计中的尺寸、颜色、布局及网站设计流程等内容；第 2 章主要介绍 HTML5 文档结构和 HTML5 常用标记；第 3 章主要介绍表单标记及其用法。第 2 部分为 CSS3 相关知识，包括 5 章内容。第 4 章主要介绍 CSS 的基本语法及使用方法；第 5 章主要介绍 CSS 盒子模型；第 6 章主要介绍 CSS 高级选择器；第 7 章主要介绍 DIV+CSS 布局；第 8 章主要介绍 CSS3 过渡、转换、动画等新特性。第 3 部分为 JavaScript 程序设计，包括 4 章内容。第 9 章主要介绍 JavaScript 语法基础及特点；第 10 章主要介绍 JavaScript 对象的概念、内置对象、BOM 对象及 DOM 对象；第 11 章主要介绍 JavaScript 事件模型、event 对象和 HTML5 事件；第 12 章主要介绍 AJAX 基础知识。第 4 部分为 HTML5 应用，包括 2 章内容。第 13 章主要介绍使用 HTML5 Canvas API 绘制图形的方法及其应用；第 14 章主要介绍 HTML5 的音频和视频标记以及使用音/视频 API 控制音频和视频的方法。

本书包含配套源代码、习题参考答案、电子课件、教学大纲、实验指导等，读者可登录华信教育资源网（www.hxedu.com.cn）注册后免费下载。

本书由长期从事一线教学的教师和具有网页设计与网站开发实际项目编程经验的工程技术人员共同编写，获得了河南科技大学教材出版基金项目和河南科技大学校级精品课程的资助。全书由范伊红、黄彩霞、李连民担任主编。李学军编写第 1 章、第 7 章、第 8 章；李昌清编写第 2 章、第 3 章；黄彩霞编写第 4 章、第 5 章；李连民编写第 6 章、第 13 章、第 14 章；范伊红编写第 9 章、第 10 章、第 11 章、第 12 章。

由于本书采用黑白印刷，图片中的颜色无法区分，请读者结合页面自行识别。为规范外链使用，本书中部分网址使用**代替个别内容，但并不会影响读者理解与学习，特此说明，请读者知悉。

由于编者学术水平有限，书中难免存在不妥之处，敬请读者批评与指正。

编　者

目　录

第1章　网页设计概述

随着互联网全面进入 Web 2.0 时代，网络给人们的生活、工作和学习带来了翻天覆地的变化。各种网络应用层出不穷，给人们带来了前所未有的全新体验，同时促进了网页设计技术的不断发展和提高。随着软件开发由 C/S 模式向 B/S 模式转换，网页设计技术成为计算机软件开发技术的重要组成部分。作为 Web 前端技术的基础，HTML5、CSS3、JavaScript 这三方面的网页设计知识是最基本也是最重要的，只有掌握这些，才能为后续的学习打下良好的基础。

本章主要介绍互联网和网页的诞生、网页的发展，网页相关术语，网页设计中的尺寸、颜色、布局，网站设计流程等内容。

1.1　网页的前生与今世

1.1.1　互联网和网页的诞生

互联网始于 1969 年，美军在 ARPA（美国国防部研究计划署）制定的协定下，将美国西南部的 UCLA（加州大学洛杉矶分校）、Stanford Research Institute（斯坦福研究所，现为斯坦福国际咨询研究所）、UCSB（加州大学圣芭芭拉分校）和 University of Utah（犹他大学）中的四台主要的计算机连接起来，形成了最初的互联网，也称为阿帕网。随后，其他高校也陆续接入进来。由于当时建立的计算机网络只是为了方便美国军方进行数据运算，与人们的日常生活相距甚远，因此网络技术发展非常缓慢，直到 1983 年，美国国防部将阿帕网分为军网和民网后，民网部分渐渐扩大为今天的互联网。

相对于网络来说，网站的出现要晚得多。1989 年，欧洲粒子物理研究所的研究员蒂姆·伯纳斯-李（Tim Berners-Lee）发明了一种用于网上交换文本的格式，即基于标记的语言（HTML），并创建了网上软件平台 World Wide Web（万维网），因此蒂姆·伯纳斯-李也被称为万维网之父。HTML 语言最吸引人的地方，在于其超文本链接技术，通过超链接，可以非常方便地跳转到其他任何一个网页上。万维网实现了媒体思想家特德·纳尔逊于 1965 年提出的超文本设想。

1990 年 11 月，蒂姆·伯纳斯-李建立了第一台 Web 服务器，即“nxoc01.cern.ch”，并在自己编写的图形化 Web 浏览器“World Wide Web”上看到了最早的 Web 页面，该页面被保留至今（见图 1-1）。尽管用今天的眼光来看，该网页是再简单不过的了，但正是因为这一简单的网页，开启了今天丰富多彩的网络生活。

1991 年 3 月，蒂姆·伯纳斯-李把这个发明介绍给了他在 CERN 工作的朋友。从那时起，浏览器的发展就和网络的发展联系在了一起。蒂姆·伯纳斯-李建立的第一个网站（也是世界上的第一个网站）于 1991 年 8 月 6 日正式运行，该网站解释了万维网的含义，以及如何使用网页浏览器和如何建立一个网页服务器等。蒂姆·伯纳斯-李后来在这个网站里列举了其他网站，因此它也可以被看作世界上第一个万维网目录。

随后不久，NCSA Mosaic 浏览器使互联网得以迅速发展。它最初是一个只在 UNIX 系统下运行的图像浏览器，但是很快被移植到了 Apple Macintosh 和 Microsoft Windows 系统中。1993

年 9 月，该浏览器正式发布了 1.0 版本。随后，NCSA 中 Mosaic 项目的负责人 Marc Andreesen 辞职并建立了网景通信公司，该公司在 1994 年 10 月发布了 Netscape 浏览器，而微软公司在购入 Spyglass 公司的技术后，迅速推出了 Internet Explorer 浏览器，这掀起了微软公司和网景通信公司之间的浏览器大战，同时加快了万维网的发展速度。

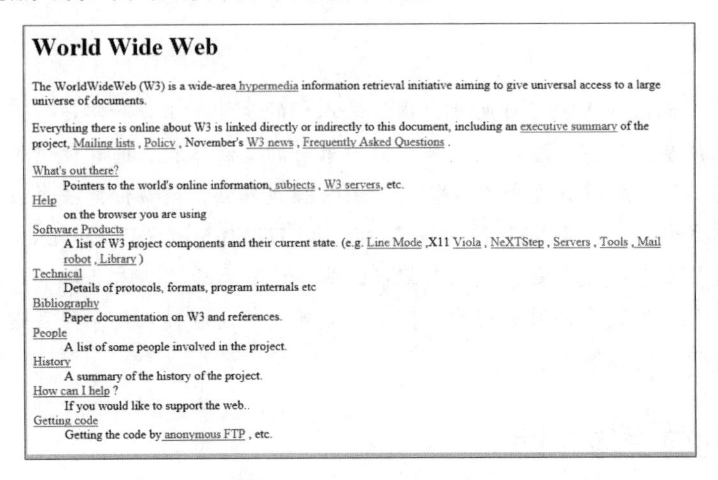

World Wide Web

The WorldWideWeb (W3) is a wide-area hypermedia information retrieval initiative aiming to give universal access to a large universe of documents.

Everything there is online about W3 is linked directly or indirectly to this document, including an executive summary of the project, Mailing lists , Policy , November's W3 news , Frequently Asked Questions .

What's out there?
    Pointers to the world's online information, subjects , W3 servers, etc.
Help
    on the browser you are using
Software Products
    A list of W3 project components and their current state. (e.g. Line Mode ,X11 Viola , NeXTStep , Servers , Tools , Mail robot , Library)
Technical
    Details of protocols, formats, program internals etc
Bibliography
    Paper documentation on W3 and references.
People
    A list of some people involved in the project.
History
    A summary of the history of the project.
How can I help ?
    If you would like to support the web..
Getting code
    Getting the code by anonymous FTP , etc.

图 1-1　最早的 Web 页面

1.1.2　网页的发展

在 Web 1.0 时代，网站的页面都是静态的，网页上的内容主要用于展示，用户不能进行交互操作。2005 年以后，互联网进入 Web 2.0 时代，各种类似桌面软件的 Web 应用大量涌现，网站的前端由此发生了翻天覆地的变化。网页不再只是承载单一的文字和图片，各种丰富的媒体让网页的内容更加生动，网页上软件化的交互形式为用户提供了更好的使用体验。现在的网页如图 1-2 所示。

图 1-2　现在的网页

在互联网发展的同时，移动互联网也呈现出爆发式的增长，中国互联网络信息中心（CNNIC）发布的第 47 次《中国互联网络发展状况统计报告》显示，截至 2020 年 12 月，我国网民规模达 9.89 亿人，网民中使用手机上网的用户达 9.86 亿人，占比达到 99.7%，网民上网设备进一步向移动端集中。随着移动互联网技术的不断完善，以及智能手机的广泛普及，移动互联网应用深入渗透到用户生活的各个方面，如即时通信、远程教育、远程办公、在线购物、网络支付、线上预订、网络直播等，也促使了手机上网使用率的增长，且增长的势头比较迅猛。移动端页面如图 1-3 所示。

图 1-3　移动端页面

1.1.3　网站和网页

从内容中所承载的元素上看，网页除了可以承载文字、图片、表格等元素，还可以承载视频、声音、动画等多媒体元素，同时还有网页所特有的表单和框架等。一个网页就是一个网页文档，在网页中用到的图片、视频、声音、动画等元素并不保存在网页文档中，网页只是保存了它们的位置信息，它们是单独存放的，即网页实际上不是由单个文件组成的，往往由多个文件组成。通常把网页中用到的图片、视频、声音、动画等元素保存在同一目录下，在复制网页时，需要把网页及其用到的其他元素一起复制。网页通常成组出现，并且这组网页之间通过超链接相互组织成为反映某个主题的网站，图 1-4 显示了一个网站的文件结构。

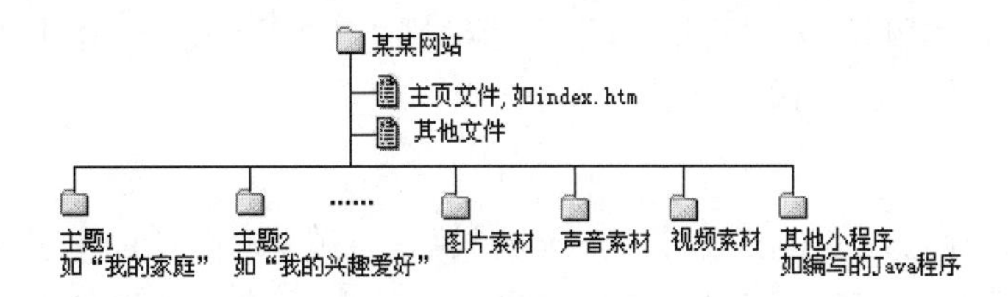

图 1-4　网站的文件结构

网页的结构一般分为页眉、页脚和中间的内容，人们习惯称为头部通用部分、底部版权部分和中间内容部分。一个网站除了包含首页，通常还包含多个子页面，网站中的每个子页面一般使用同样的头部通用部分和底部版权部分，变化的是中间内容部分，这样就能达到整个网站结构上的统一，同时方便用户访问。

如果一个网站上链接了多个其他网站，或者每个链接都指向不同的网页，不同网页的头部和底部也会不一样。在如图 1-5 所示的页面中，上面的 Logo 和菜单部分为头部通用部分，最下面的蓝色部分为底部版权部分，中间是网页的中间内容部分。

网页有静态网页和动态网页之分，静态网页文件的扩展名是.html 或.htm，动态网页文件的扩展名根据采用的服务器端语言的不同而不同。所谓静态网页，是指用户无论在何时何地访问，网页都会显示固定的信息，除非网页源代码被修改后重新上传。静态网页更新不方便，但访问速度快，而动态网页显示的内容会随着用户操作时间的不同发生相应的变化，这是因为动态网页可以和服务器数据库进行实时的数据交换。静态网页和动态网页之间并不矛盾，为了适应搜索引擎检索的需求，动态网站可以采用静动结合的原则，适合采用动态网页的地方采用动态网页，如果需要使用静态网页，则可以考虑采用静态网页的方法来实现，在一个网站上，动态网页内容和静态网页内容同时存在是很常见的事情。

图 1-5　网页效果图

1.2　网页相关术语

想要进行网站设计与开发，了解一些与网站和网页相关的术语是必需的，只有了解了这些，才能便于进行学习和交流，下面介绍一些常见的术语。

1．WWW

WWW（World Wide Web），中文名为“万维网”，它不是网络，只是 Internet 提供的一种服务——网页浏览服务，如浏览网页、网上聊天、网上购物等都是使用的 WWW 服务，WWW 是 Internet 上最主要的服务。万维网并不等同于互联网，万维网只是一个基于超文本相互链接而成的全球性系统，且是互联网所能提供的服务之一。

2．URL

URL（Uniform Resource Locator），中文名为“统一资源定位符”。URL 其实就是 Web 地址，即网址。在万维网上的任意一个资源（网页、图片、音乐、视频等）都有唯一的 URL，只要知道资源的 URL，就可以对其进行访问。URL 可以是本地磁盘，也可以是网络上的某台计算机，更多的是 Internet 上的站点。

3．HTTP

HTTP（Hypertext Transfer Protocol），中文名为“超文本传输协议”。它规定了浏览器与万维网服务器之间通信的规则，非常可靠，具有自检功能，可以保证用户请求的文档准确无误地到达客户端。

4．Web

Web 的本意是网，对于网站设计与制作者来说，它是一系列技术的复合总称（包括网站的前台设计、后台程序、美工、数据库开发等），通常被称为网页，如 Web 前端开发。

5．W3C

W3C（World Wide Web Consortium），中文名为“万维网联盟”。万维网联盟是国际著名的标准化组织。它的使命是开发协议和方针，尽展万维网潜能，确保其长期发展，主要通过万维网标准和方针来履行其使命。W3C 最重要的工作是发展 Web 规范，这些规范描述了 Web 的通信协议，如 HTML 和 XML。这些规范有效地促进了 Web 技术的兼容，对互联网的发展和应用起到了基础性和根本性的支撑作用。

6. Web 标准

Web 标准不是某一个标准，而是一系列标准的集合，网页主要由三部分组成：结构（Structure）、表现（Presentation）和行为（Behavior）。其对应的标准也分为三方面：结构标准语言主要包括 XHTML 和 XML，表现标准语言主要包括 CSS，行为标准语言主要包括 DOM 和 ECMAScript。这些标准大部分由 W3C 起草和发布，也有一些是其他标准组织制定的，目的是使 Web 更好地发展。

1.3 网页设计基础知识

1.3.1 网页的尺寸

1. 分辨率

分辨率（Resolution）是屏幕显示的精密度，是指显示器所能显示的像素。由于屏幕上的点、线和面都是由像素组成的，因此显示器可显示的像素越多，画面就越精细，屏幕区域内能显示的信息也就越多，所以分辨率是显示器非常重要的性能指标之一。以分辨率为 1024px×768px 的屏幕为例，每一条水平线上包含 1024 个像素点，共有 768 条线，即扫描列数为 1024 列，行数为 768 行。分辨率不仅与显示尺寸有关，还与显像管点距、视频带宽等因素有关。另外，只有当显示器刷新频率设置为“无闪烁刷新频率”时，显示器能达到的最高分辨率才称为这个显示器的最高分辨率。

分辨率通常是以像素数来计量的，是一个面积单位，如 640px×480px，其像素数为 307 200 个。像素数越多，其分辨率就越高。表 1-1 列出了常见显示器的分辨率。

表 1-1 常见显示器的分辨率

标 屏	分辨率/px	宽 屏	分辨率/px
QVGA	320×240	WQVGA	400×240
VGA	640×480	WVGA	800×480
SVGA	800×600	WSVGA	1024×600
XGA	1024×768	WXGA	1280×768/800/960
SXGA	1280×1024	WXGA+	1440×900
SXGA+	1400×1050	WSXGA+	1680×1050
UXGA	1600×1200	WUXGA	1920×1200
QXGA	2048×1536	WQXGA	2560×1536

2. 像素

像素（Pixel，简写为 px）是一个用来计算图片尺寸的单位。当图片的尺寸以像素为单位时，需要指定其固定的分辨率，才能将图片尺寸与现实中的实际尺寸相转换。大多数网页在制作时，图片分辨率常为 72px，即每英寸像素数为 72 个。1in 等于 2.54cm，1cm 等于 28px，比如 15cm×15cm 的图片，相当于 420px×420px。像素也是网页设计中的标准长度单位。

3．网页基本尺寸

从表 1-1 列出的常见显示器的分辨率中可以看出：400px×240px 是手机常用的分辨率，普通计算机屏幕的分辨率一般大于或等于 1024px×768px，移动设备（如 iPad）则使用 800px×600px 的分辨率。设计师要根据不同的浏览设备设定不同的网页尺寸。

- iPad 移动设备的网页宽度一般设置为 768px，页面高度视版面和内容决定。
- 手机的网页宽度一般设置为 480px，页面高度视版面和内容决定。
- 计算机的网页宽度的设置应根据当前计算机显示器流行的分辨率以及网页的类型和内容的多少而定，保证页面不会出现水平滚动条，高度同样视版面和内容决定。

从前，计算机的显示器以 1024px×768px 分辨率为主时，一般把网页宽度设置成 920px、940px、960px、980px 或 1002px，因为需要减去浏览器的边界和滚动条的宽度，根据业界规定，这两个宽度相加是 22px。当设置成 1002px 时，网页正好铺满整个浏览器，如果设置成其他宽度，则浏览器的左右两边将留有一定的空白区域。网页的高度是由网页的内容决定的，考虑到良好的用户体验，网页高度在设计上一般不超过 3 屏，所谓“屏”是指显示器屏幕默认显示的高度。除网页的尺寸外，下面介绍一些标准网页广告尺寸规格。

- 120px×120px：适用于产品展示或新闻照片。
- 120px×60px：适用于网站 Logo。
- 120px×90px：适用于产品展示或大型 Logo。
- 125px×125px：适用于表现照片效果的图像广告。
- 234px×60px：适用于框架或左右形式主页的广告链接。
- 392px×72px：适用于有较多图片展示的广告条，位于页面头部或底部。
- 468px×60px：应用最广泛的广告条尺寸，位于页面头部或底部。
- 88px×31px：适用于网页链接或网站小型 Logo。

注意：

网页中的图片需要根据实际情况进行设计，根据网页设计的技术规范，尽量让图片满足 19：9、4：3、3：2 这三种长宽比例。

1.3.2 网页的颜色

颜色是由光的刺激而产生的视觉反应。网页中的颜色分为无彩色系和有彩色系，一般把黑、白以及黑白相间的灰阶色称为无彩色系，除此之外的颜色称为彩色系。

图 1-6 所示是 Photoshop 中的调色板，从左边开始，第 1 列和第 3 列为黑色，第 2 列第 1 个方格的黑到第 6 个方格的白为黑到白之间的几个常用的灰阶色，下面是红、绿、蓝以及红、绿、蓝三者两两混合而成的黄、蓝绿和紫。

网页颜色中有一个非常重要的概念就是色环，它将颜色分为三大色系，依次为红（red）、绿（green）、蓝（blue），也称三原色，如图 1-7 所示，三种色系相互渐变就形成了色环，如图 1-8 所示。三种颜色两两混合就是中间过渡的颜色，又称为二次三原色，红和蓝混合生成紫色，红和绿混合生成黄色，蓝和绿混合生成蓝绿色，三者混合生成白色。

从理论上说，色环上所能取得的颜色值为无限多，计算机采用“#”符号加上 6 位十六进制颜色编码来表示不同的颜色，如#02d234。

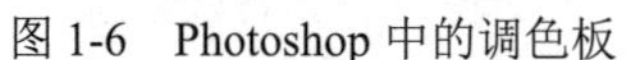

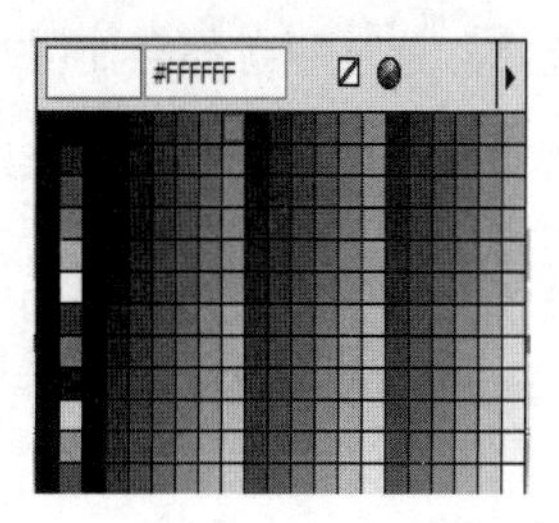

图 1-6　Photoshop 中的调色板

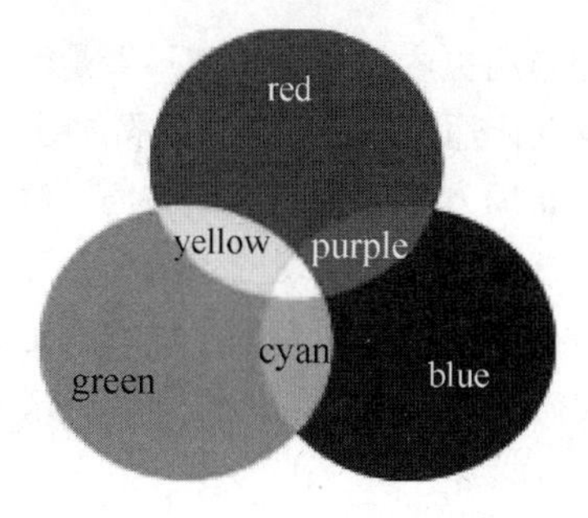

图 1-7　三原色

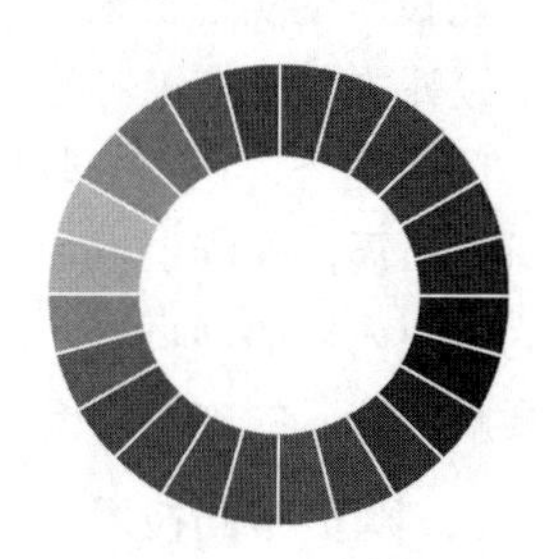

图 1-8　色环

6 位十六进制颜色编码的前两位表示红色，中间两位表示绿色，后面两位表示蓝色。每一位都可能是十六进制中的某一个字符值，所以计算机理论上能显示 16^6 种颜色，如图 1-9 所示。

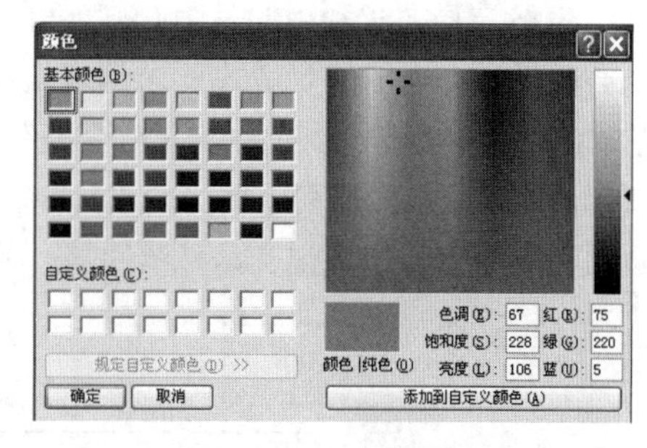

图 1-9　十六进制调色板

黑色的颜色值是#000000，红色的颜色值是#ff0000，蓝色和绿色的颜色值分别是#0000ff 和#00ff00。白色是红、绿、蓝的混合，所以白色的颜色值是#ffffff。纯灰阶色有 14 种，即#111111～#eeeeee。例如，新建一个记事本文档，输入如下代码：

```
<p style="color:#ff0000">文字的颜色为红色</p>
```

将该文档保存为 color.html 文件，用 IE 浏览器打开后，发现页面中文字的颜色为红色。在 XHTML 和 CSS 标准中规定，当红、绿、蓝中的每两位都是重复值时，可以简写成 3 位，例如，#33ff88 可以简写成#3f8。同样，白、黑、红又可以简写成#fff、#000、#f00。

颜色的表示除了上面使用的十六进制颜色编码，还可以使用表示颜色的英文单词，如 red、green、blue 等，也可以由红、绿、蓝三原色组合构成，如 rgb(120, 120, 120)，3 个参数分别代表红色值、绿色值、蓝色值，取值范围为 0～255，组合不同的数值会得到不同的颜色，此外还可以在三原色组合的基础上加上透明度，如 rgba(128,255,128,0.3)，前 3 个参数和 rgb()函数中参数的含义一样，第 4 个参数代表透明度，取值范围为 0～1。

1.3.3　网页的布局

1．网页布局方式

网页布局的常规方式有两种：一种是自适应布局又叫流式布局；另一种是固定布局。

流式布局是指页面主体部分的宽度随着浏览器宽度的大小而发生改变，如百度网站的搜索结果页面。这种布局方式最大的优点是能够自适应屏幕宽度显示，不管显示器发展到什么水平，这种布局方式永远都不会过时，网页的使用寿命也会延长；缺点是不适合加载浮动层，只适合文字化页面，在加载浮动层（如对联广告或客服界面）时，会挡住一定的区域，造成不良的用户体验。流式布局相对于网页内部模块而言，也是要求自适应的，即网页内部的各个模块无论怎么摆放，都能自适应区域。

固定布局是指页面主体部分宽度固定，不会随着浏览器的大小或显示器分辨率的变化而变化，固定排列在网页的指定区域。固定布局的优点是布局精细，使页面显得很精致，有条理。例如，可以制作一张精巧的背景图片，在固定宽度的地方让其显示。图 1-3 所示是背景颜色渐变效果，这显然比纯色实现的效果要好一些。

从技术的实现上来讲，固定布局更容易实现。但不管是流式布局还是固定布局，在具体的网页设计中都不是绝对的，一般设计师会按照页面的实际要求来选择，有时两者都会使用。

除此之外，还有一些特殊的布局方式，如响应式布局、瀑布流布局等。响应式布局是建立在流式布局的基础上，加入媒体查询技术来实现的，后面会详细介绍。瀑布流布局常用在以图片为主要内容的网页上，例如，花瓣网的页面布局采用的就是此方式，由于瀑布流布局的实现需要脚本代码的支持，因此我们在学完脚本代码的知识后再来介绍该布局方式。

2．网页布局技术

网页布局技术常用的实现方式有两种：表格布局和 DIV+CSS 布局。

表格布局方式利用的是 HTML 语言中 table（表格）元素所具有的零边框特性。表格布局的核心是设计一个能满足版式要求的表格结构，将内容装入每个单元格中，间距及空格使用透明的 GIF 图片实现，最终的结构是一个复杂的表格（有时候会出现多层嵌套），其布局结构如图 1-10 所示。显然，这样不利于页面的设计和修改。表格布局的缺点是设计复杂，改版时工作量巨大；页面内容与表现样式混合，可读性差；不利于数据调用分析；网页文件大，浏览器解析速度慢。

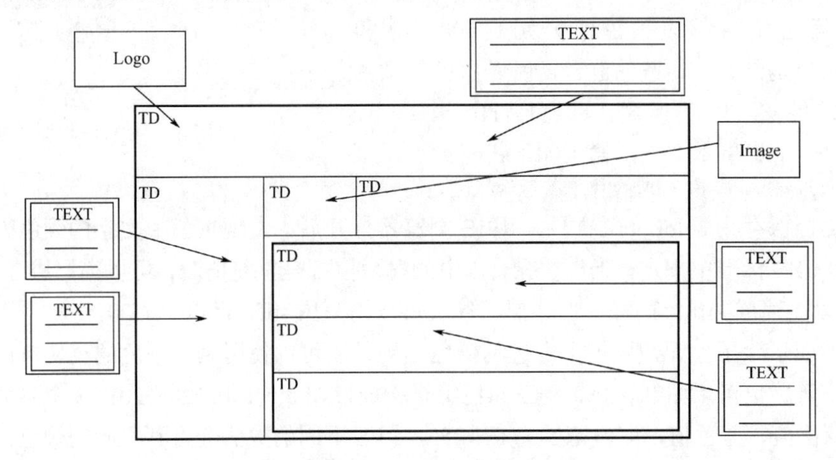

图 1-10　表格布局结构

DIV 是 HTML 语言中的一种特殊的元素，表示一个区域，利用它可以将页面进行划分，再利用 CSS（Cascading Style Sheet，层叠样式表）对其进行布局。DIV+CSS 布局能够实现网页页面内容与表现样式的分离，是一种符合 Web 标准的布局方式，其布局结构如图 1-11 所示。

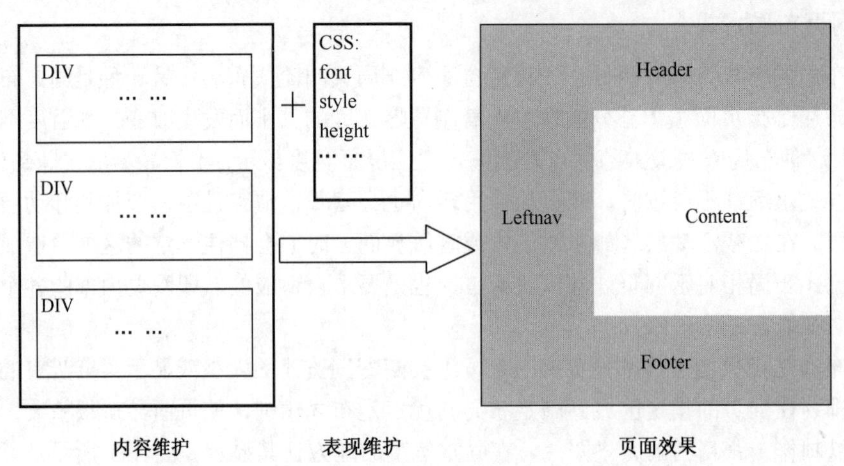

图 1-11　DIV+CSS 布局结构

基于 Web 标准的网页设计，其核心目的是使网页的表现、内容和行为分离。这样做的优点如下。

（1）高效地开发与简单地维护。

（2）信息跨平台的可用性。

（3）降低服务器成本，加快网页解析速度。

（4）拥有更好的用户体验。

DIV+CSS 布局也可以看成结构、表现及行为的一种结合。

- 结构：用于对网页中的信息进行整理与分类，主要实现技术是 HTML。
- 表现：用于对已经被结构化的信息进行显示上的修饰，包括版式、颜色、大小等，主要实现技术是 CSS。
- 行为：用于对整个文档内部的一个模型进行定义及交互行为的编写，主要实现技术有 DOM（文档对象模型）、ECMAScript（JavaScript 语言）。

事实上网页的大部分标记可以用来做页面结构的划分，如<UL>、<P>等，然后用 CSS 来控制布局。

1.4 网站设计流程

要设计出一个完美的网站，需要很多人员参与设计流程的各个阶段，具体包含以下几个阶段。

1．原型设计

在原型设计方面，主要指的是黑白稿或线稿。这个阶段会拟定网站页面的宽度、广告的形式及位置、导航基本样式，以及各内容区域的表现形式等。

2．网站效果图设计

在原型设计的基础上，网站的雏形已基本形成，接下来将进入网站效果图设计阶段，可以使用 Photoshop 或者 Fireworks 等网页制作工具，按照不同的内容模型将所有可能出现的页面都以图片的形式设计出来，并且导出高品质的 JPG 图片文件以供客户预览。

3．静态页面编写

网站效果图得到客户认可以后，接下来进行页面的代码开发（使用 DIV+CSS 方式进行布局），要严格参考 SEO（Search Engine Optimization，搜索引擎优化）的相关规范。一些 AJAX 的动态效果和 JavaScript 脚本控制还需要程序开发人员协助完成，这一步需要保证主流浏览器的充分兼容性，代码文件命名应制定统一规范。

4．程序实现

当静态页面编写完成后，将由技术人员进行程序嵌套，并实现预期的功能。这个阶段需要美工人员全程跟踪，以保证静态页面和设计稿最大限度地吻合，同时对已实现的功能进行测试，并制作出交互设计改善文档，提交给技术人员进行修改。

5．测试

测试阶段主要包括页面内容的添加、模拟前台用户和后台管理员操作、对网站的各个功能模块和数据流程进行测试，并将测试的结果形成测试报告反馈给技术人员或美工人员进行修改。

6．交付使用

内部测试结束以后，程序可交付给客户使用，其间还需要通过试运营进行测试，以确定没有错误后才能确认设计阶段正式结束。

小结

本章讲解了网页设计过程中需要了解的一些基础知识。首先介绍了互联网和网页的诞生，然后通过对比以前和现在的网页阐述了网页的发展状况，并详细介绍了与网页相关的专业术语，具体介绍了网页设计过程中的一些基础知识，包括网页的尺寸、网页的颜色和网页的布局，最后介绍了网站设计的流程。

习题

一、选择题

1．在下列选项中，（　　）不能表示红色。

A．"#FF0000"　　B．"red"　　C．"#FFF"　　D．rgb(255,0,0)

2．静态网页的扩展名为（　　）。

A．.html　　B．.asp　　C．.php　　D．.jsp

3．网页，顾名思义就是网站中的页面，其本质就是用（　　）语言来表述的文档。

A．C　　B．C#　　C．Java　　D．HTML

4．影响网站风格的最重要的因素是（　　）。

A．色彩和窗口　　B．特效和架构　　C．色彩和布局　　D．内容和布局

5．关于网站的设计和制作，下列说法不正确的是（　　）。

A．设计是一个思考的过程，而制作只是将思考的结果表现出来

B．设计是网站的核心和灵魂

C．一个相同的设计可以有多种制作表现形式

D．设计与制作是同步进行的

6．WWW 是（　　）的意思。

A．网页　　B．万维网　　C．浏览器　　D．超文本传输协议

7．网页中的颜色分为（　　）。

A．黑白系　　B．有彩色系　　C．无彩色系　　D．无彩色系和有彩色系

8．HTTP 的中文名为（　　）。

A．万维网联盟　　B．万维网

C．统一资源定位符　　D．超文本传输协议

二、填空题

1．网页布局的常规方式有__________和__________两种。

2．两种常用的网页布局技术实现方式是__________和__________。

3．网页设计中的标准长度单位为__________。

第 2 章　HTML5 语言

HTML、CSS 和 JavaScript 是网页制作的基本应用技术。HTML 是用于描述网页文档的一种超文本标记语言，要学习网页设计，必须从网页的基本语言 HTML 开始。HTML5 是继 HTML 4.01 和 XHTML 1.0 之后的超文本标记语言的版本，HTML5 的出现，使 Web 开发标准发生了质的飞跃，页面变得更加绚丽多彩，功能强大。更重要的是在移动互联网越来越发达的今天，HTML5 在这一领域已经占有一席之地，已经发展成为一种复杂的网页设计及 Web 应用开发的重要平台，其跨平台性已经在移动端应用开发中占据主流地位。HTML5 作为新一代 Web 开发技术，得到了越来越多开发者的关注和应用。

2.1　HTML5 概述

2.1.1　HTML5 的发展历程

HTML（Hypertext Markup Language），中文名为“超文本标记语言”，是用于描述网页文档的一种标记语言，它提供了很多标记，网页中需要什么内容，利用相应的 HTML 标记描述即可。

HTML 语言发展至今经历了很多版本，在这个过程中新增了许多 HTML 标记，也淘汰了一些标记，具体如下。

1993 年 HTML 首次以 Internet 的形式发布。随着 HTML 的发展，W3C 掌握了对 HTML 规范的控制权，负责后续版本的制定工作。

HTML 2.0——1995 年 11 月作为 RFC1866 发布，RFC2854 于 2000 年 6 月发布之后被宣布过时。

HTML 3.2——1996 年 1 月 14 日发布，W3C 推荐标准。

HTML 4.0——1997 年 12 月 18 日发布，W3C 推荐标准。

HTML 4.01（微小改进）——1999 年 12 月 24 日发布，W3C 推荐标准。

HTML 4.01 版本被证明是非常合理的（引入了样式表、脚本、框架等），此后 W3C 解散了 HTML 工作组，HTML 规范长期处于停滞状态，并转而开发 XHTML。

XHTML 1.0——发布于 2000 年 1 月 26 日，W3C 推荐标准，后来经过修订，于 2002 年 8 月 1 日重新发布，相比 HTML 4.01，它只是在语法上提出了严格的要求。

随后 W3C 又发布了 XHTML 2.0，但由于其规范越来越复杂，而且不兼容之前的版本，长期不被浏览器厂商接受，因此逐步没落。

在 2004 年，一些浏览器厂商联合成立 WHATWG（Web Hypertext Application Technology Working Group)，即 Web 超文本应用技术工作组，继续开发 HTML 后续版本，并命名为 HTML5，随着万维网的发展，最终取得了 W3C 的认可，并终止了 XHTML 的开发。在 2006 年，W3C 组建了新的 HTML 工作组，在 WHATWG 工作的基础上开发 HTML5，并于 2008 年发布了 HTML5 的工作草案。

2014 年 10 月 29 日，万维网联盟宣布，经过 8 年的艰辛努力，HTML5 规范终于制定完成，并公开发布。

HTML5 不仅是目前 HTML 规范的最新版本，也是一系列用来制作现代丰富 Web 内容的相关技术的总称，其中重要的三项技术分别为 HTML5 核心规范（标记）、CSS3（层叠样式表第三代）和 JavaScript，成为第一个将 Web 作为应用开发平台的 HTML 语言。

HTML5 的设计目的是在移动设备上支持多媒体，将会逐步取代 HTML 4.01 和 XHTML 1.0 标准，以期能在互联网迅速发展的同时，使网络标准达到当代的网络要求，为 PC 桌面和移动平台带来无缝衔接的丰富内容。

> **注意：**
>
> 日常讨论的 H5 其实是一个泛称，它指的是由 HTML5 + CSS3 + JavaScript API 等技术组合而成的一个应用开发平台。

2.1.2 HTML5 的新特性

HTML5 是一种比较宽松的技术标准，相对 XHTML 而言，单标记不需要自闭合，不区分字母大小写，也不再要求必须为属性加上引号。为了使读者更好地了解 HTML5，下面具体描述 HTML5 的一些新增功能和特性。

1. 新增多个标记和特性

HTML5 新增了多个标记和特性，具体体现如下。

（1）新的布局标记，如<article>、<aside>、<header>、<nav>、<section>、<footer>、<figure>、<hgroup>。这些标记用来定义 HTML 文档中相应的区域，给页面相关部分提供了含义，减少了 DIV 的使用。

（2）新的表单标记，如<calendar>、<date>、<time>、<email>、<url>、<search>。

（3）新的多媒体标记，比如用于创建画布的<canvas>标记，用于媒介回放的<video>和<audio>标记。

（4）对本地离线存储（localStorage、sessionStorage）的支持。

（5）地理位置、拖曳、摄像头等 API（Application Programming Interface，应用程序接口）。

2. 解决跨浏览器问题

在 HTML5 之前，各大浏览器厂商在各自的浏览器中增加了各种各样的功能，并且不具有统一的标准。使用不同的浏览器，页面显示效果也有所不同。HTML5 纳入了所有合理的扩展功能，具备良好的跨平台性能。HTML5 实行“不破坏 Web”的原则，即以往已存在的 Web 页面，还可以保持正确的显示。面对开发者，HTML5 规范要求摒弃过去那些编码坏习惯和废弃的标记；面对浏览器厂商，HTML 规范要求它们兼容 HTML 遗留的一切，以做到向下兼容。不支持新标记的旧版本 IE 浏览器，只需简单地添加 JavaScript 代码就可以使用新的元素。

3. 实用性和用户优先的原则

HTML5 规范的制定是以用户优先为原则的，其主要宗旨是“用户即上帝”，当遇到无法解决的冲突时，规范会把用户放在第一位，其次是页面作者，再次是实现者（浏览器），接着是规范的制定者，最后才考虑纯粹的理论实现。例如，开发者在编码过程中不严谨导致本该出现警告或错误时，却正常显示了页面。因此 HTML5 的绝大部分功能是实用的，只是在有些情况下还不完美。HTML5 只封装切实有用的功能，不封装复杂而没有实际意义的功能。另外为了增强 HTML5 的使用体验，开发者还增加了以下两方面的设计。

（1）安全机制的设计。

为确保 HTML5 的安全，在设计 HTML5 时开发者做了很多针对安全的设计。HTML5 引入了一种新的基于来源的安全模型，该模型不仅易用，而且针对不同的 API 都通用。

（2）表现和内容分离。

为了避免可访问性差、代码复杂度高、文件过大等问题，HTML5 规范中更细致、清晰地分离了表现和内容。但考虑到 HTML5 的兼容性问题，一些陈旧的表现和内容的代码还是可以兼容使用的。

4．化繁为简

HTML5 的实现目的是简化操作，避免产生不必要的复杂性，严格遵循“简单至上，尽可能简化”的原则，主要体现在以下几方面。

（1）新的简化的字符集声明。

（2）新的简化的 doctype。

（3）简单而强大的 HTML5 API。

（4）以浏览器原生能力替代复杂的 JavaScript 代码。

为了实现这些简化操作，HTML5 规范需要比以前的版本更加细致、精确。为了避免造成误解，HTML5 对每一个细节都有着非常明确的规范说明，不允许有任何的歧义和模糊出现。

2.2 HTML5 基础

HTML5 是对 HTML 4.01 和 XHTML 1.0 的继承和发展，越来越多的网站开发者开始使用 HTML5 构建网站。

2.2.1 创建第一个 HTML5 页面

在网页设计过程中，为了开发方便，开发者会选择使用一些便捷的开发工具，如 EditPlus、Sublime、Dreamweaver 等，本书中的所有案例将全部使用 Dreamweaver CS6 开发工具实现。下面利用 Dreamweaver CS6 创建一个 HTML5 页面，具体步骤如下。

（1）打开 Dreamweaver CS6，选择菜单栏中的“文件”→“新建”命令，如图 2-1 所示，弹出“新建文档”对话框，在“页面类型”列表框中选择“HTML”选项，并在右下角的“文档类型”下拉列表中选择“HTML5”选项，如图 2-2 所示。

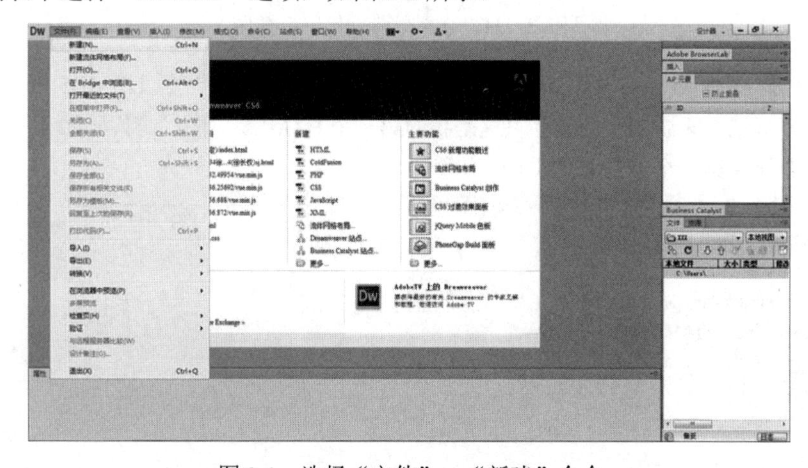

图 2-1　选择“文件”→“新建”命令

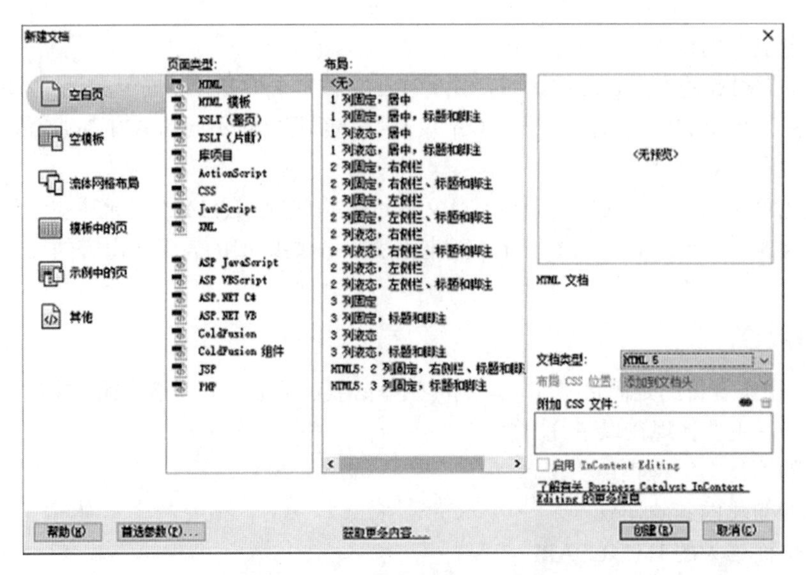

图 2-2 “新建文档”对话框

（2）单击“创建”按钮，将会新建一个名称为“Untitled-1”的 HTML5 默认文档，切换到“代码”视图，会看到 Dreamweaver 自动生成的代码，如图 2-3 所示。

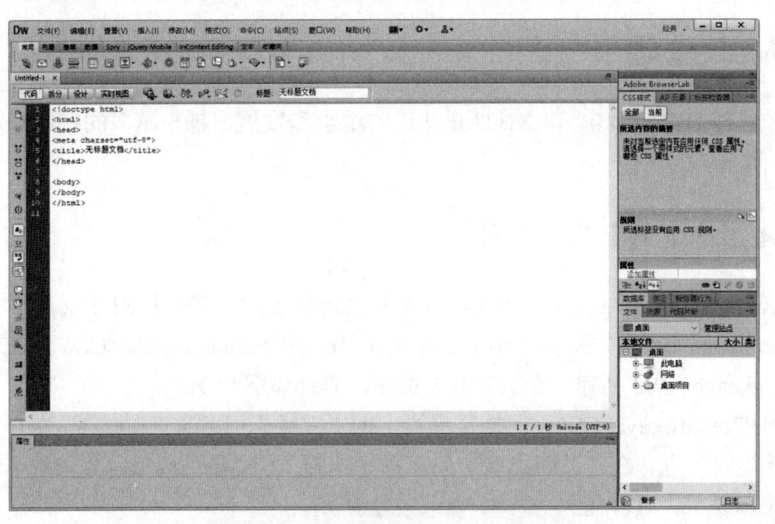

图 2-3 HTML5 文档“代码”视图

（3）将代码<title></title>标记中的“无标题文档”改为“第一个 HTML5 页面”。然后在<body></body>标记之间添加一行文字“这是我的第一个 HTML5 页面。”，代码如【例 2-1】所示。

【例 2-1】创建第一个 HTML5 页面。

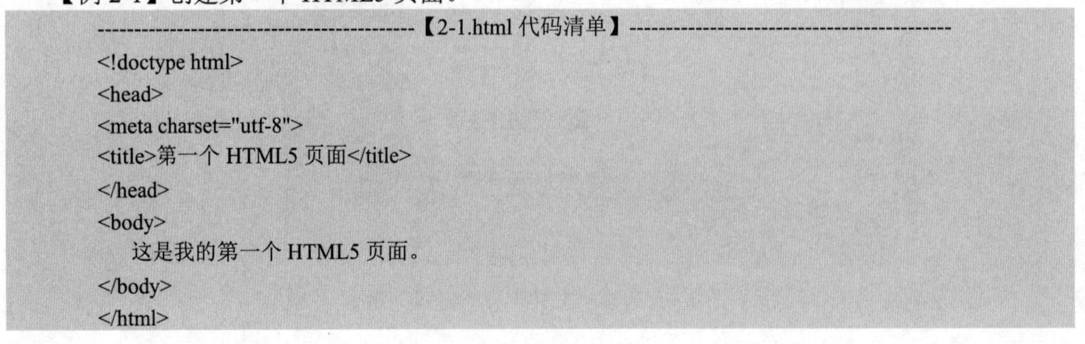

```
------------------------------------------【2-1.html 代码清单】------------------------------------------
<!doctype html>
<head>
<meta charset="utf-8">
<title>第一个 HTML5 页面</title>
</head>
<body>
    这是我的第一个 HTML5 页面。
</body>
</html>
```

（4）在菜单栏中选择“文件”→“保存”命令，或按 Ctrl+S 快捷键，或单击工具栏上的“保存”按钮，在弹出的“另存为”对话框中选择保存位置并输入文件名即可保存该文档，如图 2-4 所示。

（5）在 Chrome 浏览器中运行该文档，效果如图 2-5 所示。

图 2-4　“另存为”对话框

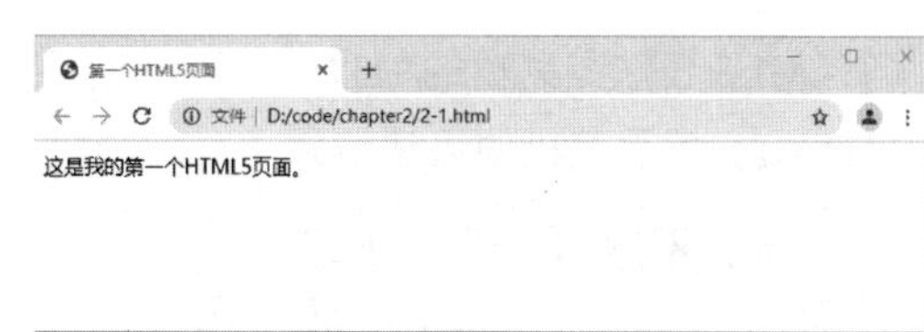

图 2-5　第一个 HTML5 页面运行效果

在浏览器窗口中显示一行文字，至此，第一个 HTML5 页面创建完成。

2.2.2　HTML5 标记及属性

HTML 是一种描述性的标记语言，用于描述超文本中内容的显示方式。一个网页就是一个 HTML 文档，在 HTML 文档中，带有“<>”符号的元素被称为 HTML 标记或 HTML 元素。在浏览器中显示一个标题、一段文字或一张图像时，都需要利用不同的 HTML 标记来实现。HTML 标记不在浏览器中显示，只是用来定义需要显示的内容的格式。当一个网页文件被浏览器打开时，浏览器将对其中的标记进行翻译，并按照 HTML 标记的含义显示 HTML 文档中的内容。HTML 标记分为以下三类。

1. 双标记

双标记是由一个起始标记和一个结束标记组成的，其语法格式如下：

```
<x>受控制内容</x>
```

其中，x 代表标记名称。<x>和</x>就如同一组开关：起始标记<x>表示开启某种功能，而结束标记</x>表示关闭该功能，两个标记之间为被控制的内容。例如：

```
<i>这是斜体字</i>
```

2. 单标记

HTML 中大部分的标记是成对出现的，但也有一些标记是单独存在的。这些单独存在的标记被称为单标记。其语法格式为<x/>，如<hr/>、
标记等。

3. 注释标记

注释是网页设计者对页面代码进行的解释，不会在浏览器中显示。注释标记的语法格式如下：

```
<!--注释的内容 -->
```

给出恰当的注释可以帮助程序人员更好地了解网页结构，也有助于以后对网页代码进行检查和维护。

另外，在使用HTML制作网页时，想让HTML标记提供更多的效果或功能，需要使用HTML标记的属性加以设置，双标记和单标记的基本语法格式如下：

```
<x a1="v1" a2="v2" …an="vn">受控制内容</x>
<x a1="v1" a2="v2"…an="vn"/>
```

其中，a1、a2、…、an为属性名称，属性与属性之间用空格分隔，而v1、v2、…、vn则是其所对应的属性值。任何标记的属性都有默认值，如果该属性不在标记中设置，浏览器则会取该属性的默认值作为标记中该属性的设置。

2.2.3 HTML5语法

HTML5语法与之前的HTML语法在某种程度上实现了一定的兼容性。为了兼容各个浏览器，HTML5采用宽松的语法格式。

1．标记不区分字母大小写

标记可以不区分字母大小写，这是HTML5语法变化的重要体现。例如：

```
<p>这里的p标记的字母大小写不一致</P>
```

在上述代码中，虽然<p>标记的开始标记与结束标记的字母大小写并不匹配，但在HTML5语法中是完全合法的。

2．单标记可以不闭合

单标记可以不闭合，即可以省略“/”符号，如
、<hr>。

3．允许属性值不使用引号

在设置标记属性的属性值时，一般用双引号或单引号来引用，在HTML5语法中，只要属性值不包含空字符串、单引号、双引号、<、>、=等字符，属性值不放在引号中也是正确的。例如：

```
<input type=checkbox />
<input readonly=readonly type=text />
```

以上代码是完全符合HTML5规范的，等价于：

```
<input type="checkbox"/>
<input readonly="readonly" type="text" />
```

4．允许部分属性的属性值省略

在HTML5中，部分标志性属性的属性值可以省略。例如：

```
<input checked="checked" type="checkbox"/>
<input readonly="readonly" type="text" />
```

可以省略为：

```
<input checked type="checkbox"/>
<input readonly type="text" />
```

从上述代码中可以看出，checked="checked"可以省略为checked，而readonly="readonly"可以省略为readonly。

在HTML5中可以省略属性值的属性如表2-1所示。

表 2-1　在 HTML5 中可以省略属性值的属性

属　性	描　述
checked	省略属性值后，等价于 checked="checked"
readonly	省略属性值后，等价于 readonly="readonly"
defer	省略属性值后，等价于 defer="defer"
ismap	省略属性值后，等价于 ismap="ismap"
nohref	省略属性值后，等价于 nohref="nohref "
noshade	省略属性值后，等价于 noshade="noshade"
nowrap	省略属性值后，等价于 nowrap="nowrap"
selected	省略属性值后，等价于 selected="selected"
disabled	省略属性值后，等价于 disabled="disabled"
multiple	省略属性值后，等价于 multiple="multiple"
noresize	省略属性值后，等价于 noresize="noresize"

注意：

虽然 HTML5 采用比较宽松的语法格式，去除了许多冗余的内容，书写规则更加简洁、清晰，但是为了保证代码的完整性及严谨性，建议开发人员采用严谨的代码编写模式，这样有利于后期代码的维护和团队的合作。

2.2.4　HTML5 文档结构

网页的本质就是利用 HTML 语言来表述的文档，即网页是 HTML 文档，在浏览器中看到的网页效果，即浏览器解释 HTML 文档的源代码产生的结果。要查看网页的 HTML 源代码，有两种方法：一是在网页中单击鼠标右键，在弹出的快捷菜单中选择“查看源代码”或“查看源文件”命令；二是选择浏览器菜单“查看”中的“源文件”或“网页源代码”命令。

在使用 Dreamweaver 创建 HTML5 文档时，会自动生成一些源代码，如【例 2-2】所示。

【例 2-2】HTML5 文档基本结构。

```
---------------------------------------------【2-2.html 代码清单】---------------------------------------------
<!doctype html>                    <!--文档类型声明-->
<html>                             <!--表示 HTML 文档开始-->
<head>                             <!--表示文档头部开始-->
<meta charset="utf-8">             <!--声明字符编码-->
<title>无标题文档</title>          <!--设置文档标题-->
</head>                            <!--表示文档头部结束-->
<body>                             <!--表示 HTML 文档主体内容开始-->
</body>                            <!--表示 HTML 文档主体内容结束-->
</html>                            <!--表示 HTML 文档结束-->
```

这些自动生成的源代码就是 HTML5 文档的基本结构，主要包括<!doctype>（文档类型声明）、<html>（根标记）、<head>（头部标记）、<body>（主体标记）。

1．<!doctype>标记

doctype 是 document type（文档类型）的简写，<!doctype>标记为网页的文档类型声明，位于文档的最前面，用于向浏览器说明当前文档使用哪种 HTML 规范，相比 HTML 4.01 和 XHTML 1.0，HTML5 的文档类型声明非常简单。以下是 3 种版本的 HTML 文档类型声明示例。

第 1 种：

```
<!DOCTYPE HTML PUBLIC "-//W3C//DTD HTML 4.01 Transitional//EN" "http://www.w3.org/TR/html4/loose.dtd">
```

第 2 种：

```
<!DOCTYPE html PUBLIC "-//W3C//DTD XHTML 1.0 Transitional//EN" "http://www.w3.org/TR/xhtml1/DTD/xhtml1-transitional.dtd">
```

第 3 种：

```
<!doctype html>
```

只有在开头使用<!doctype>标记声明文档类型，浏览器才能将该网页作为有效的 HTML 文档，并按指定的文档类型进行解析。

要建立符合标准的网页，<!doctype>文档类型声明是必不可少的关键组成部分。其中，第 1 种、第 2 种示例中的 DTD 表示文档类型定义，里面包含文档规则，浏览器根据所定义的 DTD 来解释页面的标记。在<!doctype>文档类型声明中一般会显示 HTML 的版本，第 1 种写法采用的是 HTML 4.01 版本；第 2 种写法采用的是 XHTML 1.0 版本；第 3 种写法没有任何文档类型声明，表示 HTML5 版本，是专门为 HTML5 设计的。HTML5 简化了基于标准模式的网页开发流程，其优点是，即使未实现 HTML5 标准，所有主流浏览器也都会检查文档类型声明，然后将内容切换到标准模式，这就意味着现在编写的 HTML5 网页，不需要担心将来 HTML5 的文档类型声明规范出来后出现兼容性问题，即使用 HTML5 的<!doctype>文档类型声明，会触发浏览器以标准兼容模式来显示页面。

2．<html>标记

<html>标记位于<!doctype>标记之后，也称为根标记，用于告知浏览器这是一个 HTML 文档，限定了文档的开始点和结束点，在该标记之间是文档的头部和主体内容。该标记有一个属性和值，即 lang="zh-cn"，表示文档采用的语言为简体中文，如果是英文，则 lang="en"。

3．<head>标记

<head>标记用于定义 HTML 文档的头部信息，是网页的描述性信息，一个 HTML 页面只能包含一对<head>标记。存放在<head></head>标记之间的标记称为头部标记，头部标记中描述的信息不会显示在页面中，常见的头部标记有以下几种。

1）页面标题标记<title>

<title>标记用来定义网页文档的标题，语法格式为<title>标题</title>。

【例 2-3】<title>标记所包含的“网站首页”会在浏览器的标题栏左上角显示出来，显示效果如图 2-6 所示。

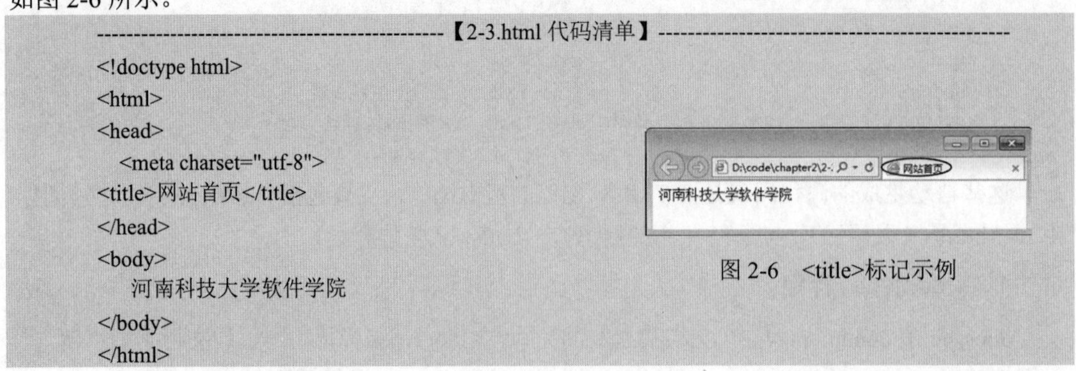

```
------------------------------------------【2-3.html 代码清单】------------------------------------------
<!doctype html>
<html>
<head>
  <meta charset="utf-8">
<title>网站首页</title>
</head>
<body>
   河南科技大学软件学院
</body>
</html>
```


图 2-6　<title>标记示例

2）元信息标记<meta>

<meta>标记通过设置属性来定义文件信息的名称、内容等有关页面的元信息（Meta-

Information），比如针对搜索引擎和更新频度的描述和关键词。<meta>标记有一个很重要的功能就是通过设置关键词来帮助主页被各大搜索引擎登录，提高网站的访问量。在这个功能中，重要的是对 keywords（分类关键词）和 description（站点在搜索引擎上的描述）的设置。搜索引擎的工作原理为：首先派出机器人自动检索页面中的 keywords 和 description，并将其加入自己的数据库中，然后根据关键词的密度将网站排序。因此，必须设置好关键词，才能提高页面的点击率。

<meta>标记的属性定义了与文档相关联的名称/值对，常用的属性如下。

（1）http-equiv：生成一个 HTTP 标准域，把 content 属性关联到 HTTP 头部，content 中的内容其实就是各个参数的变量值。它可以向浏览器传回一些有用的信息，以帮助其正确和精确地显示网页内容。http-equiv 属性主要有以下几个值。

① refresh：自动刷新并指向新页面，刷新时间的单位为秒。

例如：

```
<meta http-equiv = "refresh"   content = "5"/>
<meta http-equiv = "refresh" content = "3; url = "http://www.hau**.com" />
```

第1种表示每隔5秒网页自动刷新一次。第2种表示3秒之后自动跳转到http://www.hau**.com网站。

② expires：设定网页的缓存到期时间，如果超过设定的时间，则用户再次访问网页时必须到服务器上重新调用。需要注意的是，必须使用 GMT 时间格式。

例如：

```
<meta http-equiv = "expires" content = "Wed,26 Feb 2021 08:21:57 GMT " />
```

③ set-cookie：设定 cookie，如果网页过期，存盘的 cookie 将被删除。需要注意的是，必须使用 GMT 时间格式。

例如：

```
<meta http-equiv = "set-cookie" content = " Wed,26 Feb 2021 08:21:57 GMT " />
```

④ Content-Type：表示网页内容类型。

例如：

```
<meta http-equiv = "Content-Type" content = "text/html" />
```

（2）name：主要用于描述网页，对应于 content（网页内容），以便于网上机器人查找、分类（目前几乎所有的搜索引擎都使用网上机器人自动查找 meta 值来给网页分类）。其中，重要的是对 description 和 keywords 的设置，所以应该给每个网页加一个 meta 值。name 属性常用值有以下几个。

① generator：表示生成工具。

例如：

```
<meta name = "generator"   content = "记事本" />
```

表示生成工具为记事本。

② keywords：定义关键词。

例如：

```
<meta name = "keywords" content = "网页设计，网页教程" />
```

向搜索引擎说明网页的关键词为“网页设计”和“网页教程”。

③ description：定义描述，用来告诉搜索引擎网站的主要内容。

例如：

```
<meta name = "description" content = "这是一个关于网页设计的网站。" />
```

④ author：定义作者，标注网页的作者。

例如：

```
<meta  name = "author"  content = "张三" />
```

⑤ revised：定义页面的最新版本。

例如：

```
<meta name = "revised" content = "Tom, 2021-05-10" />
```

（3）content：表示网页内容。

（4）charset：定义字符集，文档的字符编码。

在 HTML 4.01 中需这样写：

```
<meta http-equiv = "Content-Type" content = "text/html; charset = utf-8"/>
<meta http-equiv = "content-Language" content = "zh-cn" />
```

在 HTML5 中的写法如下：

```
<meta charset = "utf-8">
```

支持中文的字符编码有 utf-8 和 gb2312 两种，前者为国际中文编码，后者为简体中文编码。这里需要注意一点，用文本文档创建网页，如果指定字符编码为 utf-8，网页显示则可能出现乱码情形。

【例 2-4】利用记事本创建网页，进行字符编码测试。

```
----------------------------------------------【2-4.html 代码清单】----------------------------------------------
<!doctype html>
<html>
<head>
  <meta charset = "utf-8">
  <title>字符编码测试</title>
</head>
<body>
  字符编码测试
</body>
</html>
```

选择记事本菜单栏中的“文件”→“保存”命令，弹出如图 2-7 所示的“另存为”对话框。从图 2-7 中可以看出，利用记事本创建的网页的源代码在保存时默认的编码方式是“ANSI”，单击“保存”按钮之后通过浏览器打开网页，显示效果如图 2-8 所示，网页出现了乱码。

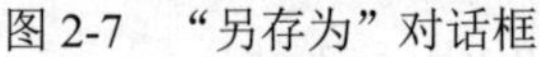

图 2-7　“另存为”对话框

图 2-8　网页出现乱码

要解决乱码问题，在保存网页时需要选择“UTF-8”编码方式，如图 2-9 所示。保存之后打开网页，显示效果如图 2-10 所示。

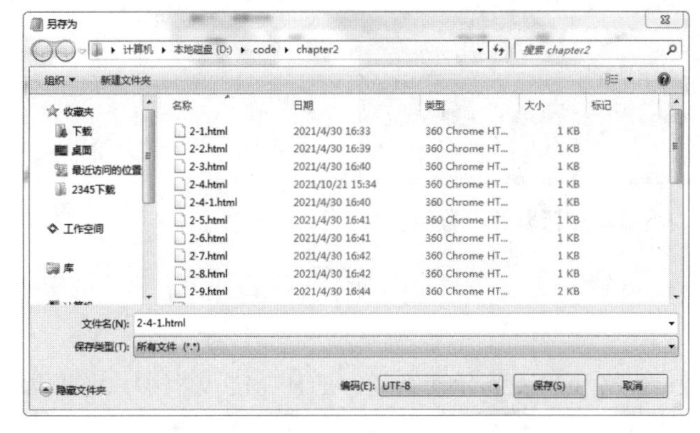

图 2-9　选择“UTF-8”编码方式

图 2-10　网页正常显示

注意：

<head></head>标记之间的头部标记用来存放描述文档和关联其他文档的标记，在具体编写的时候要注意放置的顺序，否则会影响网页加载的速度。

4．<body>标记

<body>又称为主体标记，用于定义文档的主体，网页中所要显示的内容都要放在这个标记内，如文本、超链接、图像、表格、列表等。在后面章节中所介绍的 HTML5 标记都将放在这个标记内。

一个 HTML 页面只能包含一对<body>标记，且<body>标记必须放在<html>标记内，位于<head>标记之后，与<head>标记是并列关系。

另外，在<body>标记中可以加入表 2-2 中的常用属性，对整个文档进行相应的设置（如网页的背景颜色或背景图像等）。

表 2-2　<body>标记常用属性及其描述

属　　性	描　　述	属　　性	描　　述
alink	活动超链接的颜色	bgcolor	网页的背景颜色
link	未访问超链接的默认颜色	background	网页的背景图像
vlink	已访问超链接的默认颜色	leftmargin	网页的左边距
text	所有文本的颜色	topmargin	网页的上边距

【例 2-5】<body>标记属性的设置。

```
---------------------------------------------【2-5.html 代码清单】---------------------------------------------
<!doctype html>
<html>
<head>
   <meta charset = "utf-8">
   <title>body 标记属性的使用</title>
</head>
<body leftmargin="50" topmargin="40" text= "red" bgcolor="yellow" >
这是一个简单的 HTML 网页，通过 body 标记的属性设置了左边距、上边距、文本颜色和网页背景颜色。
</body>
</html>
```

在浏览器中的显示效果如图 2-11 所示。

图 2-11　<body>标记属性设置示例

2.3　HTML5 常用标记

一个网页通常由文本、超链接、图像、表格和列表等元素组成，在 HTML 文档中，这些网页元素是通过 HTML 标记来定义的。网页中<body>主体标记之间的标记根据其状态，默认分为两大类：一类是可以自动换行的标记，称为“块级元素标记”，其特点是另起一行开始，高度、行高以及顶部、底部边距都可控制，如<center>、<table>、<form>、<div>、<hr>、<ul>、<p>等标记都是块级元素标记，块级元素标记一般用于网页布局；另一类是不能自动换行的标记，称为“行内元素标记”，其特点是所有元素都在一行，高度、行高以及顶部、底部边距不可改变，如<a>、
、<b>、<input>、<img>、<label>、<select>等标记都是行内元素标记，行内元素标记不可用于网页布局。

2.3.1　文本控制标记

在一个网页中文本往往占有较大的篇幅，为了让文本能够排版整齐、结构清晰，HTML5 提供了一系列文本控制标记。

1．标题标记

这里所谓的标题，是指网页内文本的标题，而不是利用<title>标记设置的网页标题。HTML5 提供了 6 个等级的文本标题，即<h1>到<h6>标记，用于在页面中设置各级标题。例如：

```
<h1>表示一级标题</h1>
<h2>表示二级标题</h2>
    ……
<h6>表示六级标题</h6>
```

随着数字的增加，标题的级别递减，字号递减。在页面中加入的标题文本，默认加粗左对齐，可以在标题标记中加入 align 属性来控制标题在水平方向上的对齐方式，其属性值及其描述如表 2-3 所示。

表 2-3　align 属性值及其描述

属 性 值	描　述	属 性 值	描　述
center	水平居中	left	左对齐
justify	两端对齐	right	右对齐

【例 2-6】标题标记的使用。

```
-------------------------------------------- 【2-6.html 代码清单】 --------------------------------------------
<!doctype html>
<html>
<head>
  <meta charset = "utf-8">
  <title>标题标记</title>
</head>
```

```
<body>
  <h1 align="center">我是一级标题 h1</h1>
  <h2>我是二级标题 h2</h2>
  <h3 align="right">我是三级标题 h3</h3>
  <h4>我是四级标题 h4</h4>
  <h5>我是五级标题 h5</h5>
  <h6>我是六级标题 h6</h6>
</body>
</html>
```

在浏览器中的显示效果如图 2-12 所示。

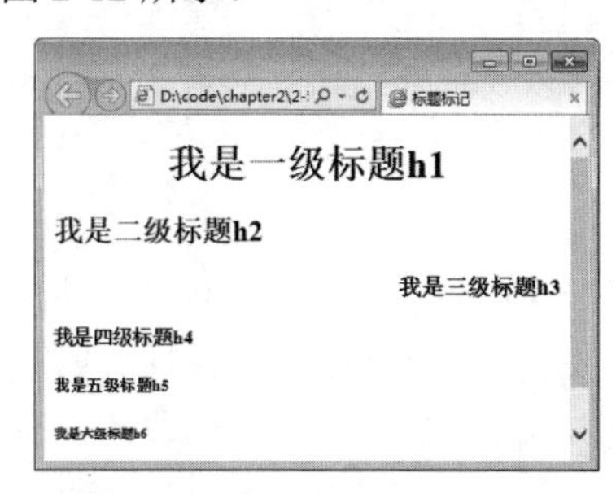

图 2-12　标题标记示例

> **注意：**
>
> 一般在一个页面里面只使用一个<h1>标记，常常被用在页面的 Logo 部分，有利于搜索引擎优化，可以使用多个其他标题标记。另外，由于<h1>到<h6>标记拥有确切的语义，因此不可用标题标记来设置文本的加粗和改变文本的大小。

2．段落相关标记

（1）段落标记<p>用来定义网页中的一段文本，利用该标记可以将网页中的文本有条理地显示出来，通过段落标记可以使段落文本自动换行。例如：

```
<p>文本段落一</p>
<p>文本段落二</p>
<p>文本段落三</p>
```

段落标记中也可以加入 align 属性来控制段落文本在水平方向上的对齐方式，其属性值及其描述与表 2-3 相同。

（2）换行标记
可以使文本强制性换行，即该标记会插入一个换行符。

在一般的文字处理软件中，只要按键盘上的 Enter 键就可以产生换行，但是在 HTML 文档中按 Enter 键换行是无效的，在浏览器中实际只是多出了一个空白的字符，必须用特定的
标记来产生换行。

【例 2-7】<p>标记和
标记的使用。

```
----------------------------------------------【2-7.html 代码清单】----------------------------------------------
<!doctype html>
<html>
<head>
  <meta charset="utf-8">
  <title>p 标记和 br 标记的使用</title>
</head>
<body>
  <h2 align="center">下面是 p 标记的使用</h2>
```

```
    <p align="center">清平调</p>
    <p align="center">云想衣裳花想容，</p>
    <p align="center">春风拂槛露华浓。</p>
    <p align="center">若非群玉山头见，</p>
    <p align="center">会向瑶台月下逢。</p>
    <h2 align="center">下面是 br 标记的使用</h2>
    <p align="center">
      清平调<br>
      云想衣裳花想容，<br>
      春风拂槛露华浓。<br>
      若非群玉山头见，<br>
      会向瑶台月下逢。<br>
    </p>
  </body>
  </html>
```

在浏览器中的显示效果如图 2-13 所示，可以看出，在默认情况下，在浏览器中不同段落的文本会自动换行，段落之间会有一定的间距，以便区分出文本的不同段落，而
标记仅仅用于文本换行，有些设计者用<p>标记来进行换行是不好的习惯，正确的应使用
标记。

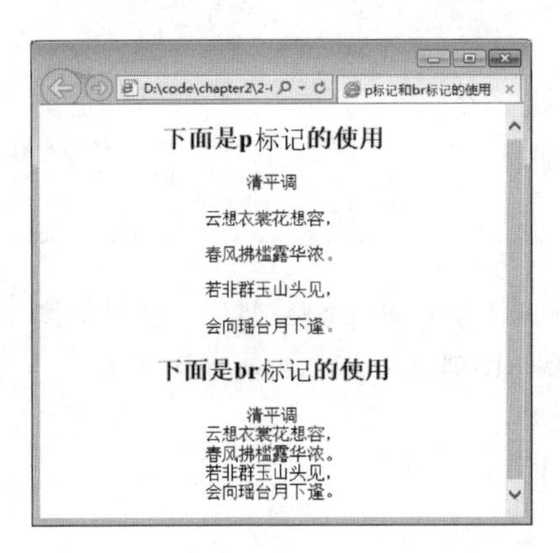

图 2-13　<p>标记和
标记示例

3. 文本修饰标记

在网页中有时需要为文本设置粗体、斜体和下画线等效果，HTML5 有专门的文本修饰标记，使得文本以特殊的方式显示，常用的文本修饰标记如下。

（1）粗体标记<b>和<strong>，虽然两个标记在表现形式上都是让文本加粗，但是<strong>标记用于定义强调的文本。

（2）斜体标记<i>和<em>，定义文本中的斜体字体。与<strong>标记类似，<em>标记不仅表示字体为斜体，更表示强调文本。

（3）删除标记<del>，定义文本以加删除线方式显示。

（4）下画线标记<ins>，定义文本以加下画线方式显示。

（5）拼音注释标记<ruby>、<rt>、<rp>，<ruby>标记用于定义注释，<rt>标记用于定义注释的解释，<rp>标记用于定义浏览器不支持 ruby 元素显示的内容。

【例 2-8】文本修饰标记的使用。

```
---------------------------------------------【2-8.html 代码清单】---------------------------------------------
<!doctype html>
<html>
<head>
    <meta charset="utf-8">
    <title>文本修饰标记的使用</title>
</head>
<body>
   <h1>
    <ruby>
        <rb>文本修饰标记</rb>
        <rp>(</rp>
        <rt>wen ben xiu shi biao ji </rt>
```

```
            <rp>)</rp>
          </ruby>
        </h1>
        <p><b>使用 b 标记定义文本加粗</b></p>
        <p><strong>使用 strong 标记定义强调的文本</strong></p>
        <p><i>使用 i 标记定义文本</i>倾斜</p>
        <p><em>使用 em 标记定义强调的文本</em></p>
        <p><del>使用 del 标记定义文本加删除线</del></p>
        <p><ins>使用 ins 标记定义文本加下画线</ins></p>
    </body>
    </html>
```

在浏览器中的显示效果如图 2-14 所示，为文本分别应用不同的文本修饰标记，可使文本产生特殊的显示效果。

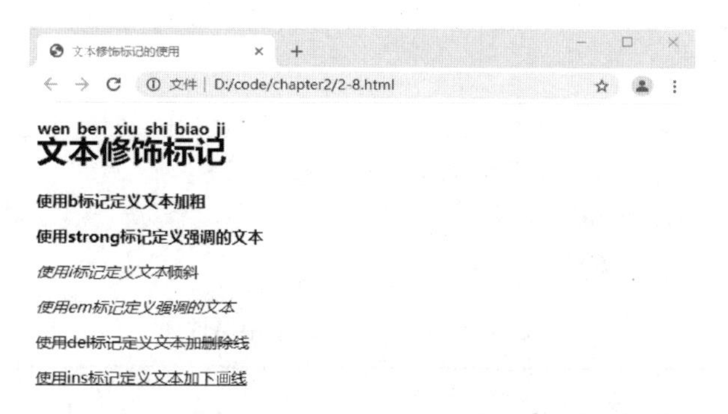

图 2-14　文本修饰标记示例

其他常用的文本修饰标记如表 2-4 所示。

表 2-4　其他常用的文本修饰标记

代　　码	呈 现 结 果	代　　码	呈 现 结 果
^{上标}	上标	<code>原始码</code>	原始码
_{下标}	下标	<var>变数</var>	*变数*
<samp>范例</samp>	范例	<dfn>定义</dfn>	*定义*
<mark>突出显示文本</mark>	突出显示文本	<q>加双引号</q>	"加双引号"

4．插入特殊字符

网页中的内容不仅包含普通文本，还可能包含数学公式、化学符号、版权符号等特殊字符。由于这些字符在 HTML 里有特别的含义，比如小于号“<”表示 HTML 标记的开始，因此这个小于号无法显示在最终看到的网页中。如果用户希望在网页中显示一个小于号，就要用到 HTML 字符实体。

一个字符实体分成三部分：第一部分是一个“&”符号，英文叫 ampersand；第二部分是实体名字或者“#”加上实体编号；第三部分是一个分号。例如，要显示双引号，就可以写成“"”或者“"”。

用实体名字的好处是容易理解，但是其缺点在于并不是所有的浏览器都支持最新的实体名字，而对于实体编号，各种浏览器都能处理。另外，HTML 文档中的内容如果超过一个空格，则会被看作一个空格处理。例如，用户在两个字符之间加了 50 个空格，HTML 会截去 49 个空格，只保留一个。想要在网页中增加空格，可以使用“ ”字符实体。表 2-5 给出了一些常用特殊字符的实体表示方式。

表 2-5　常用特殊字符的实体表示方式

字　符	说　明	实 体 名 字	十进制字符编号
	显示一个空格		
<	小于号	<	<
>	大于号	>	>
&	&符号	&	&
"	双引号	"	"
©	版权	©	©
®	注册商标	®	®
×	乘号	×	×
÷	除号	÷	÷

5. 水平分隔线标记

在网页中常常会看到一些水平分隔线将页面中的元素隔开，使得页面看起来更清晰，层次更分明。利用<hr>标记可以创建网页中的水平分隔线。例如：

```
<hr  size="3"  color="#ff0000">
```

<hr>标记的常用属性如表 2-6 所示。

表 2-6　<hr>标记的常用属性

属　性	属 性 值	描　述
align	left、center、right，默认值为 center，表示居中对齐	设置水平分隔线的对齐方式
size	以 px 为单位，默认值为 2	设置水平分隔线的粗细
color	可用颜色名称、6 位十六进制#RGB、rgb(r,g,b)	设置水平分隔线的颜色
width	整数（单位为 px）或百分比（相对于浏览器窗口），默认值为 100%	设置水平分隔线的宽度

【例 2-9】利用文本控制标记实现如图 2-15 所示的页面效果。

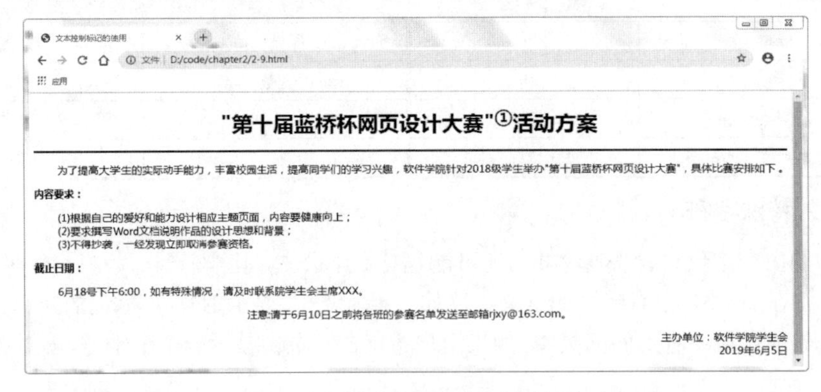

图 2-15　文本控制标记示例效果

```
------------------------------------------------【2-9.html 代码清单】------------------------------------------------
<!doctype html>
<html>
<head>
  <meta charset="utf-8">
  <title>文本控制标记的使用</title>
</head>
<body>
  <h1 align="center">"第十届蓝桥杯网页设计大赛"<sup>①</sup>活动方案</h1>
```

```
        <hr color="#0000ff" size="3">
        <p>        为了提高大学生的实际动手能力，丰富校园生活，提高同学们的学习兴趣，软件学院针对 2018 级学生举办“第十届蓝桥杯网页设计大赛”，具体比赛安排如下。</p>
        <p><b>内容要求：</b></p>
                (1)根据自己的爱好和能力设计相应主题页面，内容要健康向上；<br>
                (2)要求撰写 Word 文档说明作品的设计思想和背景；<br>
                (3)不得抄袭，一经发现立即取消参赛资格。
        <p><b>截止日期：</b></p>
        <p>        6 月 18 号下午 6:00，如有特殊情况，请及时联系院学生会主席×××。</p>
        <p align="center">注意:请于 6 月 10 日之前将各班的参赛名单发送至邮箱 rjxy@163.com。</p>
        <p align="right">
        主办单位：软件学院学生会<br>
        2019 年 6 月 5 日
        </p>
    </body>
    </html>
```

2.3.2　图像标记

图像是网页中不可缺少的元素，它能使网页充满生机，有时还可以巧妙地表达出网页的主题。带有精美图像的网页不但能引起访问者对网页浏览的兴趣，而且在很多时候通过图像及相关颜色的搭配可以表达出网站的特定风格。目前在网页上使用的图像格式主要有 GIF、PNG 和 JPG 3 种，一般来说，JPG 格式是为照片图像设计的文件格式，网页中类似照片图像（如横幅广告、商品图片、较大的插图）的图像可以保存为 JPG 格式。而主要由线条构成、颜色种类比较单一的图像，通常适合保存为 GIF 格式。中小型图片、图标、按钮等考虑保存为 GIF 格式或 PNG 格式。

在网页中可以利用<img>标记将图像插入网页中。

【例 2-10】利用<img>标记将图像插入网页中。

```
----------------------------------------------【2-10.html 代码清单】----------------------------------------------
<!doctype html>
<html>
<head>
  <meta charset="utf-8">
  <title>img 标记的使用</title>
</head>
<body>
  <img src="china1.jpg">
</body>
</html>
```

在浏览器中的显示效果如图 2-16 所示，可以看出，利用<img>标记在网页中插入图像，其中 src 属性是该标记的必需属性，它用来描述图像的保存位置和名称。在【例 2-10】中，插入的图像与当前的 HTML 文档处在同一目录下，如果不在同一目录下，图像在网页中是显示不出来的，这时就必须使用路径的方式来

图 2-16　<img>标记示例

指定图像的保存位置。

计算机中的文件都是按照层次结构保存在一级一级的文件夹中的，这就如同学校分为若干个年级，每个年级又分为若干个班级一样。

根据描述文件路径的方式，文件路径通常分为以下两种：一种是相对路径，即从自己的位置出发，依次说明到达目标文件的路径；另一种是绝对路径，即先指明最高级的层次，然后依次向下说明到达目标文件的路径。

网页中的文件路径也是类似的，可以分为以下两种。

（1）如果图像文件在本网站内部，通常采用相对路径，即以要显示该图像的网页文件为起点，通过层次关系描述图像的位置。文件存储的层次结构如图 2-17 所示。

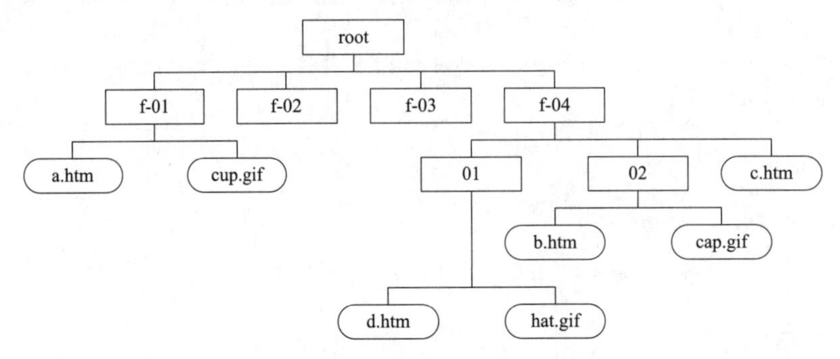

图 2-17　文件存储的层次结构

① 如果 f-01 文件夹中的 a.htm 文件需要显示同一个文件夹中的 cup.gif 文件，则<img src="cup.gif" />。

② 如果 f-04 文件夹的 02 文件夹中的 b.htm 文件需要显示同一个文件夹中的 cap.gif 文件，则<img src="cap.gif" />。

③ 如果 f-04 文件夹中的 c.htm 文件需要显示 02 文件夹中的 cap.gif 文件，则<img src="02/cap.gif" />。

④ 如果 f-04 文件夹的 02 文件夹中的 b.htm 文件需要显示 01 文件夹中的 hat.gif 文件，则<img src="../01/hat.gif" />。

⑤ 如果 f-04 文件夹的 02 文件夹中的 b.htm 文件需要显示 f-01 文件夹中的 cup.gif 文件，则<img src="../../f-01/cup.gif" />。

⑥ 如果 f-01 文件夹中的 a.htm 文件需要显示 f-04 文件夹的 02 文件夹中的 cap.gif 文件，则<img src="../f-04/02/cap.gif" />。

其中，“/” 表示层次关系，即下一级的意思；“..” 表示上一级文件夹。

（2）如果图像不在本网站内部，通常使用以“http://” 开头的 URL（统一资源定位符）来描述图像文件的路径。例如：

```
<img src="http://www.bai**.com/img/baidu_sylogo1.gif " />
```

在网页中显示的图像来自 http://www.bai**.com 网站。

除了可以利用<img>标记的 src 属性，还可以利用其他属性来对图像进行更灵活的设置，<img>标记的属性如表 2-7 所示。

表 2-7　<img>标记的属性

属　性	属 性 值	描　述
src	url	图像的路径

续表

属　性	属 性 值	描　　述
alt	文本	图像不能显示时的替换文本
title	文本	鼠标指针悬停到图像上时显示的内容
width	整数（单位为 px 或%）	设置图像的宽度
height	整数（单位为 px 或%）	设置图像的高度
border	数字	设置图像边框的宽度
vspace	数字（单位为 px）	设置图像上下的空白（垂直边距）
hspace	数字（单位为 px）	设置图像左右的空白（水平边距）
align	left	将图像对齐到左边，默认值
	right	将图像对齐到右边
	top	将图像的顶端和文本的第一行对齐，其他行文本在图像下方
	middle	将图像的垂直中线和文本的第一行对齐，其他行文本在图像下方
	bottom	将图像的底端和文本的第一行对齐，其他行文本在图像下方

下面对这些属性的注意事项进行讲解。

（1）alt 属性：设置图像的替代文本，主要用于图像无法正常显示，如图像加载错误、浏览器版本过低时，告诉用户该图像的信息。另外，谷歌和百度等搜索引擎在收录页面时，会通过图像的 alt 属性的属性值来分析网页的内容，因此在制作网页时为图像添加 alt 属性，更有利于搜索引擎的优化。

（2）width、height 属性：设定图像的宽度和高度。如果不设定宽度和高度，则显示为默认尺寸；设定宽度和高度后，则按照设置强制显示；只设定宽度或高度中的一项，另一项会按照该项等比例缩放。属性值可以是数值，表示像素数；也可以是百分数，表示图像相对于当前窗口大小的百分比显示。

（3）当文本与图像在一起时，在默认情况下图像的底部会相对文本的第一行对齐，如果想实现图像和文本环绕的效果，需要设置图像的 align 属性。

【例 2-11】<img>标记属性的使用。

```
---------------------------------------------【2-11.html 代码清单】---------------------------------------------
<!doctype html>
<html>
<head>
  <meta charset="utf-8">
  <title>img 标记属性的使用</title>
</head>
<body>
  <h3 align="center">老君山</h3>
  <img src="laojunshan1.png" width="200" height= "150" title="老君山" align="top" hspace="10">
  春秋时期，被公认为道教始祖的老子李耳到此归隐修炼，使之成为“道源”（道教起源地）和“祖庭”（祖师之庭）。
北魏始于其上建老君庙以纪念，自北魏起，老君山从山门七里坪入口处起，有太清宫、十方院、灵官殿、淋醋殿、牧羊圈、救苦殿、传经楼、观音殿、三清殿、老君庙等庙宇。历代毁毁修修现存 6 处，以顶峰老君庙最为壮观。
唐贞观十一年（637 年），唐太宗派尉迟敬德重修景室山铁顶老君庙，并赐名为“老君山”。
  <img src="laojunshan2.png" width="30%" alt="老君山图像" align="right" vspace="10">
  明万历三十一年（1603 年），明神宗诏谕老君山为“天下名山”，并发帑金建殿，成为历史上唯一被皇封为“天下名山”的中国山脉，同时是道教中历史最长的山脉。
1997 年，由国务院批准建立国家级自然保护区。
```

```
        老君山森林覆盖率达 97%，空气中负氧离子含量平均每立方厘米 3.6 万个，有国家级保护动植物 102 种，有中草药 830 种之多，被称为国家中草药基因库。
    </body>
    </html>
```

在浏览器中的显示效果如图 2-18 所示，可以看出利用<img>标记的相关属性可以实现图文混排的效果。

图 2-18　<img>标记属性示例

在实际应用中，不推荐使用<img>标记的 border、vspace、hspace 及 align 属性，推荐使用后面讲到的 CSS 样式来设置相应效果。

2.3.3　超链接标记

网页通常成组出现，并且这组网页之间通过超链接相互组织成为反映某个主题的网站，即超链接是网页的灵魂，通过网页上的超链接，访问者可以从一个网页进入另一个网页，从一个网站进入另一个网站，也可以在网页中下载资料，充分体验网上冲浪的乐趣。

在 HTML 中，利用<a>标记在网页中创建超链接，一般语法格式如下：

```
<a href = "URL" >超链接的文字或图像</a>
```

例如：

```
<a href = "chapter2/2-5.html">链接到一个页面</a>
<a href = "#">空超链接</a>
```

文字添加超链接后，默认显示为加下画线的蓝色字体。如果要为图像添加超链接，可以用<a>标记来包含<img>标记，例如：

```
<a href = "#"><img src = "haust.jpg" /></a>
```

图像添加超链接后，在低版本的浏览器中会自动添加一个黑色的边框，如果想去除边框则在图像中设置 border="0"即可。

除此之外，音频、视频都可以添加超链接。

1. 超链接标记的属性

<a>标记常用的属性如下。

（1）href 属性：<a>标记最重要的属性，指定超链接的目标资源地址，可以是绝对地址也可以是相对地址。

若要链接的是网站内部的文件，则把 href 属性值设置为目标文件的相对路径。例如：

```
<a href = "chapter2/网页设计与制作.doc">下载 Word 文档</a>
```

```
<a href = "chapter2/网页设计与制作.ppt">下载 PPT 文档</a>
```

若要链接的是网站外部的文件，则把 href 属性值设置为目标文件的绝对路径。例如：

```
<a href = "http://wy.hau**.edu.cn/bk/bk.html">河南科技大学外语学院</a>
```

若将 href 属性值设置为“#”，则表示该超链接为空超链接。

链接的文件可以是任意类型，如.html、.jpg、.word、.ppt、.zip 等，其中，如果链接的是页面文件，则直接打开该页面。

（2）target 属性：设定链接页面显示的目标窗口，在默认情况下，目标页面在同一个窗口中显示。属性值为“_blank”，表示在新窗口中打开；属性值为“_self”，表示在当前窗口中打开；属性值为“_top”，表示在当前新窗口中打开；属性值为“_parent”，表示在上一级窗口中打开。例如：

```
<a href = "http://rj.hau**.edu.cn"   target = "_blank" >
河南科技大学软件学院
</a>
```

（3）title 属性：设置鼠标指针经过超链接时显示的文本。

【例 2-12】<a>标记属性的使用。

```
----------------------------------------------【2-12.html 代码清单】----------------------------------------------
<!doctype html>
<html>
<head>
  <meta charset="utf-8">
  <title>a 标记属性的使用</title>
</head>
<body>
  <a href = "http://www.bai**.com" target = "_blank"   title = "百度">百度</a>
  <a href="http://www.hau**.edu.cn"><img src="haust.jpg"></a>
</body>
</html>
```

在浏览器中的显示效果如图 2-19 所示，单击文字“百度”时，会在新窗口中打开百度页面。

图 2-19　<a>标记属性示例

（4）media 属性：规定目标 URL 的媒介类型，默认值为 all，仅在 href 属性存在时使用。例如，提示目标文档可能适应打印机、显示器、语音合成器等。

（5）hreflang 属性：设置或返回被链接资源的语言代码。例如：

```
<a href = " http://www.hau**.edu.cn"   hreflang = "zh">河南科技大学</a>
```

（6）type 属性：指定链接文档的类型，提示客户端应该用何种软件打开该链接文档。例如，下面的代码表示链接的是一个 Word 文档：

```
<a href = "/word1.doc"   type = "application/msword">下载 word1.doc</a>
//当打开这个超链接时，浏览器就会下载 word1.doc 文档
```

（7）name 属性：指定元素的名称，可用于设置网页中的某个位置（锚点）。

2．创建页面内部超链接（锚点超链接）

超链接不仅可以实现页面之间的跳转，也可以实现同一页面内的跳转，即当某页面的内容很多时，可以利用网页的内部超链接，使访问者快速找到需要的内容。

【例 2-13】页面内部超链接的使用。

```
------------------------------------------------ 【2-13.html 代码清单】 ------------------------------------------------
<!doctype html>
<html>
<head>
<meta charset="utf-8">
<title>页面内部超链接</title>
</head>
<body>
<a name="top"></a><h1>学院介绍</h1>
<p><a href="#jd">机电工程学院</a></p>
<p><a href="#cl">材料科学与工程学院</a></p>
<p><a href="#jt">车辆与交通工程学院</a></p>
<p><a href="#xg">信息工程学院</a></p>
<a name= "jd"></a><h3>机电工程学院概况</h3>
<p>    春华秋实，岁月如歌。河南科技大学机电工程学院的前身是1958年组建初期设立的机械系，至今已走过了半个多世纪的风雨历程，河洛传统文化的滋养，民主与科学精神的熏陶，产学研合作办学道路成就了学院的辉煌。五十多年来，学院以我国机械工业的振兴和科技强国为己任，以培养高素质应用型创新人才为根本，形成了“诚信，博学，创新，敏行”的院风，重点围绕机械工程一级学科，着力建设以机电学科为主导，轴承、齿轮、液压、数控专业方向特色鲜明，测控技术与仪器、工业工程等多专业协调发展，在河南及全国机械行业有较高知名度，师资队伍结构较为合理、实验手段较先进、以本科教学为主、稳步发展研究生教育的教学研究型学院。学院先后为国家培养了 1 万多名高级工程技术人才，他们中的多数已成为各行各业的中坚和骨干，为我国的机械工业、国防工业、航空航天和现代化事业做出了重要贡献。
<p align="right"><a href="#top">返回</a></p>
<a name= "cl"></a><h3>材料科学与工程学院概况</h3>
<p>    材料科学与工程学院成立于 1958 年，并开始招收本科生，1983 年起招收研究生，具有一级学科博士学位授予权和一级学科博士后流动站。材料科学与工程学院是河南省材料科学研究领域的优势单位，长期以来，学院遵循“突出特色，提高水平，直接为行业和地方经济建设服务”的指导思想，立足河南、面向全国，致力于材料科学与工程领域新材料、新技术、新工艺的研究开发，形成了特色鲜明的科学研究方向。</p>
<p align="right"><a href="#top">返回</a></p>
<a name= "jt"></a><h3>车辆与交通工程学院概况</h3>
<p>    学院下设 “车辆工程”、“能源与动力工程”和“交通运输”3 个本科专业，均为一本招生，其中“能源与动力工程”专业下设汽车发动机、制冷与空调和热能工程 3 个专业方向。车辆工程教学团队为国家级教学团队，车辆工程专业为国家级特色专业，河南省专业综合改革试点；能源与动力工程专业为省级特色专业。车辆工程为教育部第二批本科专业和研究生层次学科领域卓越工程师教育培养计划专业，能源与动力工程为教育部第三批卓越工程师教育培养计划专业，车辆工程专业卓越工程师班单独招生。学院拥有机械工程（车辆工程）博士学位授权点、动力工程及工程热物理 1 个一级学科硕士学位授权点，车辆工程、动力机械及工程、制冷及低温工程、热能工程、工程热物理、载运工具运用工程 6 个二级学科硕士学位授权点，其中机械工程（车辆工程）、动力工程及工程热物理学科为省一级重点学科，载运工具运用工程为省二级重点学科。</p>
<p align="right"><a href="#top">返回</a></p>
<a name= "xg"></a><h3>信息工程学院概况</h3>
<p>    学院现有控制科学与工程一级学科博士学位授予权，并设有一级学科博士后科研流动站；有控制科学与工程、计算机科学与技术、信息与通信工程、软件工程 4 个一级学科硕士学位授权点；有控制工程、计算机技术等领域工程硕士专业学位授予权。上述各硕士点学科同时拥有同等学力人员申请硕士学位和高等学校教师硕士学位授予权。有 1 个控制领域国防特色学科，控制科学与工程、计算机科学与技术、信息与通信工程 3 个河南省重点学科、2 个河南省特聘教授设岗学科。</p>
<p align="right"><a href="#top">返回</a></p>
</body>
</html>
```

在浏览器中的显示效果如图 2-20 和图 2-21 所示。

图 2-20　单击“机电工程学院”超链接前的效果

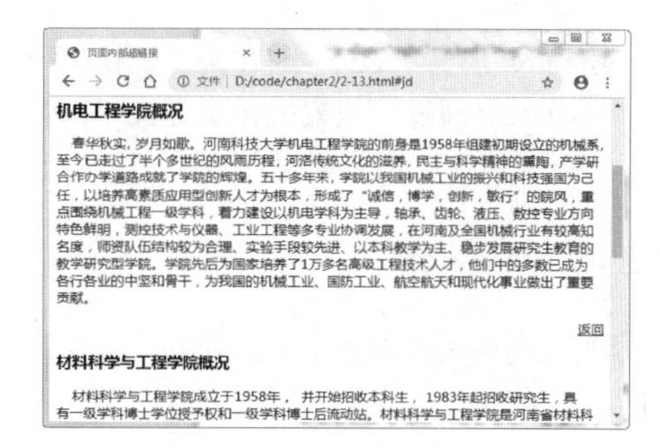

图 2-21　单击“机电工程学院”超链接后的效果

注意：

在【例 2-13】中，以粗体显示的代码表示首先要在超链接的地方设置跳转的目标，语法格式为<a href="#目标名称">超链接文字</a>，即表示要跳转到页面内部哪个目标名称的位置上，然后设置相应的跳转目标位置（锚点），如<a name="目标名称">锚点文字</a>，也可以是<a id="目标名称">锚点文字</a>。

3. 创建电子邮件超链接

在某些网页中，单击某个超链接以后，会自动打开电子邮件客户端软件，向某个特定的E-mail地址发送邮件。此类超链接类似于URL的链接方式，例如：

```
<a href="mailto:×××××@163.com">请联系我们<a>
```

4. 创建图像的热点区域超链接

所谓图像的热点区域就是将一幅图像划分出若干个超链接区域，当访问者单击不同的区域时，就会链接到不同的目标页面。

在HTML中可以使用3种类型的热点区域：矩形、圆形和多边形。例如：

```
<img src = "/map.jpg" usemap = "#ditu" alt = "地图" border= "0" />
<map name = "ditu">
  <area shape = "rect" coords = "0,0,110,260" href = "#" alt = "联盟路" />
  <area shape = "circle" coords = "129,161,10" href = "#" alt = "九都路" />
  <area shape = "poly" coords = "156,187,168,162,160,142"   href = "#" alt = "湖南路" />
</map>
```

创建图像的热点区域超链接需要同时使用<img>、<map>和<area>标记，下面分别对上面的代码进行解释。

（1）<map>标记用来定义图像映射，就是利用name属性来定义带有可单击区域的图像。

（2）<img>标记除了使用src属性插入图像，还可以使用usemap属性引用图像映射的名称，创建图像与映射之间的关系，属性值为<map>标记中name属性值前面再加上“#”。

（3）<area>标记用来定义图像映射中的可单击区域，<area>标记要嵌套在<map>标记中，其属性如下。

① shape属性：设置鼠标单击区域的形状，属性值有rect（矩形）、circle（圆形）和poly（多边形）。

② coords属性：设置可单击区域的坐标，属性值的单位为px。

如果shape = "rect"，则coords属性值分别是矩形的左、上、右、下4条边的坐标。

如果shape = "circle"，则coords属性值分别是圆形的圆心坐标和半径。

如果shape = "poly"，则coords属性值分别是多边形各个顶点的坐标。

③ href 属性：设置可单击区域超链接的 URL。

④ target 属性：设置链接页面显示的目标窗口。

⑤ alt 属性：设置替代文本。

2.3.4 列表标记

为了使网页内容更加结构化和条理化，设计者经常将网页信息以列表的形式呈现，如公司网站首页的新闻、通知，淘宝网首页中的商品分类等。HTML5 提供了 3 种常用的列表标记：<ol>（有序列表标记）、<ul>（无序列表标记）和<dl>（定义列表标记）。

1. <ul>标记

无序列表是网页中最常用的列表，各个列表项之间没有顺序之分。<ul>标记的基本语法格式如下：

```
<ul>
  <li>西红柿</li>
  <li>黄瓜</li>
  <li>土豆</li>
  <li>白菜</li>
</ul>
```

显示效果如图 2-22 所示，每个列表项前面默认显示 • 项目符号。

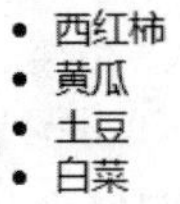

在<ul>标记中可以加入 type 属性来修改项目符号，属性值有 3 个：disk（实心圆）、square（小正方形）、circle（空心圆）。

每个列表项用一对<li></li>标记包括，<li></li>标记之间相当于一个容器，可以包含所有元素。

- 西红柿
- 黄瓜
- 土豆
- 白菜

图 2-22 无序列表示例

2. <ol>标记

有序列表中的各个列表项按照字母或数字等顺序排列。<ol>标记的基本语法格式如下：

```
<ol>
    <li>西红柿</li>
    <li>黄瓜</li>
    <li>土豆</li>
    <li>白菜</li>
</ol>
```

显示效果如图 2-23 所示，每个列表项前面默认显示数字序号。

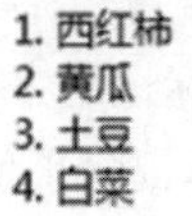

1. 西红柿
2. 黄瓜
3. 土豆
4. 白菜

图 2-23 <ol>标记示例

在<ol>标记中加入相应属性可以来修改列表项前面的符号。

（1）type 属性：设置有序列表符号的类型，其取值如下。

① 1：数字 1,2,3,…；

② a：字母 a,b,c,…；

③ A：字母 A,B,C,…；

④ i：小写罗马数字 i,ii,iii,…；

⑤ I：大写罗马数字 Ⅰ,Ⅱ,Ⅲ,…。

b. 西红柿
c. 黄瓜
d. 土豆
e. 白菜

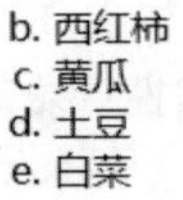

图 2-24 <ol>标记属性示例

（2）start 属性：设置列表项编号从第几个开始。其语法格式如下，显示效果如图 2-24 所示。

```
<ol start="2" type="a">
  <li>西红柿</li>
```

```
    <li>黄瓜</li>
    <li>土豆</li>
    <li>白菜</li>
</ol>
```

（3）reversed 属性：设置列表项编号反向排序。例如：

```
<ol  start = "2" reversed>
  <li>西红柿</li>
  <li>黄瓜</li>
  <li>土豆</li>
  <li>白菜</li>
</ol>
```

显示效果如图 2-25 所示，可以看出，列表项编号从 2 开始进行反向排序。

在使用列表时，无论是有序列表还是无序列表，列表项中都可能包含若干个子列表项，即列表可以进行相互嵌套，代码如下，其显示效果如图 2-26 所示。

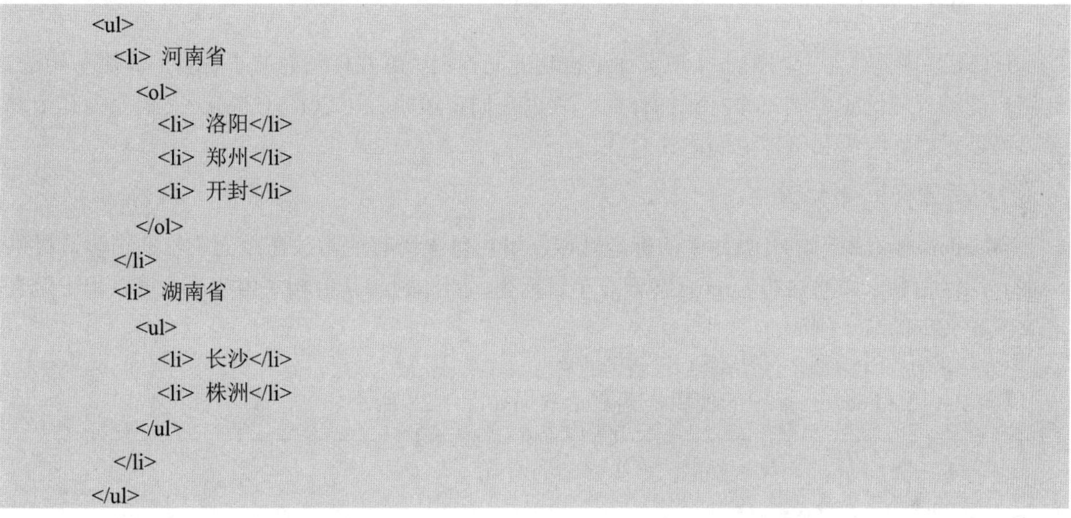

```
<ul>
  <li> 河南省
    <ol>
      <li> 洛阳</li>
      <li> 郑州</li>
      <li> 开封</li>
    </ol>
  </li>
  <li> 湖南省
    <ul>
      <li> 长沙</li>
      <li> 株洲</li>
    </ul>
  </li>
</ul>
```

2. 西红柿
1. 黄瓜
0. 土豆
-1. 白菜

图 2-25　<ol>标记属性示例（2）

- 河南省
    1. 洛阳
    2. 郑州
    3. 开封
- 湖南省
    - 长沙
    - 株洲

图 2-26　列表嵌套示例

3．<dl>标记

利用定义列表可以对术语和名词进行解释和描述，与有序列表和无序列表不同，定义列表的列表项前面没有任何项目符号。<dl>标记的基本语法格式如下：

```
<dl>
  <dt> 名词 1 </dt>
     <dd> 解释 1</dd>
     <dd> 解释 2</dd>
     <dd> 解释 3</dd>
  <dt> 名词 2 </dt>
     <dd> 解释 1</dd>
     <dd> 解释 2</dd>
</dl>
```

显示效果如图 2-27 所示。

名词1
　　解释1
　　解释2
　　解释3
名词2
　　解释1
　　解释2

图 2-27　<dl>标记示例

注意：

<dl>标记用于定义列表，<dt>标记表示术语或名词，<dd>标记用于对术语或名词进行解释和描述，一对<dt>标记可以对应多对<dd>标记。

2.3.5　结构标记

HTML5 中提供了专门用于实现页面结构功能的标记，这些标记封装了各自的作用与用法，让用户能够直观地了解到每个标记的作用，利用它们在逻辑上可以将 HTML 文档分为几个部分，可以更好地组织和整理页面中的内容。

1. 页眉标记<header>

<header>标记用于定义页面中的标题区域，可以包含所有通常放在页面头部的内容，提供一些介绍性信息，如网站的 Logo、搜索表单、标题、副标题或其他相关内容，也可以用于定义正文或正文中的节。例如：

```
<header><h1>walker 石的博客</h1></header>
```

【例 2-14】<header>标记的使用，其显示效果如图 2-28 所示。

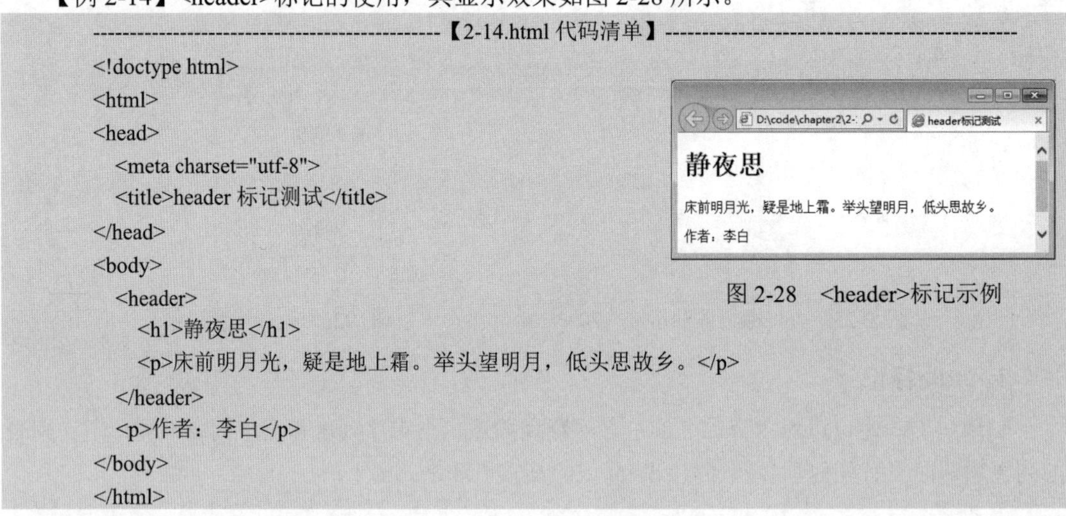


```
-------------------------------------------- 【2-14.html 代码清单】 --------------------------------------------
<!doctype html>
<html>
<head>
  <meta charset="utf-8">
  <title>header 标记测试</title>
</head>
<body>
  <header>
    <h1>静夜思</h1>
    <p>床前明月光，疑是地上霜。举头望明月，低头思故乡。</p>
  </header>
  <p>作者：李白</p>
</body>
</html>
```

图 2-28　<header>标记示例

在 HTML 文档中，不限制<header>标记的个数，可以使用多个<header>标记，也可以为每个内容块添加<header>标记。

2. 导航标记<nav>

<nav>标记用于定义网页中的导航超链接，该标记可以将具有导航性质的超链接放在一个区域中，使页面元素的语义更加明确。例如：

```
<nav>
  <ul>
```

```
        <li><a href="#">首页</a></li>
        <li><a href="#">学院概况</a></li>
        <li><a href="#">招生就业</a></li>
        <li><a href="#">联系我们</a></li>
    </ul>
</nav>
```

通过在<nav>标记中嵌套无序列表标记<ul>来构建导航结构，通常在一个 HTML 文档中可以包含多个<nav>标记，作为页面整体或不同部分的导航（如头部导航、侧边栏导航、页内导航、翻页导航等）。另外需要注意的是，不是将所有的超链接都放进<nav>标记中，只需将主要和基本的超链接放在<nav>标记中即可。

3．章节标记<section>

<section>标记用来为网页文档划分章节，表现文档结构最基本的元素，一个<section>标记通常由内容和标题组成。其代码结构如下，显示效果如图 2-29 所示。

```
<section>
  <h1>第一章标题</h1>
  <p>内容</p>
</section>
<section>
  <h1>第二章标题</h1>
  <p>内容</p>
</section>
```

图 2-29　<section>标记示例

不要将<section>标记看作一个普通的页面容器，它有一定的语义。当一个页面容器需要被直接定义样式或通过脚本添加行为时，推荐使用后面讲到的<div>标记。另外没有标题的内容区域不要使用<section>标记定义。

4．独立文档标记<article>

<article>标记一般用来表现与文档正文内容不相关的独立部分，该标记经常被用于定义一篇日志、一条新闻或用户评论等。<article>标记通常使用多个<section>标记进行划分，在一个页面中<article>标记可以出现多次。

在 HTML5 中，<article>标记可以看作一个特殊的<section>标记，它比<section>标记更具有独立性，即<section>标记强调分段或分块，而<article>标记强调独立性。如果一块内容相对比较独立、完整，应使用<article>标记；如果想要将一块内容分成多段，应使用<section>标记。

5．相关文档标记<aside>

<aside>标记用来定义当前页面或文章的附属信息部分，即定义<article>标记以外的内容，可以包含与当前文档相关的引用、侧边栏、广告、导航栏等。

<aside>标记的用法主要分为以下两种。

（1）被包含在<article>标记内，用于定义主要内容的附属信息。

（2）定义整个页面或站点全局的附属信息，如侧边栏，其中的内容可以是友情链接、广告等。

例如：

```
<article>
    <header>
      <h1>标题</h1>
    </header>
```

```
        <section>文章主要内容</section>
        <aside>其他相关文章</aside>
    </article>
    <aside>右侧菜单</aside>
```

6．页脚标记<footer>

<footer>标记用于定义一个页面或区域的底部信息。通常包含文档的作者、版权信息、使用条款超链接、联系信息等。例如：

```
    <footer><h1>版权所有@××××</h1></footer>
```

在一个文档中可以使用多个<footer>标记，也可以在<article>标记或<section>标记中添加<footer>标记。

在实际应用中，大部分网站中的各个网页的头部和底部一致，类似于 Word 文档中的页眉和页脚，HTML5 中用<header>标记和<footer>标记替代在 XHTML 中经常使用的<div class = "header"></div>和<div class = "footer"></div>来包含头部通用和底部通用的代码。

【例 2-15】利用结构标记定义如图 2-30 所示的页面结构。

```
---------------------------------------------【2-15.html 代码清单】----------------------------------------------
<!doctype html>
<html>
<head>
  <meta charset="utf-8">
<title>结构标记的使用</title>
</head>
<body>
  <header>顶部</header>
  <nav>导航栏</nav>
  <section>
    <header>标题</header>
    <article>内容<article>
  </section>
  <aside>辅助栏</aside>
  <footer>底部</footer>
</body>
</html>
```

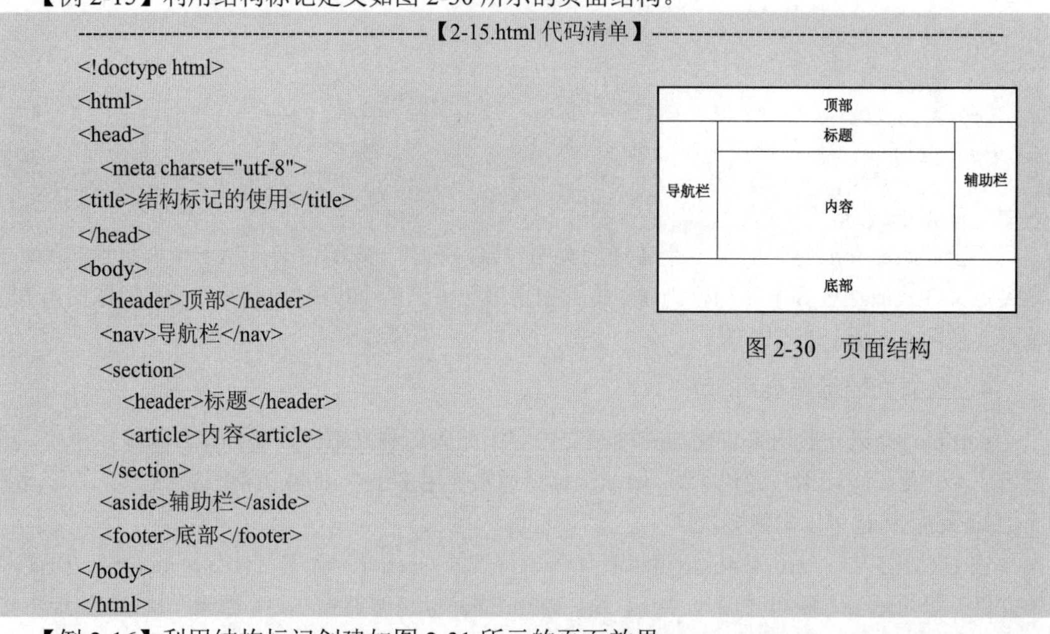

图 2-30　页面结构

【例 2-16】利用结构标记创建如图 2-31 所示的页面效果。

```
-----------------------【2-16.html 代码清单】-----------------------
<!doctype html>
<html>
<head>
  <meta charset = "utf-8" />
  <title>新闻</title>
</head>
<body>
  <header>
    <nav> <ul><li>新闻</li><li>联系</li></ul></nav>
  </header>
  <section>
    <article>
      <header>
        <h2>软件学院召开假期安全教育大会</h2>
```

```
                <p>发布日期 <time datetime = "2014-01-09T13:00:24+01:00">2014 年 1 月 9 日</time> by <a href = "#">软件学院</a> - <a href = "#comments">5 评论</a></p>
            </header>
            <p>    期末考试即将过去，寒假紧接而至，为了确保学生过一个安全、文明、健康的寒假，2014 年 1 月 8 日—9 日，软件学院团委书记及各年级辅导员老师分期、分批组织软件学院全体学生召开了假期安全教育大会。</p>
      </article>
          <article>
            <header>
              <h2>软件学院学生在首届“创新洛阳”创意设计大赛中获奖</h2>
              <p>发布日期 <time datetime = "2013-05-07T13:00:24+01:00">
      2013 年 5 月 7 日</time> by <a href = "#">软件学院通宣部</a> - <a href = "#comments">9 评论</a></p>
            </header>
            <p>    4 月 12 日，洛阳创意设计大赛组委会公布了在 2012 年 8 月—2012 年 12 月举办的首届“创新洛阳”创意设计大赛的获奖名单。我院多媒体 1201 班王一凡同学的作品《舌尖上的洛阳》获得了数字多媒体设计类铜奖。</p>
            <p>    据悉，本次比赛通过初赛、复赛、决赛三轮评选，从市内外征集的 1063 项参赛作品中评选出产品设计类、视觉传达设计类、数字多媒体设计类、工业产品设计类优秀作品 452 项，并对其中的 148 项作品的获奖者进行了表彰。 </p>
          </article>
        </section>
        <aside>
          <h2>联系我们</h2>
          <p>河南科技大学软件学院</p>
        </aside>
        <footer>
          <p>版权所有&copy; 河南科技大学软件学院</p>
        </footer>
      </body>
      </html>
```

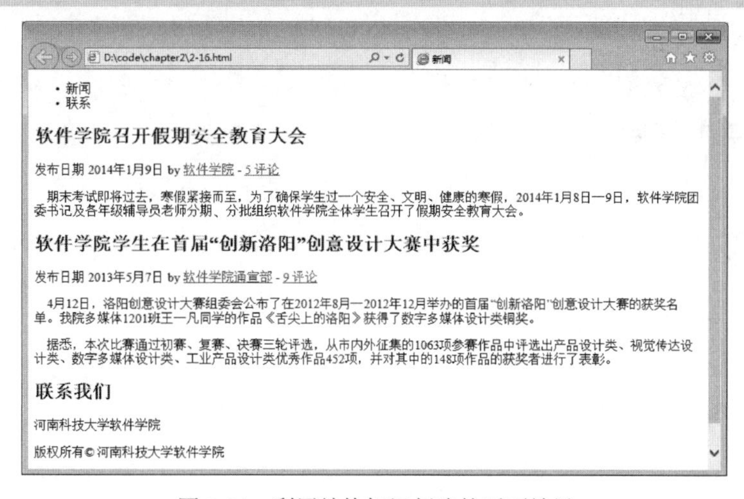

图 2-31　利用结构标记创建的页面效果

2.3.6　表格标记

在生活中，为了能够清晰地显示数据或信息，人们经常使用表格对数据或信息进行统计。图 2-32 所示是股票行情的数据列表。同样在制作网页时，为了使网页中的某些元素有条理地显示，也可以使用表格。

序号	股票代码	股票简称	相关	每股收益(元)	营业总收入		
					营业总收入(元)	同比增长(%)	季度环比增长(%)
1	688707	振华新材	详细	0.7562	35.43亿	417.99	33.07
2	688607	康众医疗	详细	0.74	2.51亿	9.636	-16.78
3	688513	苑东生物	详细	1.55	7.73亿	14.97	-0.980
4	688368	晶丰明源	详细	9.28	18.25亿	158.16	15.36
5	688301	奕瑞科技	详细	4.49	8.24亿	48.62	-19.32
6	688255	凯尔达	详细	0.79	4.47亿	4.174	—
7	688127	蓝特光学	详细	0.27	3.15亿	-2.282	-2.412
8	688122	西部超导	详细	1.22	20.91亿	37.70	15.50

图 2-32　股票行情的数据列表

在 HTML5 中，创建一张最简单的表格的基本语法如下：

```
<table>
  <tr>
    <td>数据项</td>
    <td>数据项</td>
    ……
  </tr>
  ……
</table>
```

表格的建立至少要使用<table>、<td>、<tr>3 个标记来完成，它们是创建表格的基本标记，缺一不可，其中，<table>标记用于定义一张表格；<tr>标记用于定义一行，必须嵌套在<table>标记中，一张表格可以有多行；<td>标记用于定义一个单元格，必须嵌套在<tr>标记中，内容必须写在单元格中，一行可以有多个单元格。<table>标记允许嵌套，即在<td>标记中可以再嵌套一个<table>标记。

【例 2-17】利用表格标记创建一张简单的表格。

```
----------------------------------------------【2-17.html 代码清单】----------------------------------------------
<!doctype html>
<html>
<head>
  <meta charset = "utf-8">
<title>表格标记的使用</title>
</head>
<body>
  <table>
      <tr>
          <td>A1</td><td>A2</td>
          <td>A3</td><td>A4</td>
      </tr>
      <tr>
          <td>B1</td><td>B2</td>
          <td>B3</td><td>B4</td>
     </tr>
      <tr>
          <td>C1</td><td>C2</td>
          <td>C3</td><td>C4</td>
      </tr>
    </table>
</body>
</html>
```

在浏览器中的显示效果如图 2-33 所示，它是一张 3 行 4 列的表格。从图 2-33 中可以看出，利用表格的基本标记创建出来的表格，其内容可以整齐有序地在页面中显示，但没有边框和其他样式。为了美化表格和让表格更加灵活地显示数据，需要用到表格的其他标记和标记的相关属性。

图 2-33　表格标记示例

下面来介绍表格中所用到的标记及其常用的属性。

1. <table>标记的属性

通过对<table>标记的属性的设置，可以对表格的样式进行设置。<table>标记常用的属性及其描述如表 2-8 所示。

表 2-8　<table>标记常用的属性及其描述

属　性	描　述
align	设置表格在网页水平方向上的对齐方式（属性值包括 left、center、right）
background	设置表格的背景图像，属性值为 URL
bgcolor	设置表格的背景颜色，属性值为预设的颜色值、十六进制#RGB、rgb(r,g,b)
border	设置表格边框的宽度，以 px 为单位，默认值为 0，不显示表格的边框
bordercolor	设置表格边框的颜色，此属性在表格边框显示的情况下有用
bordercolordark	设置表格 3D 边框的阴影颜色，此属性在表格边框显示的情况下有用
bordercolorlight	设置表格 3D 边框的高亮显示颜色，此属性在表格边框显示的情况下有用
cellpadding	设置单元格内容与单元格边框之间的距离，以 px 为单位，默认值为 1
cellspacing	设置单元格之间的距离，以 px 为单位，默认值为 2
frame	设置表格 4 条外边框的显示方式
width	设置表格的宽度，以 px、%为单位
height	设置表格的高度，以 px、%为单位

在<table>标记中，读者需重点掌握 cellspacing 和 cellpadding 属性，其他属性可以利用 CSS 样式属性替代。

2. <tr>标记的属性

通过对<tr>标记的属性的设置，可以对行内所包含的所有单元格的样式进行设置。<tr>标记常用的属性及其描述如表 2-9 所示。

表 2-9　<tr>标记常用的属性及其描述

属　性	描　述
align	设置一行所有单元格中内容的水平对齐方式（属性值包括 left、center、right）
valign	设置一行所有单元格中内容的垂直对齐方式（属性值包括 top、middle、bottom）
background	设置行的背景图像，属性值为 URL
bgcolor	设置行的背景颜色，属性值为预设的颜色值、十六进制#RGB、rgb(r,g,b)
bordercolor	设置行的边框颜色，此属性在表格边框显示的情况下有用
bordercolordark	设置行的 3D 边框的阴影颜色，此属性在表格边框显示的情况下有用
bordercolorlight	设置行的 3D 边框的高亮显示颜色，此属性在表格边框显示的情况下有用
height	设置行的高度，以 px、%为单位

<tr>标记中的大部分属性与<table>标记的属性相同，用法类似，在具体使用时<tr>标记没有宽度属性，其宽度取决于<table>标记。<tr>标记的所有属性均可以用相应的 CSS 属性替代。

3. <td>标记和<th>标记的属性

<td>标记和<th>标记都可以定义单元格，它们的属性完全相同，但<th>标记常用于定义表头单元格（一般位于表格中的第 1 行或第 1 列），它里面的内容默认加粗并居中显示，而<td>标记定义的是普通单元格，其内容为普通文本且水平左对齐显示。通过对它们的属性的设置，可以对单元格的样式进行设置。<td>标记常用的属性及其描述如表 2-10 所示。

表 2-10 <td>标记常用的属性及其描述

属　性	描　述
align	设置单元格中内容的水平对齐方式（属性值包括 left、center、right）
valign	设置单元格中内容的垂直对齐方式（属性值包括 top、middle、bottom）
background	设置单元格的背景图像，属性值为 URL
bgcolor	设置单元格的背景颜色，属性值为预设的颜色值、十六进制#RGB、rgb(r,g,b)
bordercolor	设置单元格的边框颜色，此属性在表格边框显示的情况下有用
bordercolordark	设置单元格的 3D 边框的阴影颜色，此属性在表格边框显示的情况下有用
bordercolorlight	设置单元格的 3D 边框的高亮显示颜色，此属性在表格边框显示的情况下有用
width	设置单元格的宽度，以 px、%为单位
height	设置单元格的高度，以 px、%为单位
colspan	设置合并单元格时一个单元格跨越的列数（用于合并水平方向的单元格），属性值为正整数
rowspan	设置合并单元格时一个单元格跨越的行数（用于合并垂直方向的单元格），属性值为正整数

在<td>标记和<th>标记中，读者需重点掌握 colspan 和 rowspan 属性，利用它们可以创建不规则的表格。当为单元格设置 width 属性时，对应列中的所有单元格的宽度都会发生变化；当设置 height 属性时，对应行中的所有单元格的高度都会发生变化。

【例 2-18】利用表格标记和相应属性创建个人简历模板，显示效果如图 2-34 所示。

```
---------------------------------------------【2-18.html 代码清单】---------------------------------------------
<!doctype html>
<html>
<head>
  <meta charset="utf-8">
  <title>表格</title>
</head>
<body>
 <table align="center" width="500" border="3" cellspacing="0" cellpadding="5" bgcolor="#CCCCCC">
    <caption >个人简历模板</caption>
    <tr>
      <th colspan="5" bgcolor="#0099FF">个人基本信息</th>
    </tr>
    <tr>
      <td width="85">姓名</td><td width="101"> </td><td width="68">国籍</td>
      <td width="89"> </td><td width="87" rowspan="5" align="center" valign="middle">照片</td>
    </tr>
    <tr><td>出生日期</td><td> </td><td>民族</td><td> </td></tr>
    <tr><td>籍贯</td><td> </td><td>身高</td><td> </td></tr>
    <tr><td>婚姻状况</td><td> </td><td>电子邮件</td><td>  </td></tr>
```

```
        <tr><td>联系电话</td><td> </td><td>QQ 号码</td><td> </td> </tr>
        <tr><td>目前所在地</td><td    colspan="4"> </td></tr>
    </table>
</body>
</html>
```

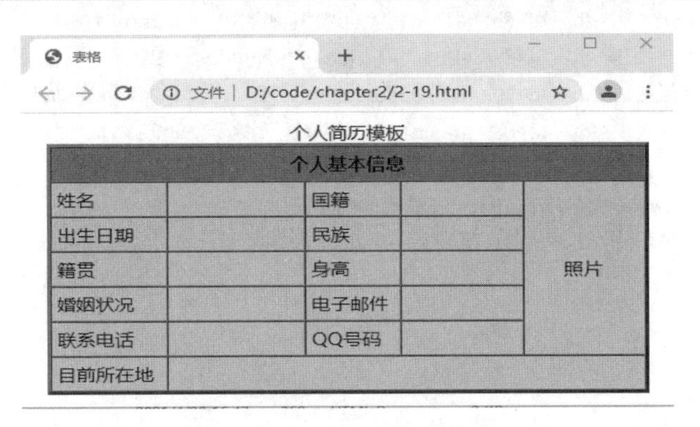

图 2-34　表格标记示例（1）

在上述代码中，<caption>标记用于定义表格的标题，必须直接放置到<table>标记之后，每张表格只能定义一个标题，标题会居中显示在表格上方。

注意：

当对表格、行和单元格的属性进行设置时，若对相同属性设置了不同值，则按各属性的优先级起作用，其中，单元格属性的优先级最高，行属性次之，表格属性的优先级最低。

在实际使用中遇到的表格经常会有表头、脚注等部分，从表格的结构来看，可以把表格的行进行分组形成“行组”，不同的行组具有不同的含义。在 HTML5 中可以利用<thead>、<tbody>和<tfoot>标记将表格分为“表头”“主体”“脚注” 3 部分。这样设置的好处是可以更加准确地表达表格中的内容，也可以方便对表格进行样式设置。

注意：

即使在创建表格时没有使用<thead>、<tbody>、<tfoot>标记，在浏览器中浏览时浏览器也会自动将所有的<tr>标记包含到一个隐含的<tbody>标记中。

【例 2-19】使用<thead>、<tbody>和<tfoot>标记创建成绩表，显示效果如图 2-35 所示。

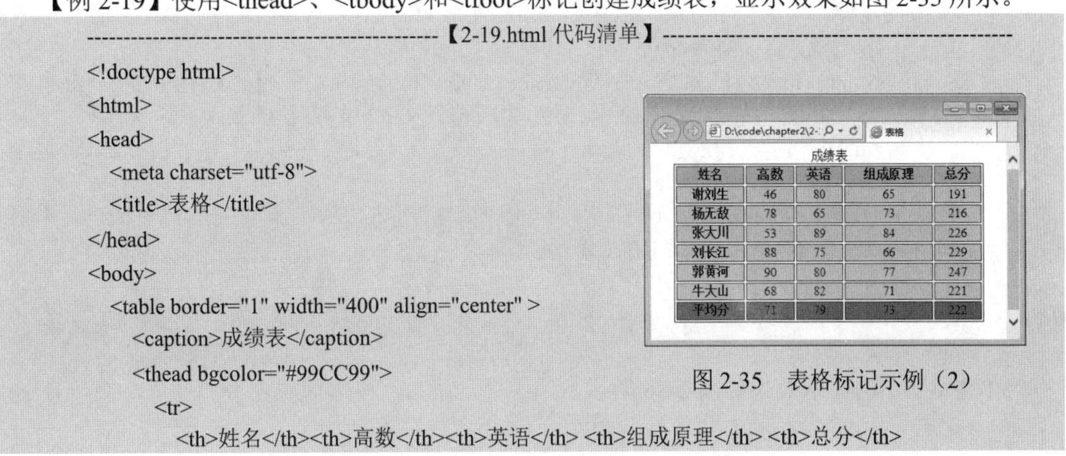


```
---------------------------------------------【2-19.html 代码清单】---------------------------------------------
<!doctype html>
<html>
<head>
    <meta charset="utf-8">
    <title>表格</title>
</head>
<body>
    <table border="1" width="400" align="center" >
        <caption>成绩表</caption>
        <thead bgcolor="#99CC99">
            <tr>
                <th>姓名</th><th>高数</th><th>英语</th> <th>组成原理</th> <th>总分</th>
```

图 2-35　表格标记示例（2）

```
            </tr>
        </thead>
        <tbody bgcolor="#CCCCCC" align="center">
            <tr><th>谢刘生</th><td>46</td><td>80</td><td>65</td><td>191</td></tr>
            <tr><th>杨无敌</th><td>78</td><td>65</td><td>73</td><td>216</td></tr>
            <tr><th>张大川</th><td>53</td><td>89</td><td>84</td><td>226</td></tr>
            <tr><th>刘长江</th><td>88</td><td>75</td><td>66</td><td>229</td></tr>
            <tr><th>郭黄河</th><td>90</td><td>80</td><td>77</td><td>247</td></tr>
            <tr><th>牛大山</th><td>68</td><td>82</td><td>71</td><td>221</td></tr>
        </tbody>
        <tfoot bgcolor="#0099FF" align="center">
            <tr><th>平均分</th><td>71</td><td>79</td><td>73</td><td>222</td></tr>
        </tfoot>
    </table>
</body>
</html>
```

2.3.7 浮动框架标记

浮动框架标记<iframe>用于创建嵌入式框架或浮动框架，可以在窗口中再创建一个窗口并自由控制窗口的大小，允许在一个网页中插入另一个网页。使用时直接在 HTML 文档中插入<iframe>标记即可，一个页面中可以插入多个浮动框架。例如：

```
<iframe src = "http://www.hau**. edu.cn" width = "650" height = "280" name="ss"> </iframe>
```

其中，src 属性指向其所对应路径的文档资源，当浏览器加载完网页文档时，将会加载 src 属性所指向的文档资源；width 和 height 属性用于设置浮动框架的宽度和高度；name 属性值可以作为其他对象的 target 属性值，从而将浮动框架作为链接目标页面的显示窗口。

【例 2-20】使用<iframe>标记嵌入其他网页。

```
----------------------------------------------【2-20.html 代码清单】----------------------------------------------
<!DOCTYPE html>
<html>
    <head>
        <meta charset="UTF-8">
        <title></title>
    </head>
    <body>
        <p>这里是浮动框架</p>
        <iframe src="2-11.html" name="myiframe" width="1000px" height="1000px" scrolling="auto">
            如果你的浏览器不支持浮动框架将显示该行文字，支持则不会显示
        </iframe>
        <!--
        <iframe></iframe>之间不会显示文字，除非浏览器不支持，浮动框架用于将一个网页简单地插
入另一个网页作为该网页的一个子网页显示在主页面上
        -->
    </body>
</html>
```

在浏览器中的显示效果如图 2-36 所示。

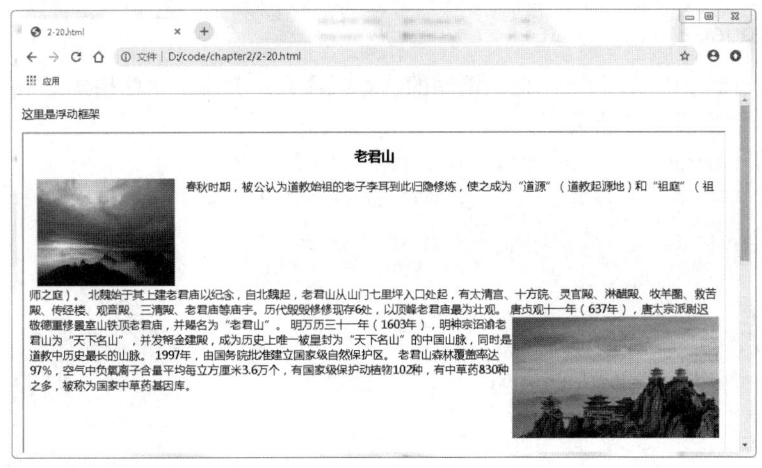

图 2-36　浮动框架标记示例

2.3.8　多媒体标记

网页中除了可以添加文本、图像、表格等元素，还可以添加音频、视频、动画和滚动文本或图像元素，这些元素使网页内容更加丰富，更具有表现力。

1. <embed>标记

<embed>标记用于在网页中插入多媒体插件，包括 Flash、音频、视频等。例如：

```
<embed src = "2.swf" width = "200" height = "60" />
```

【例 2-21】<embed>标记的使用，显示效果如图 2-37 所示。

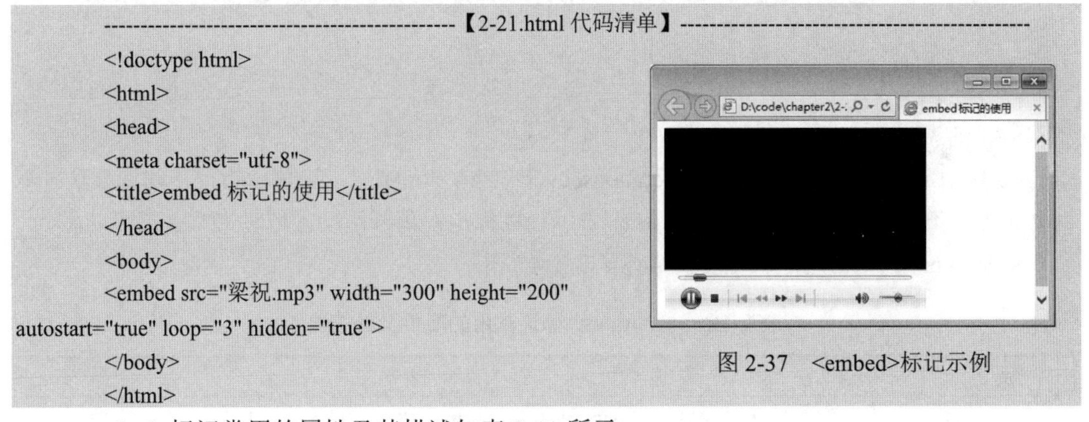


```
--------------------------------【2-21.html 代码清单】--------------------------------
<!doctype html>
<html>
<head>
<meta charset="utf-8">
<title>embed 标记的使用</title>
</head>
<body>
<embed src="梁祝.mp3" width="300" height="200"
autostart="true" loop="3" hidden="true">
</body>
</html>
```

图 2-37　<embed>标记示例

<embed>标记常用的属性及其描述如表 2-11 所示。

表 2-11　<embed>标记常用的属性及其描述

属　性	描　述
src	设置音频或视频文件的路径，可以是相对路径或绝对路径
autostart	设置音频或视频文件是否在下载完之后自动播放，取值为 true（自动播放）、false（不自动播放）
loop	设置音频或视频文件是否循环播放及循环播放的次数，取值为正整数（循环播放的次数）、true（循环播放）、false（不循环播放）
hidden	设置播放控制面板是否显示，取值为 true（隐藏面板）、no（显示面板），默认值为 no
width	设置播放控制面板的宽度，取值为整数（单位为 px）或百分数（单位为%）
height	设置播放控制面板的高度，取值为整数（单位为 px）或百分数（单位为%）

2．<marquee>标记

<marquee>标记用于在网页中插入滚动的文本或图像。其基本语法格式如下：

```
<marquee>滚动的文本或图像</marquee>
```

【例 2-22】<marquee>标记的使用，显示效果如图 2-38 所示。

```
----------------------------------------------【2-22.html 代码清单】----------------------------------------------
<!doctype html>
<html>
<head>
  <meta charset="utf-8">
  <title>marquee 标记的使用</title>
</head>
<body>
  <marquee direction="up" behavior="scroll" loop="3" scrollamount
="1" scrolldelay="10" bgcolor="#00ccff" height="300" width="300" hspace=
"30" vspace="10"   onmouseover="this. stop()" onmouseout="this.start()">
      <h2 align="center">洛阳牡丹</h2>
      <p align="justify">   
       洛阳牡丹，中国国家地理标志产品。牡丹为多年生落叶小灌木。洛
阳是十三朝古都，有“千年帝都，牡丹花城”的美誉。</p>
      <p align="justify">         “洛阳地脉花最宜，牡丹
尤为天下奇。”其栽培始于隋，鼎盛于唐，宋时甲于天下。它雍容华贵、国色天香、富丽堂皇，寓意吉祥富贵、
繁荣昌盛，是华夏民族兴旺发达、美好幸福的象征。洛阳牡丹花朵硕大，品种繁多，花色奇绝，有红、白、粉、
黄、紫、蓝、绿、黑及复色 9 大色系、10 种花型、1400 多个品种。花开时节，洛阳城花海人潮，竞睹牡丹倩姿
芳容。</p>
  </marquee>
</body>
</html>
```

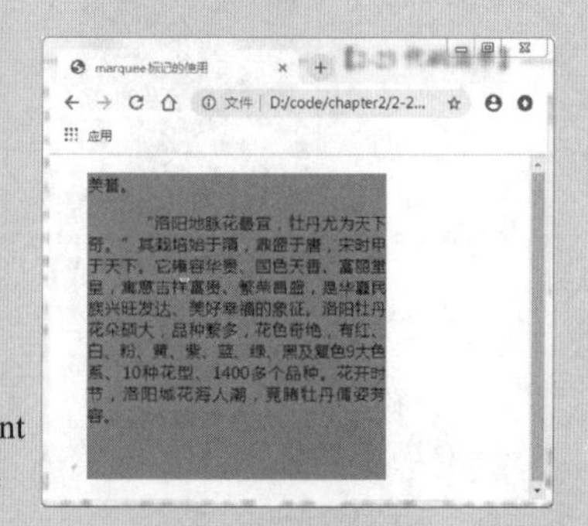

图 2-38　<marquee>标记示例

其中，<marquee>标记中的事件 onmouseover= "this.stop()"表示当鼠标指针移动到滚动区域时文本停止滚动，onmouseout="this.start()"表示当鼠标指针离开滚动区域时文本继续滚动。

<marquee>标记常用的属性及其描述如表 2-12 所示。

表 2-12　<marquee>标记常用的属性及其描述

属　性	描　述
direction	设置滚动的方向，值可以是 left、right、up、down，默认值为 left
behavior	设置滚动的方式，值可以是 scroll（连续滚动）、slide（滑动一次）、alternate（往返滚动）
loop	设置滚动循环的次数，值是正整数，默认为无限循环
scrollamount	设置滚动的速度，即每个连续滚动文本后面的间隔，值是正整数，单位是 px，默认值为 6
scrolldelay	设置两次滚动之间的间隔时间，值是正整数，单位是毫米，默认值为 0
bgcolor	设置滚动区域的背景颜色，默认值为白色
width	设置滚动区域的宽度，值是正整数（单位是 px 或%），默认 width=100%
height	设置滚动区域的高度，值是正整数（单位是 px 或%），默认 height 的值为滚动内容的高度
hspace	设置滚动内容到滚动区域边界的水平距离，值是正整数，单位是 px
vspace	设置滚动内容到滚动区域边界的垂直距离，值是正整数，单位是 px

注意：

除了上面介绍的多媒体标记，在 HTML5 中多媒体标记还包括音频标记<audio>和视频标记<video>，这两个标记用来在 HTML 页面中插入音频和视频文件。设计者还可以使用 JavaScript 脚本对它们进行操作以达到对音/视频更灵活的控制，具体使用方法将在后面章节详细讲解。

2.3.9 分组标记

分组标记用于对页面中的内容进行分组，HTML5 中与分组相关的标记有如下 3 个。

1．<figure>标记和<figcaption>标记

在 HTML5 中，<figure>标记用于定义独立的流内容（图像、图表、照片、代码等），一般指一个单独的单元。<figure>标记的内容应该与主内容相关，但如果被删除，也不会对文档流产生影响。<figcaption>标记用于为<figure>标记添加标题，一个<figure>标记内最多允许使用一个<figcaption>标记，该标记应该放在<figure>标记内部的最前面或者最后面。

【例 2-23】<figure>标记和<figcaption>标记的使用，显示效果如图 2-39 所示。

```
-------------------------------------------【2-23.html 代码清单】-------------------------------------------
<!doctype html>
<html>
<head>
<meta charset="utf-8">
<title>figure 标记和 figcaption 标记的使用</title>
</head>
<body>
<h1 align="center">桂花的品种</h2>
<p align="justify">    桂花经过长期栽植、自然杂交和人工选育，产生了许多栽培品种。通过进一步调查整理，研究者已初步确定桂花品种有 32 个。以花色而言，有金桂、银桂、丹桂之分；以叶型而言，有柳叶桂、金扇桂、滴水黄、葵花叶、柴柄黄之分；以花期而言，有四季桂、丹桂、金桂、银桂之分等。</p>
<figure>
    <figcaption>四季桂</figcaption>
    <img src="gh1.jpg"  width="300" align="right" vspace="10" hspace="10">
    <p align="justify">四季桂是丛生灌木状，树形低矮，分枝短密，树冠为圆球形。新叶为深红色，老熟叶为绿色或黄绿色；叶片呈椭圆状阔卵圆形，全缘或疏生锯齿，叶缘波状不明显；叶质较薄，叶面的叶肉略凸起，网脉较明显；叶柄平均长 1 厘米左右。重要特征是：叶片的主脉与侧脉之间的交角很大，接近垂直状态。四季桂的花芽常单生或 2～3 枚叠生，每年 9 月至次年 3 月分批开花。花色较淡，为乳黄色至柠檬黄色，花香不及银桂、金桂、丹桂浓郁，品种有大叶四季桂、小叶四季桂。四季开花，有“月月桂”“日香桂”“大叶佛顶珠”“齿叶四季桂”等品种。</p>
</figure>
<figure>
    <figcaption>丹桂</figcaption>
    <img src="gh2.jpg"  width="300" align="left" vspace="10" hspace="10">
    <p align="justify">丹桂是一种常绿灌木，雌雄异株，树冠为圆球形。树皮为浅灰色，较平滑，皮孔稀疏。叶革质，长椭圆形或椭圆形，长 6～12 厘米，宽 2.5～5 厘米；叶面较平整，叶缘反卷，全缘，先端偶有疏齿，基部宽楔形；先端钝尖或短尖；侧脉有 8～10 对，网脉两面明显；叶柄长 8～10 毫米。花色橙红，花冠稍内扣；香味淡。花期为 9 月下旬至 10 月上旬。秋季开花，花色较深，橙黄、橙红至朱红色，气味浓郁，叶片厚，有“大花丹桂”“齿丹桂”“朱砂丹桂”“宽叶红”等品种。</p>
</figure>
</body>
```

```
</html>
```

图 2-39　<figure>标记和<figcaption>标记示例

2．<hgroup>标记

在 HTML5 中，<hgroup>标记用于将多个标题（主标题和副标题或子标题）组成一个标题组，通常与<h1>到<h6>标记组合使用。通常将<hgroup>标记放在<header>标记中。例如：

```
<header>
    <hgroup>
        <h1>机电工程学院</h1>
        <h2>学院概况</h2>
    </hgroup>
    <p>人才培养是学院的根本任务，人才培养质量是学院的生命线。我们的宗旨是："做人民满意的高等教育，让家长满意，社会认可，学生成才。"我们的目标是：为社会主义现代化事业培养更多"理论基础宽，实践能力强，综合素质高""会做人、做事、沟通、创新"的"四有"新人。</p>
</header>
```

另外为了更好地说明各群组的功能，<hgroup>标记常常与<figcaption>标记结合使用。例如：

```
<hgroup>
  <figcaption>《三国演义》</figcaption>
  <p>
  《三国演义》的作者是罗贯中（约 1330 年—1400 年），故事开始于刘备、关羽、张飞桃园三结义，结束于司马氏灭吴开晋，以描写战争为主，反映了魏、蜀、吴之间的斗争，展现了从东汉末年到西晋初年之间近一百年的历史风云，并成功塑造了一批叱咤风云的英雄人物。</p>
  <figcaption>《水浒传》</figcaption>
  <p>
  《水浒传》的作者是施耐庵（1296 年—1370 年），它是中国历史上第一部用古白话文写成的歌颂农民起义的长篇章回体版块结构小说，以宋江领导的起义军为主要题材，通过一系列梁山英雄反抗压迫、英勇斗争的生动故事，塑造了一大批栩栩如生的英雄好汉形象。</p>
</hgroup>
```

2.3.10　交互标记

HTML5 不仅增加了许多 Web 页面特性，本身也是一个应用程序，为了体现其交互操作功能，提供了相应的交互标记。

1．<details>标记和<summary>标记

<details>标记用于描述文档或文档某个部分的细节。<summary>标记经常与<details>标记配合使用，作为<details>标记的第一个子元素，用于定义<details>标记的标题，标题是可见的，当用户单击标题时，会显示或隐藏<details>标记中的其他内容。例如：

```
<details>
    <summary>显示列表</summary>
    <ul>
      <li>列表项 1</li>
      <li>列表项 2</li>
      <li>列表项 3</li>
    </ul>
</details>
```

显示效果如图 2-40 所示，单击“显示列表”后，效果如图 2-41 所示。

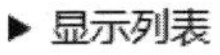

▶ 显示列表

图 2-40　<details>标记示例（1）

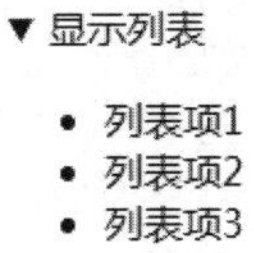

▼ 显示列表

- 列表项1
- 列表项2
- 列表项3

图 2-41　<details>标记示例（2）

2．<progress>标记

<progress>标记用来设置当前任务的进度（完成情况），显示以属性 max 为最大值，value 为当前值的进度条。例如：

```
<progress  max="100" value="30"></progress>
```

其中，max 属性表示总进度，value 属性表示当前进度，max 和 value 属性的值必须大于 0，value 属性的值必须小于或等于 max 属性的值。

【例 2-24】<progress>标记的使用，显示效果如图 2-42 所示。

```
----------------------------------------------【2-24.html 代码清单】----------------------------------------------
<!doctype html>
<html>
<head>
  <meta charset="utf-8">
  <title>progress 标记的使用</title>
</head>
<body>
  <h1>HTML5 中 progress 标记的应用</h1>
  <p>完成百分比：<progress  max="100" value="30"></progress></p>
</body>
</html>
```

在实际应用中，<progress>标记的 value 属性值可以使用 JavaScript 脚本进行动态更改，从而制作一个活动的进度条。

【例 2-25】通过 JavaScript 脚本动态更改<progress>标记中的 value 属性值，显示效果如图 2-43 所示。

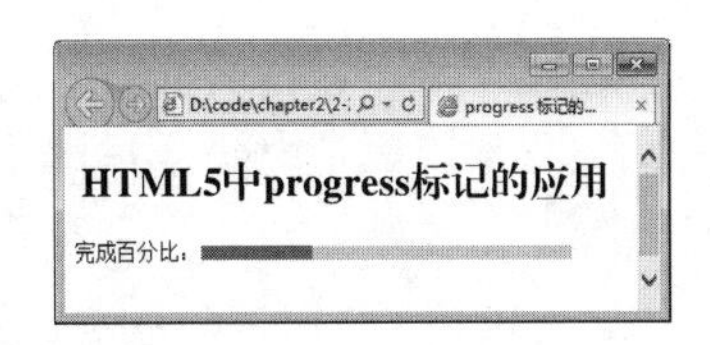

图 2-42　<progress>标记示例（1）

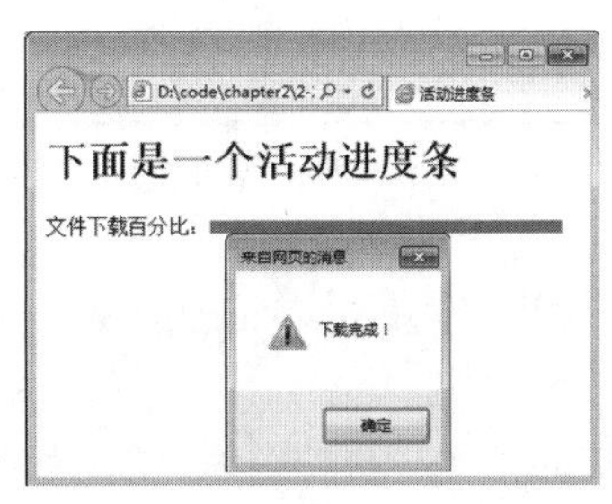

图 2-43　<progress>标记示例（2）

```
----------------------------------------------【2-25.html 代码清单】----------------------------------------------
<!doctype html>
<html>
<head>
  <meta charset="utf-8">
  <title>活动进度条</title>
</head>
  <script type = "text/javascript">
  <!--
    window.onload = incValue;
    function incValue() {
      var ss = document.getElementById("prog1");
        if (ss.value == 100) {
        alert("下载完成！"); return;
      }
      else {ss.value += 10;
      }
      window.setTimeout("incValue()", 1000);
    }
  -->
  </script>
<body>
  <h1>下面是一个活动进度条</h1>
  <p>文件下载百分比：
    <progress id = "prog1" max="100    value="0"></progress>
  </p>
</body>
</html>
```

3. <meter>标记

<meter>标记用于表示指定范围内的数值，如显示硬盘容量或者某个候选人的投票人数占投票总人数的比例等。<meter>标记常用的属性及其描述如表 2-13 所示。

表 2-13 <meter>标记常用的属性及其描述

属　性	描　述
high	定义度量的值位于哪个点被界定为高的值
low	定义度量的值位于哪个点被界定为低的值
max	定义最大值，默认值为 1
min	定义最小值，默认值为 0
optimum	定义什么样的度量值是最佳值。如果该值高于 high 属性值，则意味着值越高越好。如果该值低于 low 属性值，则意味着值越低越好
value	定义度量的值

【例 2-26】<meter>标记的使用，显示效果如图 2-44 所示。

```
--------------------------------------------【2-26.html 代码清单】--------------------------------------------
<!doctype html>

<html>
<head>
<meta charset="utf-8">
<title>meter 标记的使用</title>
```

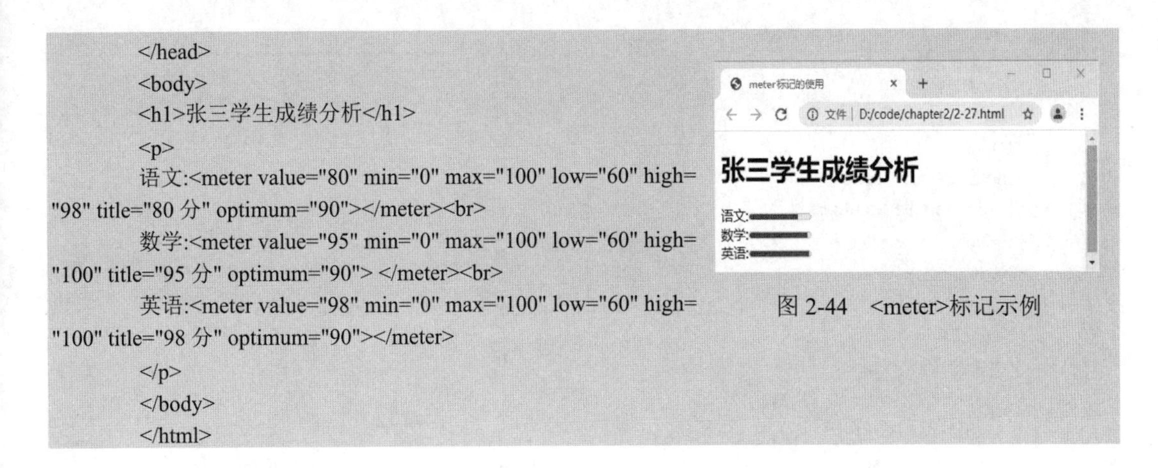

```
</head>
<body>
<h1>张三学生成绩分析</h1>
<p>
语文:<meter value="80" min="0" max="100" low="60" high="98" title="80 分" optimum="90"></meter><br>
数学:<meter value="95" min="0" max="100" low="60" high="100" title="95 分" optimum="90"> </meter><br>
英语:<meter value="98" min="0" max="100" low="60" high="100" title="98 分" optimum="90"></meter>
</p>
</body>
</html>
```

图 2-44　<meter>标记示例

2.4　全局属性

全局属性是指在任何元素中都可以使用的属性，下面介绍几个 HTML5 中比较常用的全局属性。

1．draggable 属性

draggable 属性用于定义元素是否可以拖动，该属性有三个值，分别是 true、false 和 auto，当属性值被设置为 true 时，对应元素处于可拖动状态；当属性值被设置为 false 时，对应元素处于不可拖动状态；当属性值被设置为 auto 时，使用浏览器的默认行为。

【例 2-27】draggable 属性的使用，显示效果如图 2-45 所示。

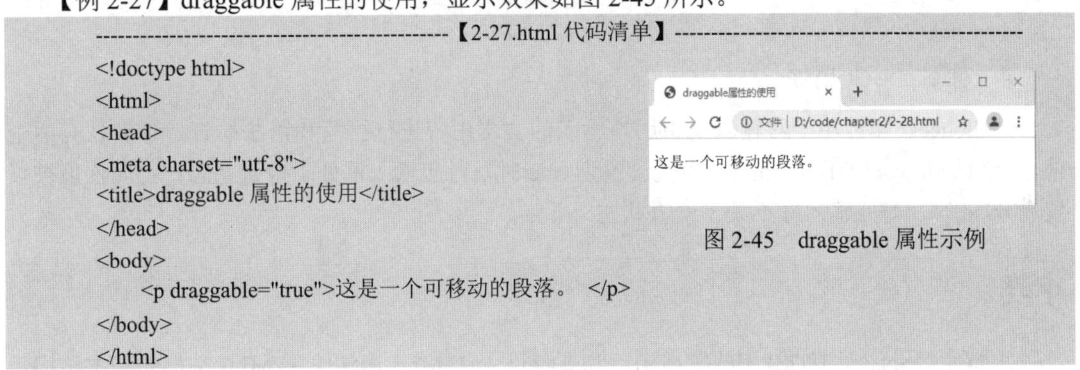

```
----------------------------------------------【2-27.html 代码清单】----------------------------------------------
<!doctype html>
<html>
<head>
<meta charset="utf-8">
<title>draggable 属性的使用</title>
</head>
<body>
    <p draggable="true">这是一个可移动的段落。 </p>
</body>
</html>
```

图 2-45　draggable 属性示例

在浏览器中访问本网页可以使用鼠标拖动这段文字，但松开鼠标之后拖动内容会回到原位置，所以并不是真正的拖动，如果要想真正实现拖动功能，必须与 JavaScript 结合使用。

2．hidden 属性

hidden 属性用于定义元素是否显示，该属性有两个值，分别是 true 和 false，当属性值被设置为 true 时，对应元素在页面中处于不显示状态；当属性值被设置为 false 时，对应元素在页面中处于显示状态。用户可以利用 JavaScript 对该属性进行修改。

3．contenteditable 属性

contenteditable 属性用于定义是否可编辑元素的内容，该属性有两个值，分别是 true 和 false，当属性值被设置为 true 时，对应元素处于可编辑状态；当属性值被设置为 false 时，对应元素处于不可编辑状态。

【例 2-28】contenteditable 属性的使用，显示效果如图 2-46 所示。

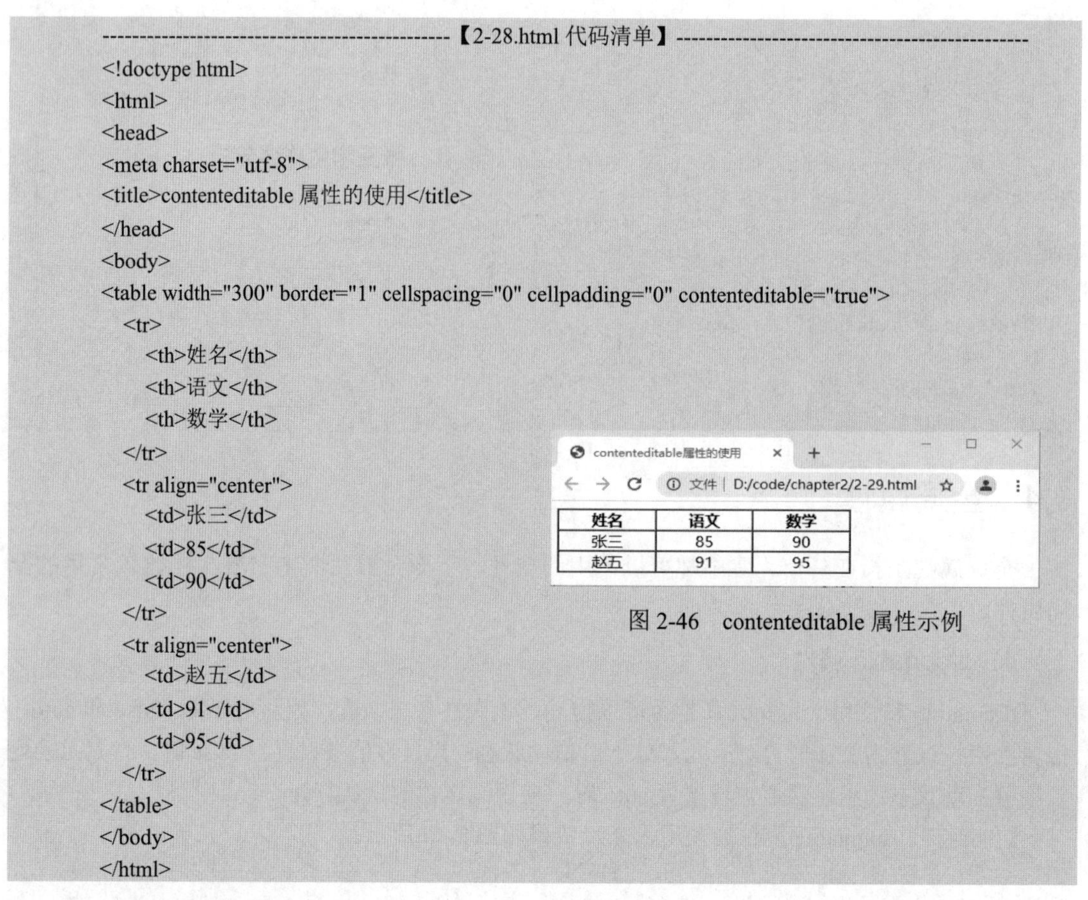

```
---------------------------------------------【2-28.html 代码清单】---------------------------------------------
<!doctype html>
<html>
<head>
<meta charset="utf-8">
<title>contenteditable 属性的使用</title>
</head>
<body>
<table width="300" border="1" cellspacing="0" cellpadding="0" contenteditable="true">
  <tr>
    <th>姓名</th>
    <th>语文</th>
    <th>数学</th>
  </tr>
  <tr align="center">
    <td>张三</td>
    <td>85</td>
    <td>90</td>
  </tr>
  <tr align="center">
    <td>赵五</td>
    <td>91</td>
    <td>95</td>
  </tr>
</table>
</body>
</html>
```


图 2-46　contenteditable 属性示例

4．spellcheck 属性

spellcheck 属性用于对输入框中用户输入的文本内容进行拼写和语法检查，该属性有两个值，分别是 true 和 false，当属性值被设置为 true 时，对应输入框处于检查状态；当属性值被设置为 false 时，对应输入框不处于检查状态。

小结

本章主要介绍了 HTML5 的发展历程和新特性、HTML5 语法、HTML5 文档的基本结构、HTML5 常用标记和 HTML5 中常用的全局属性。

习题

一、选择题

1．在网页中，必须使用（　　）标记来实现超链接。

A．<a>…</a>　　　　B．<link>…</link>

C．<p>…</p>　　　　D．<li>…</li>

2．（　　）标记可以应用于<head>标记中。

A．<body>　　B．<title>　　C．<img>　　D．<html>

3．（　　）标记用来描述一个 HTML 网页文档的属性，如作者、日期和时间、网页描述、关键词、页面刷新等。

A．<html>　　B．<meta>　　C．<body>　　D．<div>

4．利用<img>标记中的（　　）属性可以插入图像。

A．href　　B．src　　C．type　　D．align

5．可用来在一个网页中嵌入显示另一个网页内容的标记是（　　）。

A．<marquee>　　B．<iframe>　　C．<embed>　　D．<object>

6．在以下标记中，用于设置网页标题的标记是（　　）。

A．<title>　　B．<caption>　　C．<head>　　D．<table>

7．在下列路径中属于绝对路径的是（　　）。

A．address.htm　　B．http://www.so**.com/index.htm

C．staff/telephone.htm　　D．../Xuesheng/chengji/mingci.htm

8．使用（　　）标记定义表格中的行。

A．<table>　　B．<tr>　　C．<td>　　D．<tp>

9．在网页的源代码中表示段落的标记是（　　）。

A．<head>　　B．<p>　　C．<body>　　D．<table>

10．属于 HTML5 注释的是（　　）。

A．<!--　　-->　　B．/*　*/　　C．//　　D．<!-　　->

二、填空题

1．浮动框架标记是__________。

2．在 HTML5 页面中用于插入图像的标记是__________。

3．要控制单元格内容与单元格边框之间的空白，应在<table>标记中使用__________属性。

4．在<ol>标记中，使用__________属性可以控制有序列表的数字序号样式。

5．若要将同一列的连续几个单元格合并为一个单元格，则可以使用<td>标记的__________属性。

第3章　HTML5表单

前面的章节介绍了网页的布局、结构以及各种常用的标记，利用这些知识可以实现静态网页的设计。但只有静态网页是远远不够的，还需要有大量的具有交互功能的动态网页。表单是动态网页的基础，用户可以通过表单向服务器传达自己的需求，服务器可通过表单来收集用户的访问信息。制作这种能够传递数据的表单网页通常需要两个步骤：一是制作表单，主要用来收集信息；二是编写应用程序，用于对客户信息进行分析处理。

3.1　表单设计基础

在学习表单之前，读者首先要清楚动态网页与网页的动态效果这两个不同的概念。网页的动态效果是指网页上的视觉效果，如移动的文本、横幅广告、Flash 动画等，是静态网页的动态视觉效果，而动态网页则是具有交互功能的网页，例如，网站中的用户登录网页以及注册网页就是具有交互功能的动态网页。

交互式动态网页的工作过程是通过表单来实现的，即表单是实现动态网页的一种主要外在形式。表单信息的处理过程是：用户在浏览网页时，需要填写必要的信息，然后提交填写的信息；用户提交的信息通过 Internet 传送到服务器上；服务器上对应的程序对用户提交的信息进行处理，如果提交的信息有错误，则会返回错误信息，并要求用户纠正错误；当信息完整无误后，被存储在服务器端的数据库中，或者服务器反馈一个输入完成信息显示在客户端的浏览器上。图 3-1 所示是注册 163 邮箱的表单页面。

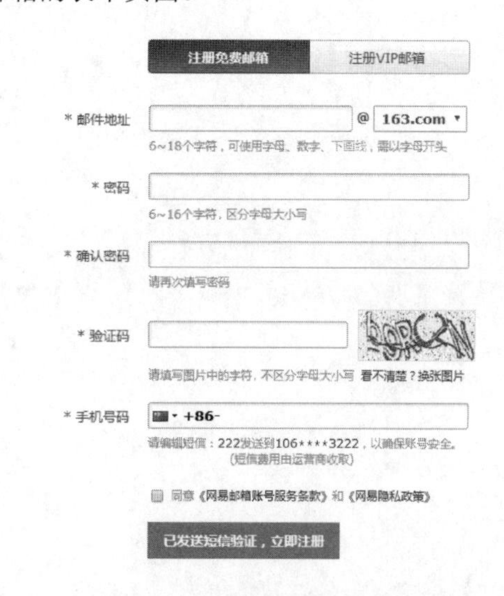

图 3-1　注册 163 邮箱的表单页面

完整地实现表单功能，需要涉及两个部分：一是用于描述表单对象中的 HTML 代码；二是客户端的脚本或者服务器端用于处理用户所填写信息的程序。

1995 年，HTML 2.0 标准提出了一种称为 Forms 的设计。Forms 设计在客户端和服务器端之间起着桥梁和纽带的作用，使应用程序能够在服务器端和客户端之间进行交互。服务器端和客户端之间的交互需要共同遵守互联网上的通信和传输协议，即 HTTP（超文本传输协议）。HTTP 协议具体来说，就是用户通过客户端把数据打包传到服务器端，服务器端再通过一个请求对象获取传过来的请求数据，这是最基本的服务器端与客户端的交互过程。

用户从客户端输入的数据一般是文本形式，因此表单主要以输入框为主，例如，用户代码、用户姓名、电子邮件地址、身份证号等信息的输入。在 HTML5 以前的版本中，用户输入的数据是否正确是通过 JavaScript 脚本在客户端进行校验的，这种方法不是很方便，因为在数据提交过程中，如果数据种类较多，那么编写 JavaScript 脚本的工作量会比较大，需要通过 JavaScript 代码实现各种校验。在 HTML5 标准中，增加了针对表单处理和用户输入数据的种类，同时有些元素自带表单验证功能，可以减少开发者对表单验证功能的代码编写量。HTML5 标准通过多年的用户体验及反馈，对网页设计的很多方面做出改进，使网站具备更丰富的功能，让互联网访问变得更加安全和高效。

3.2 表单标记

表单是网页与访问者进行交互的接口，主要作用就是通过对页面和操作行为的设计来提高网页的实用性，是 HTML 页面与浏览器端实现交互的重要手段。用于描述表单的标记可以分为<form>标记和表单控件标记两大类，其中表单控件标记又分为很多种，下面具体介绍 HTML5 中标记的使用方法。

3.2.1 <form>标记

<form>标记用来创建一个用户输入的 HTML 表单，以实现用户信息的收集和传递，在该标记之间的表单控件都属于表单的内容，表单可以被看作一个容器。<form>标记常用的属性及其描述如表 3-1 所示。

表 3-1 <form>标记常用的属性及其描述

属　性	描　述
action	定义一个 URL，即接收并处理表单数据的服务器程序的网页地址。该地址可以是绝对地址，也可以是相对地址，还可以是一些其他的地址形式，如发送 E-mail 等
method	定义向 URL 发送数据的提交方式，默认为 get 方式。当设置 method = "get"后，用户输入的数据会附加在浏览器的地址栏中，保密性差，由客户端直接发送数据至服务器端的优点是数据提交速度快，缺点是数据不能太长；当设置 method = "post"后，表单数据与 URL 分开发送，保密性好，客户端的计算机会通知服务器端来读取数据，所以通常没有数据长度的限制，缺点是数据提交速度会比 get 方式慢
name	定义表单的名称，以区分同一页面中的多个表单
autocomplete	规定表单是否应该启用自动完成功能，即表单控件中输入的内容会记录下来，当用户再次输入时，浏览器会将输入的历史记录显示在一个列表中，以实现自动完成输入。取值为 on（自动完成）、off（无自动完成）
novalidate	如果使用该属性，则提交表单时对其中的表单控件不进行验证
target	打开目标 URL 的方式： “_blank”表示将返回的信息显示在新打开的窗口中； “_parent”表示将返回的信息显示在上一级的浏览器窗口中； “_self”表示将返回的信息显示在当前浏览器窗口中； “_top”表示将返回的信息显示在顶级浏览器窗口中

续表

属　性	描　述
data	自动插入数据
replace	定义表单提交时所做的事情
accept	定义该表单的服务器可正确处理的内容类型列表（用逗号分隔）
accept-charset	定义服务器用哪种字符集处理表单数据，如果需要规定一个以上的字符集，则使用逗号来分隔各字符集。常用字符集值有 UTF-8（Unicode 字符编码）、ISO-8859-1（拉丁字母表的字符编码）、gb2312（简体中文字符集）
enctype	规定在将表单数据发送到服务器之前如何对其进行编码。常用的值有 3 种。 （1）application/x-www-form-urlencoded：在发送前对所有字符进行编码（默认）。 （2）multipart/form-data：不对字符编码。当使用有文件上传控件的表单时，该值是必需的。 （3）text/plain：将空格转换为“+”符号，但不编码特殊字符，用于对表单内容进行编码的 MIME 类型

在一般情况下，表单数据的处理程序 action 和传送方式 method 是必不可少的属性。例如：

```
<form action = "aaa.php" method = "get" target = "_blank"></form>
```

表示表单输入的数据将通过 get 方式传送到 aaa.php 文件。

用户提交的数据需要以什么方式传送到哪个文件，这是在<form>标记中指定好的，需要传送的数据位于<form></form>标记之间，因此<form>是一个容器，这个容器中包含了需要传送的数据。这些不同的数据，需要由不同的表单控件标记来表示。

3.2.2　输入标记<input>

<input>标记是表单中最常见的输入标记，根据它的 type 属性取值，可以确定输入控件的类型，包括输入框、复选框、单选按钮、按钮等，<input>标记除了有 type 属性，还有其他属性，下面详细介绍<input>标记的属性。

1．type 属性

type 属性的取值可以确定输入框的类型，其属性值包括以下几种。

（1）text：单行文本输入框，此时可以为<input>标记设置如下属性。

① name：设置输入框的名称。

② size：设置输入框显示的宽度。

③ value：设置输入框默认显示的内容。

④ maxlength：设置输入框允许输入的字符最大长度值。

例如：

```
<input type = "text" name = "user" value = "abcd" size = "4"    maxlength = "9" >
```

（2）password：密码输入框，输入内容以“*”或“・”特殊字符显示，具有和 text 一样的属性。例如：

```
<input type = "password" name = "mima" >
```

（3）hidden：隐藏域，可以将输入框隐藏，当有非常重要的数据需要提交到表单进行处理，但又不能直接显示在页面时，可使用隐藏域，常用于传递一些不需要用户输入的数据，通常用于后台的程序。例如：

```
<input   type = "hidden" name = "yc" value = "隐藏内容" >
```

（4）file：上传文件框，用户可以通过填写文件路径或直接选择文件的方式，将文件提交给后台服务器，如果和 accept 属性一起使用，可限制文件上传的类型。需要注意的是，在上传文件时，<form>标记中 method 属性的值必须设置为 post，而且 enctype 属性的值必须为

multipart/form-data。例如：

```
<form method = "post" action = "" enctype = "multipart/form-data">
  <input type = "file" id = "wenjian" accept = "application/msword" >
  <input type = "submit" value = "提交" >
</form>
```

（5）radio：单选按钮，使用时如果希望多个单选按钮是一组进行互斥，则必须将它们的 name 属性值设为一致，设置 checked 属性，则默认为选中状态，且只能设置一个选项为默认选项，提交的是 value 属性值。例如：

```
<input type = "radio" name = "sex" value = "男" checked >男
<input type = "radio" name = "sex" value = "女" >女
```

在浏览器中的显示效果如图 3-2 所示。

（6）checkbox：复选框，设置 checked 属性则默认为选中状态，可以同时设置多个复选框的 checked 属性。例如：

```
<input type = "checkbox" name = "aihao" value = "篮球" checked>篮球
<input type = "checkbox" name = "aihao" value = "足球">足球
<input type = "checkbox" name = "aihao" value = "乒乓球" checked>乒乓球
```

在浏览器中的显示效果如图 3-3 所示。

图 3-2　radio 类型示例

图 3-3　checkbox 类型示例

（7）button：普通按钮，经常与 JavaScript 脚本中的 onclick 事件一起使用来完成相应的操作。例如：

```
<input type = "button" name = "anniu"   value = "确认" onclick = " window.alert ('HELLO!')">
```

（8）submit：提交按钮，用于将表单内容提交到指定服务器端处理程序或指定客户端脚本进行处理。例如：

```
<input type = "submit" value = "提交" >
```

（9）reset：重置按钮，用于将表单内容恢复为默认状态。在填写网页表单时，如果填写错误，则可以单击该按钮重新进行输入。例如：

```
<input type = "reset" value = "输入错了，重写" >
```

（10）image：图像按钮，即将一幅图像设置为一个按钮，功能与提交按钮一样。例如：

```
<input type = "image" name = "tuxiang" src = "图像路径"   width="60" height="30"   >
```

为了使读者更好地理解和应用输入框，下面通过一个示例来进行演示。

【例 3-1】常见输入框的使用，显示效果如图 3-4 所示。

```
----------------------------------------------【3-1.html 代码清单】----------------------------------------------
<!doctype html>
<html>
<head>
<meta charset="utf-8">
<title>常见输入框的使用</title>
</head>
<body>
<form ac action="" method="post">
   用户名：<input type = "text" name = "user" value = "王二" size = "20"   maxlength = "9" ><br><br>
   密码：<input type = "password" name = "mima"   size="20"><br><br>
```

```
        性别：<input type = "radio" name = "sex" value = "男" checked >男<input type = "radio" name = "sex" value = "女" >女<br><br>
        兴趣：<input type = "checkbox" name = "aihao" value = "篮球" checked>篮球
            <input type = "checkbox" name = "aihao" value = "足球">足球
            <input type = "checkbox" name = "aihao" value = "乒乓球" checked>乒乓球<br><br>
        上传图像：<input type = "file" id = "photo"><br><br>
        <input type="submit"><input type="reset">
        <input type="button" value="普通按钮"><input type="image" src="dl.gif" width="40">
        <input type="hidden" value="隐藏域">
    </form>
    </body>
    </html>
```

从图 3-4 中可以看出，通过对<input>标记的 type 属性进行设置，可以定义不同的输入框，也可以对输入框应用相应的可选属性，而且不同类型的输入框的外观不同。

图 3-4　常见输入框示例

另外，对于 submit 和 image 这 2 种类型的提交表单项，提交的结果默认发送到当前表单<form></form>的 action 中的路径文件，但是可以单独添加 formaction、formenctype、formmethod、formtarget 这 4 种属性对应的值来改变提交的路径、字符集、提交方式和打开方式。例如：

```
    <form action = "/HTML5/form.php" method = "get">
      First name: <input type = "text" name = "fname" ><br />
      Last name: <input type = "text" name = "lname" ><br />
      <input type = "submit" value = "提交" ><br />
      <input type = "submit" formaction = "/admin.php" value = "以管理员身份提交" >
    </form>
```

（11）email：电子邮件输入框，一种专门用于输入电子邮件地址的输入框，可以自动校验输入的内容是否是有效的电子邮件地址格式。如果用户输入非法电子邮件地址，提交表单时系统会提示相应的错误信息。例如：

```
    E-mail：<input type = "email" name = "email" value = " @" >
```

在浏览器中的显示效果如图 3-5 所示，单击“提交”按钮后会出现提示信息。如果为其添加“multiple="true"”后，该输入框允许用户输入一个或多个电子邮件地址，多个电子邮件地址之间用逗号分隔，在提交表单时，这些电子邮件地址都要进行验证，只要有一个格式不对，用户就会得到输入错误的提示信息。另外，该类型的<input>输入框并未对输入信息为空的情况进行处理。

（12）url：URL 输入框，如果用户输入不合法的 URL，表单提交时会提示警告信息。在默认情况下该类型的<input>输入框并未对输入信息为空的情况进行处理。例如：

```
    URL：<input type = "url" name = "website" value = "http://" >
```

在浏览器中的显示效果如图 3-6 所示，单击“提交”按钮后会出现提示信息。

图 3-5　email 类型示例

图 3-6　url 类型示例

（13）tel：电话号码输入框，在现在的浏览器中实际和普通输入框一样，但在移动端页面有特殊效果。如果用户输入非数字格式的其他文本信息，表单不会给出提示信息。由于电话号码的格式千差万别，很难实现一个通用的格式，因此 tel 类型通常会和 pattern 属性配合使用。例如：

```
<input  type = "tel" name = "dianhua" pattern="^\d{11}$">
```

（14）search：用于搜索关键字的单行输入框，显示效果与普通输入框基本一样，它能自动记录一些字符，例如，站点搜索或者谷歌搜索。在用户输入内容后，其右侧会附带一个删除图标，单击这个图标可以快速清除内容。例如：

```
<input  type = "search" name = "search">
```

（15）color：颜色框，实现一个 RGB 颜色输入。其基本形式为#RRGGBB，默认值为#000000，通过设置 value 属性值可以更改默认颜色。单击 color 类型颜色框，可以快速打开“颜色”对话框，方便用户可视化选取一种颜色。例如：

```
颜色:<input  type = "color" name = "yanse" value="#FF0000" >
```

在浏览器中的显示效果如图 3-7 所示，单击颜色框，会打开“颜色”对话框。

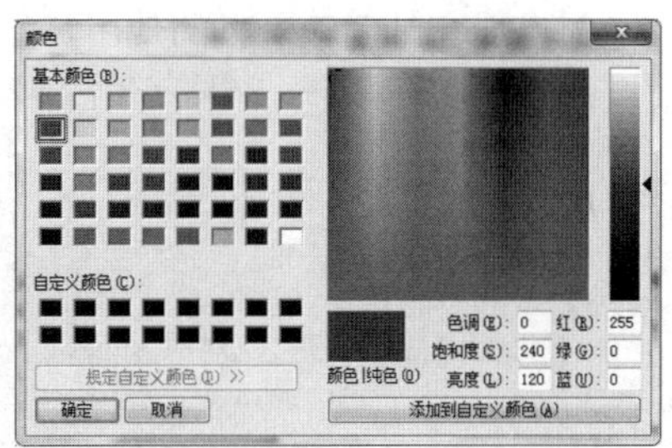

图 3-7　color 类型示例

（16）number：单行数字输入框，其中只能输入数字，通过设置相应属性可以规定允许的最大值和最小值、合法的数字间隔或默认值等。表单提交时，会自动检查该输入框中的内容是否为数字。如果输入的内容不是数字或者数字不在限定范围内，则会出现错误提示。number 类型的输入框的具体属性说明如下。

① value：指定输入框的默认值。

② max：指定输入框可以接收的最大值。

③ min：指定输入框可以接收的最小值。

④ step：指定输入字段的合法数字间隔，如果不设置，则默认值是 1。

例如：

```
<input type = "number" name = "shuzi" value = "105" min = "100" max = "200" step="2">
```

其中，value = "105"表示当前输入框的数值为 105，min = "100"表示输入框中允许输入的最小值为 100，max = "200"表示输入框中允许输入的最大值为 200，在浏览器中的显示效果如图 3-8 所示，图中的控制按钮允许用户向上单击或向下单击以步长为 2 来改变当前数值。

（17）range：用于包含一定范围内的值的输入字段，在网页中显示为滑动条。它的常用属性与 number 类型的一样，默认范围为 0～100，也可以通过 min 和 max 属性设置范围的最小值和最大值，通过 step 属性指定每次滑动的步长。例如：

```
<input  type = "range" name = "fanwei"/>
```

在浏览器中的显示效果如图 3-9 所示，可以看出图中有一个滑动条，用户想要得到当前范围的实际值，可以通过编写 JavaScript 脚本来实现。

（18）datepickers（日期和时间类型，包括 time、data、week、month、datetime、datetime-local），可在页面中生成一个日期和时间类型的输入框。当用户单击对应日期和时间输入框时，会弹出日期和时间选择页面，选择完日期和时间后页面自动关闭，选择的具体日期和时间被填充在输入框中。

图 3-8　number 类型示例

图 3-9　range 类型示例

① time：时间选择器，只可以选择小时、分钟，不能选择日期。

② date：日期选择器，可以选择年、月、日，带时间控件。

③ datetime：可输入时间和日期，不带时间控件。

④ datetime-local：选择时间，可以选择年、月、日、小时、分钟，带时间控件。

⑤ month：选择月份，可以选择年、月，带时间控件。

⑥ week：选择星期，可以选择某年的第几周，带时间控件。

【例 3-2】日期和时间输入框的使用，显示效果如图 3-10 所示。

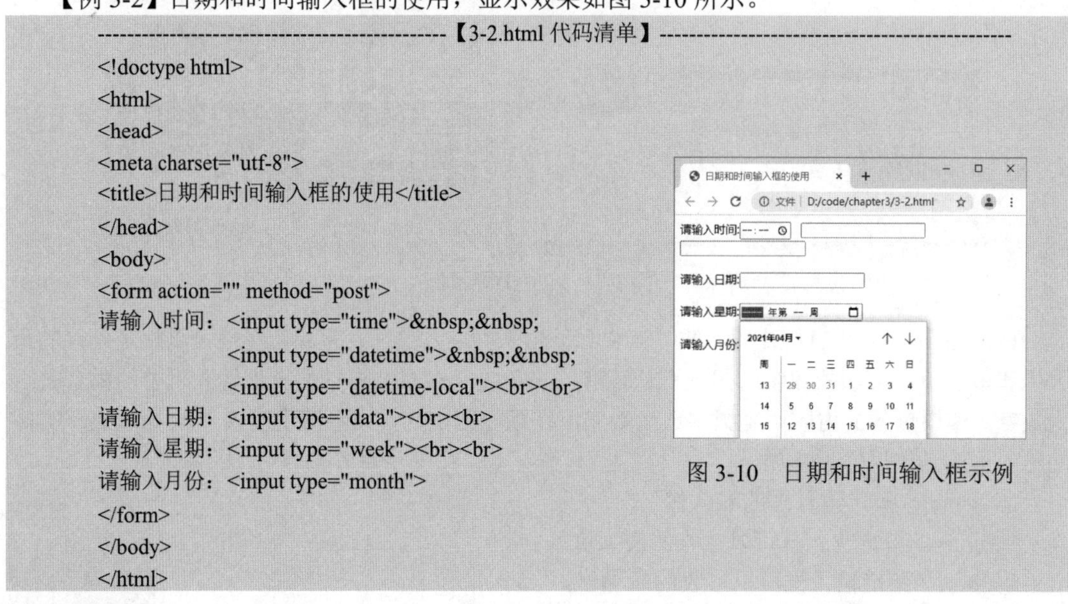

```
---------------------------------------------【3-2.html 代码清单】---------------------------------------------
<!doctype html>
<html>
<head>
<meta charset="utf-8">
<title>日期和时间输入框的使用</title>
</head>
<body>
<form action="" method="post">
请输入时间：<input type="time">  
            <input type="datetime">  
            <input type="datetime-local"><br><br>
请输入日期：<input type="data"><br><br>
请输入星期：<input type="week"><br><br>
请输入月份：<input type="month">
</form>
</body>
</html>
```


图 3-10　日期和时间输入框示例

注意：

上述 type 属性的值是 HTML5 新增的内容，部分类型是针对移动设备生效的，且具有一定的兼容性，用户在实际应用中应选择性地使用，在使用时一定要注意浏览器版本是否支持。

2．autofocus 属性

autofocus 属性用于规定当页面加载完毕时，<input>标记是否会自动获取输入焦点。autofocus 属性值是一个布尔类型，该属性值可设置为 true（自动获取焦点）或 false（不自动获取焦点）。

注意：

autofocus 属性不能加到 type = "hidden"的<input>标记里面，且一个页面只能有一个表单控件设置为 autofocus 属性。

3．disabled 属性

disabled 属性值是一个布尔类型，如果为 true 则表示禁止使用该表单控件，当前输入框即成灰色，无法输入，disabled 属性同样不能加到 type = "hidden"的后面。

4. form 属性

如果用户要提交表单，则必须把相关的表单控件放在表单标记<form></form>之间。利用 form 属性可以将表单内的子元素写在页面的任何位置，只需为这个元素指定 form 属性并设置其值为表单标记<form>的 id 属性值即可。例如：

```
<form id = "biaodan1">
……
</form>
<input   type = "text" name = "username" form = "biaodan1">
```

上述代码表示将 name = "username"的表单项提交到<form id = "biaodan1">的表单中。

5. list 属性

<input>标记的 list 属性可结合数据列表<datalist>标记使用，list 属性用于指定输入框所绑定的 datalist 元素，其值是 datalist 元素的 id 属性值，以获得当前输入框的默认值列表，自动实现下拉列表选择输入。当下拉列表框获取焦点之后，就可以把已有的数据源对象中的内容呈现出来，用户可以用鼠标也可以用键盘选择这些内容项。例如：

```
水果:<input type = "text" list = "fruit_list" name = "fruit" />
<datalist id = "fruit_list">
   <option label = "苹果" value = "apple" />
   <option label = "梨子" value = "pear" />
   <option label = "香蕉" value = "banana" />
   <option label = "西瓜" value = "watermelon" />
</datalist>
```

在浏览器中的显示效果如图 3-11 和图 3-12 所示。图 3-11 所示是下拉列表框获取焦点时的显示效果，图 3-12 所示是选择“香蕉”之后的显示效果。

图 3-11　list 属性与<datalist>标记结合使用示例（1）

图 3-12　list 属性与<datalist>标记结合使用示例（2）

6. pattern 属性

pattern 属性用于设置正则表达式，以便对<input>标记输入的内容执行自定义输入验证，email、url 类型的<input>标记，其实也是基于正则表达式进行验证的，只不过是系统设置好的，无须用户单独设置。正则表达式功能比较强大，用户可以通过编写个性化正则表达式实现复杂的逻辑校验。例如：

```
<input type = "number"   pattern = "[0-9]" >
```

上述代码表示只允许输入 0～9 的数字。常用的正则表达式如表 3-2 所示。

表 3-2　常用的正则表达式

正则表达式	描　述
^[0-9]*$	数字

续表

<table>
<tr><th>正则表达式</th><th>描　述</th></tr>
<tr><td>^\d{n}$</td><td>n 位的数字</td></tr>
<tr><td>^\d{n,}$</td><td>至少 n 位的数字</td></tr>
<tr><td>^\d{m,n}$</td><td>m～n 位的数字</td></tr>
<tr><td>^(0|[1-9][0-9]*)$</td><td>零和非零开头的数字</td></tr>
<tr><td>^([1-9][0-9]*)+(.[0-9]{1,2})?$</td><td>非零开头的最多带两位小数的数字</td></tr>
<tr><td>^(\-|\+)?\d+(\.\d+)?$</td><td>正数、负数和小数</td></tr>
<tr><td>^\d+$ 或 ^[1-9]\d*|0$</td><td>非负整数</td></tr>
<tr><td>^-[1-9]\d*|0$ 或 ^((-\d+)|(0+))$</td><td>非正整数</td></tr>
<tr><td>^[\u4e00-\u9fa5]{0,}$</td><td>汉字</td></tr>
<tr><td>^[A-Za-z0-9]+$ 或 ^[A-Za-z0-9]{4,40}$</td><td>英文字母和数字</td></tr>
<tr><td>^[A-Za-z]+$</td><td>由 26 个英文字母组成的字符串</td></tr>
<tr><td>^[A-Za-z0-9]+$</td><td>由数字和 26 个英文字母组成的字符串</td></tr>
<tr><td>^\w+$ 或 ^\w{3,20}$</td><td>由数字、26 个英文字母、下画线组成的字符串</td></tr>
<tr><td>^[\u4E00-\u9FA5A-Za-z0-9_]+$</td><td>由中文、英文、数字和下画线组成的字符串</td></tr>
<tr><td>^\w+([-+.]\w+)*@\w+([-.]\w+)*\.\w+([-.]\w+)*$</td><td>E-mail 地址</td></tr>
<tr><td>[a-zA-z]+://[^\s]* 或
^http://([\w-]+\.)+[\w-]+(/[\w-./?%&=]*)?$</td><td>URL</td></tr>
<tr><td>^\d{15}|\d{18}$</td><td>身份证号（15 位、18 位数字）</td></tr>
<tr><td>^([0-9]){7,18}(x|X)?$ 或
^\d{8,18}|[0-9x]{8,18}|[0-9X]{8,18}?$</td><td>以数字、字母 X 结尾的短身份证号码</td></tr>
<tr><td>^[a-zA-Z][a-zA-Z0-9_]{4,15}$</td><td>账号（以字母开头，长度在 5～16 个字符之间，允许包含字母、数字和下画线）</td></tr>
<tr><td>^[a-zA-Z]\w{5,17}$</td><td>密码（以字母开头，长度在 6～18 个字符之间，只能包含字母、数字和下画线）</td></tr>
</table>

7．placeholder 属性

placeholder 属性用于设置文本占位符，页面加载完成后，设置该属性的<input>标记对应的输入框中会显示设置的内容。当输入框获取焦点并有信息输入，输入框失去焦点后输入内容会代替 placeholder 属性设置的内容；当输入框获取焦点且没有信息输入，输入框失去焦点后仍显示 placeholder 属性设置的内容。placeholder 属性与<input>标记的 value 属性不同，value 属性值不是提示文字，而是已经输入的一部分，单击输入框时，value 中的值不会消失。例如：

```
<input type = "email" name = "email" placeholder = "example@domain.com" >
```

在浏览器中的显示效果如图 3-13 和图 3-14 所示。图 3-13 所示是输入框失去焦点时的显示效果，图 3-14 所示是输入框获取焦点时的显示效果。

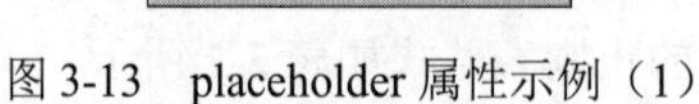
图 3-13　placeholder 属性示例（1）

图 3-14　placeholder 属性示例（2）

8．readonly 属性

readonly 属性表示只读状态，是一个布尔值，类似于 disabled，设置了 readonly 属性的输入框不能输入，也不会呈灰色，会显示其默认值。例如：

```
期数：<input type = "text"  value = "网页设计十八期"  name = "xueqi" readonly >
```

9．required 属性

required 属性主要用于设置输入框是否为必填字段，其值是一个布尔类型（true 和 false），设置为 true 时，如果不输入内容就提交，则会给出提示信息。required 属性和前面学到的 pattern、min、max 等属性一样，主要用于表单验证。例如：

```
<input type = "text" id = "username" name = "username" required >
```

如果此输入框为空，则会有相应的提示信息，效果如图 3-15 所示。

图 3-15　required 属性示例

10．autocomplete 属性

autocomplete 属性用于指定表单是否有自动完成功能，所谓“自动完成”是指将表单控件输入的内容记录下来，当再次输入时，表单会将输入的历史记录显示在一个下拉列表里，以实现自动完成输入。autocomplete 属性值有 on（表示表单有自动完成功能）、off（表示表单无自动完成功能）。可以将该属性设置在<form>标记中对整个表单中的所有表单控件都起作用，也可以只设置在某个表单控件中只对该表单控件起作用。例如：

```
<input type="text" autocomplete="on" name="age">
```

11．novalidate 属性

novalidate 属性用于指定在提交表单时取消对表单的有效验证。为<form>标记设置该属性时，可以关闭整个表单的验证，这样可以使<form>标记内的所有表单控件不被验证。

12．multiple 属性

multiple 属性用于指定输入框可以选择多个值，该属性适用于 email 和 file 类型的<input>标记。multiple 属性用于 email 类型的<input>标记时，表示可以向输入框中输入多个 E-mail 地址，多个地址之间通过逗号隔开；multiple 属性用于 file 类型的<input>标记时，表示可以选择多个文件。

以上介绍的 required、readonly、disabled、autofocus 属性也适用于其他表单控件。

3.2.3　下拉列表框标记<select>

在用户输入数据时，如果数据的特点是只能在有限的数据中进行选择，那么为了方便用户输入且保证数据的一致性，可以使用下拉列表框进行输入，即<select>标记，利用<select>标记可以产生一个下拉列表框，<select>标记需要与<option>标记结合使用来产生选项。例如：

```
你喜欢看书吗？
<select name="enjoy">
  <option>非常喜欢</option>
  <option>还算喜欢</option>
  <option>不常喜欢</option>
  <option>非常讨厌</option>
</select>
```

在具体使用时需要注意以下几点：

（1）在默认情况下，下拉列表框中的第一个选项会被选中，如果希望其他选项被选中，需在相应的<option>标记中加入 selected 属性进行设置。

（2）在默认情况下，下拉列表框只能选择一项，如果要实现多选，可在<select>标记中加入

multiple 属性，实现按住 Shift 或 Ctrl 键的同时选择多个选项。

（3）如果下拉列表框中的选项较多而需要分组，则可以使用<optgroup>标记来进行分组管理。

（4）在<select>标记中还可以设置 size 属性，此时下拉列表框变成列表框，其属性值表示列表框中最多显示的选项，如果选项超过了 size 的属性值，列表框会自动显示上下滚动条。

（5）使用<select>标记一定要有固定的选项，而且供选择的项不要太多，一般情况下以 50 项以内为标准，如果供选择的项超过了 50 项，则不建议使用<select>标记。例如，当网页中需要输入姓名时，则不建议使用<select>标记。

【例 3-3】在网页中创建下拉列表框，显示效果如图 3-16 所示。

```
-------------------------------------------------【3-3.html 代码清单】-------------------------------------------------
<!doctype html>
<html>
<head>
   <meta charset="utf-8">
   <title>select 标记</title>
</head>
<body>
   <form action = "" method = "get">
      <select name = "hngx">
         <optgroup label = "洛阳高校">
          <option value = "河南科技大学">河南科技大学</option>
          <option value = "洛阳理工学院">洛阳理工学院</option>
         </optgroup>
         <optgroup label = "郑州高校">
            <option value = "郑州大学">郑州大学</option>
            <option value = "郑州职业技术学院">郑州职业技术学院</option>
          </optgroup>
       </select>
      <input type = "submit" value = "提交" >
   </form>
</body>
</html>
```

图 3-16　<select>标记示例

在表单提交时，下拉列表框提交的内容是默认选中的<option>标记的 value 属性值。

3.2.4　多行文本输入框标记<textarea>

<textarea>标记用于输入多行文本，此标记将生成一个可以输入多行文本数据的输入框。其语法格式如下：

```
<textarea name = "name"   rows = "n" cols = "m" wrap = "off|hard|soft">多行文本数据</textarea>
```

其中，rows 属性用于控制多行文本输入框的行数，属性值为正整数，如果输入的文本超过这个数值，则会出现垂直滚动条；cols 属性用于控制多行文本输入框的列数，属性值为正整数；wrap 属性用于设置是否自动换行，off 表示不自动换行，hard 表示自动硬回车换行，换行符会传送到服务器，soft 表示自动软回车换行，换行符不会提交到服务器，默认值为 soft。

3.2.5　表单分组标记<fieldset>与分组标题标记<legend>

<fieldset>标记用于从逻辑上将表单中的元素组合起来，并在周围绘制边框，方便在一个表单中表单项较多的情况下进行区分，使整个表单看起来更加清晰，与分组标题标记<legend>结合使用。

例如：

```
<form>
  <fieldset>
    <legend>注册基本信息:</legend>
    姓名: <input type = "text"><br>
    电话: <input type = "text" ><br>
    生日: <input type = "text" >
  </fieldset>
  <fieldset>
   <legend>注册详细信息:</legend>
   家庭住址: <input type = "text" ><br>
   任职公司: <input type = "text" ><br>
   电子邮件: <input type = "text" >
  </fieldset>
</form>
```

在浏览器中的显示效果如图 3-17 所示。

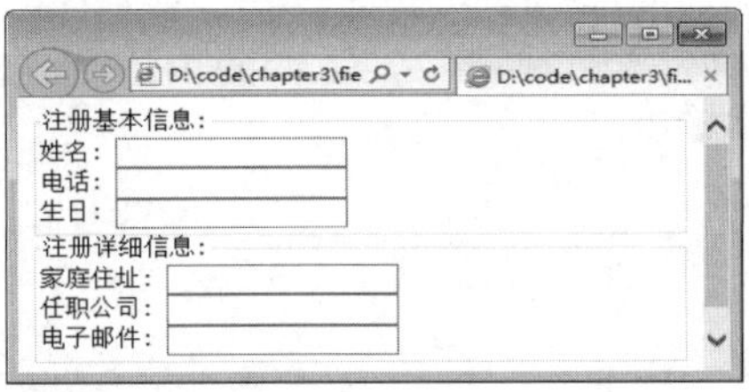

图 3-17　<fieldset>标记和<legend>标记示例

3.2.6　按钮标记<button>

<button>标记表示一个按钮，它是一个双标记，在<button>内部可以放置文本或图像，这是该标记与使用<input>标记创建的按钮之间的不同之处。

<button>标记与<input type="button">相比，提供了更强大的功能和更丰富的内容。<button></button>标记之间的所有内容都是按钮上面的内容，其中包括任何可接收的正文内容，如文本或多媒体内容。例如，可以在按钮中包括一幅图像或相关的文本，创建一个吸引人的标记图像。该标记唯一禁止使用的元素是图像映射，因为它对鼠标和键盘敏感的动作会干扰表单按钮的行为。

注意：

<button>标记必须规定 type 属性，该属性值分别为 button、reset 和 submit。IE 浏览器的默认类型是 button，而其他浏览器的默认类型是 submit。例如：

```
<button type = "button">立即购买</button>
```

<button>标记同样支持 autofocus、form、formaction、formenctype、formmethod、formtarget 等属性。<button>标记上的超链接可以使用 onclick 属性。

3.2.7　绑定标记<label>

<label>标记用于将一个文本与<input>标记绑定。该标记不会向用户呈现任何特殊效果，主要用于增强用户的可操作性。如果在<label>标记内单击文本，就会触发此控件。也就是说，当用户选择该标记时，浏览器就会自动将焦点转到和标记相关的表单控件上。

<label>标记的 for 属性的值应当与相关元素的 id 属性的值相同，即将 for 属性的值设置为相关元素的 id 属性的值。例如：

```
<form>
  <label for="male">Male</label>
  <input type="radio" name="sex" id="male" >
  <br />
  <label for="female">Female</label>
  <input type="radio" name="sex" id="female" >
</form>
```

3.2.8 输出标记<output>

<output>标记提供用于显示计算结果的位置，或者提供脚本执行的输出结果。为了明确指定<output>标记与表单控件相关联，可以用类似<label>标记的方法，通过 for 属性指定需要关联的表单控件即可。例如：

```
<input type = "range" id = "cssercom" min = "1" max = "10">
<output onforminput = "value = cssercom.value" for = "cssercom"></output>
```

或者通过 JavaScript 脚本输出：

```
<!doctype html>
<html>
<head>
  <meta charset="utf-8">
  <script type = "text/javascript">
    function write_sum(){
      x = 5;
      y = 3;
      document.form.sumform. sum.value = x+y;
    }
  </script>
</head>
<body onload = "write_sum()">
  <form action = "form_action.php" method = "get" name = "sumform">
    <output name = "sum"></output>
  </form>
</body>
</html>
```

3.2.9 生成密钥对标记<keygen>

<keygen>标记用于设置表单的密钥生成器，能够使用户验证更加安全、可靠。当提交表单时，会生成两个键：一个是私钥，私钥存储在本地客户端；另一个是公钥，公钥被发送到服务器端，用于验证用户的客户端证书。IE 和 Safari 浏览器不支持该标记。<keygen>标记类似于传统的 MD5 加密，单击“提交”按钮后，将整个表单的数据以加密的方式传送给服务器。<keygen>标记支持用户自选加密级别。例如：

```
<form action = " keygen.asp" method = "get">
  用户名：<input type = "text" name = "usr_name" >
  密码：<input type = "password" name = "mima" >
  加密：<keygen name = "security" >
  <input type = "submit" >
</form>
```

3.3 综合示例

前面的内容主要介绍了各种表单标记，下面以通过页面提交学生信息为例来讲解表单的制作。

学生信息在不同的项目中要求输入的内容是不一样的，例如，要求用户输入姓名、学号、入学时间、密码、性别、爱好、年级、个人情况说明等信息，这些需要输入的信息有不同的数据类型，需要使用不同的表单标记来实现这些信息的输入。

【例 3-4】在网页中创建一个学生信息登记表，显示效果如图 3-18 所示。

```
----------------------------------------------【3-4.html 代码清单】----------------------------------------------
<!--D:\code\chapter3\3-4.html-->
<!doctype html>
<html>
<head>
<meta charset="utf-8">
<title>studentInfo</title>
</head>
<body>
<form action = "" method = "get" >
<table width = "500" border = "1"
cellspacing = "0">
    <caption>学生信息登记表</caption>
    <tr>
<td>姓名：</td>
<td><input id = "stuName" type = "text" ></td>
</tr>
    <tr>
<td>学号：</td>
<td><input id = "stuNumber" type = "text" ></td>
</tr>
    <tr>
<td>入学时间：</td>
<td><input id = "date" type = "date" ></td>
</tr>
    <tr>
<td>自设密码：</td>
<td><input id = "pwd" type = "password" ></td>
</tr>
    <tr>
<td>性别：</td>
<td><input id = "boy" checked name = "sex" type = "radio">男   <input id = "girl" name = "sex"
type = "radio">女</td>
</tr>
    <tr>
<td>爱好：</td>
<td><input id = "swimming" type = "checkbox" >游泳
        <input id = "chess" type = "checkbox" >下棋
        <input id = "Kungfu" type = "checkbox" >武术
        <input id = "music" type = "checkbox" checked >音乐
</td>
</tr>
    <tr>
```

```
<td>年级：</td>
<td>
            <select id = "grade" name = "grade">
                <option>2011</option>
                <option>2012</option>
                <option>2013</option>
                <option>2014</option>
            </select>
          </td>
</tr>
        <tr>
<td>个人情况说明：</td>
<td>
            <textarea id = "Resume" cols = "20" name = "Resume" rows = "3"></textarea>
</td>
        </tr>
        <tr><td> </td>
          <td>
             <input id = "Submit1" type = "submit" value = "提交" >  
             <input id = "Reset1" type = "reset" value = "重置" > 
             <button id = "Button1" type = "button">忘记密码</button>
</td>
        </tr>
</table>
</form>
</body>
</html></html>
```

图 3-18　学生信息登记表示例

小结

本章重点介绍了表单设计基础和表单标记。表单设计基础讲解了客户端与服务器端进行通信交互的一些基础知识。表单标记则介绍了表单中各个标记的用法以及一些新增的输入类型，这些新类型（如 datepickers、color、email 等）能够增强用户的体验，也能为网页设计人员提供很多方便，开发人员不用写任何脚本代码就能实现对数据的校验。

习题

一、选择题

1. 在表单中包含单选按钮性别选项，且默认状态为“男”被选中，下列代码正确的是（　　）。

A. <input type="radio"　name="sex" checked value="男">男

B. <input type="radio" name="sex" enabled value="男">男

C. <input type="checkbox" name="sex" checked value="男">男

D. <input type="checkbox" name="sex" enabled value="男">男

2. 下列（　　）不是表单的控件类型。

A. textarea　　B. fieldset　　C. select　　D. p

3. 在指定单选按钮时，只有将以下（　　）属性的值指定为相同，才能使它们成为一组。

A. type　　B. name　　C. value　　D. checked

4. 在设计表单时，“您的照片”项让用户上传自己的照片，应使用的表单类型是（　　）。

A. radio　　B. textarea　　C. text　　D. file

5. 创建下拉列表框应使用以下（　　）标记。

A. <select>和<option>　　B. <input>和<label>

C. <input>　　D. <input>和<option>

6. 在上传文件时，<form>标记中的 method 值必须为（　　）。

A. post　　B. get　　C. put　　D. delete

7. 在上传文件时，<form>标记中的 enctype 值必须为（　　）。

A. form-data　　B. multipart/form-data

C. Text/plain　　D. application /x-www-form-urlencoded

8. 输入电子邮件地址需要用到<input>标记的（　　）类型。

A. text　　B. number　　C. email　　D. submit

9. 生成密钥对标记为（　　）。

A. <input>　　B. <select>　　C. <fieldset>　　D. <keygen>

10. 表单分组标记为（　　）。

A. <output>　　B. <datalist>　　C. <fieldset>　　D. <input>

二、填空题

1. 在使用<input>标记创建表单时，其 type 属性决定了输入控件的类型，属性值为__________时表示创建输入框，为__________时表示创建单选按钮，为__________时表示创建复选框，为__________时表示创建“提交”按钮，为__________时表示创建“重置”按钮，为__________时表示创建上传文件框。

2. 利用__________标记可以创建多行文本输入框。它的__________属性用于控制输入框的行数，__________属性用于控制输入框的列数。

3. 创建下拉列表框的标记是__________，与__________标记结合使用来产生选项。

4. 在使用<form>标记创建表单时，__________属性用于指定表单的名称，__________属性用于指定发送表单的 HTTP 方式，__________属性用于指定处理表单的服务器程序的 URL。

第 4 章　CSS 基础

前面章节介绍的 HTML 标记是网页设计的基础，用于确定网页的结构和内容，使用 HTML 标记的属性可以修饰页面，但是这种方式存在维护困难、不利于代码阅读等弊端。如果希望网页看起来更加美观、大方并且将来能够方便地进行升级及维护，仅仅知道 HTML 标记是不够的，还要掌握 CSS。CSS 可以在不改变原有 HTML 结构的情况下，增加更加丰富的样式效果，极大地满足开发者的需求。本章将详细讲解 CSS 的基本用法。

4.1　CSS 概述

CSS（Cascading Style Sheet）中文名为“层叠样式表”，是用于控制网页内容的外观（样式），并允许将样式和网页内容分离的一种语言。CSS 样式丰富多彩，已经广泛应用于各种网页的制作中，从精确的布局、定位到特定的字体和样式，功能非常强大。

HTML 与 CSS 是“结构”与“表现”的关系，即 HTML 用于确定网页的结构，CSS 用于设置网页的表现形式。在早期的网页设计中，HTML 同时承担网页“结构”与“表现”的双重任务，使得页面代码非常庞大，维护困难。采用“结构”与“表现”分离的网页设计模式，可以使 HTML 发挥更大的作用，同时能够更加灵活地控制页面的效果。CSS 可以嵌入在 HTML 文档中，也可以是一个单独的外部文件，这样多个页面可以关联同一个 CSS 文件，实现同一站点中网页风格统一、布局协调。

4.1.1　CSS 的发展历史

目前，CSS3 是 CSS 的最新版本，在 CSS3 之前 CSS 还经历了以下 3 个版本。

- CSS1：该版本于 1996 年 12 月正式推出。这个版本较全面地规定了文档的显示样式，可分为选择器、样式属性、伪类等几个部分。
- CSS2：该版本于 1998 年 5 月正式推出。从这个版本开始正式使用样式表结构。
- CSS 2.1：该版本于 2004 年 2 月正式推出。它在 CSS2 的基础上略微做了改动，删除了一些不被浏览器支持的属性。现在所使用的也是此版本，该版本从推出到现在基本没有变化。目前所有的主流浏览器都支持 CSS 2.1 版本。

2001 年 5 月，W3C 完成了 CSS3 的工作草案，CSS3 在 CSS 2.1 的基础上新增了很多属性，能够更加简单地实现复杂的页面效果。以前需要使用脚本来实现的效果，现在只需要短短几行代码就能实现，这不仅简化了设计师的工作流程，而且还加快了页面载入速度。到目前为止，完整的、规范权威的 CSS3 标准还没有最终定稿，但各主流浏览器已经开始支持其中的绝大部分特性。

4.1.2　CSS3 的特点

CSS 发展的一个主要变化就是 W3C 决定将 CSS3 划分成一系列模块，主要包括盒子模型、列表模块、超链接方式、语言模块、背景和边框、文字特效、多栏布局模块。每个模块都有自己的规范，这样做有如下优点：

- 整个 CSS3 的规范发布不会因为部分存在争论而影响其他模块的推进。
- 浏览器可以根据需要，决定支持哪些 CSS 功能。
- W3C 制定者可以根据需要进行针对性的更新，从而使一个整体的规范更加灵活，并能够及时修订，这样更容易扩展新的技术。

4.2 CSS 的基本语法

CSS 的一个核心特征，就是能够很容易地向 HTML 文档中的标记应用一组样式规则，从而进行页面的修饰与美化。例如，使 HTML 页面中所有<h1>标记的文字都显示为红色，可以应用以下样式规则：

```
h1{
  color:red;          /* 文字颜色为红色 */
}
```

如果希望将页面中所有<h1>标记的文字改为绿色，只需要把上面的样式规则修改为：

```
h1{
  color:green;          /* 文字颜色为绿色 */
}
```

利用 CSS 可以创建易于修改和编辑的样式规则，并且能很容易地将其应用到所定义的页面标记上。

4.2.1 CSS 的样式规则

CSS 中的每个样式规则由选择器和声明块两部分构成，如图 4-1 所示。

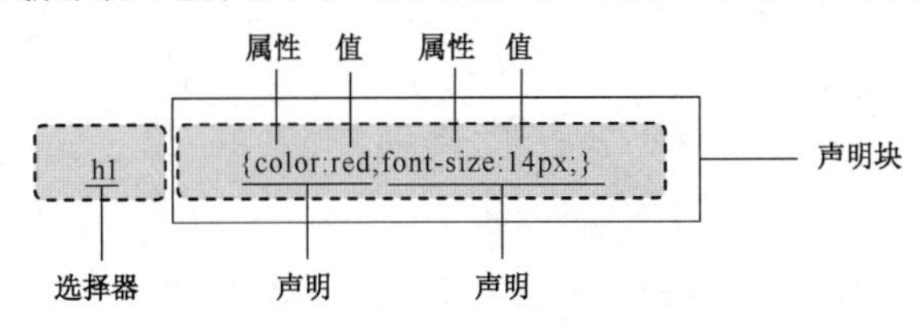

图 4-1　CSS 样式规则结构示意图

其中，选择器表示要定义样式的 HTML 对象；声明块由一个或多个声明组成，在每个声明之后用分号表示一个声明的结束，最后一个声明之后的分号可省略。每个声明由一个 CSS 属性和属性值组成，以键/值对的形式出现，即属性与属性值之间用英文“:”连接。在图 4-1 中，声明块包含两个声明，第一个声明表示将<h1>标记中文字的颜色设置为红色，第二个声明表示将<h1>标记中的文字大小设置为 14px。例如：

```
p{font-size:12px; color:#ff0000; font-family:"黑体";}
```

其中，p 是选择器；font-size、color、font-family 是 CSS 属性；12px、#ff0000、"黑体"是对应的属性值。该样式表示把<p>标记中的文字大小设置为 12px，颜色设置为红色，字体设置为黑体。

4.2.2 CSS 的引用方法

CSS 的引用是指在 HTML 页面中引入 CSS 样式来修饰页面，通常有如下 4 种方法。

1. 行内样式

行内样式是所有引用 CSS 样式方法中最直接的一种，它直接在页面的 HTML 标记中添加 style 属性，然后在 style 属性值中直接定义样式，例如：

```
<h1 style = "font-size:14px; color:#00ff00; ">中原洛科三周年庆典</h1>
```

上述代码表示将<h1>标记中的文字大小设置为 14px，颜色设置为绿色。

行内样式是最简单的 CSS 样式的使用方法，但在使用时需要通过标记的 style 属性来控制样式，并没有做到页面“结构”与“表现”的分离，不便于后期修改，维护成本较高，一般较少使用。只有在样式规则较少且只在该元素上使用一次，或者需要临时修改某个样式规则时才会使用，有时也用于统一样式外的特殊情况。

2. 内嵌样式

内嵌样式是将 CSS 样式用<style type = "text/css"> </style>标记包含，放在当前 HTML 文档的<head></head>标记之间，这样定义的样式就可以应用到当前页面中。

【例 4-1】在 HTML 页面中加入内嵌样式，显示效果如图 4-2 所示。

```
----------------------------------------------【4-1.html 代码清单】----------------------------------------------
<!doctype html>
<html>
<head>
  <meta charset = "utf-8">
  <title>内嵌样式示例 </title>
  <style type = "text/css">
    h1{
      font-size:14px;     /* 文字大小为 14px */
      color:blue;         /* 文字颜色为蓝色 */
    }
  </style>
</head>
<body>
  <h1>热烈祝贺第三十九届牡丹文化节召开</h1>
</body>
</html>
```

图 4-2　CSS 内嵌样式示例

上面代码中加粗的部分是该 HTML 页面中使用的 CSS 样式。这种方法将同一页面中所用到的 CSS 样式代码集中在同一个区域，方便后期的维护，同时放在<head>标记中便于被浏览器提前下载和解析，以避免网页内容下载后没有样式修饰。除此之外，需要设置<style>标记的 type 属性值为 text/css，这样浏览器知道 style 标记中包含的是 CSS 代码，在一些宽松的语法格式中 type 属性可以省略。

通过【例 4-1】可以看出，内嵌样式将页面的“结构”和“表现”进行了不完全分离，但是内嵌的 CSS 样式只对其所在的页面有效，如果一个网站有多个页面，对于不同页面上的相同标记都希望采用同样的样式，该方法就不太适用了。它不能充分发挥 CSS 代码重用的优势。

3. 链接样式

链接样式是将所有的 CSS 样式放在一个或多个以.css 为扩展名的外部样式表文件中，在 HTML 页面的<head></head>标记之间使用<link>标记引入外部样式表文件。例如：

```
<link href = "css/index.css " type = "text/css" rel = "stylesheet">
```

上述代码表示将 index.css 样式表文件链接到当前页面中，对页面中相应的对象进行样式控制。

下面将【例 4-1】中的 CSS 样式改为链接样式应用到 HTML 页面中。

（1）创建 HTML 文件 4-1-1.html。

```
--------------------------------------------【4-1-1.html 代码清单】--------------------------------------------
<!doctype html>
<html>
<head>
  <meta charset = "utf-8">
  <title>链接样式示例</title>
  <link href = "4-1-1.css " type = "text/css" rel = "stylesheet">
</head>
<body>
  <h1>热烈祝贺第三十九届牡丹文化节召开</h1>
</body>
</html>
```

（2）在文件 4-1-1.html 所在目录下创建 CSS 样式表文件 4-1-1.css。

```
--------------------------------------------【4-1-1.css 代码清单】--------------------------------------------
h1{
  font-size:14px;
  color:blue;
}
```

在浏览器中打开文件 4-1-1.html，显示效果与图 4-2 完全一样。

链接样式将 HTML 页面结构与 CSS 样式分离为两个或者多个文件，同一个 CSS 文件可以链接到多个 HTML 页面中，甚至可以链接到整个网站的所有页面中，实现了页面“结构”与“表现”的完全分离，使得网站整体风格统一、协调，而且前期制作和后期维护都十分方便。

在使用<link>标记链接样式时，需要设置它的 3 个属性，具体使用如下。

- href：定义链接外部样式表文件的 URL，可以是相对路径，也可以是绝对路径。
- type：定义链接的文件的类型，指定为“text/css”，表示链接的文件是 CSS 样式表，在一些宽松的语法格式中，type 属性可以省略。
- rel：定义当前文件与链接文件之间的关系，指定为“stylesheet”，表示链接的文件是样式表文件。

4．导入样式

导入样式与链接样式基本相同，都是针对外部样式表文件的，区别在于语法格式和放置的位置。在 HTML 文件中导入外部样式表文件，需在<head></head>标记中的<style></style>标记的开头使用@import 语句，例如：

```
<style type = "text/css">
  @import url(css/index.css);//或者@import "css/index.css " ;
</style>
```

在 HTML 文件的<style></style>标记中可以同时导入多个样式表文件，还可以存放其他的 CSS 样式。但在使用@import 语句时，一定要放在其他 CSS 样式的前面，否则不起作用。例如：

```
<style type = "text/css">
  @import url(css/index.css);
  h2{
    color:blue;
  }
</style>
```

另外，在 CSS 样式表文件内也可以导入其他的样式表文件。

虽然导入样式和链接样式的功能基本相同，但大多数网站是采用链接样式引入外部样式表文件的，主要原因是浏览器对两者的加载时间和顺序不同。当页面被加载时，链接的外部样式表文件将同时被加载，而导入的外部样式表文件会等到页面内容全部加载完之后再被加载，当用户的网速比较慢时，会先显示没有 CSS 修饰的页面，这样会造成不好的用户体验。

4.2.3　CSS 基本选择器

CSS 样式要应用到页面的 HTML 标记上，首先要找到控制的对象。CSS 选择器就是用来定位 CSS 样式控制的对象的，它是 CSS 样式规则中非常重要的概念。CSS 选择器的类型有多种，利用它可以灵活地选择页面元素进行样式设置，下面对 CSS 基本选择器进行详细的讲解。

1. 标记选择器

标记选择器就是用 HTML 标记名称作为选择器，所有的 HTML 标记名称都可以作为相应的选择器名称，按照标记名称分类，可以为页面的同一类标记设置相同的 CSS 样式，基本语法格式如下：

```
标记名称{属性 1:属性值 1;属性 2:属性值 2;……}
```

例如，下面的 CSS 样式可以把 HTML 页面中所有<p>标记的文字颜色设置为灰色，大小设置为 25px，背景设置为绿色。

```
p{
   color:gray;
   font-size:25px;
   background-color:green;
}
```

CSS 对于所有属性和值都有相对严格的要求，如果声明的属性在 CSS 规范中没有，或者某个属性的值不符合该属性的要求，该 CSS 样式代码则不能生效。

标记选择器的最大优点是能快速为页面中同类型的标记设置同一样式。

注意：

如果对页面中的所有标记进行样式设置，可以使用“*”作为选择器，即通配符选择器，例如：

```
*{
    margin：0;      /*设置外边距*/
    padding:0;      /*设置内边距*/
}
```

上述代码表示把当前页面中所有标记的默认外边距和内边距清除。在实际网页开发中不建议使用通配符选择器，因为有些标记不需要相应的样式，这样会降低代码的执行速度。

2. 类别选择器

标记选择器一旦声明，HTML 文件中所有的相应标记都会发生样式变化。如果希望某类标记中的一部分发生相应的样式变化，这时仅使用标记选择器是不够的，可以为标记设置一个 class 属性及属性值，引入类别（class）选择器，其基本语法格式如下：

```
.类别名称{属性 1:属性值 1; 属性 2:属性值 2;……}
```

类别选择器使用“.”进行标识，类别名称为 HTML 标记的 class 属性值，由用户定义，多个标记的 class 属性的属性值可以相同。类别选择器的最大优点是可以为元素定义单独的样式。

例如，当页面中同时出现 3 个<p>标记，希望它们的颜色各不相同时，就可以通过设置类别选择器来实现。

【例 4-2】利用类别选择器为不同段落文字设置样式。

```
-------------------------------------------【4-2.html 代码清单】-------------------------------------------
<!doctype html>
<html>
<head>
  <meta charset = "utf-8">
  <title>类别选择器示例</title>
  <style type = "text/css">
    p{                              /* 标记选择器 */
      font-size:18px;               /* 文字大小 */
      color :blue ;                 /* 蓝色 */
    }
    .one{                           /* 类别选择器 */
      color:red;                    /* 红色 */
    }
    .two{                           /* 类别选择器 */
      color:green;                  /* 绿色 */
    }
  </style>
</head>
<body>
  <p class = "one">红色 18px 文字</p>
  <p class = "two">绿色 18px 文字</p>
  <p>蓝色 18px 文字</p>
  <h3 class = "two">绿色 h3 标题</h3>
</body>
</html>
```

显示效果如图 4-3 所示，对第 1 个<p>标记分别应用了“p”标记选择器和“.one”类别选择器进行文字颜色的设置，最终文字显示为红色，说明“.one”类别选择器的优先级高于“p”标记选择器；第 2 个<p>标记与<h3>标记中的文字变成了绿色，可见“.two”类别选择器对它们都起作用，类别选择器适用于所有的 HTML 标记，只需对标记的 class 属性进行声明即可。另外，没有对标记进行声明的样式，采用其自身默认的方式显示。

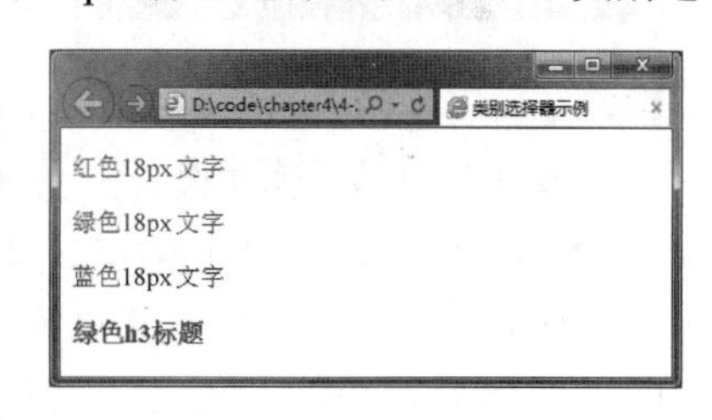

图 4-3　类别选择器示例

通过设置标记的 class 属性，可达到将 HTML 文件中的标记进行分类的目的，例如，在很多时候页面中大部分的<h1>标记都使用相同的样式风格，其中只有 1～2 个特殊的<h1>标记需要使用不同的风格来突出显示，这时可以为这些标记设置 class 属性，使其属性值相同，然后将类别选择器和标记选择器配合使用以达到相应的效果。

另外，一个 HTML 标记的 class 属性可以同时拥有多个属性值，它们之间用空格隔开，这样就可以对一个标记运用多个类别选择器，从而将多个类别样式同时运用到这个标记中。例如：

```
<h4 class = "one two">同时使用.one 和.two 类别样式</h4>
```

3. ID 选择器

在标记中设置 id 属性及属性值，引入 ID 选择器，其基本语法格式如下：

```
#id 名称{属性 1:属性值 1; 属性 2:属性值 2;……}
```

ID 选择器使用“#”进行标识，id 名称为 HTML 标记的 id 属性值，由用户定义，ID 选择器的使用方法与类别选择器基本相同，不同之处在于，HTML 文件中标记的 id 属性的属性值最好各不相同。

【例 4-3】利用 ID 选择器为不同标题设置样式。

```
----------------------------------------------【4-3.html 代码清单】----------------------------------------------
<!doctype html>
<html>
<head>
  <meta charset = "utf-8">
  <title>ID 选择器示例</title>
  <style type = "text/css">
    #one{                              /* ID 选择器 */
      background-color:blue;           /* 背景颜色为蓝色 */
      color:#FFF;                      /* 文字颜色为白色 */
    }
    #two{                              /* ID 选择器 */
      font-size:20px;                  /* 文字大小为 20px */
      color:red;                       /* 文字颜色为红色 */
    }
  </style>
</head>
<body>
  <h3 id="one">背景颜色为蓝色，文字颜色为白色的 h3 标题</h3>
  <h3 id="two">文字大小为 20px，颜色为红色的 h3 标题</h3>
</body>
</html>
```

显示效果如图 4-4 所示。

图 4-4　ID 选择器示例

HTML 文件中标记的 id 属性值要设置为唯一，是因为不仅 CSS 可以使用，JavaScript 等其他脚本也可以使用。如果一个 HTML 文件中有两个 id 属性值相同的标记，将会导致在 JavaScript 脚本中通过 id 属性查找对象时出错。因此网站设计者在编写 CSS 代码时，应该养成良好的编写习惯，不同 HTML 标记的 id 属性值应该不同。

另外，一个 HTML 标记的 id 属性不可以同时拥有多个属性值，因此 ID 选择器不支持像类别选择器那样多风格同时使用，下面是错误的写法。

```
<h4 id = "one two">同时使用#one 和#two ID 样式</h4>
```

上面介绍了 CSS 中基本的 3 种选择器，以它们为基础，通过组合还可以产生以下 3 种选择器，从而实现更强、更方便的选择功能。

1．交集选择器

交集选择器由两个选择器直接连接构成，其中第一个必须是标记选择器，第二个必须是类别选择器或 ID 选择器，两个选择器之间不能有空格。例如：

```
p.special{          /* 为 class 属性值为 special 的<p>标记设置样式 */
  color:red;
  font-size:23px;
}
h1#two{             /* 为 id 属性值为 two 的<h1>标记设置样式 */
  font-size:30px;
```

```
    background-color:blue;
}
```

这种方式构成的选择器，将选中同时满足前后二者定义的元素，即标记类型为前者且其 class 属性值或者 id 属性值为后者的元素，因此被称为交集选择器。

2．并集选择器

并集选择器是多个选择器通过逗号连接而成的。它的结果是同时选中各个选择器所选择的范围。任何形式的选择器（包括标记选择器、类别选择器、ID 选择器及交集选择器等）都可以作为并集选择器的一部分。在声明各种 CSS 选择器时，如果某些选择器的风格是完全相同的，或者部分相同，就可以利用并集选择器同时声明风格相同的 CSS 选择器，例如：

```
h1,h2,p,h2.special,.one,#two{
    text-decoration:underline;       /* 设置下画线 */
    font-size:15px;
}
```

3．后代选择器

在 HTML 文档中，当标记发生嵌套时，内层的标记就称为外层标记的后代。例如：

```
<p>热烈祝贺<strong>第三十九届</strong>牡丹文化节召开</p>
```

在上述代码中，外层是<p>标记，里面嵌套了<strong>标记，则称<strong>标记是<p>标记的后代（或子元素）。

后代选择器的写法就是把外层的标记写在前面，内层的标记写在后面，之间用空格分隔。

【例 4-4】利用后代选择器对文字设置样式，显示效果如图 4-5 所示。

```
---------------------------------------------【4-4.html 代码清单】---------------------------------------------
<!doctype html>
<html>
<head>
  <meta charset = "utf-8">
  <title>后代选择器示例</title>
  <style type="text/css">
    h2 span{          /*表示为<h2>标记中的<span>标记设置样式 */
      color:red;
    }
    span{             /*表示为所有的<span>标记设置样式*/
      text-decoration:underline;
    }
    h3 span{          /*表示为<h3>标记中的<span>标记设置样式 */
      color:blue;
    }
    ol.uu li ul li {
      font-weight:bold; /* 文字加粗 */
      color:blue;
    }
  </style>
</head>
<body>
  <h2>热烈祝贺<span>第三十九届</span>牡丹文化节召开</h2>
  <h3><span>牡丹花</span>分三类十二型</h3>
  <ol class="uu" >
    <li>单瓣类
      <ul>
```

图 4-5　后代选择器示例

```
            <li>黄花魁</li><li><em>泼墨紫</em></li>
            <li>凤丹</li><li>盘中取果</li>
          </ul>
        </li>
        <li>重瓣类</li>
        <li>重台类</li>
    </ol>
</body>
</html>
```

在上述代码中，样式表的第 4 个样式规则中的选择器使用了 4 层嵌套，在使用后代选择器时，两个元素之间的层次间隔可以是无限的，如果将上面的 HTML 代码应用如下 CSS 样式规则：

```
ol.uu em{
   color :red ;
}
```

就能将其中的“泼墨紫”列表项的文字颜色设置为红色，而不管<em>标记的嵌套层次有多深。

4.2.4 CSS 样式书写和命名规范

CSS 样式在实际编写中除了遵循相应的规则，根据开发者的经验，还需注意以下几点。

（1）CSS 样式表应该与 HTML 文件使用一样的编码格式：gb2312 或 utf-8。

（2）CSS 样式中的选择器严格区分字母大小写，属性和属性值不区分字母大小写，建议 CSS 代码全部统一使用小写。

（3）自定义的选择器名称只能使用字母、数字、下画线、中横线，不能包含点、冒号、空格等其他符号，而且名称的第一个字符必须是字母。例如，.a1、.a-1 是对的，.-a、.1a 是错的。

（4）声明中属性的后面可以同时有多个属性值，多个值之间要用空格隔开。例如：

```
p{border-bottom:1px solid #ccc;}
```

（5）如果声明中属性的属性值由多个单词组成且中间包含空格或者中文，则必须为这个属性值加上英文引号。例如：

```
h1{font-family: "Times New Roman";}
```

（6）为了提高 CSS 代码的可读性，可以添加 CSS 注释，注释的内容要放在“/*”与“*/”之间，可以是单行也可以是多行的。例如：

```
/*下面是对<h1>标记使用的 CSS 样式*/
h1{
   color:gray;
}
/*下面是对<p>标记
使用的 CSS 样式*/
p{
   color:blue;
   font-size:12px;
   font-weight:bold;                /* 设置文字加粗 */
   background-color:green;          /* 设置背景颜色为绿色 */
}
```

（7）CSS 代码中的空格是不被浏览器解析的，大括号及分号前后的空格可有可无。因此可以使用空格键、Tab 键、回车键等对样式进行排版，即所谓的格式化 CSS 代码，这样可以提高代码的可读性。例如：

```
p{font-size:12px; color:red;}            /*紧凑风格*/
p{                                       /*宽松风格*/
  font-size:12px;                        /*设置段落文字大小为 12px */
  color:red;                             /*设置段落文字颜色为红色 */
}
```

前者是紧凑风格，后者是宽松风格，两种写法呈现的效果是一样的。在编写 CSS 代码时使用哪种风格并没有严格的要求，开发者可根据个人的喜好和实际情况编写，如果代码量不大，维护量不大，则可以使用紧凑风格，以减轻浏览器加载的负担；如果维护量大，参与的人多，则尽量使用宽松风格，这样代码的可读性更高。

另外，CSS 属性的属性值如果带单位，值与单位之间不能有空格，否则浏览器解析时会出错。

4.3　利用 CSS 设置文字样式与图像样式

4.3.1　设置文字样式

Word 软件可以对文字的字体、字号和颜色等各种属性进行设置。CSS 同样提供了相应的文字设置属性，使用这些 CSS 属性可以轻松、方便地对 HTML 页面中的文字进行全方位的样式设置。

1．字体

font-family 属性用于设置文字的字体。例如：

```
p{font-family: Arial,'黑体' ,'宋体';}
```

上述代码对 HTML 文档中所有 p 元素的文字字体进行了设置，同时声明了 3 种字体。浏览器在执行代码时按照顺序在计算机中查找所声明的字体，如果查找到，则浏览器采用相应的字体显示，如果没有查找到，则使用浏览器的默认字体显示。

font-family 属性同时声明的多种字体之间要用英文逗号分隔，英文字体名称必须放在中文字体名称之前。中文字体名称需要加上英文状态下的单引号或双引号，英文字体名称则不需要。如果字体名称中间出现空格、#、$等符号，则需要加上英文的单引号或双引号。例如：

```
p{font-family: 'Times New Roman';}
```

2．字号

font-size 属性用于设置文字的字号，其属性值单位可以采用相对长度单位，也可以采用绝对长度单位。例如：

```
p{
  font-family: Arial,'黑体', '宋体';
  font-size:3mm;                   /* mm 为绝对长度单位 */
}
.p1{font-size:12px;}               /* px 为相对长度单位 */
```

在 CSS 中长度单位可以分为两类：绝对长度单位和相对长度单位。其中，相对长度单位比较常用，具体如表 4-1 所示。

表 4-1　CSS 长度单位描述

长 度 单 位		含　义
绝对长度单位	in	英寸，国外常用的度量单位，较少用。1in=2.54cm
	cm	厘米，国际标准单位，较少用。1cm= 0.394in

续表

长度单位		含　义
绝对长度单位	mm	毫米，国际标准单位，较少用。10mm= 1cm
	pt	磅，最基本的显示单位，较少用。72pt=1in
	pc	印刷行业中的度量单位，较少用。1pc=12pt
相对长度单位	em	倍率，相对于当前对象文字大小
	px	像素

绝对长度单位就是在任何情况下都代表相同的长度。

相对长度单位就是要有一个参考基础，相对于该参考基础来设置长度单位，相对长度单位会随着参考基础值的变化而变化。CSS 中常用的相对长度单位有 em 和 px。

em 是以当前文字大小为基础的。例如，页面中一个元素的文字大小为 12pt，那么 1em 就是 12pt，如果元素的文字大小变为 15pt，那么 1em 就是 15pt。

px 是像素值的单位，它会根据显示设备分辨率的不同而代表不同的单位。例如，在分辨率为 800px×600px 的显示器中设置一幅图片的高度为 100px，当将分辨率调整为 1024px×768px 时，就会发现图片相对变小了，因为在不同的分辨率下 100px 所代表的高度不同。

【例 4-5】设置文字大小，显示效果如图 4-6 所示。

```
---------------------------------------------【4-5.html 代码清单】---------------------------------------------
<!doctype html>
<html>
<head>
  <meta charset = "utf-8">
  <title>文字大小</title>
  <style type = "text/css">
    p.p1{
      font-size:30px;     /* 像素，实际显示大小与分辨率有关，是常用的方式 */
    }
    p.p1 span{
      font-size:60%;      /* 父元素文字大小的 60% */
    }
    p.p2{
      font-size:20px;
    }
    p.p2 span{
      font-size:0.7em;    /* 父元素文字大小的 0.7 倍 */
    }
  </style>
</head>
<body>
  <p class = "p1">父元素是 30px 大小的文字。<span>我的大小只是父元素的 60%</span></p>
  <p class = "p2">父元素是 20px 大小的文字。<span>我的大小只是父元素的 0.7 倍</span></p>
</body>
</html>
```

图 4-6　文字大小设置示例

3. 文字的粗细

font-weight 属性用于设置文字的粗细，利用<b>标记或者<strong>标记可以将文字设置为粗体，但利用 font-weight 属性可以将文字的粗细进行更细致的划分，而且可以将本身是粗体的文字变为正常粗细。font-weight 属性的取值有多个，从而可以对文字设置不同的样式，如表 4-2 所示。

表 4-2　font-weight 属性值

属 性 值	描 述	属 性 值	描 述
normal	正常粗细	lighter	比正常粗细要细
bold	粗体	100～900	数字越大文字越粗，400 等同于 normal，700 等同于 bold
bolder	加粗体		

实际上大多数操作系统和浏览器还不能很好地实现非常精细的文字加粗设置，通常只能设置“正常粗细”和“粗体”两种样式。例如：

```
h2{font-weight:normal;}
p{font-weight:bold;}
```

4．文字的倾斜

font-style 属性用于设置文字的倾斜。其属性值为 italic、normal 和 oblique。例如：

```
p{font-style:italic;}          /* 意大利体 */
p{font-style:normal;}          /* 正常 */
p{font-style:oblique;}         /* 倾斜 */
```

文字的倾斜并不是通过将文字“拉斜”来实现的，其实倾斜的字体本身就是一种独立存在的字体。严格来说，英文中字体的倾斜有以下两种：

（1）一种称为 italic，即意大利体，在各种文字处理软件上，字体倾斜多数使用字母“I”来表示。

（2）另一种称为 oblique，即真正的倾斜，就是把一个字母向右边倾斜一定角度产生的效果。

在 Windows 操作系统中，并不能区分 oblique 和 italic，它们二者都是按照 italic 方式显示的。在设置文字倾斜时，选择其中一种即可。

5．文字的复合样式

font 属性用于设置文字的复合样式，即可以同时设置文字的倾斜、粗细、大小、字体等样式，其语法格式如下：

```
选择器{font :font-style   font-weight   font-size/line-height   font-family}
```

在使用 font 属性时，其属性值必须严格按照上面的顺序书写，各属性值之间用空格隔开，其中，line-height 表示行高。例如：

```
p{
  font: italic bold 12px "黑体" ;        /* 设置文字倾斜、加粗、大小为 12px、字体为黑体 */
}
等价于：
p{
  font-family : "黑体" ;
  font-size :12px ;
  font-style :italic ;
  font-weight :bold ;
}
```

其中，不需要设置的属性可以省略（取默认值），但必须保留 font-size 和 font-family 属性，否则 font 属性不起作用。

6．加载服务器端字体

@font-face 规则用于加载服务器端字体。通过@font-face 规则，网页设计人员可以为自己的网页指定任何特殊的字体，无须考虑客户端的计算机上是否安装了此特殊字体。其基本语法格式如下：

```
@font-face{
   font-family:字体名称;
   src:字体路径;
}
```

其中，font-family 属性用于指定服务器端字体的名称，用户可以自己定义；src 属性用于指定该字体的路径。

【例 4-6】利用@font-face 规则加载服务器端字体，显示效果如图 4-7 所示。

```
---------------------------------------------【4-6.html 代码清单】---------------------------------------------
<!doctype html>
<html>
<head>
   <meta charset = "utf-8">
   <title>@font-face 规则</title>
   <style type = "text/css">
      @font-face {
         font-family: Font1;                    /*服务器端字体名称，自己定义*/
         src: url("霓虹体.ttf");                 /*服务器端字体所在路径*/
      }
      @font-face {
         font-family: Font2;
         src: url("方正剪纸简体.ttf");
      }
      .p1{
         font-family: Font1;/*设置字体*/
      }
      .p2{
         font-family: Font2;
      }
      p{
         font-size:30px;
      }
   </style>
</head>
<body>
   <p class="p1">怀着一颗宽容的心去生活，再拥挤的世界也会变得无限宽广，再平凡的人生也会变得充满阳光。</p>
   <p class="p2">人生就是一个选择的过程，每一种选择，同时意味着放弃。人生的每一步，都是一个十字路口，其实每一条路都没有尽头，因为我们永无回头路可走。</p>
</body>
</html>
```

图 4-7　@font-face 规则示例

在上述代码中，利用@font-face 规则分别定义了服务器端字体 Font1 和 Font2，将它们分别应用于两个段落。

在使用服务器端字体时，首先下载所需字体文件并存储到相应位置，其次使用@font-face 规则定义服务器端字体，最后对所需元素使用 font-family 属性设置字体样式。

7．文字的颜色

color 属性用于设置文字的颜色，颜色值设置有下面 3 种方式。

（1）用预定义好的颜色名称表示。在 CSS 中预设了 16 种颜色，如表 4-3 所示。

表 4-3　CSS 中预设的颜色

颜　色	名　称	颜　色	名　称	颜　色	名　称	颜　色	名　称
aqua	水绿	navy	深蓝	black	黑色	olive	橄榄绿
blue	蓝	purple	紫色	fuchsia	紫红	red	红色
gray	灰	silver	银色	green	绿色	teal	深青色
lime	浅绿	maroon	褐色	white	白色	yellow	黄色

（2）用以“#”开头的 6 位十六进制数值表示，如#FFCCEE、#3DFA4C、#660033 等，其中前两位代表红色，中间两位代表绿色，后两位代表蓝色。在实际应用中，十六进制是最常用的定义颜色的方式。

在不同的操作系统或浏览器中，同一种颜色的显示可能会有所不同，因此要尽量使用网页安全色。网页安全色就是红、绿、蓝三种颜色都采用十六进制 00、33、66、99、cc、ff 的组合。

（3）RGB 方式，如红色可以表示为 rgb(255,0,0)或 rgb(100%,0%,0%)。

下面所列的几种方式都可以将文字颜色设置为蓝色。

```
h1{color:blue;}
h3{color:#0000ff;}
h2{color:#00f;}                /*十六进制中代表红、绿、蓝的 2 位数字相同时可以简写为 1 位*/
h4{color:rgb(0,0,255);}
h5{color:rgb(0%,0%,255%);}     /*在 rgb 设置中，即使百分数颜色值为 0，也不能省略百分号*/
```

8. 文字的下画线、顶画线和删除线

text-decoration 属性用于设置文字的下画线、顶画线和删除线，其属性值如表 4-4 所示。

表 4-4　text-decoration 属性值

属 性 值	描　述	属 性 值	描　述
none	正常显示	line-through	为文字加删除线
underline	为文字加下画线	overline	为文字加顶画线

可以将这些属性值同时赋给 text-decoration 属性，各属性值之间用空格分开为文字同时添加多种显示效果，例如：

```
h1{text-decoration:underline overline line-through;}     /* 3 种属性值同时存在 */
```

前面讲到用<a>标记设置文字超链接时，超链接的文字会自动加上下画线，如果想去掉下画线可以进行如下设置：

```
a{text-decoration:none;}
```

9. 英文字母大小写转换

text-transform 属性用于设置英文字母大小写转换，是 CSS 提供的很实用的功能之一。例如：

```
p.one{text-transform:capitalize; }      /* 英文单词首字母大写 */
p.two{text-transform:lowercase;}        /* 英文字母全部小写 */
p.three{text-transform:uppercase;}      /* 英文字母全部大写 */
```

10. 文字的间距

letter-spacing 属性用于设置英文字母的间距和中文文字的间距；word-spacing 属性用于设置英文单词的间距，对中文无效。它们可以使用相对长度单位或绝对长度单位，允许使用负值，默认值为 normal。

【例 4-7】设置文字的间距，显示效果如图 4-8 所示。

```
------------------------------------------------【4-7.html 代码清单】------------------------------------------------
<!doctype html>
<html>
<head>
    <meta charset = "utf-8">
    <title>文字的间距</title>
    <style type = "text/css">
      h4{
        font-weight:normal;
        text-decoration:underline overline;
        letter-spacing:10px;            /* 文字的间距为 10px */
      }
      p.one{
        text-transform:capitalize;
        font-style:italic;
        letter-spacing:5px;             /* 英文字母的间距为 5px */
      }
      p.two{
        text-transform:lowercase;
        word-spacing:20px;              /* 英文单词的间距为 20px */
      }
      p.three{
        text-transform:uppercase;
      }
    </style>
</head>
<body>
   <h4>春节是中国最重要的节日。</h4>
   <p class = "one">Spring Festival is the most important festival in China.</p>
   <p class = "two">Spring Festival is the most important festival in China.</p>
   <p class = "three">Spring Festival is the most important festival in China.</p>
</body>
</html>
```

图 4-8 文字的间距设置示例

11．文字的水平对齐方式

text-align 属性用于设置文字的水平对齐方式，其属性值如表 4-5 所示。

表 4-5 text-align 属性值

属 性 值	描 述
left	左对齐，浏览器默认方式
right	右对齐
center	居中对齐
justify	两端对齐

元素中的文字在左对齐方式下，每行文字的右端是不整齐的，如果希望文字的两端都对齐，则可以设置为“text-align:justify”。

text-align 属性仅适用于块级元素（block），对行内元素（inline）无效。

【例 4-8】设置文字的水平对齐方式，显示效果如图 4-9 所示。

```
------------------------------------------------【4-8.html 代码清单】------------------------------------------------
<!doctype html>
```

```
<html>
<head>
  <meta charset = "utf-8">
  <title>文字的水平对齐方式</title>
  <style type = "text/css">
    h4,p{text-align:center;}
    p.left{
      text-align:left;
    }
    p.justify{
        text-align:justify;
      }
    </style>
</head>
<body>
<h4>黄鹤楼</h4>
  <p>(唐) 崔颢</p>
  <p>昔人已乘黄鹤去，此地空余黄鹤楼。</p>
  <p>黄鹤一去不复返，白云千载空悠悠。</p>
  <p>晴川历历汉阳树，芳草萋萋鹦鹉洲。</p>
  <p>日暮乡关何处是，烟波江上使人愁。</p>
  <p class = "left">译文：</p>
  <p class = "justify">昔日的仙人已乘着黄鹤飞去，这地方只留下空荡的黄鹤楼。黄鹤一去再也没有返回这里，千万年来只有白云飘飘悠悠。汉阳晴川阁的碧树历历可辨，更能看清芳草繁茂的鹦鹉洲。时至黄昏不知何处是我家乡？看江面烟波渺渺更使人烦愁！</p>
</body>
</html>
```

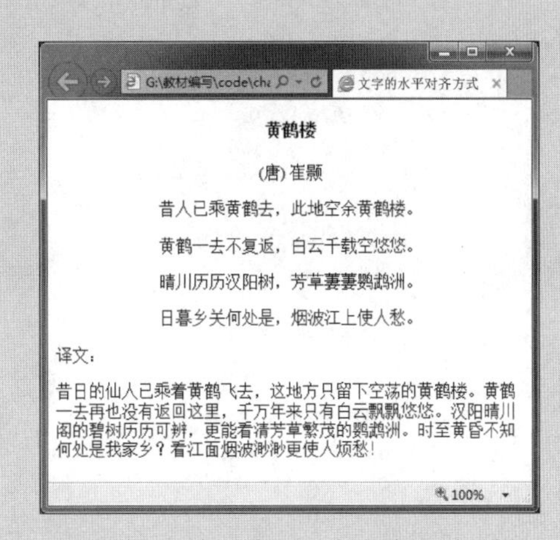

图 4-9　文字的水平对齐方式设置示例

12. 文字的行高

line-height 属性用于设置文字的行高，即一行文字的高度，如图 4-10 所示，背景颜色的高度即文字的行高。该属性值的单位有 px、em 和%，在实际开发中 px 用得较多。例如：

```
h3{line-height:20px;}          /*行高为 20px*/
p{line-height:1.5em;}          /*行高为元素的 font-size 属性值的 1.5 倍*/
h4{line-height:130%;}          /*行高为元素的 font-size 属性值的 130%*/
```

曾经的美好，留于心底，曾经的悲伤，置

于脑后，学会忘记，懂得放弃，人生总是

从告别中走向明天。

图 4-10　文字的行高

【例 4-9】设置文字的行高，显示效果如图 4-11 所示。

```
-------------------------------------------- 【4-9.html 代码清单】 --------------------------------------------
<!doctype html>
<html>
<head>
  <meta charset = "utf-8">
  <title>文字的行高</title>
  <style type = "text/css">
    div,p{                /*div 元素是没有任何含义的块级元素*/
```

```
        width:300px;     /*设置 div 和 p 元素的宽度*/
        height:50px;     /*设置 div 和 p 元素的高度*/
        border:1px #0033FF solid;/*设置边框*/
        font-size:12px;
    }
    .two{
        line-height:2.5em;
    }
    .three{
        line-height:40px;
    }
    .four{
        line-height:50px;
    }
    .p1{
        line-height:30px;
    }
</style>
</head>
<body>
  <div class = "one">元素高度为 50px，行高没有设置</div>
  <div class = "two">元素高度为 50px，行高设置为文字大小的 2.5 倍</div>
  <div class = "three">元素高度为 50px，行高设置为 40px</div>
  <div class = "four">元素高度为 50px，行高设置为 50px</div>
  <p>p 元素没有设置行高，行高为文字大小的 1.2 倍</p>
  <p class="p1">p 元素设置行高为 30px</p>
</body>
</html>
```

图 4-11　文字的行高设置示例

代码中的 div 元素是一个没有任何意义的块级元素，相关内容请参考 5.3.2 节。

具体使用 line-height 属性时要注意如下 2 点。

（1）line-height 属性是用来给一行文字的高度设定范围的。

在【例 4-9】中 div 元素的高度为 50px。如果没有设置文字的行高，那么文字默认显示在这个 div 元素的左上角。如果想让文字在垂直方向上居中，可以设置该元素的 line-height 属性值为 50px，即让这个元素中的文字每一行占 50px，那么这行文字的高度正好和 div 元素的高度相同，文字就会表现出垂直居中的效果。

（2）对于段落 p 元素，如果不设置行高，那么段落文字的行高通常是段落文字 font-size 属性值的 1.2 倍，如果希望段落中文字的行间距变大，同样可以设置 p 元素的 line-height 属性。

13．首行缩进

text-indent 属性用于设置首行缩进和缩进距离，其属性值可以采用各种长度单位。在中文排版中，每个正文段落首行的开始处有两个汉字的空白，缩进两个中文汉字的距离，在 CSS 中的设置如下：

```
p{text-indent:2em;}
```

如果希望首行不进行缩进，而是凸出一定的距离，即“悬挂缩进”，可以进行如下设置：

```
p{text-indent:-2em;}
```

【例 4-10】设置段落首行缩进，显示效果如图 4-12 所示。

```
--------------------------------------------【4-10.html 代码清单】--------------------------------------------
<!doctype html>
<html>
```

```
<head>
  <meta charset = "utf-8">
  <title>段落首行缩进</title>
  <style type = "text/css">
    @font-face {
      font-family: Font1;
      src: url("方正剪纸简体.ttf");
    }
    h1{
      text-align:center;
      color:red;
      font-family: Font1;
    }
    img{
      width:200px;    /*设置图片的宽度*/
    }
    p{
      font-size:14px;
    }
    p.one{
      text-indent:2em;
    }
    p.two{
      text-indent:28px;
    }
  </style>
</head>
<body>
  <h1>春节的来历</h1>
  <img src="images/spring1.jpg" align="right">
  <p class = "one">春节是中国最富有特色的传统节日，中国人过春节已超过 4000 多年的历史，关于春节的起源有多种说法，但其中普遍接受的说法是春节由虞舜时期兴起。春节一般指正月初一，是一年的第一天，又叫阴历年，俗称“过年”；但在民间，传统意义上的春节是指从腊月初八的腊祭、腊月二十三或二十四的祭灶，一直到正月十九，其中以除夕和正月初一为高潮。在春节期间，中国的汉族和很多少数民族都要举行各种活动以示庆祝。</p>
  <p class = "two">这些活动均以祭祀神佛、祭奠祖先、除旧布新、迎禧接福、祈求丰年为主要内容。春节的活动丰富多彩，带有浓郁的各民族特色。受到中华文化的影响，属于汉字文化圈的一些国家和民族也有庆祝春节的习俗。</p>
</body>
</html>
```

图 4-12　段落首行缩进设置示例

14．空白符处理

在使用 HTML 制作网页时，无论源代码中有多少空格，在浏览器中只显示一个字符的空白。在 CSS 中，white-space 属性用于设置元素内的空白符，其属性值及其描述如下。

- normal：默认值，忽略多余的空白、空行，即元素内如果有多个空格在一起或有多个换行符（回车键），浏览器会把其看作一个空格来处理，不会影响自动换行（元素内容过长，在一行上显示不完，会从下一行开始）。
- pre：预格式化，保留空白或换行符（回车键），即按照文档书写格式原样显示，与 HTML 中的<pre>标记类似。
- nowrap：元素内的内容如果有多个空格或换行符，浏览器只会显示一个空格；元素内容不会自动换行，只有遇到
标记才会换行；元素内容过长超出浏览器边界时页面会自动增加滚动条。

【例 4-11】利用 white-space 属性设置空白符，显示效果如图 4-13 所示。

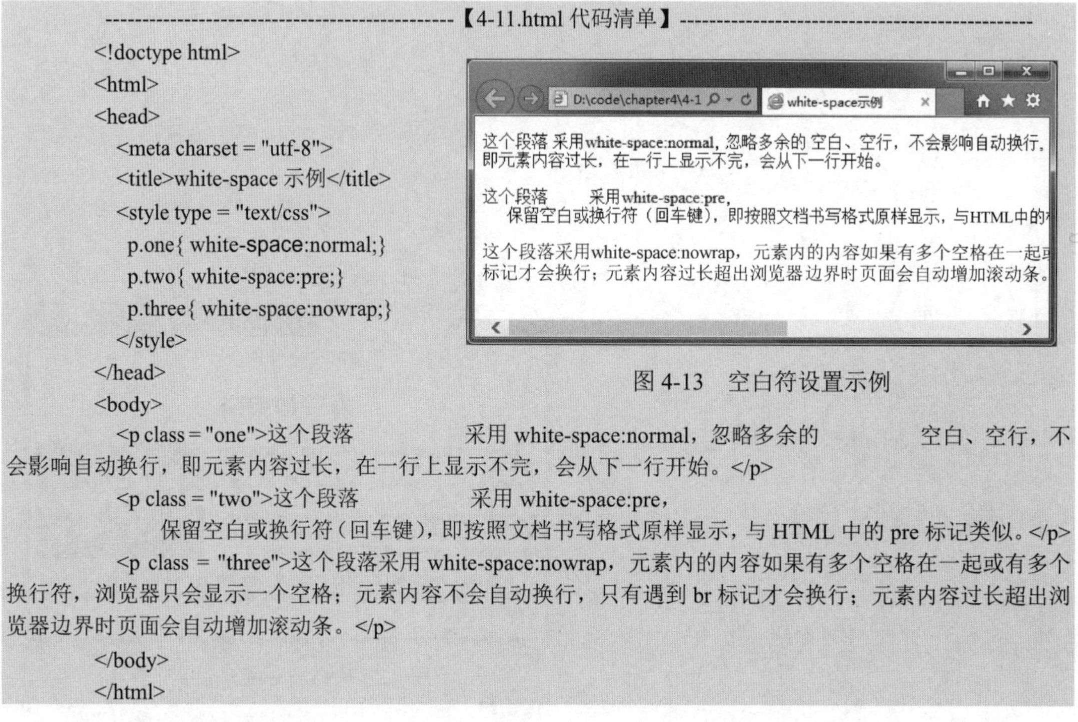

```
--------------------------------------------【4-11.html 代码清单】--------------------------------------------
<!doctype html>
<html>
<head>
  <meta charset = "utf-8">
  <title>white-space 示例</title>
  <style type = "text/css">
   p.one{ white-space:normal;}
   p.two{ white-space:pre;}
   p.three{ white-space:nowrap;}
  </style>
</head>
<body>
  <p class = "one">这个段落            采用 white-space:normal，忽略多余的            空白、空行，不会影响自动换行，即元素内容过长，在一行上显示不完，会从下一行开始。</p>
  <p class = "two">这个段落            采用 white-space:pre，
      保留空白或换行符（回车键），即按照文档书写格式原样显示，与 HTML 中的 pre 标记类似。</p>
  <p class = "three">这个段落采用 white-space:nowrap，元素内的内容如果有多个空格在一起或有多个换行符，浏览器只会显示一个空格；元素内容不会自动换行，只有遇到 br 标记才会换行；元素内容过长超出浏览器边界时页面会自动增加滚动条。</p>
</body>
</html>
```

图 4-13　空白符设置示例

15．文字的阴影效果

text-shadow 属性用于设置文字的阴影效果，基本语法格式如下：

```
选择器{text-shadow: h-shadow v-shadow blur color;}
```

其中，h-shadow 用于设置水平阴影的距离，允许为负值；v-shadow 用于设置垂直阴影的距离，允许为负值；blur 用于设置阴影的模糊半径；color 用于设置阴影的颜色。

【例 4-12】设置文字的阴影效果，显示效果如图 4-14 所示。

```
--------------------------------------------【4-12.html 代码清单】--------------------------------------------
<!doctype html>
<html>
<head>
  <meta charset = "utf-8">
  <title>text-shadow 示例</title>
  <style type = "text/css">
  h1.one {
    text-shadow:10px 10px 9px #FF0000;}
  h1.two{
    color:white;
    text-shadow:2px 2px 4px #000000;
}
h1.three {
    text-shadow:0 0 3px #FF0000;
}
h1.four{
    color:white;
    text-shadow:0 0 4px #FF0000,10px -10px 3px blue;
```

图 4-14　文字的阴影效果设置示例

```
}
  </style>
</head>
<body>
    <h1 class="one">两个黄鹂鸣翠柳，</h1>
    <h1 class="two">一行白鹭上青天。</h1>
    <h1 class="three">窗含西岭千秋雪，</h1>
    <h1 class="four">门泊东吴万里船。</h1>
</body>
</html>
```

当设置阴影的水平距离和垂直距离为负值时，可以改变阴影的投射方向。阴影的模糊半径只能是正值，值越大阴影向外模糊的范围越大。

另外，text-shadow 属性可以同时为文字添加多个阴影，从而产生阴影叠加的效果，即设置多组阴影参数，中间用逗号隔开。

16．文字溢出处理

text-overflow 属性用于处理溢出元素范围的文字的显示效果，其属性值及其描述如下。

- clip：超出的文字直接截断。
- ellipsis：超出的文字用省略号表示。

【例 4-13】文字溢出处理，显示效果如图 4-15 所示。

```
---------------------------------------------【4-13.html 代码清单】---------------------------------------------
<!doctype html>
<html>
<head>
  <meta charset = "utf-8">
  <title>text-overflow 示例</title>
  <style type = "text/css">
  p{
      width: 200px;                    /*设置段落的宽度*/
      border: 1px solid #000000;       /*设置边框*/
      white-space: nowrap;             /*强制文字不能换行*/
      overflow: hidden;                /*隐藏溢出文字*/
  }
  .one{
      text-overflow: clip;
  }
  .two{
      text-overflow: ellipsis;
  }
  </style>
</head>
<body>
    <p class="one">当文字溢出元素范围时直接截断！ </p>
    <p class="two">当文字溢出元素范围时用省略号表示!</p>
</body>
</html>
```

图 4-15　文字溢出处理示例

从图 4-15 中可以看出，当文字溢出元素范围时，可以截断或以省略号显示，但是要实现这种效果必须为元素设置“white-space: nowrap;”和“overflow: hidden;”，即强制文字不能换行并隐藏溢出文字，然后配合 text-overflow 属性设置才可以。

17．长单词或 URL 的自动换行

word-wrap 属性用于实现长单词或 URL 的自动换行。其属性值默认为 normal，表示只在允许的断字点换行（浏览器保持默认处理）；属性值 break-word 表示在长单词或 URL 内部进行换行。

【例 4-14】设置 word-wrap 属性，显示效果如图 4-16 所示。

```
-------------------------------------------- 【4-14.html 代码清单】 --------------------------------------------
<!doctype html>
<html>
<head>
  <meta charset = "utf-8">
  <title>word-wrap 示例</title>
  <style type = "text/css">
  p{
      width: 200px;     /*设置段落的宽度*/
      border: 1px solid #000000;    /*设置边框*/
  }
  .one{
       word-wrap:break-word;
  }
  </style>
</head>
<body>
     <p class="one">在线教程的网址是：https://www.hhhh******.com.cn</p>
     <p>在线教程的网址是：https://www.hhhh******.com.cn</p>
</body>
</html>
```

图 4-16　word-wrap 属性设置示例

从图 4-16 中可以看出，当浏览器保持默认处理时，段落中的 URL 会溢出边框，而设置 word-wrap 属性值为“break-word”后，URL 会自动换行。

4.3.2　设置图像样式

图像是网页中不可缺少的元素，它能使页面更加丰富多彩，能让人更加直观地感受到网页要传递的信息。利用 CSS 中提供的属性对图像进行更加丰富的设置，还可以实现很多特殊的效果。

1．图像的边框

在 HTML 中可以通过设置 img 元素的 border 属性为图像添加边框，其属性值为边框的粗细，以 px 为单位。当设置该属性的值为“0”时，没有边框，例如：

```
<img src = "img.jpg " border= "0 ">
<img src = "img.jpg " border= "1 ">
```

使用上述方法得到的效果为所有图像的边框都是黑色的，风格单一，只能调整边框粗细。如果要更换边框的颜色，或者更换边框的样式，需要为 img 元素设置 CSS 中的 border 属性，例如：

```
img{
        border: 3px solid #000000;    /*设置边框宽度为 3px、样式为实线、颜色为黑色*/
}
```

2．图像的大小

用 CSS 控制图像的大小是通过设置 width 和 height 属性来实现的。HTML 代码如下：

```
<body>
```

```
    <img src ="spring.jpg" />
</body>
```

然后对 img 元素设置如下样式：

```
img{
    width:50%;                          /*相对父元素的宽度*/
}
```

则图像大小将是 body 元素宽度的一半，当拖动浏览器窗口改变页面宽度时，图像的大小也会发生相应的变化。在设置图像的大小时要注意，如果仅设置图像的 width 或 height 属性中的一个，则图像另一个属性的属性值自动等比例缩放；只有当同时设置 width 和 height 属性时，图像才不会等比例缩放。

3. 图像的对齐方式

当图像与文字同时出现在页面上时，需要合理地将图像与文字进行排列以达到美观的效果，这时图像的对齐方式就显得很重要。

1）水平对齐方式

图像的水平对齐方式与文字的水平对齐方式基本相同，可分为左对齐、居中对齐、右对齐。不同的是，图像的水平对齐方式不能直接将 text-align 属性设置到 img 元素中来实现，而是通过将 text-align 属性设置到其父元素上来实现的。

【例 4-15】设置图像的水平对齐方式，显示效果如图 4-17 所示。

```
----------------------------------------------【4-15.html 代码清单】----------------------------------------------
<!doctype html>
<html>
<head>
    <meta charset = "utf-8">
    <title>图像的水平对齐方式</title>
    <style type = "text/css">
        img{
            width:80px;
            border:1px #FF0000 solid;
        }
        .left{
            text-align:left;
        }
        .center{
            text-align:center;
        }
        .right{
            text-align:right;
        }
    </style>
</head>
<body>
    <div class = "left"><img src = "images/spring2.jpg" /></div>
    <div class = "center"><img src = "images/spring2.jpg" /></div>
    <div class = "right"><img src = "images/spring2.jpg" /></div>
</body>
</html>
```

图 4-17　图像的水平对齐方式设置示例

如果直接将 text-align 属性设置到 img 元素中，则达不到如图 4-17 所示的效果。

2）垂直对齐方式（图像与文字之间的对齐方式）

图像垂直方向上的对齐方式主要体现在与文字搭配的情况下，特别是当图像的高度与文字的高度不一致时。

在 CSS 中通过 vertical-align 属性来设置元素的垂直对齐方式。vertical-align 属性只能用于行内元素，属性值有很多种而且比较复杂，如表 4-6 所示。另外 vertical-align 属性在不同的浏览器下呈现的效果会有所差别。

表 4-6　vertical-align 属性值

属 性 值	描　述	属 性 值	描　述
baseline	默认值。将元素放置在父元素的基线上	sub	垂直对齐文字的下标
top	将元素的顶端与行中最高元素的顶端对齐	super	垂直对齐文字的上标
middle	将元素放置在父元素的中部	text-bottom	将元素的底端与父元素中文字的底端对齐
bottom	将元素的顶端与行中最低元素的顶端对齐	text-top	将元素的顶端与父元素中文字的顶端对齐

【例 4-16】设置图像与文字之间的垂直对齐方式，显示效果如图 4-18 所示。

```
-----------------------------------------------【4-16.html 代码清单】-----------------------------------------------
<!doctype html>
<html>
<head>
  <meta charset = "utf-8">
  <title>图像与文字之间的垂直对齐方式</title>
  <style type = "text/css">
    img{
      border:1px #FF0000 solid;
    }
    img.t-top {
      vertical-align:text-top;
    }
    img.t-bottom {
      vertical-align:-30px;
    }

  </style>
</head>
<body>
   <p>这是一幅<img   src = "images/3.gif" />位于段落中的图像。</p>
   <p>这是一幅<img class = "t-top"   src = "images/3.gif" />位于段落中的图像。</p>
   <p>这是一幅<img class = "t-bottom" src = "images/3.gif" />位于段落中的图像。</p>
   <p><img src = "images/3.gif" />This is an image in the paragraph.</p>
</body>
</html>
```

图 4-18　图像与文字之间的垂直对齐方式设置示例

当没有设置 vertical-align 属性时，图像的下端落在文字的基线上，即将 vertical-align 属性值设置为“baseline”（默认效果）。

从图 4-18 中可以看出，大多数英文字母的下端是在同一水平线上的，而对于 g、p 等个别字母，它们的最下端低于这条水平线，我们把这条水平线称为“基线”，同一行的英文字母都以此为基准进行排列。

由此可知，在默认情况下，行内图像的最下端，将与同行文字的基线对齐。对于 vertical-align 属性其他的值，读者可以从显示结果和值本身的名称进行直观的了解，此处不再一一介绍。

另外，图像的垂直对齐方式也可以用具体的数值来调整，正值和负值都可以。例如：

```
img{
  vertical-align:-30px;
}
```

图像在垂直方向上，以文字基线为基准，上移（正值）或下移（负值）一定的距离，无论图像的高度是多少，均以图像底部为准。

4.4 CSS 的继承特性

CSS 的继承特性是指定义的样式不仅能应用到指定的元素，还会应用到其后代元素。一个元素 a 如果嵌套在另一个元素 b 中，则元素 a 就是元素 b 的后代元素（或子元素）。

例如，下面的 HTML 代码：

```
<p>CSS 样式表<em>继承特性</em>的演示代码</p>
```

<em>标记包含在<p>标记之内，如果定义了<p>标记的文字颜色，即 p{ color:red;}，在浏览器中<p>和<em>标记中的文字同时变红。因为<em>标记继承了它的父元素<p>标记的 color 属性值。

继承特性非常有用，如果设置的属性是一个可以继承的属性，只需将其应用到父元素即可，恰当地使用继承特性可以简化代码，降低 CSS 样式的复杂性。

想要更好地了解继承是如何工作的，需要从 HTML 文件的组织结构（即文档树）入手。

【例 4-17】创建页面，说明 CSS 继承特性的运行机制。

```
-----------------------------------------------【4-17.html 代码清单】-----------------------------------------------
<!doctype html>
<html>
<head>
  <meta charset = "utf-8" />
  <title>CSS 的继承特性示例</title>
  <style type = "text/css">
    ul{
      color:#0000ff;
      border:#00ff00 solid 2px;            /*设置边框*/
    }
    li.li1{
      text-decoration:underline;
      color:#ff0000;
    }
  </style>
</head>
<body>
  <h2>有序列表</h2>
  <ol>
    <li>列表项目一</li>
    <li >列表项目二</li>
    <li>列表项目三</li>
  </ol>
  <h2>无序列表</h2>
  <ul>
    <li>列表项目一</li>
    <li class = "li1">列表项目二</li>
    <li>列表项目三</li>
```

```
    </ul>
  </body>
  </html>
```

图 4-19 所示是【例 4-17】代码对应的文档树，在文档树中处于最上端的 html 元素称为文档树的“根”，然后往下层层延伸。在每一个分支中，上层元素为其下层元素的父元素；相应地，下层元素为上层元素的子元素或后代元素。

图 4-20 所示是【例 4-17】代码的运行效果，从图中可以看出，继承特性有如下特点。

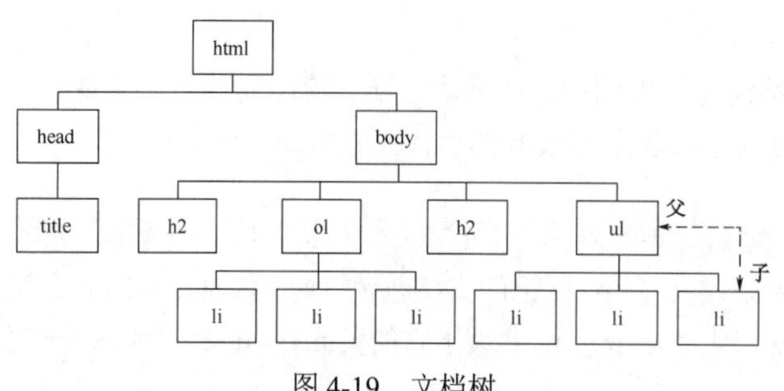

图 4-19　文档树

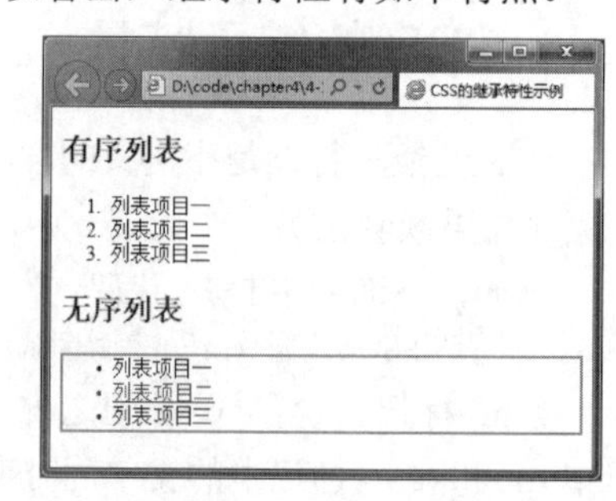

图 4-20　CSS 的继承特性示例（1）

（1）子元素会继承父元素的 CSS 属性，将“color:#0000ff;”应用到<ul>标记时，color 属性值会沿着树传播到其后代元素，并一直继续，直到没有更多的后代元素或者后代元素定义了新的同类样式为止。

（2）并不是所有的 CSS 属性都会被子元素继承，将“border:#00ff00 solid 2px;”应用到<ul>标记时，属性 border 的值就不会继承到<ul>标记的子元素<li>标记上。

（3）子元素的样式不会影响其父元素，将样式“li.li1{text-decoration:underline; color: #ff0000;}”应用到 class 属性值为“li1”的<li>标记上时，该<li>标记的颜色为红色，带下画线，不再继承其父元素的蓝色显示效果，并且该<li>标记的样式不会影响它的父元素<ul>标记。

注意：

CSS 的继承特性有时是不一样的。例如，有如下样式规则：

```
p{
   color:#ff0000;
}
```

如果 HTML 文档中<p>标记只包含纯文本而不包含其他内容，这个样式规则会正常起作用，但是如果<p>标记包含超链接文本，情况就不一样了。

【例 4-18】CSS 的继承特性在不同情况下的作用不一样。

```
------------------------------------------------【4-18.html 代码清单】------------------------------------------------
<!doctype html>
<html>
<head>
  <meta charset = "utf-8" />
  <title>CSS 的继承特性示例</title>
  <style type = "text/css">
    a{
      text-decoration:none;
    }
    p{
      color:red;
    }
```

```
    </style>
</head>
<body>
    <p>下面是<b>导航</b>菜单</p>
    <p>
        <a href = "#">导航菜单 1</a>|<a href = "#">导航菜单 2</a>|
        <a href = "#">导航菜单 3</a>|<a href = "#">导航菜单 4</a>
    </p>
</body>
</html>
```

页面显示效果如图 4-21 所示。

图 4-21　CSS 的继承特性示例（2）

从图 4-21 中可以看出，<p>标记设置的文字颜色为红色的样式应用到了子元素<b>标记上，而没有应用到它的子元素<a>标记上，<a>标记显示为默认的超链接文字颜色。

4.5　CSS 的层叠特性

CSS 的中文全称是“层叠样式表”，由此可知层叠是 CSS 的一个重要特性。

在给一个 HTML 文档中的元素设置 CSS 样式时，通常某个元素可能被定义多个 CSS 样式。例如：

```
<style>
    p{
        color:#ffffff;          /*文字颜色为白色*/
    }
.content{
        color:blue;             /*文字颜色为蓝色*/
    }
</style>
<p class = "content">段落文本</p>
```

上述代码中的“段落文本”被 CSS 定义了两种颜色，那么 CSS 是如何解决这种样式冲突的呢？

CSS 的层叠特性其实可以概括为各样式间具有优先级顺序，即样式产生“冲突”时的解决方法。

CSS 为每种样式定义分配了一个权重，权重即某一因素或指标相对于某一事物的重要程度，其强调的是因素或指标的相对重要程度。在 CSS 内部是按照每种样式的权值来计算优先级的，权值越大优先级越高，不同样式定义对应的权值如下。

- 内联样式，如 style="…"，权值为 1000。
- ID 选择器，如#box，权值为 100。
- 类别、伪类、属性选择器（见后面章节），如.text，权值为 10。

- 标记选择器和伪元素选择器（见后面章节），如 div，权值为 1。
- 通配符和子元素选择器（见后面章节），如*，权值为 0。
- 被继承的样式没有权值，即权值为 0。

根据样式定义对应的权值，上面代码中类别选择器定义的样式要比标记选择器定义的样式的优先级高，“段落文字”应该显示为蓝色。

如果是由基本选择器构成的复合选择器，如前面讲的交集选择器和后代选择器，其定义的样式的权值为基本选择器定义的样式的权值叠加。例如：

```
p.p1{color:blue}                /*权值为：1+10*/
p#p1{color:red}                 /*权值为：1+100*/
p.p1 strong{color:pink}         /*权值为：1+10+1*/
#p1 p.blue{color:yellow}        /*权值为：100+1+10*/
```

但是复合选择器定义的样式的权值不管为多少个标记选择器定义的样式的权值叠加，都不会高于类别选择器定义的样式的权值。如下 HTML 代码：

```
<div>
        <div>
            <div><div><div><div><div><div><div><div>
                <div class="red">HTML+CSS</div>
            </div></div></div></div></div></div></div></div>
        </div>
    </div>
```

设置如下 CSS 样式规则：

```
div div div div div div div div div div div{ color:blue;}
.red{ color: red;}
```

虽然第一个选择器定义的样式的权值为 11，但是它也不能高于“.red”类别选择器定义的样式的权值，因此文字“HTML+CSS”显示为红色。

在嵌套结构中不管父元素定义的样式的权值有多大，被子元素继承时，它的权值都为 0，即子元素定义的样式会覆盖继承来的样式。

例如，下面的 CSS 样式代码：

```
i{color:red;}
#p1{color:blue;}
```

对应的 HTML 代码为：

```
<p id="p1">祝贺第三十八届<i>牡丹文化节</i>胜利召开！</p>
```

在上述代码中，#p1 选择器定义的样式的权值为 100，但被<i>标记继承时权值为 0，而 i 选择器定义的样式的权值为 1，所以<i>标记中的文字显示为红色。

注意：

当权值相同时，CSS 遵循就近原则，即靠近元素的样式的优先级高，或者排在最后的样式的优先级高，因此外部样式表定义的样式的优先级低于内嵌的样式。

【例 4-19】创建页面，说明 CSS 的层叠特性的运行机制，显示效果如图 4-22 所示。

```
---------------------------------------【4-19.html 代码清单】---------------------------------------------
<!doctype html>
<html>
<head>
  <meta charset = "utf-8" />
  <title>CSS 的层叠特性示例</title>
```

```
    <style type = "text/css">
p{
        color:green;
        font-weight: bold;
        }
.red{color:red;}
p.red{color:yellow;}
.pink{color:pink;}
#blue{color:blue;}
    </style>
</head>
<body>
    <p>第一段文本</p>
    <p class = "red pink">第二段文本</p>
    <p class = "red">第三段文本</p>
    <p id = "blue" style = "color:gray;">第四段文本</p>
</body>
</html>
```

图 4-22　CSS 的层叠特性示例

从图 4-22 中可以看出，浏览器是按照 CSS 设置的优先级的规则来解决样式“冲突”问题的。

另外，在 CSS 中还可以利用!important 命令来设置优先级，被它声明过的属性的优先级最高，不管权重大小、位置远近，!important 命令都必须位于属性值和分号之间，否则无效，将上例中的“p”标记选择器样式设置修改为如下代码：

```
p{
    color:green!important;
    font-weight: bold;
}
```

则页面中所有<p>标记的文字都将显示为绿色。可见元素一旦加入!important 声明，优先级就最高。

其实计算样式的优先级是一个比较复杂的过程，并不仅仅是上面这个简单的优先级规则可以完全解决的，但是读者可以把握一个大的原则，即“越特殊的样式，优先级越高”。

4.6　浏览器的兼容性

不同浏览器（主要是 IE、Chrome、Firefox、Safari、Opera 五大主流浏览器，见图 4-23）对 CSS 某些属性的解析和认知的不同，造成了在不同浏览器中不一致的页面效果，在使用 CSS 时，必须时刻考虑浏览器对 CSS 的兼容性问题。

图 4-23　五大主流浏览器图标

为了解决浏览器间的 CSS 兼容性问题，设计者们会针对不同浏览器编写不同的 CSS 代码，这就是一个 Hack 的过程。在这个过程中，不但要解决浏览器的兼容性问题，还要合理地做到 CSS 代码的绝对优化，尽可能少地产生冗余的代码，使 CSS 代码尽可能简练易读，让所有浏览器打开网页时所呈现的效果一模一样。

例如，IE6 能识别下画线（_）和星号（*），IE7 能识别星号（*），但不能识别下画线（_），而 Firefox 两个都不能识别，因此，可以针对 IE6、IE7 和 Firefox 对这些特殊符号的使用写不同的代码。

```
div{
  background:green;              /* for Firefox */
  *background:red;               /* for IE7 */
  _background:blue;              /* for IE6 */
}
```

解析过程：CSS 读取的顺序是由上至下，由左至右。在 Firefox 下，Firefox 不能识别*和_，所以将后面两行代码过滤掉不做任何解析，执行 background:green;后就结束；在 IE7 下的解析结果为 div{background:green; *background:red; }，根据 CSS 的优先级可以确定后面出现的样式会优先于前者，即实现*background:red;的解析；在 IE6 下，因为三种样式代码都可以解析，所以解析结果为 div{background:green; *background:red; _background:blue;}，但同样根据 CSS 的优先级原则，_background:blue;被应用。

该样式显示的效果是：在 Firefox 中背景颜色为绿色；在 IE7 中背景颜色为红色；在 IE6 中背景颜色为蓝色。

此外，!important 声明可以很好地提升指定样式规则的应用优先权。在 IE6 和 Firefox 中用!important 声明可以提高优先级别，但在 IE6 中!important 声明会被之后的同名属性定义替换。所以，通过星号（*）和!important 声明两者的搭配可以很好地解决 IE6、IE7 和 Firefox 三者之间的兼容性问题。

（1）区别 IE6 与 Firefox：background:red; *background:blue;。

（2）区别 IE6 与 IE7：background:green !important;background:blue;。

（3）区别 IE7 与 Firefox：background:red; *background:green;。

（4）区别 Firefox、IE7 和 IE6：background:red; *background:green !important; *background:blue;。

前面的 Hack 过程基本上能解决 IE 各个版本和 Firefox 浏览器之间的兼容性问题，但并不能解决其他浏览器的所有问题，真正的难点是各个厂商的浏览器对很多属性尤其是 CSS3 属性的支持并不统一，所以暂时只能使用私有前缀的方法来解决。

私有前缀是一个浏览器生产商经常使用的一种方式，它暗示该 CSS 属性或规则尚未成为 W3C 标准的一部分。私有前缀有以下 4 种：

```
-webkit-                         /* Chrome 和 Safari*/
-moz-                            /* Firefox */
-ms-                             /* IE */
-o-                              /* Opera */
```

使用时先写私有前缀，再写标准的属性，以 transform 属性为例使对象旋转的写法如下：

```
-webkit-transform:rotate(40deg);    /* 在 Chrome/Safari 中使用 */
-moz-transform:rotate(40deg);       /* 在 Firefox 中使用 */
-ms-transform:rotate(40deg);        /* 在 IE 中使用 */
-o-transform:rotate(40deg);         /* 在 Opera 中使用 */
transform:rotate(40deg);
```

其中，40deg 表示旋转的角度。

当一个属性成为标准，并且被 Firefox、Chrome 等浏览器的最新版本普遍兼容时才可以去掉这个属性的前缀。以 border-radius（圆角边框）属性为例：

```
-moz-border-radius: 12px;           /* Firefox1-3.6 */
-webkit-border-radius: 12px;        /* Safari3-4 */
border-radius: 12px;                /* Opera 10.5, IE9, Safari5, Chrome, Firefox4 */
```

由于 Safari5、Firefox4 和 Chrome 浏览器的最新版本都已经支持 border-radius 属性，因此代码可以直接写成“border-radius: 12px;”。

小结

本章首先介绍 CSS 的概念、发展历史和特点、CSS 样式规则的结构和引用 CSS 样式到 HTML 页面中的 4 种方法，然后介绍 CSS 中的基本选择器、CSS 样式书写和命名规范以及利用 CSS 设置文字与图像样式的相关属性，最后介绍 CSS 的继承特性和层叠特性的运行机制以及浏览器对 CSS 属性的兼容性问题。

通过本章的学习，读者可以充分理解 CSS 实现网页“结构”与“表现”分离的方法，能够熟练地使用 CSS 控制页面中文字和图像的效果。

习题

一、选择题

1．下面（　　）不是在 HTML 页面中引用 CSS 样式的方法。

A．行内样式　　B．内嵌样式

C．超链接式　　D．导入样式

2．行内样式是通过标记的（　　）属性实现的。

A．style　　B．link　　C．import　　D．class

3．关于 CSS 选择器，下列说法错误的是（　　）。

A．类别选择器用于选择以特定 HTML 标记定义的页面元素

B．类别选择器用于选择具有特定 class 属性的页面元素

C．ID 选择器用于选择具有特定 id 属性的页面元素

D．若要把相同的定义应用于多个选择器，应以分号隔开这些选择器

4．有如下 HTML 代码，对其进行 CSS 样式控制，不正确的是（　　）。

```
<p class = "p1" id = "p2">这是一个段落</p>
```

A．p{color:red;font-size:14px;}

B．.p1{color:red;font-size:14px;}

C．#p2{color:red;font-size:14px;}

D．pp2{color:red;font-size:14px;}

5．下面（　　）属性可以用于设置文字的阴影。

A．text-shadow　　B．word-wrap

C．text-overflow　　D．white-space

6．下列描述不正确的是（　　）。

A．@font-face 规则用于加载服务器端字体

B．letter-spacing 属性用于设置英文字母的间距和中文文字的间距

C．word-spacing 属性用于设置英文单词的间距，对中文无效

D．text-align 属性适用于所有元素

7．有如下 HTML 代码，对其“水果”项进行 CSS 样式控制，不正确的是（　　）。

```
<ul class = "uu" >
    <li class="ll">水果</li>
```

```
    <li>蔬菜</li>
</ul>
```

A．.uu .ll{color:blue;}　　B．.ll {color:blue;}

C．li.ll{color:red;}　　D．ul li {color:yellow;}

8．有如下 HTML 代码：

```
<h2 class = "hh1" id = "hh">这是一个 h2 标题</h2>
```

对其进行下面的 CSS 样式控制后，文字的颜色是（　　）。

```
<style type = "text/css">
    h2{
    color:green;
    }
    .hh1{
    color:red;
    }
    #hh{
    color:blue;
    }
</style>
```

A．绿色　　B．红色　　C．黑色　　D．蓝色

9．图像垂直方向上的对齐方式可以利用 CSS 中的（　　）属性来设置。

A．vertical-align　　B．text-align　　C．line-height　　D．height

10．下面自定义的 class 属性值正确的是（　　）。

A．a1　　B．1a　　C．-a　　D．a.11

二、填空题

1．CSS 中文译为__________，是一系列格式规则，是用于控制网页内容的外观（样式）并允许将样式和网页内容分离的一种语言。

2．使用<link>标记将外部 CSS 样式表文件引用到网页中，通过它的__________属性指定样式表文件的路径。

3．内嵌样式是将 CSS 样式用__________标记包含，放在当前 HTML 文档的<head></head>标记之间。

4．并集选择器是多个选择器通过__________连接而成的，利用它可以同时声明风格相同的 CSS 选择器。

5．__________其实可以概括为各样式间具有优先级顺序，即 CSS 样式产生“冲突”时的解决方法。

第 5 章　CSS 盒子模型

上一章详细介绍了 CSS 的基本使用方法和 CSS 设置文字样式的相关属性，但在设计网页时，想要利用 CSS 更好地控制页面中各个元素的位置，使得页面的整体布局更加合理，效果更加吸引人，还要掌握盒子模型的概念和相关属性。

5.1　盒子模型的概念

盒子模型是 CSS 控制页面时一个很重要的概念，是网页布局的基础，只有很好地掌握了盒子模型的概念，才能真正地控制好 HTML 页面中的各个元素，利用 CSS 属性进行样式设置，使页面呈现出更加美观的效果。

CSS 将 HTML 页面中的每个元素看作一个矩形盒子模型，占据一定的页面空间。一般来说，盒子模型占据的实际空间往往比其中显示的内容所占的空间要大。用户在浏览器中看到的 HTML 页面中的一段文字或一个列表，在视觉上并不会将其看作一个盒子模型。

一个 HTML 页面由很多这样的盒子模型组成，这些盒子模型之间会相互影响，因此掌握盒子模型需要从两个方面来理解：一是一个独立的盒子模型的内部结构；二是多个盒子模型之间的相互关系。

在 CSS 中，一个独立的盒子模型由内容、border（边框）、padding（内边距）和 margin（外边距）4 部分组成，如图 5-1 所示。它们之间的关系如下。

（1）border 是指边框线条，盒子模型的其他部分是相对 border 而言的。

（2）padding 是指内容与 border 之间的距离，padding 是透明的。

（3）margin 是指 border 到图 5-1 中的最外边线条的范围，也是透明的。

（4）中间是盒子模型中显示的内容。

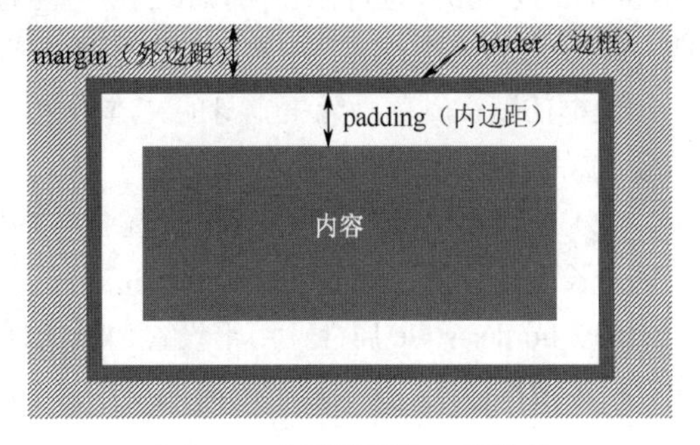

图 5-1　盒子模型的一般样式

盒子模型的概念非常容易理解，但是如果需要精确地对页面中的盒子模型进行排版，有时候 1px 都不能差，这就需要开发者非常精准地理解其中的计算方法。

5.2　盒子模型的相关属性

在 CSS 中，通过 width 和 height 属性设置盒子模型内容显示区域的宽度与高度，通过 border、padding 和 margin 属性分别设置盒子模型的边框、内边距、外边距。border、padding 和 margin 在上、下、左、右 4 个方向上都有对应的属性，可单独设定样式，如图 5-2 所示。只有利用好盒子模型的这些属性，才能够实现各种各样的网页布局和排版效果。

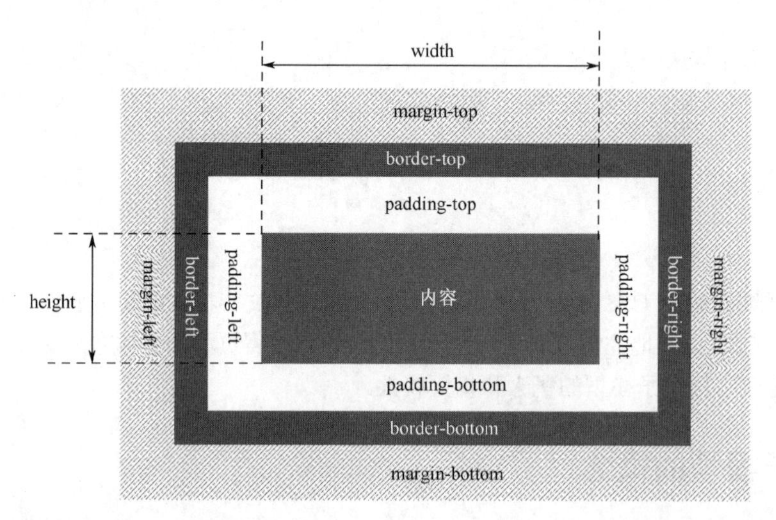

图 5-2　border、padding 和 margin 在上、下、左、右 4 个方向上对应的属性

5.2.1　border 属性

在浏览器中的页面元素默认情况下是没有边框的，为了分隔页面中不同的元素，有时需要为元素设置边框效果。边框一般用于分离不同的元素，边框会占据一定的空间，因此在计算元素的实际高度和宽度时，要将边框计算在内。

在使用 CSS 设置边框时，可以分别使用 border-color（边框的颜色）、border-width（边框的宽度）和 border-style（边框的样式）属性，这 3 个属性需要进行很好的配合，才能达到良好的效果，下面分别介绍这 3 个属性。

（1）border-color 属性：用于设置边框的颜色，属性值可以设置为十六进制的值（如红色为#ff0000 或#f00），也可以使用预设的颜色名称（如 red、green）或 RGB 颜色模式（如 rgb(0.255,0) 或 rgb(50%,100%,20%)），在实际开发中属性值常用十六进制颜色值表示，如 border-color:#0f0;。

边框的默认颜色为元素本身的文本颜色，没有文本的元素，默认边框的颜色为父元素的文本颜色。

（2）border-width 属性：用于设置边框的宽度，其属性值可以是 thin、medium 和 thick，也可以是长度计量值，如 border-width:5px;

（3）border-style 属性：用于设置边框的样式，是边框最重要的属性，根据 CSS 规范，如果没有指定边框样式，那么边框的其他属性都不起作用，边框将不存在。它的属性值如表 5-1 所示。

表 5-1　border-style 属性值

属　性　值	描　　述	属　性　值	描　　述
none	无边框（默认值），border-color 与 border-width 将被忽略	double	双实线边框，两条单线与其间隔的和等于指定的 border-width 值
hidden	隐藏边框，可以用来解决表格中边框冲突的问题	groove	3D 凹槽边框
dotted	点线边框	ridge	3D 凸槽边框
dashed	虚线边框	inset	3D 凹边边框
solid	实线边框	outset	3D 凸边边框

【例 5-1】各种边框样式的具体表现形式，显示效果如图 5-3 所示。

---【5-1.html 代码清单】---

```
<!doctype html>
<html>
<head>
  <meta charset = "utf-8" />
  <title>边框样式</title>
  <style type = "text/css">
    p{
      border-color:#0000ff;
      border-width:5px;
    }
  </style>
</head>
<body>
  <p style = "border-style:dotted">春天来了，山也青青，树也青青。</p>
  <p style = "border-style:dashed">春天来了，山也青青，树也青青。</p>
  <p style = "border-style:solid">春天来了，山也青青，树也青青。</p>
  <p style = "border-style:double">春天来了，山也青青，树也青青。</p>
  <p style = "border-style:groove">春天来了，山也青青，树也青青。</p>
  <p style = "border-style:ridge">春天来了，山也青青，树也青青。</p>
  <p style = "border-style:inset">春天来了，山也青青，树也青青。</p>
  <p style = "border-style:outset">春天来了，山也青青，树也青青。</p>
</body>
</html>
```

图 5-3　各种边框样式的具体表现形式

从图 5-3 中可以看出，不同的边框样式呈现的效果是不一样的，需要注意的是，由于兼容性问题，在不同的浏览器中点线（dotted）和虚线（dashed）的显示会略有差异。

另外，根据需要，也可以为盒子模型的上、下、左、右不同方向上的边框设置不同的样式。

在 CSS 中可以对边框的 3 个属性进行如下设置。

① 设置不同数量的属性值。

如果给出 1 个属性值，那么它表示 4 条边框的属性值；如果给出 2 个属性值，那么前者表示上、下边框的属性值，后者表示左、右边框的属性值；如果给出 3 个属性值，那么前者表示上边框的属性值，中间的数值表示左、右边框的属性值，后者表示下边框的属性值；如果给出 4 个属性值，那么依次表示上、右、下、左 4 条边框的属性值，即按照顺时针顺序赋值。例如：

```
h1{
    border-style:double;          /* 4 条边框为双实线边框 */
    border-color:red green;       /* 上、下边框颜色为红色，左、右边框颜色为绿色*/
    border-width:1px 2px 3px;     /* 上边框为 1px，左、右边框为 2px，下边框为 3px*/
}
```

② 为了避免代码过于冗余，可以利用复合属性 border 在一行中同时设置边框的宽度、颜色和样式。例如：

```
h1{
    border:2px green dashed;      /* 3 个属性的属性值的位置任意，中间用空格隔开 */
}
```

上述代码表示将 4 条边框都设置为宽度为 2px 的绿色虚线。

③ 对单条边框分别设置样式。例如：

```
h1{
   border-top-width:2px;          /* 上边框的宽度为 2px */
   border-top-color:red;          /* 上边框的颜色为红色 */
   border-top-style:double;       /* 上边框的样式为双实线 */
```

```
    }
```

④ 可以利用复合属性 border-left、border-right、border-top、border-bottom 对单条边框设置样式，上面的样式设置可以改写为如下代码：

```
    h1{
        border-top:2px red double;              /* 上边框为宽度 1px 的红色双实线 */
    }
```

另外，边框的颜色的属性值也可以设置为“transparent”（透明的）。例如：

```
    border-left:2px transparent solid;
```

这样相应边框的颜色不会显示，好像没有设置边框，但实际上边框是存在的，需要时再设置相应的颜色即可。

除了上面介绍的 3 种边框属性，CSS 中还包括如下边框属性。

（1）border-radius 属性：用于创建圆角边框，还可以为元素创建圆角背景。其基本语法格式如下：

```
    border-radius:属性值 1/属性值 2;
```

其中，“属性值 1”表示圆角的横轴半径，“属性值 2”表示圆角的纵轴半径，取值是整数（单位可以是 px、em 或%），两个属性值之间用“/”隔开。

在设置圆角边框时要有椭圆形、圆心、横轴、纵轴的概念，正圆形是椭圆形的一种特殊情况，即椭圆形的横轴半径和纵轴半径大小一样，如图 5-4 所示。

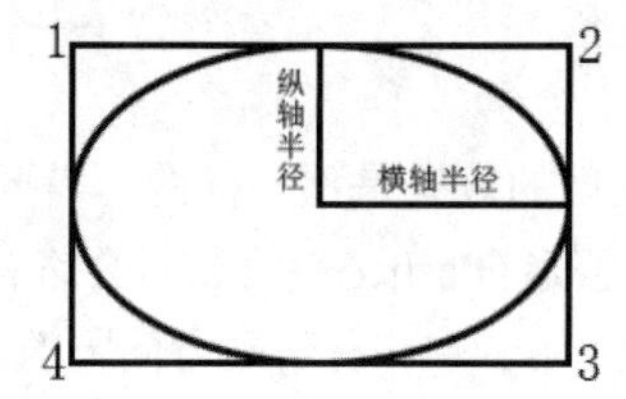

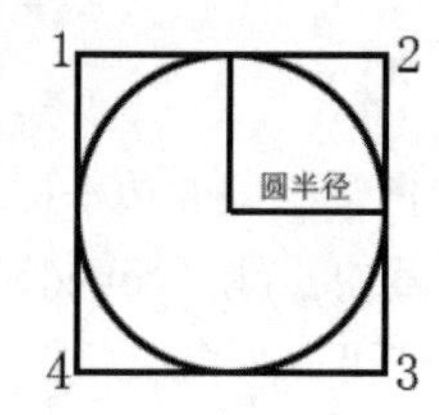

图 5-4　椭圆形与正圆形示意图

为了方便表述，将 4 个角标记成 1、2、3、4，如 2 代表右上角，利用 border-radius 属性来分别设置每个角的横/纵轴半径值即可实现圆角边框，以“/”进行分隔，遵循“1，2，3，4”规则，“/”前面的 1～4 个数值用来设置横轴半径（分别对应横轴 1、2、3、4 位置），“/”后面的 1～4 个数值用来设置纵轴半径（分别对应纵轴 1、2、3、4 位置）。需要注意的是，在使用 border-radius 属性时，如果第 2 个属性值省略，则会默认等于第 1 个属性值。例如：

```
    border-radius:30px/10px;                /*4 个角的横轴半径为 30px，纵轴半径为 10px*/
    border-radius:10px;                     /*4 个角的横/纵轴半径均为 10px*/
    border-radius:10px   20px;   /*1 和 3 角的横/纵轴半径为 10px，2 和 4 角的横/纵轴半径为 20px */
    border-radius:10px 20px/30px 15px;   /*1 和 3 角的横轴半径为 10px，纵轴半径为 30px，2 和 4 角的横轴半径为 20px，纵轴半径为 15px */
    border-radius:10px 20px 30px;           /*1 角的横/纵轴半径为 10px，2 和 4 角的横/纵轴半径为 20px，3 角的横/纵轴半径为 30px */
    border-radius:10px 20px 30px/30px 40px 60px; /*1 角的横轴半径为 10px，纵轴半径为 30px，2 和 4 角的横轴半径为 20px，纵轴半径为 40px，3 角的横轴半径为 30px，纵轴半径为 60px */
    border-radius:10px 20px 30px 40px;   /*1 角的横/纵轴半径为 10px，2 角的横/纵轴半径为 20px，3 角的横/纵轴半径为 30px，4 角的横/纵轴半径为 40px */
    border-radius:10px 20px 30px 40px/40px 30px 20px 10px;   /*1 角的横轴半径为 10px，纵轴半径为 40px；2 角的横轴半径为 20px，纵轴半径为 30px；3 角的横轴半径为 30px，纵轴半径为 20px；4 角的横轴半径为 40px，纵轴半径为 10px */
```

此外还可以利用下面的属性单独设置某一个角：

```
    border-top-left-radius: 10px;           /* 左上角 */
```

```
    border-top-right-radius: 10px/30px;      /* 右上角 */
    border-bottom-right-radius: 10px;        /* 右下角 */
    border-bottom-left-radius: 10px;         /* 左下角 */
```

【例 5-2】创建圆角边框和背景颜色，显示效果如图 5-5 所示。

```
-----------------------------------------------【5-2.html 代码清单】-----------------------------------------------
<!doctype html>
<html>
<head>
  <meta charset = "utf-8" />
  <title>圆角边框和背景颜色</title>
  <style type = "text/css">
    h1{
        text-align: center;
        background-color:#0f0;
        /* 为元素设置背景颜色 */
        border-radius:30px;
    }
    p{
      text-align: center;
      border:#00f 5px solid;
      border-radius:50px 20px 30px/30px 20px 50px;
    }
  </style>
</head>
<body>
    <h1>春晓</h1>
  <p class = "p1">春眠不觉晓，<br/>处处闻啼鸟。<br/>夜来风雨声，<br/>花落知多少。</p>
</body>
</html>
```

图 5-5　圆角边框和背景颜色设置示例

在为元素设置圆角边框和背景颜色时，首先要设置背景颜色，然后利用 border-radius 属性设置圆角边框即可。

另外，利用 border-radius 属性还可以将图像设置为圆角。例如：

```
img{
  border-radius:50%;
}
```

上述代码表示 4 个角的横/纵轴半径是图像的宽度和高度的 50%，如果图像的宽度和高度一样则显示为圆形图像，如果不一样则显示为椭圆形图像。

（2）border-image 属性：用于设置图像边框。它能用漂亮的小图像来围绕 HTML 元素，以图像边框的形式出现，可以制作出非常漂亮的边框样式。它是一个简写属性，可用于同时设置 borderer-image-source、border-image-slice、border-image-width、border-image-outset 以及 border-image-repeat 等属性的属性值，语法格式如下：

```
    border-image:border-image-source border-image-slice/border-image-width/border-image-outset border-image-repeat;
```

border-image-source 属性用于指定要用于绘制边框的图像的路径。

border-image-slice 属性用于指定上、右、下、左侧图像边框向内的偏移量，可以理解为将 border-image-source 所指向的图像边框划分成九宫格时 4 条分隔线的位置，对应的 9 个区域包含 4 个角、4 条边以及 1 个中间区域。其属性值数值为 1～4 个，其值可以是不带单位的数值（代表图像像素），也可以是百分数（相对于图像）。例如：

```
border-image-slice:30;           /*上、右、下、左 4 个方向设置为 30px*/
border-image-slice:30 15;        /*上、下方向设置为 30px，左、右方向设置为 15px*/
```

分隔效果分别如图 5-6（a）和（b）所示。

border-image-width 属性用于指定图像边框的宽度，取值数量可以是 1～4 个，作用是将元素分隔成九宫格，其值可以是带 px、em 单位的尺寸值、百分数、不带单位的数字（表示 border-width 的倍数），如果不设置则默认值为 1，不能为负值，如图 5-7 所示。图 5-6 与图 5-7 中的每个格子存在一一对应的关系，如图 5-8 所示。

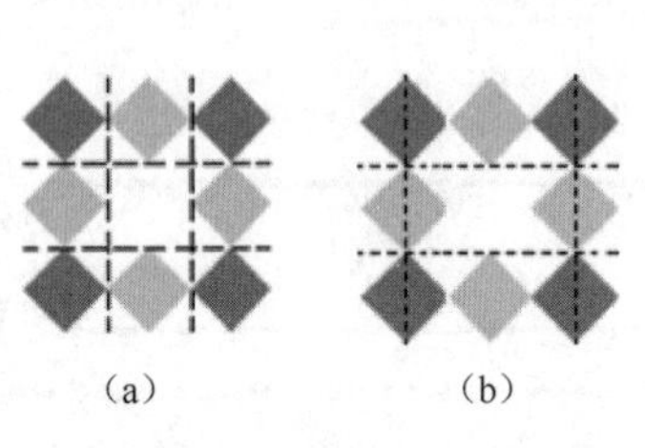

图 5-6　图像边框九宫格

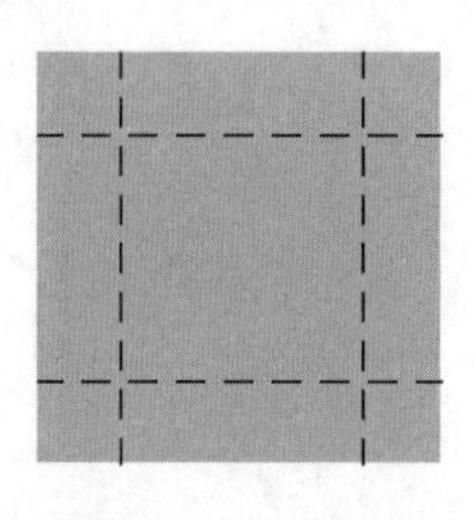

图 5-7　元素九宫格

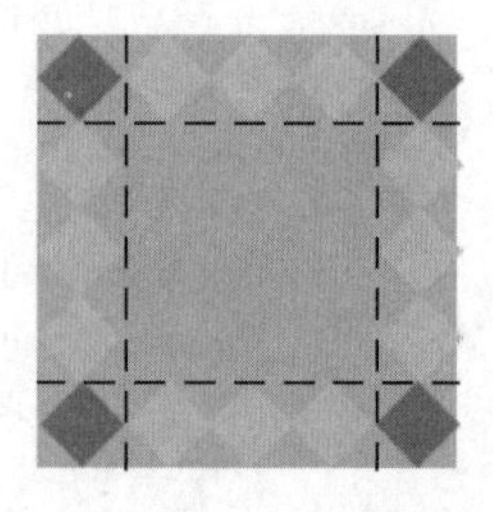

图 5-8　图像边框与元素切片对应

border-image-outset 属性用于指定边框图像超出边框的距离，取值数量可以是 1～4 个，其取值与 border-image-width 取值的含义是一样的。

border-image-repeat 属性用于指定边框图像是否重复（repeat）、拉伸（stretch）或铺满（round），语法上最多可接收 2 个参数，第 1 个参数用于指定水平方向边框的平铺方式，第 2 个参数用于指定垂直方向边框的平铺方式。例如：

```
border-image-repeat:repeat stretch;
```

border-image 属性通过指定一幅图像来取代 border-style 定义的样式，但 border-image 生效的前提是 border-style 和 border-width 同时为有效值（即 border-style 不能为 none，border-width 不能为 0）。

由于 border-image-slice、border-image-width 与 border-image-outset 这三者的属性值相似，因此其属性值在简写时要注意以下两点：

- border-image-outset 的属性值一定要在 border-image-width 的属性值之后，假设 border-image-width 取默认值，仍然需要在原来 border-image-width 的位置写上“/”，例如：

```
border-image: url(images/border.png)   30 / / 10px;
```

- 如果 border-image-width/ border-image-outset 有属性值，则 border-image-slice 必须指定数值，否则不符合语法规则，例如：

```
border-image: url(images/border.png)   30 /10px / 10px;
```

【例 5-3】设置图像边框。

```
-------------------------------------------- 【5-3.html 代码清单】 --------------------------------------------
<!doctype html>
<html>
<head>
  <meta charset = "utf-8" />
  <title>图像边框</title>
  <style type = "text/css">
#pborderimg1 {
     border: 30px solid transparent;
     border-image: url(images/border.png) 30 15/10px repeat;
}
#pborderimg2 {
```

```
        border: 15px solid transparent;
        border-image: url(images/border.png) 30//5px round;
    }
    #pborderimg3 {
        border: 15px solid;
        border-image: url(images/border.png) 30    stretch;
    }
    #pborderimg4 {
        border: 15px solid;
        border-image-source:url(images/border.png);
        border-image-slice:30;
        border-image-width:10px;
        border-image-repeat:round stretch;
    }
    </style>
    </head>
    <body>
    <p id="pborderimg1">在这里，图像平铺（重复），以填补该区域。但有个瑕疵，就是当元素宽度或高度不是边框图像的整数倍时，最后一个或第一个图像不能完整显示，会被遮挡一部分，这样看起来很不美观。</p>
    <p id="pborderimg2">在这里，图像将会循环平铺到整个边框区域，以保证每幅图像都能完整显示，增加了观赏性。</p>
    <p id="pborderimg3">在这里，图像被拉伸以填补该区域，将小图像拉长来填满边框区域，并不循环，很显然，这样图像边框会变形。</p>
    <p id="pborderimg4">在这里，图像在水平方向上平铺，垂直方向上被拉伸以填补该区域。</p>
    <p>这是原始图像:</p><img src="images/border.png">
    </body>
    </html>
```

显示效果如图 5-9 所示。要想实现图像边框，必须设置元素的边框宽度和样式。

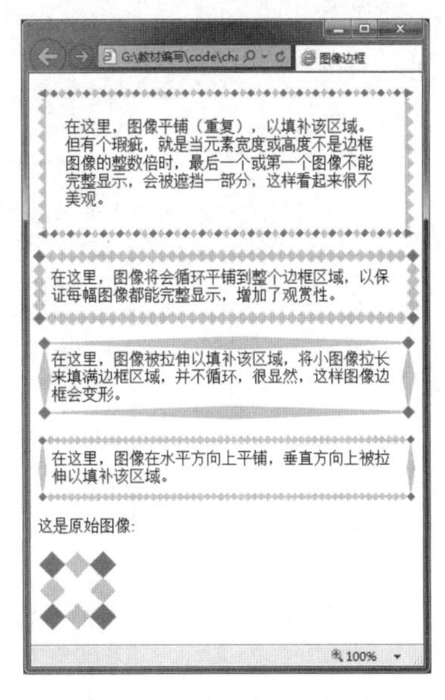

图 5-9　图像边框设置示例

5.2.2　内容属性

内容是盒子模型的核心，它呈现了盒子模型中显示的信息，这些信息可以是文本、图像等多种类型。内容是盒子模型必备的部分，内容显示区域的大小可以通过盒子模型的 width、height

和 overflow 等属性来设置。

（1）width 和 height 属性用于指定盒子模型内容显示区域的宽度和高度，它们有三种取值：自动（auto）、固定值和百分数。

- auto：默认值，根据盒子模型中显示的内容自动调整 width 和 height 的值。
- 固定值：一般使用 px 或 em 这两种长度计量单位来描述。例如：

```
width：500px;
height：24em；/*当前文字大小的 24 倍*/
```

- 百分数：元素的 width 和 height 属性值相对于父元素的 width 和 height 属性值。

（2）overflow 属性用于定义当盒子模型显示的内容太多，超出盒子模型所定义的 width 和 height 范围时该怎样处理。它有如下取值。

- auto：自动判断显示内容的高度是否超出盒子模型的 height，如果没有超出，则不显示滚动条，如果超出，则显示滚动条。
- hidden：当内容显示区域的高度超出盒子模型的 height 时，隐藏不显示超出的部分。
- scroll：不管内容显示区域的高度是否超出盒子模型的 height，都强制显示滚动条。
- visible：默认值，当内容显示区域的高度超出盒子模型的 height 时，显示超出的部分。

overflow 还有两个子属性 overflow-x 和 overflow-y，用来单独定义在水平方向和垂直方向上当内容显示区域的宽度或高度超出盒子模型的 width 或者 height 时的处理方式。

【例 5-4】盒子模型内容显示区域的设置，显示效果如图 5-10 所示。

```
-----------------------------------------------【5-4.html 代码清单】-----------------------------------------------
<!doctype html>
<html>
<head>
  <meta charset = "utf-8" />
  <title>盒子模型内容显示区域的设置</title>
  <style type = "text/css">
p{
border:#999900 2px solid;
}
p.p1,p.p2,p.p4{
width:200px;
height:50px;
}
p.p1{
      overflow:auto;
    }
    p.p2{
      overflow:hidden;
    }
    p.p3{
      width:200px;
      height:200px;
      overflow:scroll;
    }
</style>
</head>
<body>
  <p>诚实的孩子得到了夸奖，不讲信用的人受到了惩罚；爱学习能获得很多知识，肯动脑筋能想出巧妙的办法……平时养成好习惯多么重要哇！</p>
```

图 5-10　盒子模型内容显示区域的设置示例

```
        <p class="p1">诚实的孩子得到了夸奖，不讲信用的人受到了惩罚；爱学习能获得很多知识，肯动脑筋能想出巧妙的办法……平时养成好习惯多么重要哇！</p>
        <p class="p2">诚实的孩子得到了夸奖，不讲信用的人受到了惩罚；爱学习能获得很多知识，肯动脑筋能想出巧妙的办法……平时养成好习惯多么重要哇！</p>
        <p class="p3">诚实的孩子得到了夸奖，不讲信用的人受到了惩罚；爱学习能获得很多知识，肯动脑筋能想出巧妙的办法……平时养成好习惯多么重要哇！</p>
    <p class="p4">诚实的孩子得到了夸奖，不讲信用的人受到了惩罚；爱学习能获得很多知识，肯动脑筋能想出巧妙的办法……平时养成好习惯多么重要哇！</p>
</body>
</html>
```

从图 5-10 中可以看出，一个盒子模型的内容显示区域的设置不同，在浏览器中显示的效果是不一样的。

注意：

width 属性和 height 属性仅适用于块级元素，对行内元素无效（img 元素与 input 元素除外）。

5.2.3 padding 属性

padding 属性用于设置盒子模型的内容与边框之间的距离，内边距在上、下、左、右 4 个方向上的属性分别为 padding-top、padding-bottom、padding-left、padding-right。它们可以单独定义，例如：

```
padding-left:20px;
padding-top:50px;
```

也可以用 padding 属性分别设置 4 个方向的内边距。例如：

```
padding:10px 20px 30px 40px;        /* 上 右 下 左 */
padding:10px 20px 30px;             /* 上 左右 下 */
padding:10px 20px;                  /* 上下 左右 */
padding:10px;                       /* 4 个方向 */
```

【例 5-5】盒子模型内边距的设置，显示效果如图 5-11 所示。

```
---------------------------------------------【5-5.html 代码清单】---------------------------------------------
<!doctype html>
<html>
<head>
  <meta charset = "utf-8" />
  <title>盒子模型内边距的设置</title>
  <style type = "text/css">
    img{
      width:100px;
      /* 设置图片宽度，高度成比例缩放 */
      border:2px #000000 dashed;
    }
    .img1{
      padding:10px;
    }
    .img2{
      padding:10px 30px;
    }
  </style>
</head>
```

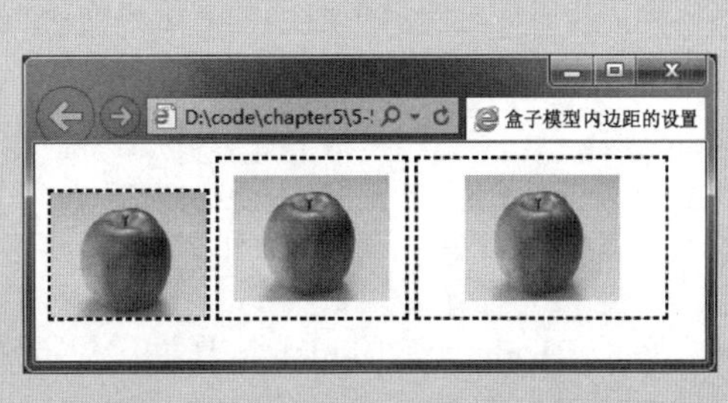

图 5-11　盒子模型内边距的设置示例

```
<body>
  <img src = "images/apple.jpg">
  <img class = "img1" src="images/apple.jpg">
  <img class = "img2" src="images/apple.jpg">
</body>
</html>
```

注意：

padding 属性值不可以是负数；当将 padding 属性值设置为百分数时，无论上下或左右，都是相对于父元素 width 属性值的，随父元素的 width 属性值的变化而变化，与 height 属性值无关；如果将盒子模型的 width 和 height 属性值设置为 auto 或没有定义 width 和 height 属性值，设置 padding，盒子模型内容显示区域的宽度和高度会自动调整。

5.2.4 margin 属性

网页是由多个盒子模型排列而成的，margin 属性用于设置盒子模型与盒子模型之间的距离，外边距在上、下、左、右 4 个方向上的属性分别为 margin-top、margin-bottom、margin-left、margin-right，用来设置每个方向上的外边距。也可以用 margin 属性分别设置 4 个方向的外边距，设置规则与 padding 属性是一致的，但 margin 属性值可以是负数。例如：

```
margin:10px;
margin:10px -5px;
margin-left:20px;
```

通常，margin 属性用于控制盒子模型与盒子模型之间的距离，以达到合理布局网页。倘若将盒子模型比作展览馆里展出的一幅幅画，内容就是画本身，padding 就是画与画框之间的留白，border 就是画框，而 margin 就是画与画之间的距离，如图 5-12 所示。

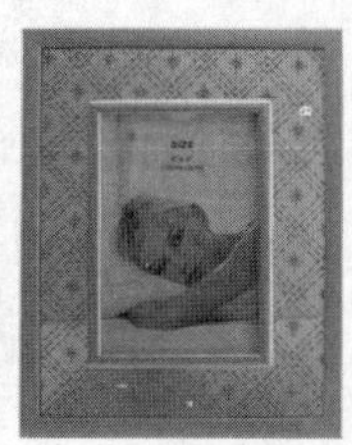

图 5-12　画框效果图

注意：

在默认情况下，盒子模型没有 border，有些盒子模型的 padding 和 margin 会有相应的默认值，具体数值因使用的浏览器不同而不同。因此在后面用 CSS 布局页面时可以利用下面的规则将页面中所有盒子模型的内、外边距设置为 0，然后在需要时，根据实际情况进行设置。

```
*{                    /*通配符选择器*/
  margin:0;           /*清除外边距*/
  padding:0;          /*清除内边距*/
}
```

另外，body 元素的 margin 属性比较特殊，它控制的是页面与浏览器窗口边框的距离。

对块级元素设置 width 属性，并将左、右外边距设置为 auto，可以使块级元素在父元素中水平居中，在实际开发中常用该方法进行网页布局。例如：

```
p{width:400px;margin:0 auto;}
```

【例 5-6】盒子模型外边距的设置。

```
---------------------------------------------【5-6.html 代码清单】-----------------------------------------------
<!doctype html>
<html>
<head>
  <meta charset = "utf-8" />
  <title>盒子模型外边距的设置</title>
  <style type = "text/css">
  h1{
        width: 300px;
        margin:20px auto;
        text-align:center;
        background-color: red;
        color:yellow;
        border-radius: 10px;
  }
  img{
        width:200px;
        float:left;   /*设置图片左浮动，可以使图片在左边显示*/
        margin-right: 20px;
        border-radius: 20px;
  }
  p{
        text-indent: 2em;
  }
</style>
</head>
<body>
  <h1>元宵节的来历</h1>
  <img src = "images/yxj.png">
  <p>元宵节，又称上元节、小正月、元夕或灯节，时间为每年农历正月十五。正月是农历的元月，古人称“夜”为“宵”，正月十五是一年中第一个月圆之夜，所以称正月十五为“元宵节”。根据道教“三元”的说法，正月十五又称为“上元节”。元宵节自古以来就以热闹喜庆的观灯习俗为主。</p>
  <p>元宵节是中国与汉字文化圈地区以及海外华人的传统节日之一。元宵节主要有赏花灯、吃汤圆、猜灯谜、放烟花等一系列传统民俗活动。此外，不少地方元宵节还增加了游龙灯、舞狮子、踩高跷、划旱船、扭秧歌、打太平鼓等传统民俗表演。</p>
</body>
</html>
```

显示效果如图 5-13 所示。页面中两个段落之间有间距，实际上<p>标记默认有上、下、外边距。

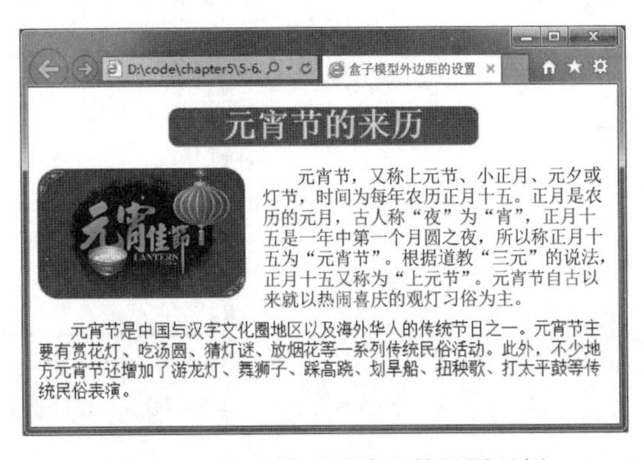

图 5-13　盒子模型外边距的设置示例

5.2.5 box-sizing 属性

在一般情况下，页面上的元素构成的盒子模型遵循 W3C 标准，一个盒子模型的大小由内容+padding+border 构成，而盒子模型在页面中所占的空间大小由内容+padding（两边）+border（两边）+margin（两边）构成。例如：

```
p{
width:300px;
height:300px;
border:5px solid red;
padding:10px;
margin:20px;
}
```

在上述代码中，<p>标记对应的盒子模型的大小为 330px×330px，而它所占页面的空间大小为 370px×370px，如果修改盒子模型的边框或内边距，盒子模型的大小与所占空间的大小都会发生改变。

当一个盒子模型的所占页面总宽度确定之后，要想给盒子模型添加边框或内边距，往往需要修改 width 属性值，才能保证盒子模型的总宽度不变，在实际进行页面设计时比较烦琐且容易出错。而利用 box-sizing 属性可以解决这个问题。

box-sizing 属性用于定义盒子模型的 width 和 height 属性值是否包含元素的内边距和边框，其取值可以是 content-box 和 border-box。

content-box：默认值，浏览器对盒子模型的解释遵循 W3C 标准，width 和 height 属性值就是内容显示区域的大小，不包含 border 和 padding 属性值。

border-box：当定义 width 和 height 属性值时，border 和 padding 属性值将包含在内，也就是说，width 和 height 属性值不再代表内容显示区域的大小。如果将一个元素的 width 属性值设为 300px，那么这 300px 会包含它的 border 和 padding 属性值，内容显示区域的宽度是 width−(border + padding)的值。在大多数情况下，这样更容易设定一个元素的宽高。当调整 border 和 padding 属性值时，元素的内容显示区域会自动发生变化，但保证 width 和 height 属性值不变。

【例 5-7】设置盒子模型的 box-sizing 属性，显示效果如图 5-14 所示。

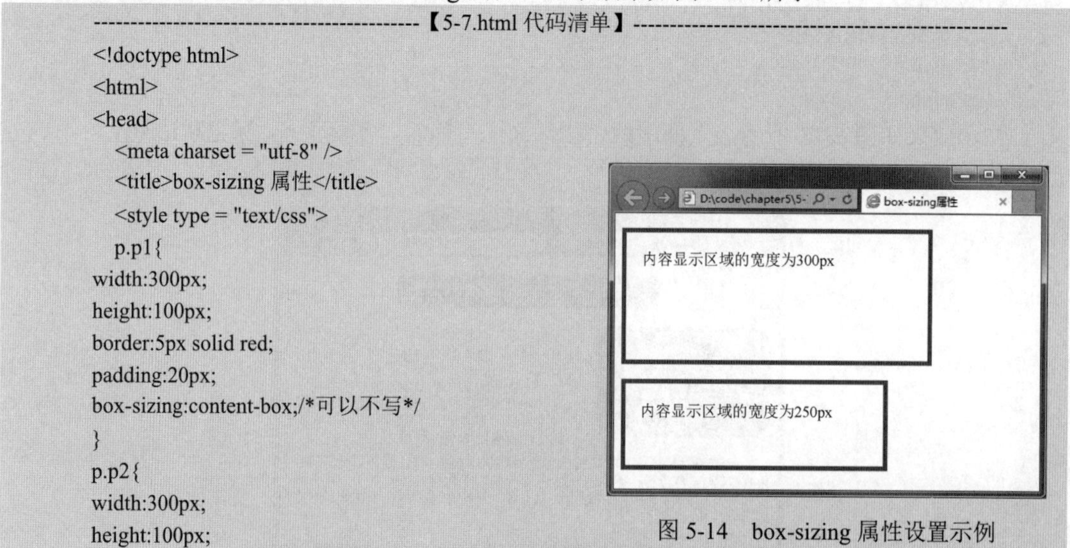

```
-------------------------------------------【5-7.html 代码清单】-------------------------------------------
<!doctype html>
<html>
<head>
  <meta charset = "utf-8" />
  <title>box-sizing 属性</title>
  <style type = "text/css">
  p.p1{
width:300px;
height:100px;
border:5px solid red;
padding:20px;
box-sizing:content-box;/*可以不写*/
}
p.p2{
width:300px;
height:100px;
border:5px solid red;
padding:20px;
```


图 5-14 box-sizing 属性设置示例

```
box-sizing:border-box;
}
</style>
</head>
<body>
   <p class="p1">内容显示区域的宽度为300px</p>
   <p class="p2">内容显示区域的宽度为250px</p>
</body>
</html>
```

5.2.6 box-shadow 属性

box-shadow 属性用于为盒子模型添加阴影，其语法格式如下：

```
box-shadow:水平偏移值 垂直偏移值 模糊值 尺寸 颜色 类型;
```

其中，阴影的水平偏移值和垂直偏移值为必要选项，可以是负数；其他几项为非必要选项，在没有定义的情况下阴影模糊值默认为 0，阴影尺寸默认为 0，阴影颜色默认为黑色；阴影类型默认为外部阴影（outset），另一个是内部阴影（inset）。例如：

```
box-shadow:5px 3px 2px #ccc inset;
```

需要注意的是，加入阴影后的盒子模型所占的实际宽度和高度需要加上阴影的宽度和高度。另外可以同时为盒子模型添加多个阴影，之间用逗号隔开即可。例如：

```
box-shadow: 4px 5px 3px #969696,-4px -5px 10px red inset;
```

【例 5-8】为元素设置阴影，显示效果如图 5-15 所示。

```
-------------------------------------------------【5-8.html 代码清单】-------------------------------------------------
<!doctype html>
<html>
<head>
   <meta charset = "utf-8" />
   <title>box-shadow 属性</title>
   <style type = "text/css">
   img{
         width: 150px;
         border-radius: 50%;
         box-shadow: 5px 5px 10px #999 inset,-5px -5px 10px #999 inset;
}
</style>
</head>
<body>
   <img src="images/box.png" alt="">
</body>
</html>
```

图 5-15　阴影设置示例

5.2.7 背景属性

任何一个网页的整体背景以及其中各元素的背景是给访问者的第一印象，控制好网页元素的背景颜色和背景图像是网页设计时的一个重要步骤。

1. 设置背景颜色

在 HTML 中，整个网页的背景颜色可利用 body 元素的 bgcolor 属性来设置，而在 CSS 中网页的背景颜色是通过设置 background-color 属性来实现的，具体的颜色值的设置方法与文字颜色值的设置方法一样，可以使用预定义的颜色值、十六进制#RGB 或 rgb(r,g,b)。

background-color 属性可以用于设置网页及各种网页元素的背景颜色，默认值为 transparent，即背景透明，子元素会显示父元素的背景颜色，例如下面的 HTML 代码：

```
<body>
    <h1>CSS 中背景样式的设置</h1>
</body>
```

设置如下 CSS 样式：

```
body{
  background-color:red;          /* 设置整个网页的背景颜色 */
}
h1{
  font-family:黑体;
  color:white;
  background-color:blue;         /* 设置标题背景颜色 */
}
```

整个网页背景的颜色为红色，而<h1>标记的背景颜色为蓝色，如果<h1>标记不设置背景颜色（透明），则显示其父元素的背景颜色（红色）。

2．设置背景图像

网页中元素的背景除了可以使用各种颜色，还可以使用各种图像，而且开发者可以设置背景图像显示的位置和方式。

background-image 属性用于为网页元素添加背景图像，并且可以同时为网页元素设置背景颜色和背景图像。

【例 5-9】同时为网页元素设置背景颜色和背景图像，显示效果如图 5-16 所示。

```
---------------------------------------------【5-9.html 代码清单】---------------------------------------------
<!doctype html>
<html>
<head>
  <meta charset = "utf-8">
  <title>背景颜色和图像</title>
  <style type = "text/css">
    body{
      background-image:url(images/3.gif); /* 设置背景图像 */
      background-color:#CCCC66;           /* 设置背景颜色 */
    }
  </style>
</head>
<body>
</body>
</html>
```

图 5-16　同时为网页元素设置背景图像和背景颜色

背景图像是透明的 GIF 格式图像（3.gif），自动沿着水平和垂直方向平铺，充满整个页面，背景颜色会透过图像的透明部分而显示，与图像同时产生效果，显示时背景图像优先于背景颜色。

3．设置背景图像的平铺方式

在默认情况下，当背景图像的尺寸小于所在元素的尺寸时，背景图像会自动沿水平和垂直两个方向平铺。如果不希望背景图像平铺，或者只希望其沿着一个方向平铺，可以通过 background-repeat 属性来控制。该属性的值包括以下 4 种。

（1）repeat：默认值，沿水平和垂直两个方向平铺。

（2）no-repeat：不平铺（图像位于元素的左上角，只显示一次）。

（3）repeat-x：只沿水平方向平铺。

（4）repeat-y：只沿垂直方向平铺。

【例 5-10】设置背景图像的平铺效果。

```
-------------------------------------------【5-10.html 代码清单】-------------------------------------------
<!doctype html>
<html>
<head>
  <meta charset = "utf-8">
  <title>背景图像沿水平方向平铺</title>
  <style type = "text/css">
    div{
      background-image:url(images/bg.jpg);
      background-repeat:repeat-x;
      /* 沿水平方向平铺 */
    }
  </style>
</head>
<body>
  <div><img src = "images/banner.jpg" /></div>
</body>
</html>
```

显示效果如图 5-17 所示，其中使用的背景图像（bg.jpg）的宽度为 8px，高度为 150px，可见背景图像只沿水平方向平铺，而垂直方向没有平铺。

图 5-17　背景图像沿水平方向平铺

4．设置背景图像的位置

在设置背景图像为不平铺时，背景图像的左上角与页面元素的左上角对齐显示在元素中(背景图像显示在元素的左上角)。开发者可以利用 background-position 属性来设置背景图像的位置。

【例 5-11】设置背景图像的位置，显示效果如图 5-18 所示。

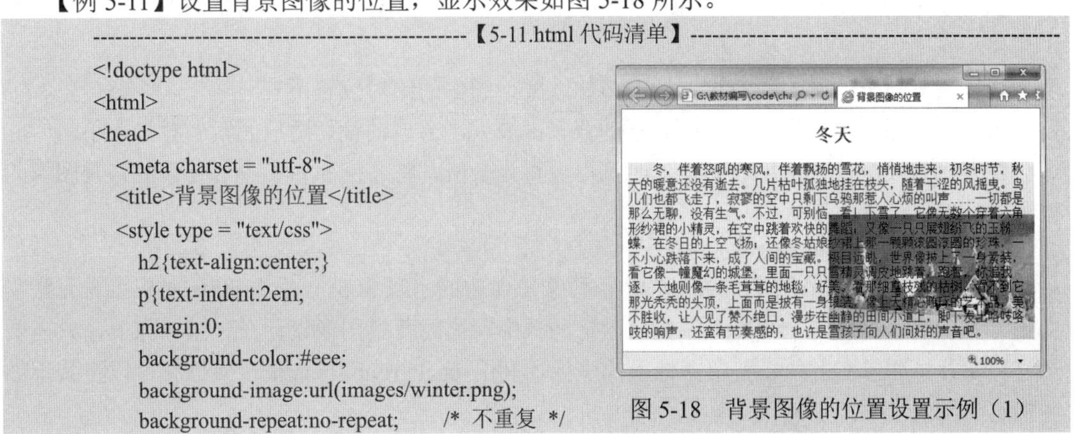

```
-------------------------------------------【5-11.html 代码清单】-------------------------------------------
<!doctype html>
<html>
<head>
  <meta charset = "utf-8">
  <title>背景图像的位置</title>
  <style type = "text/css">
    h2{text-align:center;}
    p{text-indent:2em;
    margin:0;
    background-color:#eee;
    background-image:url(images/winter.png);
    background-repeat:no-repeat;      /* 不重复 */
```


图 5-18　背景图像的位置设置示例（1）

```
        background-position: right bottom ;      /* 背景图像位于右下角 */
        }
    </style>
  </head>
  <body>
    <h2>冬天</h2>
    <p>冬，伴着怒吼的寒风，伴着飘扬的雪花，悄悄地走来。初冬时节，秋天的暖意还没有逝去。几片枯叶孤独地挂在枝头，随着干涩的风摇曳。鸟儿们也都飞走了，寂寥的空中只剩下乌鸦那惹人心烦的叫声……一切都是那么无聊，没有生气。不过，可别恼，看！下雪了，它像无数个穿着六角形纱裙的小精灵，在空中跳着欢快的舞蹈；又像一只只展翅纷飞的玉粉蝶，在冬日的上空飞扬；还像冬姑娘纱裙上那一颗颗滚圆滚圆的珍珠，一不小心跌落下来，成了人间的宝藏。极目远眺，世界像披上了一身素装，看它像一幢魔幻的城堡，里面一只只雪精灵调皮地跳着，跑着，你追我逐，大地则像一条毛茸茸的地毯，好美。看那细直枝残的枯树，看不到它那光秃秃的头顶，上面而是披有一身银装，像上天精心雕琢的艺术品，美不胜收，让人见了赞不绝口。漫步在幽静的田间小道上，脚下发出咯吱咯吱的响声，还蛮有节奏感的，也许是雪孩子向人们问好的声音吧。</p>
  </body>
</html>
```

在设置 background-position 属性时，一般给出两个值，之间用空格隔开，用于定义背景图像在元素的水平和垂直方向上的坐标，其属性值设置如下。

（1）使用不同单位（常用的是 px）的数值：直接定义图像左上角相对于元素左上角的偏移量。例如：

```
background-position:50px 100px;      /* 背景位置，具体数值 */
```

（2）使用预设的关键字指定背景图像在元素中的对齐方式。

水平方向的值可以设置为 left、center 或 right 其中之一。

垂直方向的值可以设置为 top、center 或 bottom 其中之一。

两个关键字的顺序任意，若给出一个值则另一个默认为 center。例如：

```
background-position:center;等价于 background-position:center center;      /*居中显示*/
background-position:top;等价于 background-position:top center(center top) ;/*水平居中，垂直靠上显示*/
```

（3）使用百分数，按照背景图像和元素的指定点对齐。

```
background-position:0%   0%;         /*背景图像的左上角与元素的左上角对齐*/
background-position:50%   50%;       /*背景图像的中心点与元素的中心点对齐*/
background-position:20%   30%;       /*背景图像的 20% 30%的点与元素的 20% 30%的点对齐*/
background-position:100%   100%;     /*背景图像的右下角与元素的右下角对齐*/
```

如果只设置一个百分数，将作为水平值，垂直值则默认为 50%。

将【例 5-11】中 p 元素的背景图像的位置进行如下设置：

```
background-position:30% 50%;              /* 背景位置，百分数 */
```

显示效果如图 5-19 所示。如果改变浏览器窗口大小，图像会进行相应的调整，但相对位置不变。

当采用具体数值时，随着浏览器窗口的改变，图像的绝对位置不变。

另外，如果背景图像的大小比元素的背景区域大，会自动裁切适应元素的背景大小。

在实际开发中，在采用具体数值时，可设置为负值，将【例 5-11】中 p 元素的背景图像的位置进行如下设置：

```
background-position:-30px   -50px;
```

显示效果如图 5-20 所示，可以看出，背景图像中的水平 30px、垂直 50px 对应点与元素左上角对齐填充。利用这一特点有时候可以将网页中所需的背景图像设计在一张图像上，只需要知道每幅背景图像左上角在整幅图像上的坐标，利用 background-position 属性就可以将其添加到指定图像上。

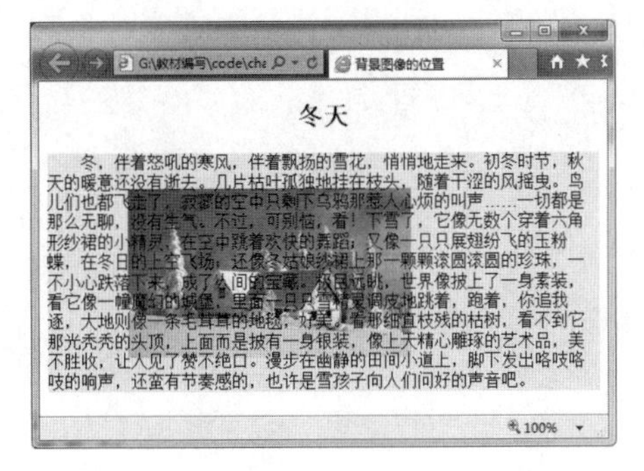

图 5-19 背景图像的位置设置示例（2）

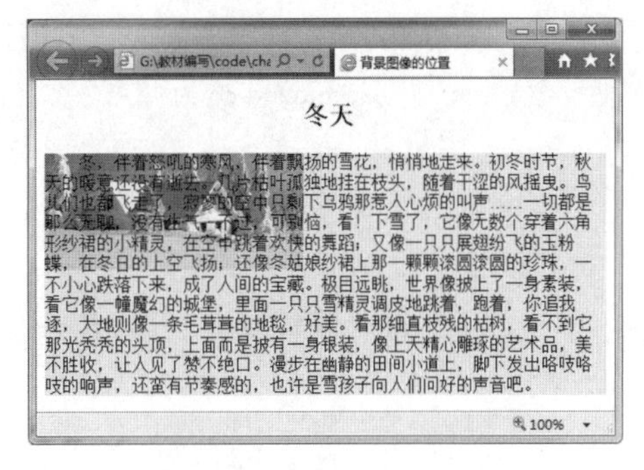

图 5-20 背景图像的位置设置示例（3）

5．设置背景图像固定

当页面中的内容较多时，背景图像会随着页面的滚动而滚动，而不是固定在一个位置上。background-attachment 属性可以设置背景图像固定，其取值有如下两种。

- scroll：默认值，背景图像随页面一起滚动。
- fixed：背景图像固定在屏幕上，不随页面滚动。

下面的代码表示将背景图像固定在 body 元素的右下角。

```
body{
  background-color:#eee;                          /* 背景颜色 */
  background-image:url(images/winter.png);        /* 背景图像 */
  background-repeat:no-repeat;                    /* 不重复 */
  background-position:right bottom;               /* 背景图像在右下角 */
  background-attachment:fixed;                    /* 固定位置 */
}
```

6．背景样式综合设置

与前面讲的 border 和 font 属性一样，可以利用复合属性 background 将元素中各种关于背景的设置集成到一条语句中，语法格式如下：

```
background:背景颜色 背景图像 平铺 定位 固定;
```

其中，属性值之间用空格隔开，各种样式的顺序任意，不需要的样式可以省略，但在实际开发中一般按照语法格式的顺序来写。上面的背景图像固定的 CSS 代码可以写成下面的形式：

```
body{
   background:#eee url(images/winter.png) no-repeat right bottom fixed;
}
```

7．设置多幅背景图像

在一般情况下，一个元素根据需要只填充一幅背景图像，但有时候需要为元素设置多幅背景图像，让元素的背景效果更加丰富，在 CSS 中没有实现多幅背景图像的属性，但通过前面设置背景样式的属性可以实现多幅背景图像效果。

【例 5-12】设置多幅背景图像效果，显示效果如图 5-21 所示。

```
---------------------------------------------【5-12.html 代码清单】---------------------------------------------
<!doctype html>
<html>
<head>
    <meta charset="utf-8">
    <title>多幅背景图像</title>
    <style type = "text/css">
```

```
        body {
            background-color: #CCC;
        }
        h1{
            text-align: center;
        }
        /*  可以为同一个盒子模型设置多幅背景图像 */
        p {
            width: 623px;
            height: 417px;
            margin: 0 auto;
            background: url(images/bg1.png) no-repeat left top,
                        url(images/bg2.png) no-repeat right top,
                        url(images/bg3.png) no-repeat right bottom,
                        url(images/bg4.png) no-repeat left bottom,
                        url(images/bg5.png);
        }
        img{
            width:367px;
            height:256px;
            margin-left: 112px;
            margin-top:84px;
        }
    </style>
</head>
<body>
    <h1>牡丹装饰画</h1>
    <p><img src="images/md1.jpg"></p>
</body>
</html>
```

图 5-21　多幅背景图像设置示例

通过 background 属性为 p 元素定义了 5 幅背景图像，各个背景图像设置之间用逗号隔开。

8．设置背景图像的大小

background-size 属性用于设置背景图像的大小，在移动 Web 开发中做屏幕适配时应用非常广泛，语法格式如下：

```
background-size:属性值 1  属性值 2;
```

background-size 属性可以设置一个或两个属性值来定义背景图像的宽度和高度，其属性值可以是像素值、百分数或“cover”和“contain”关键字，如表 5-2 所示。

表 5-2　background-size 属性值及其描述

属 性 值	描　　述
像素值	设置背景图像的宽度和高度，第 1 个值设置宽度，第 2 个值设置高度。如果只设置一个值，则第 2 个值默认为 auto，即同比例缩放
百分数	相对于所在元素的百分比设置背景图像的宽度和高度，第 1 个值设置宽度，第 2 个值设置高度。如果只设置一个值，则第 2 个值默认为 auto，即同比例缩放
cover	背景图像自动调整缩放比例，保证图像始终充满背景区域，如果背景图像有溢出部分则会被隐藏
contain	背景图像自动调整缩放比例，保证图像始终完整显示在背景区域中，如果背景区域大于背景图像，多余的区域不填充背景图像

例如：

```
p{
    width: 300px;
    height: 150px;
    margin: 0 auto;
    background: yellow url(images/mudan.jpg) no-repeat;
    background-size: 300px 400px;      /*设置背景图像的宽度为300px、高度为400px*/
    background-size: 300px;            /*设置背景图像的宽度为300px，高度同比例缩放*/
    background-size: 100% 100%;        /*设置背景图像的宽度和高度与p元素的宽度和高度一致*/
    background-size:cover;             /*设置背景图像的宽度和高度为300px*/
    background-size:contain;           /*设置背景图像的宽度和高度为300px*/
}
```

9．设置背景图像的定位参照点

利用 background-position 属性可以设置背景图像的位置，它默认是以元素的 padding 的左上角为定位参照点的，可以利用 background-origin 属性修改定位参照点，其属性值如下。

- padding-box：默认值，背景图像以内边距的左上角为定位参照点。
- border-box：背景图像以边框的左上角为定位参照点。
- content-box：背景图像以内容的左上角为定位参照点。

10．设置背景图像的裁剪区域

当背景图像大于元素的背景区域时，在默认情况下背景图像从元素的边框区域开始裁剪。利用 background-clip 属性可以定义背景图像的裁剪区域，其属性值如下。

- border-box：默认值，背景图像从边框区域向外裁剪。
- padding-box：背景图像从内边距区域向外裁剪。
- content-box：背景图像从内容显示区域向外裁剪。

5.2.8 渐变属性

在 CSS 中可以利用渐变属性为元素添加渐变效果，主要包括线性渐变、径向渐变和重复渐变。

1．线性渐变

线性渐变就是起始颜色会沿着一条直线按顺序过渡到结束颜色，实现线性渐变效果，采用如下格式书写：

```
background-image:linear-gradient(渐变角度,颜色值1,颜色值2,…,颜色值n);
```

其中，linear-gradient 用于定义渐变方式为线性渐变，括号内的渐变角度和颜色值的具体解释如下。

（1）渐变角度指水平线与渐变线之间的夹角，可以是以 deg 为单位的角度数值或“to”加“left”“right”“top”“bottom”等关键字。在使用角度设定渐变起点时，0deg 对应 to top，90deg 对应 to right，180deg 对应 to bottom，270deg 对应 to left，整个过程是以 bottom 为起点顺时针旋转的。

当未设置渐变角度时，默认值为 180deg 或 to bottom。

（2）颜色值用于设置渐变的颜色，其中“颜色值 1”表示起始颜色，“颜色值 n”表示结束颜色，它们之间可以添加多个颜色值，用“,”隔开。

【例 5-13】设置线性渐变效果。

```
------------------------------------------------【5-13.html 代码清单】------------------------------------------------
<!doctype html>
<html>
<head>
    <meta charset="utf-8">
    <title>线性渐变效果</title>
    <style type = "text/css">
        p{width: 200px;
          height: 200px;
           margin: 0;
           float:left; /*元素浮动，实现多个 p 元素水平排列*/
           }
          .p1 {background-image:linear-gradient(0deg,#f00,#0f0,#00f);}
          .p2 {background-image:linear-gradient(30deg,#f00,#0f0,#00f);}
          .p3 {background-image:linear-gradient(45deg,#f00,#0f0,#00f);}
          .p4 {background-image:linear-gradient(60deg,#f00,#0f0,#00f);}
          .p5 {background-image:linear-gradient(90deg,#f00 30%,#0f0 70%);}
    </style>
</head>
<body>
    <h1>线性渐变</h1>
    <p class="p1"></p><p class="p2"></p><p class="p3"></p>
    <p class="p4"></p><p class="p5"></p>
</body>
</html>
```

显示效果如图 5-22 所示，为每个 p 元素设置不同角度的渐变效果。另外颜色值后面还可书写一个百分数（相对于元素上的渐变方向的直线长度），用于定义颜色渐变的位置。例如，上述代码最后一个 p 元素的渐变设置表示红色（#f00）由 30%的位置开始出现渐变至绿色（#0f0）位于 70%的位置结束渐变。

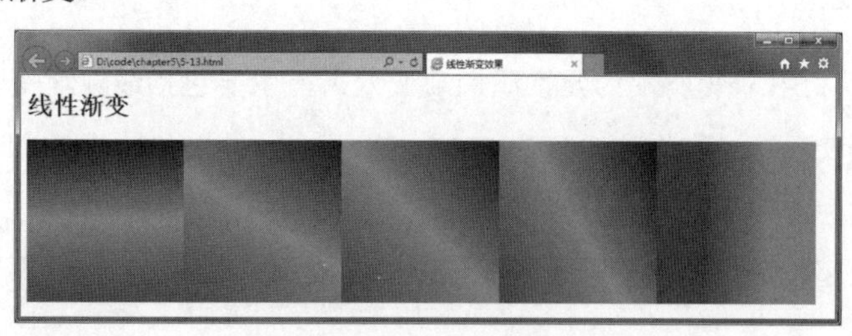

图 5-22　线性渐变设置示例

2．径向渐变

径向渐变就是起始颜色会从一个中心点开始，按照椭圆形或圆形进行颜色的渐变，实现径向渐变效果，采用如下格式书写：

```
background-image:radial-gradient(渐变形状 圆心位置,颜色值 1,颜色值 2,…,颜色值 n);
```

其中，radial-gradient 用于定义渐变方式为径向渐变，括号内的渐变形状、圆心位置和颜色值的具体解释如下。

（1）渐变形状指径向渐变的形状，其取值如下。

- 像素值或百分数：用于定义形状的水平半径和垂直半径，如“30px 70px”表示一个水平半径为 30px，垂直半径为 70px 的椭圆形。

- circle：表示圆形的径向渐变。
- ellipse：表示椭圆形的径向渐变。

（2）圆心位置用于确定元素渐变的中心位置，可以是像素值或百分数，也可以使用“at”加上关键字。其取值如下。

- 像素值或百分数：用于定义圆心的水平和垂直坐标，可以为“负值”。
- at left：表示左边为径向渐变圆心的水平坐标。
- at center：表示中间为径向渐变圆心的水平坐标或垂直坐标。
- at right：表示右边为径向渐变圆心的水平坐标。
- at top：表示顶边为径向渐变圆心的垂直坐标。
- at bottom：表示底边为径向渐变圆心的垂直坐标。

（3）颜色值用于设置渐变的颜色，其中“颜色值 1”表示起始颜色，“颜色值 n”表示结束颜色，它们之间可以添加多个颜色值，用“,”隔开。

【例 5-14】设置径向渐变效果，显示效果如图 5-23 所示。

```
--------------------------------------------- 【5-14.html 代码清单】 ---------------------------------------------
<!doctype html>
<html>
<head>
    <meta charset="utf-8">
    <title>径向渐变效果</title>
    <style type = "text/css">
        p{width: 200px;
          height: 140px;
          border-radius: 50%;
          background-image:radial-gradient(ellipse at center,#fff,yellow);
          box-shadow: 5px 5px 20px #999 inset,-5px -5px 20px #999 inset;
          }
    </style>
</head>
<body>
    <h1>径向渐变</h1>
    <p></p>
</body>
</html>
```

图 5-23　径向渐变设置示例

同样地，颜色值后面还可书写一个百分数，用于定义颜色渐变的位置。

3. 重复渐变

在实际开发中，有时会在一个元素上重复使用渐变模式达到所需效果。重复渐变包括重复线性渐变和重复径向渐变。

（1）重复线性渐变采用如下格式书写：

```
background-image:repeating-linear-gradient(渐变角度,颜色值 1,颜色值 2,…,颜色值 n);
```

其中，repeating-linear-gradient 用于定义渐变方式为重复线性渐变，括号内的渐变角度和颜色值的设置和含义与线性渐变的一样。

（2）重复径向渐变采用如下格式书写：

```
background-image:repeating-radial-gradient(渐变形状 圆心位置,颜色值 1,颜色值 2,…,颜色值 n);
```

其中，repeating-radial-gradient 用于定义渐变方式为重复径向渐变，括号内的渐变形状、圆心位置、颜色值的设置和含义与径向渐变的一样。

【例 5-15】设置重复渐变效果，显示效果如图 5-24 所示。

```
---------------------------------------------【5-15.html 代码清单】---------------------------------------------
<!doctype html>
<html>
<head>
    <meta charset="utf-8">
    <title>重复渐变效果</title>
    <style type = "text/css">
        p{width: 200px;
          height: 200px;
          margin:0 10px;
          float:left;     /*元素浮动，实现多个 p 元素水平排列*/
         }
        p.p1{ background-image:repeating-linear-gradient(90deg,#f00 20%,#0f0,#00f 30%);
          }
        p.p2{
          border-radius: 50%;
          background-image:repeating-radial-
gradient(circle at center,#fff 10%,yellow ,#f00 20%);
          }
    </style>
</head>
<body>
    <h1>重复渐变</h1>
    <p class="p1"></p>
    <p class="p2"></p>
</body>
</html>
```

图 5-24　重复渐变设置示例

5.2.9　设置颜色的不透明度

前面在设置文字颜色或背景颜色时通常采用十六进制（如#f00）、RGB 颜色模式或预定义的颜色（如 red），但这些方式无法改变颜色的不透明度，在 CSS 中可以采用下面两种方式设置颜色的不透明度。

1. rgba 颜色模式

rgba 颜色模式是 RGB 颜色模式的延伸，在红、绿、蓝三原色的基础上添加了不透明参数，其属性值是 0（完全透明）～1（完全不透明）的数字，例如：

```
p{
  background-color: rgba(255,0,0,0.5);
}
```

2. opcity 属性

opcity 属性用于定义元素整体（包括它里面的内容、边框、背景等）呈现出来的透明效果，属性值也是 0（完全透明）～1（完全不透明）的数字，例如：

```
p{
  opcity:0.5;
}
```

5.3 盒子模型之间的关系

一个独立的盒子模型的结构并不难理解，然而 HTML 页面往往是很复杂的，一个页面中可能存在大量的盒子模型，并且它们以各种关系相互影响。要把一个盒子模型与其他盒子模型之间的关系理解清楚，并不是简单的事情。

为了能够方便地使各种盒子模型在网页上有序地排列和布局，CSS 规范的制定者进行了深入且细致的考虑，使得这种方式既有足够的灵活性，以满足各种排版要求，又能使规则尽可能简单，让浏览器的开发者和网页设计者都能够相对容易地实现。

CSS 规范的思路是首先确定一种标准的排版方式，然后保证页面中由各种元素构成的盒子模型按照这种标准的方式进行排列布局。这种方式就是下面要进行详细介绍的标准流方式。

但是仅通过标准流方式，很多排版版式无法实现，限制了布局的灵活性，因此 CSS 规范中又给出了另外若干种对盒子模型进行布局的方式，包括“浮动”和“定位”设置等。

5.3.1 标准文档流

标准文档流（Normal Document Stream）简称“标准流”，是指在不使用其他与排列和定位相关的特殊 CSS 样式规则时，HTML 页面中各种元素的排列规则。

【例 5-16】显示 HTML 页面中各种元素在标准流中的排列规则。

```
----------------------------------------------【5-16.html 代码清单】----------------------------------------------
<!doctype html>
<html>
<head>
  <meta charset = "utf-8" />
  <title>标准流中元素的排列</title>
  <style type = "text/css">
    h2,p,ul,ol,a{
      border:#999933 solid 3px;
    }
    li{
      border:#ff0000 dashed 1px;
    }
  </style>
</head>
<body>
  <h2>下面是段落、列表和超链接</h2>
  <p>这是段落文字</p>
  <ul>
    <li>第一个列表的第一个项目内容</li>
    <li>第一个列表的第二个项目内容</li>
  </ul>
  <ol>
    <li>第二个列表的第一个项目内容</li>
    <li>第二个列表的第二个项目内容</li>
  </ol>
  <a href = "#">超链接 1</a>
  <a href = "#">超链接 2</a>
  <a href = "#">超链接 3</a>
  <a href = "#">超链接 4</a>
</body>
</html>
```

显示效果如图 5-25 所示。在【例 5-16】中，body 元素中依次出现了 h2 元素、p 元素、ul 元素、ol 元素和 4 个 a 元素，仅仅利用 CSS 对它们进行了边框设置。从图 5-25 中可以看出，h2 元素、p 元素、ul 元素、ol 元素在它们的父元素 body 中依次垂直排列，其中 li 元素在它们的父元素中也依次垂直排列，然而 a 元素在其父元素中则依次水平排列。因此，根据元素的排列方式不同，HTML 页面中的元素可以分为两大类：块级元素和行内元素。

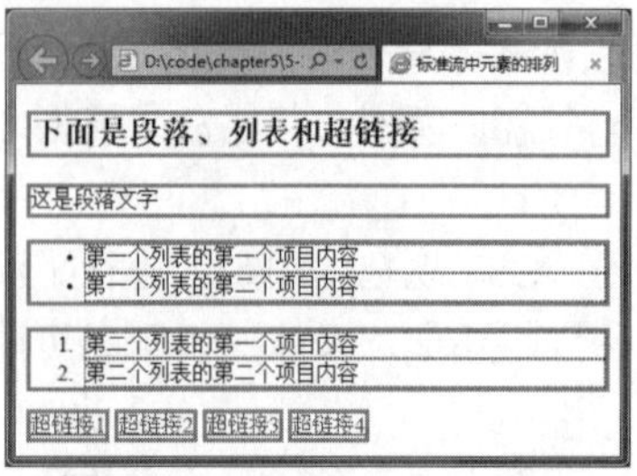

图 5-25　标准流中元素的排列

1．块级元素

块级元素总是以一个区域块的形式在网页中表现出来，在其父元素中会自动换行，且跟同级的兄弟元素按照出现的顺序依次垂直排列，如果不设置宽度其会左右自动伸展撑满其所在的父元素的宽度，常用于网页布局和页面结构的搭建。开发者可以为其设置 width、height 等属性。如 h1～h6、p、ul、li、ol 等元素都属于该类元素。

2．行内元素

行内元素也称为内联元素或内嵌元素，在其父元素中水平排列，直到父元素的最右端才自动换行，它们本身不占有独立的区域，仅仅靠自身的内容来占据相应空间或仅仅在其他元素的基础上指出一定的范围，常用于控制网页中文本的样式。如 strong、b、em、i、a 等元素都属于该类元素。例如：

```
<p>河南科技大学<strong>软件</strong>学院</p>
```

从 CSS 规范的角度来看，块级元素拥有自己的区域，而行内元素没有，块级元素可以包含行内元素和块级元素。

注意：

width 和 height 属性对行内元素是无效的，margin 属性仅对左外边距和右外边距有效，padding 属性仅对左内/外边距和右内/外边距有效。

行内元素中的 img 和 input 元素比较特殊，可以为其设置 width、height、margin 和 padding 属性，也把它们称为行内块级元素。

5.3.2　div 元素和 span 元素

为了使读者能够更好地理解“块级元素”和“行内元素”，下面介绍在 CSS 页面排版中经常使用的 div 元素和 span 元素。利用这两个元素，并利用 CSS 对其样式进行控制，可以很方便地实现各种网页效果。

1．div 元素

div 元素是一个通用的块级元素，没有任何特殊含义，也没有任何样式。例如，当看到 h1 元素时，知道这是标题；当看到 p 元素时，知道这是一个段落。div 元素相当于一个容器，可以容纳段落、标题、表格、图片等各种 HTML 元素。

因此，通常利用 div 元素将页面进行区域划分，实现页面布局，把每个 div 元素视为一个独立的对象，利用 CSS 样式对 div 元素进行相应的控制，那么该 div 元素中的各个元素的样式都会发生相应的改变。

【例 5-17】div 元素的使用与样式设置。

```
---------------------------------------------【5-17.html 代码清单】---------------------------------------------
<!doctype html>
```

```
<html>
<head>
  <title>div 元素示例</title>
  <meta charset = "utf-8" />
  <style type = "text/css">
    div{
      width:300px;                    /* 宽度 */
      height:100px;                   /* 高度 */
      font-style:italic;              /* 文本样式 */
      font-family:"黑体";             /* 字体 */
      color:#FF0000;                  /* 文本颜色 */
      background-color:#FFFF00;       /* 背景颜色 */
      text-align:center;              /* 对齐方式 */
    }
  </style>
</head>
<body>
  <div>
    <h1>这是一个 h1 标题</h1>
    <p>这是一个段落</p>
  </div>
</body>
</html>
```

显示效果如图 5-26 所示。从图 5-26 中可以看出，对 div 元素进行 CSS 样式控制后，它里面的 h1 元素和 p 元素的内容也发生了相应的变化。

图 5-26　div 元素示例

2．span 元素

span 元素是一个行内元素，与 div 元素一样，没有任何含义和样式，仅用作包含文本和行内标记的容器，通常用于定义网页中某些需要特殊显示的文本，配合 CSS 样式可以实现丰富的视觉效果。

【例 5-18】显示 div 元素与 span 元素的区别。

```
---------------------------------------------【5-18.html 代码清单】---------------------------------------------
<!doctype html>
<html>
<head>
  <meta charset = "utf-8" />
  <title>div 元素与 span 元素的区别</title>
  <style type = "text/css">
    span{
      color:#ffffff;
      background-color:#0066ff;
      padding-left:5px;
      padding-right:5px;
      margin-right:10px;
  }
    div{
      color:#ffffff;
      background-color:#99cc33;
    }
  </style>
</head>
<body>
```

```
        <h2>生命必需元素</h2>
        <span >水</span><span >维生素</span>
        <span >蛋白质</span><span >矿物质</span>
        <hr/>
        <div>水</div><div>维生素</div>
        <div>蛋白质</div><div>矿物质</div>
    </body>
    </html>
```

显示效果如图 5-27 所示。在通常情况下，页面中大的区域使用 div 元素，而 span 元素仅仅用于需要单独设置样式风格的小区域，div 元素中可以内嵌 span 元素，但 span 元素中不能嵌套 div 元素。

图 5-27　div 元素与 span 元素的区别

【例 5-19】利用 span 元素为特定的文本设置样式。

```
---------------------------------------------【5-19.html 代码清单】---------------------------------------------
    <!doctype html>
    <html>
    <head>
        <meta charset = "utf-8" />
        <title>span 元素示例</title>
        <style type = "text/css">
            span{
                font-weight:bold;
                color:#ff0000;
                background-color:#ffff00;
            }
        </style>
    </head>
    <body>
        <h2>将段落中的中国设置为红色加粗黄色背景</h2>
        <p><span>中国</span>，那么大，那么美，作为炎黄子孙，提起<span>中国</span>，我们的心里总能油然而生一种骄傲和自豪。<span>中国</span>地位的快速提升，<span>中国</span>经济的迅速发展，<span>中国</span>百姓逐渐踏上了小康社会。这一切的一切，作为“90 后”，我们都有幸看到。可是，在发展的道路上，总有一些东西，在不自觉地发生变化。</p>
    </body>
    </html>
```

显示效果如图 5-28 所示。

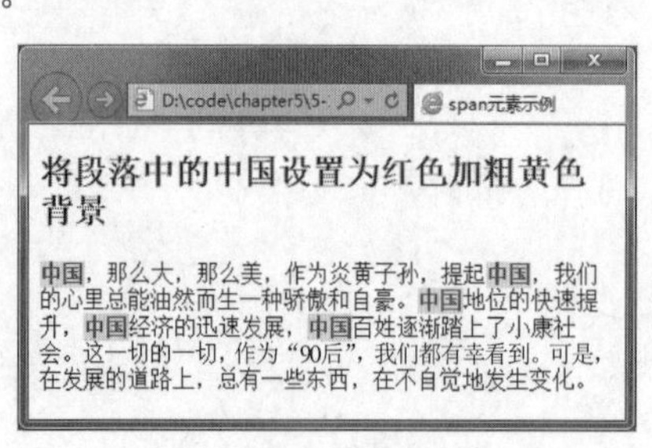

图 5-28　span 元素示例

5.3.3 元素类型的转换

网页是由多个块级元素和行内元素构成的盒子模型排列而成的。如果希望行内元素具有块级元素的某些特征，或者希望块级元素具有行内元素的某些特征，可以使用 display 属性对元素类型进行转换。

display 属性常用的属性值及含义如下。

- inline：将元素显示为行内元素（行内元素默认的 display 属性值，如 span 元素、a 元素）。
- block：将元素显示为块级元素（块级元素默认的 display 属性值，如 div 元素、p 元素、ul 元素）。
- inline-block：将元素显示为行内块级元素，可以为其设置 width 和 height 等属性，但是元素不会独占一行（如 img 元素、input 元素）。
- none：隐藏元素，不在页面上显示，不占据页面空间，相当于该元素不存在。在默认情况下元素都是显示的。

【例 5-20】设置元素的 display 属性，显示效果如图 5-29 所示。

```
------------------------------------------------【5-20.html 代码清单】------------------------------------------------
<!doctype html>
<html>
<head>
  <meta charset = "utf-8" />
  <title>display 属性</title>
</head>
<body>
  <p>利用元素的 display 属性把 p 元素设置为行内元素。</p>
  <p>而 div 元素不会显示出来！</p>
  <div>div 元素不会显示出来！</div>
  <span>利用元素的 display 属性把 span 元素设置为块级元素。</span>
  <span>两个  span  元素之间产生了一种换行行为。</span>
</body>
</html>
```

在上述代码中，加入如下样式，显示效果如图 5-30 所示。

```
<style type = "text/css">
  p{
    display: inline;
  }
  div{
    display: none;
  }
  span{
    display: block;
  }
</style>
```

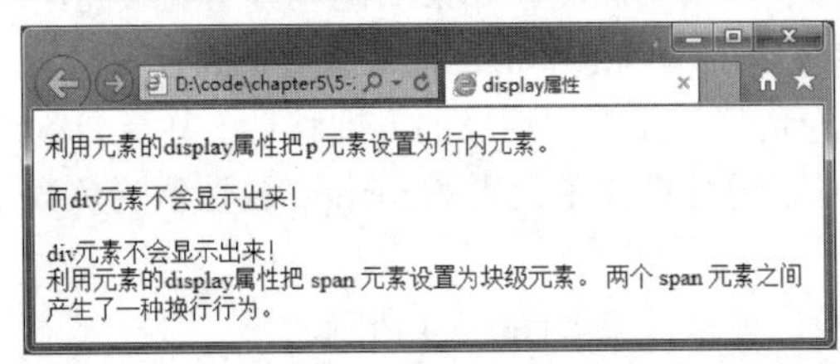

图 5-29　没有设置元素的 display 属性时的效果

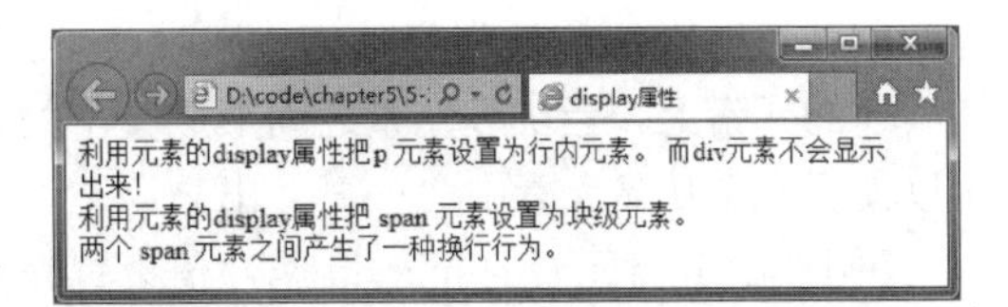

图 5-30　设置元素的 display 属性后的效果

对比图 5-29 和图 5-30，可以发现，原本应该是块级元素的 p 元素转换成了行内元素，原本应该是行内元素的 span 元素转换成了可以换行的块级元素，并且 display 属性值设置为 none 的 div 元素在网页中消失了。

通过设置元素的 display 属性，可以改变某个元素本来的元素类型，或者把某个元素隐藏起来。这个属性在实际网页设计中使用非常频繁，而且会发挥巨大的作用。

5.3.4 盒子模型在标准流中的定位

“标准流”是 CSS 规定的默认的块级元素和行内元素在 HTML 文档中的排列方式。

前面讲过盒子模型的 margin 属性用于控制盒子模型与盒子模型之间的位置关系，如果要精确地控制盒子模型的位置，就必须对 margin 属性进行深入的了解。

（1）当两个行内元素相邻时，它们之间的距离（margin）为左边元素的 margin-right 加上右边元素的 margin-left，如图 5-31 所示。

（2）如果不是行内元素，而是产生换行效果的块级元素，则两个块级元素上下之间的距离（margin）不是上面元素的 margin-bottom 与下面元素的 margin-top 的和，而是两者中的较大者，如图 5-32 所示。

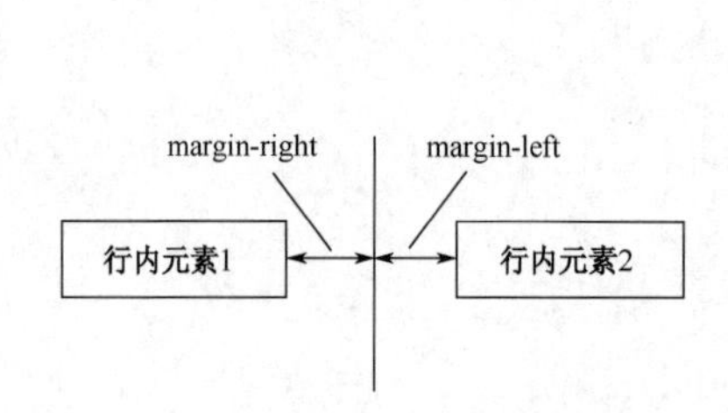

图 5-31　行内元素之间的 margin

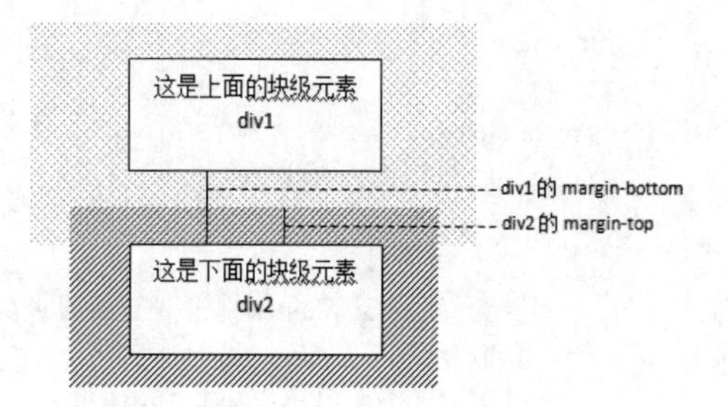

图 5-32　块级元素之间的 margin

（3）当一个 div 元素包含另一个 div 元素时，就构成了嵌套，形成了父子关系。其中子元素的 margin 将以父元素的内容显示区域为参考，如图 5-33 所示。

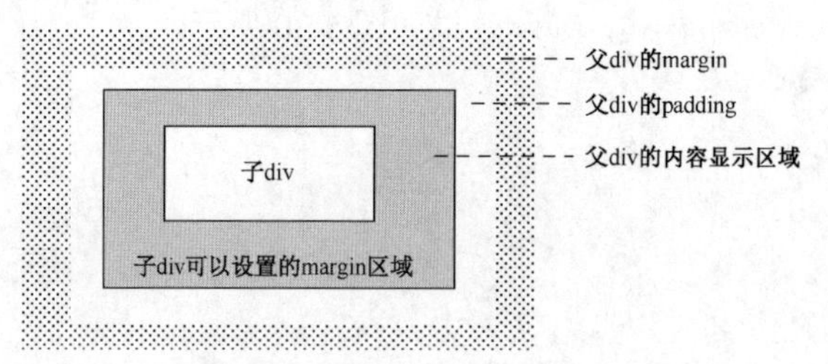

图 5-33　父子元素之间的 margin

在“标准流”中，一个块级元素在没有设定 width 和 height 属性值时，默认宽度会自动延伸到父元素的内容显示区域，高度是能够包容下内容的最小高度。如果明确设置了块级元素的 width 和 height 属性值，元素的内容显示区域就以设定的 width 和 height 属性值来确定。

（4）当设置 margin 属性值为负数时，被设置为负数的元素向相反的方向移动，甚至会覆盖在其他的元素上。当块级元素之间形成父子关系时，通过设置子元素的 margin 属性值为负数，可以使子元素从父元素中“分离”出来。

【例 5-21】将元素的 margin 属性值设置为负数，显示效果如图 5-34 所示。

```
----------------------------------------------【5-21.html 代码清单】----------------------------------------------
<!doctype html>
```

```
<html>
<head>
  <meta charset = "utf-8" />
  <title>将元素的 margin 属性值设置为负数</title>
  <style type = "text/css">
    body{
      padding-left:50px;
    }
    span{
      font-size:12px;
      padding:10px;
      border:1px dashed #000000;
    }
    span.left{
      margin-right:30px;
      background-color:#a9d6ff;
    }
    span.right{
      margin-left:-53px;          /* 设置为负数 */
      background-color:#eeb0b0;
    }
    .father{
      width:200px;
      height:100px;
      background-color:#9C0;
      margin-top:40px;
    }
    .son{
      width:100px;
      height:50px;
      border:1px dashed #993300;
      margin-left:-30px;                    /* 设置为负数 */
      background-color:#0CF;
    }
  </style>
</head>
<body>
  <span class="left">行内元素 1</span>
  <span class="right">行内元素 2</span>
  <div class="father">父 div
    <div class="son">子 div</div>
  </div>
</body>
</html>
```

图 5-34　将元素的 margin 属性值设置为负数的效果

（5）当两个块级元素构成嵌套关系，父元素没有设置上边框和上内边距时，则父元素的上外边距与子元素的上外边距发生合并，合并后的上外边距为两者中的较大者，即使父元素的上外边距为 0，也会发生合并。

【例 5-22】嵌套块级元素上外边距合并效果。

```
---------------------------------------------【5-22.html 代码清单】---------------------------------------------
<!doctype html>
<html>
<head>
```

```
    <meta charset = "utf-8" />
    <title>嵌套块级元素上外边距合并效果</title>
    <style>
      body{ margin-top:0;}
      .father{
            width:200px;
            height:150px;
            background-color:pink;
            margin-top:50px;
      }
      .sun{
            width:100px;
            height:100px;
            background-color:blue;
            margin-top:25px;
      }
      </style>
</head>
<body>
      <div class="father">
            <div class="sun">
                  我是子元素
            </div>
      </div>
</body>
</html>
```

显示效果如图 5-35 所示，可以看出，父元素与子元素的上边缘重合，因为它们的上外边距发生合并，而且取值为父元素较大的上外边距 50px。

如果希望上外边距不合并，可以为父元素定义 1px 的上边框或上内边距，代码如下：

```
border-top:1px solid transparent;
```

或者

```
padding-top:1px;
```

显示效果如图 5-36 所示。父元素与子元素的上外边距没有发生合并，但这种处理方式要占用 1px 的页面空间。在实际开发中经常在父元素中设置如下属性来解决该问题，读者只需记住即可。

```
overflow: hidden;
```

图 5-35　嵌套块级元素上外边距合并效果

图 5-36　嵌套块级元素上外边距不合并效果

5.3.5　盒子模型的浮动与定位

在进行页面排版时，仅按照“标准流”的方式进行排版，有时不能达到所需效果，开发者还可以使用下面的方式进行“浮动”和“定位”设置，以满足页面排版的需要。

1. 盒子模型的浮动

在“标准流”中，一个块级元素如果没有设置宽度，它会在水平方向上自动伸展，直到包含它的父元素的内容边界；在垂直方向上和兄弟元素依次排列，但不能实现水平排列。为块级元素设置“浮动”后，它的排列会有所不同。

在 CSS 中，通过设置块级元素的 float 属性，可以使元素“浮动”。float 属性的默认值为 none，当设置为 left 时，元素向左浮动，表示向其父元素的左侧靠近；设置为 right 时，元素向右浮动，表示向其父元素的右侧靠近。在默认情况下，盒子模型的宽度不再伸展而是能容纳里面内容的最小宽度。

【例 5-23】元素设置“浮动”前后效果对比。

```
----------------------------------------------【5-23.html 代码清单】----------------------------------------------
<!doctype html>
<html>
<head>
   <meta charset = "utf-8" />
   <title>盒子模型的 float 属性</title>
   <style type = "text/css">
        body{ margin:15px; font-size:12px;
       .father{
           background-color:#fffea6;
           border:1px solid #111111;
           padding:10px;                          /* .father 元素的 padding */
        }
        .son1{
width: 200px;
           padding:10px;                          /* .son1 元素的 padding */
           margin:5px;                            /* .son1 元素的 margin */
           background-color:#70baff;
           border:1px dashed #111111;
           float:left;                            /*  设置.son1 元素向左浮动*/
        }
        .son2{
          padding:5px;
          margin:0px;
          background-color:pink;
          border:1px dashed #111111;
          float:left;                             /*  设置.son2 元素向左浮动*/
       }
       .son3{
          padding:5px;
          margin:0px;
          background-color:#ffd270;
          border:1px dashed #111111;
          float:right;                            /*  设置.son3 元素向右浮动*/
       }
       p{
          border:1px #0000FF dashed;
       }
     </style>
```

```
    </head>
    <body>
      <div class = "father">
        <div class = "son1">float1</div>
        <div class = "son2">float2</div>
        <div class = "son3">float3<br/>float3<br/>float3<br/>float3</div>
        <p>当梦想的羽毛有了责任和担当的负载之后，它便产生了新的蜕变。现在的梦想更像一只慢慢爬行的蜗牛，也许笨拙，但身后的每一个划痕都写满了踏实；也许沉重，但每一次向前的触动都显得格外努力；也许速度慢了些，但它始终沿着自己的轨迹，一步一步往上爬。终究有一天，它可以在最高点乘着叶片向前飞，领略属于它的那片苍穹，那片风景。</p>
      </div>
    </body>
    </html>
```

可以先将上面代码中的加粗部分去掉，即不设置“浮动”，显示效果如图 5-37 所示。然后在代码中添加加粗的代码为相应元素设置“浮动”，显示效果如图 5-38 所示。

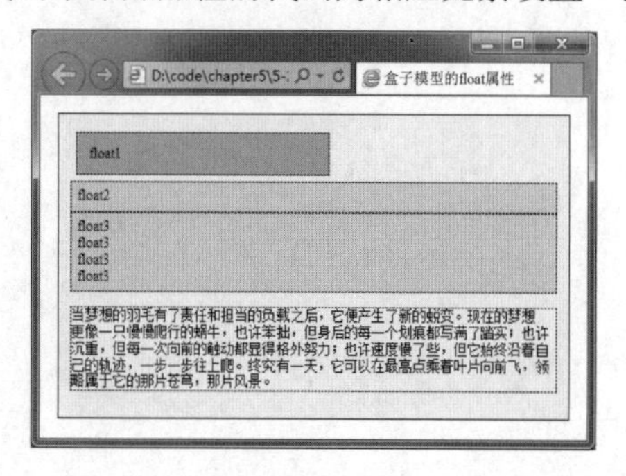

图 5-37　元素未设置“浮动”的效果

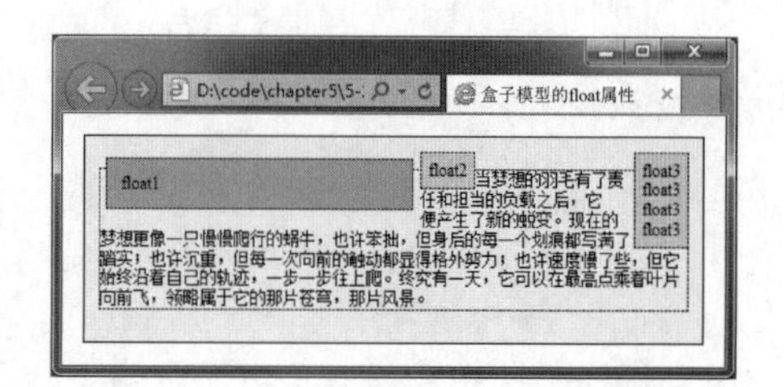

图 5-38　为元素设置“浮动”后的效果

对比图 5-37 和图 5-38 可以发现如下几点变化。

（1）当设置.son1 元素向左浮动后，它自动向父元素.father 的左边靠近，由于它设置了宽度，因此浮动后宽度没有变化。

（2）当设置.son2 元素向左浮动后，它自动向父元素.father 的左边靠近，紧挨.son1 元素，它没有设置宽度，浮动后其宽度变成了能容纳下内容的最小宽度。

（3）当设置.son3 元素向右浮动后，它自动向父元素.father 的右边靠近，它没有设置宽度，浮动后其宽度也变成了能容纳下内容的最小宽度。同时可以说明通过对块级元素进行“浮动”设置，可以使多个块级元素达到水平排列的效果。

（4）p 元素没有设置浮动，p 元素认为它前边的这些设置浮动的兄弟元素“不存在”，向上排列。这说明元素设置为浮动后将脱离“标准流”， 其他“标准流”中的兄弟元素或相邻的内容紧随其后。

（5）.father 元素的高度变小了，仅仅是 p 元素的高度。这说明元素如果没有设置高度，则它的高度是由它内部“标准”子元素的高度来决定的。当元素设置“浮动”后将脱离“标准流”变为“非标准”元素，父元素将不再包含它们，但它们还占据父元素的空间，这通过“标准”子元素 p 的显示可以看出来。

如果希望其他“标准流”中的元素不受浮动元素的影响，在 CSS 中可以设置该元素的 clear 属性，清除“浮动”。clear 属性值有 4 个，分别是 left、right、both、none，默认值为 none。

【例 5-24】元素清除“浮动”后的效果。

```
-----------------------------------------------【5-24.html 代码清单】-----------------------------------------------
<!doctype html>
```

```
<html>
<head>
  <meta charset = "utf-8" />
  <title>元素的 clear 属性设置</title>
  <style type = "text/css">
    body{ font-size:13px;}
    h3{
      background-color:#a5d1ff;
      border:1px dotted #222222;
      text-align:center;
    }
    p{
        margin:0;
        text-indent: 2em;
    }
    img{
      width:150px;
      border:1px #00F dashed;
    }
    .img1{
        margin:0 10px 10px 0;
        float:left;                         /* 设置“左浮动” */
    }
    .img2{
        margin:10px 0 10px 10px;
        float:right;}                       /* 设置“右浮动” */
    p.p1{
      clear:right;                          /* 清除“右浮动” */
    }
  </style>
</head>
<body>
  <h3>我的梦，我的中国梦</h3>
  <img src = "images/china1.jpg" class = "img1">
  <p>我的梦，我的中国梦，是一个充满爱的和谐天堂。每一个生命都有爱与被爱的权利，每一个人都在可以相互温暖的距离内，每一个人都有可以实现的梦想。生活在新世纪的我们应该有足够的理由相信我们美丽的祖国，有足够的底气构建宏伟蓝图。因为，我们是中国未来的前行军。相信为了她，你我时刻充满勇气和力量。面对未知和困难，你我可以从容不迫，应对自如，用青春让梦想激情燃烧。</p>
  <img src = "images/china2.jpg" class = "img2">
  <p>我的梦，我的中国梦，是一个充满自由的地方。每一个人都有自己的快乐，都有自己的生活，自己的领地。我们自由地爱，自由地飞翔。祖国，请您放心也请您相信：我们会在自由的环境里生活和学习，珍惜每一个机会的青睐，珍惜每一次秒针的滴答，用我们的青春诠释自由的梦，做肆意盛放的花，给你带来芬芳。</p>
  <p class = "p1">蓝天下每一个梦想都是一朵花，一个鲜活的生命。而我需要做的是用自己的绽放诠释这其中普通而不平凡的一朵花的生命存在，散发怡人清香，实现自己的自我价值和集体意义。我的中国梦，流淌在奔腾的血液里，自由去爱，自由去绽放。</p>
</body>
</html>
```

显示效果如图 5-39 所示，可以看出，对图像设置“浮动”后可以达到图文混排的效果，.p1 元素设置了清除“右浮动”后，排列不再受上面图像浮动的影响。

注意：

clear 属性要设置在不想受浮动元素影响的元素中，而不要设置在浮动元素中。

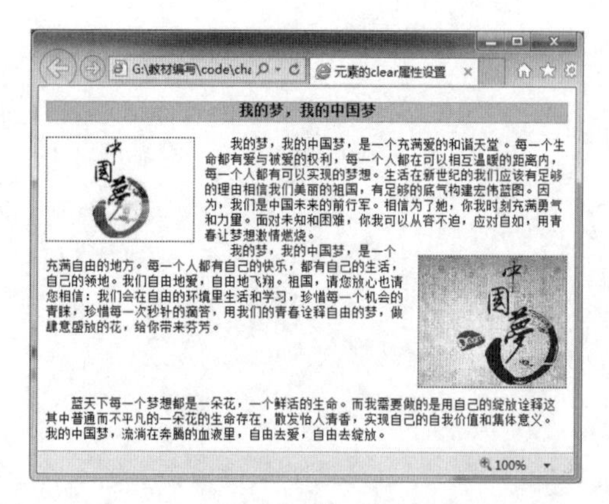

图 5-39 元素的 clear 属性设置示例

前面讲到元素的高度是由其“标准”子元素（即标准流内容）的高度决定的，与设置浮动的子元素无关，因此当一个父元素中的所有子元素都设置了“浮动”后，它内容显示区域的高度将为 0，如果希望父元素有高度，能把浮动的子元素包含进来，可以设置其 clear 属性。

元素的 clear 属性的另一个作用是可以扩展父元素的高度，在【例 5-23】中，如果将 p 元素删除后，显示效果如图 5-40 所示。

从图 5-40 中可以看出，父 div 的高度只由其 padding 和 border 构成，内容显示区域的高度为 0。在实际制作网页时往往需要父元素的高度能包含它里面的 3 个浮动元素，效果如图 5-41 所示。

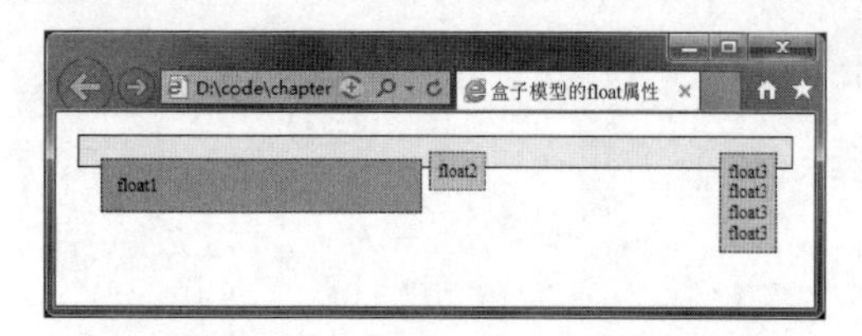

图 5-40 父元素的高度与浮动元素的高度无关

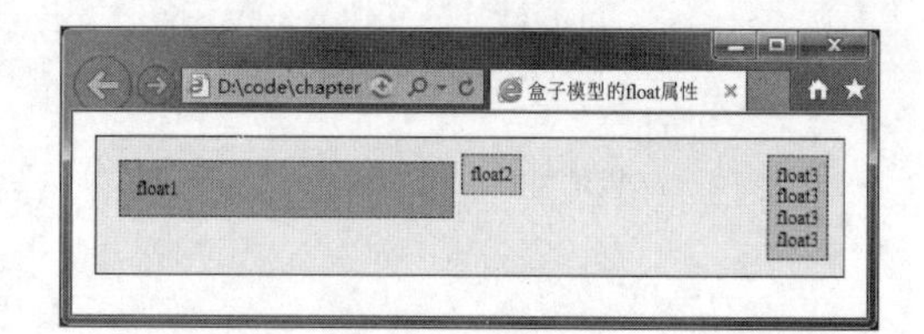

图 5-41 父元素包含浮动元素的效果

这时可以在父元素中所有浮动元素的后面增加一个空的 div 元素，代码如下：

```
<div class = "clear"></div>
```

然后，设置该元素的 clear 属性来扩展父元素的高度，代码如下：

```
.father .clear{clear:both;}
```

在实际开发中，设计者也可以通过在父元素中设置如下 overflow 属性来解决该问题，读者只需记住该方法即可。

```
.father{overflow:hidden;}
```

2．盒子模型的定位

使用元素的 float 属性可以改变元素在“标准流”中的位置。在使用 CSS 进行网页布局时，还可以利用元素的 position 属性来指定元素的位置，position 属性一共有 4 个值，分别为 static（静态定位）、relative（相对定位）、absolute（绝对定位）和 fixed（固定定位）。下面详细介绍这 4 个属性值的含义。

（1）static。静态定位是指元素在标准流中默认的位置，没有任何移动的效果。static 为 position 属性的默认值。

（2）relative。使用相对定位的元素除了将 position 属性值设置为 relative，还需要指定一定的偏移量，水平方向通过 left 或 right 属性来指定，垂直方向通过 top 或 bottom 属性来指定。它们可以设置为固定值或百分数，且可以设置为负值。

【例 5-25】元素的相对定位（relative）效果。

```
----------------------------------------------【5-25.html 代码清单】----------------------------------------------
<!doctype html>
<html>
<head>
  <meta charset = "utf-8" />
  <title>相对定位（relative）</title>
  <style type = "text/css">
    body{
      margin:20px;
      font-family:Arial;
      font-size:13px;
    }
    .father{
      background-color:#a0c8ff;
      border:1px dashed #000000;
padding:10px;
    }
    .block1{
      background-color:#fff0ac;
      border:1px dashed #000000;
      padding:10px;
      position:relative;        /* 相对定位 */
      left:15px;                /* .block1 元素的左边框与它原来位置的距离为 15px */
      top:15px;                 /* .block1 元素的上边框与它原来位置的距离为 15px */
    }
    .block2{
      background-color:#ffc24c;
      border:1px dashed #000000;
      padding:10px;
    }
  </style>
</head>
<body>
  <div class = "father">
    <div class = "block1">block1</div>
    <div class = "block2">block2</div>
  </div>
</body>
</html>
```

先将上面代码中的加粗部分代码去掉，显示效果如图 5-42 所示。然后在相应位置加上加粗部分代码，显示效果如图 5-43 所示。

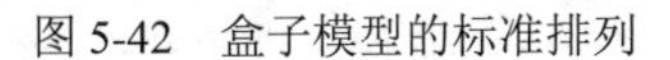
图 5-42　盒子模型的标准排列

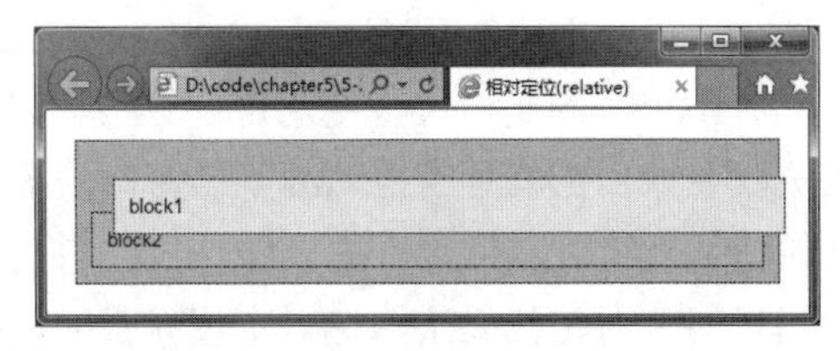

图 5-43　盒子模型的相对定位

在本例中将子元素.block1 的 position 属性值设置为 relative，进行相对定位，对比图 5-42 与

图 5-43 可以看出，.block1 元素的位置发生了变化，而此时的 left 和 top 所设定的值表示元素的左上角与它原来所在位置的左上角的距离。

使用相对定位的元素有如下特征。

① 使用相对定位的元素是以元素本身在“标准流”中或者浮动时原本的位置作为基准，通过偏移指定的距离，到达新的位置的。

② 使用相对定位的元素仍在“标准流”中，它对父元素和兄弟元素没有任何影响，即使由于偏移，移动到了父元素的外边，其他元素也认为该元素在原来的位置。

（3）absolute。同样地，使用绝对定位的元素，除了将 position 属性值设置为 absolute，还需要指定一定的偏移量，水平方向通过 left 或 right 属性来指定，垂直方向通过 top 或 bottom 属性来指定。它们可以设置为固定值或百分数，且可以设置为负值。

将【例 5-25】中加粗部分代码修改为如下代码：

```
    position:absolute;          /* 绝对定位 */
          right:15px;           /* .block1 元素的右边框距浏览器窗口右边框的距离为 15px */
          top:15px;             /* .block1 元素的上边框距浏览器窗口上边框的距离为 15px */
```

显示效果如图 5-44 所示。这里将子元素.block1 的 position 属性值设置为 absolute，进行了绝对定位，可以看到它的位置发生了变化，不再与其父元素有关，而此时 top 和 right 所设定的值是距离浏览器窗口边框的宽度，即以浏览器边框作为基准进行偏移。

如果将其父元素.father 增加一个定位样式，代码如下：

```
.father{
   background-color:#a0c8ff;
   border:1px dashed #000000;
   padding:10px;
   position:relative;   /* 相对定位 */
}
```

显示效果如图 5-45 所示，.block1 元素偏移的基准不再是浏览器窗口，而是父元素.father。

对比图 5-44 和图 5-45 可以看出，使用绝对定位的元素有如下特点。

① 使用绝对定位的元素从“标准流”中脱离，其后的兄弟元素认为它们在父元素中不存在进行排列。如果没有设置宽度，则宽度变成能容纳内容的最小宽度。

② 使用绝对定位的元素以它“最近”的一个“已经定位”的“祖先元素”为基准进行偏移。如果没有已经定位的“祖先元素”，则以浏览器窗口为基准进行偏移。

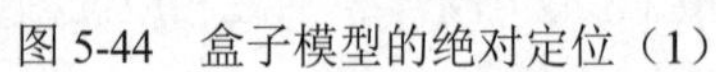

图 5-44　盒子模型的绝对定位（1）　　图 5-45　盒子模型的绝对定位（2）

所谓“已经定位”元素，是指它的 position 属性值被设置为除 static 的任意一种。

（4）fixed。固定定位与绝对定位有些类似，区别在于，固定定位的基准不是祖先元素，而是浏览器窗口，也就是当拖动浏览器窗口的滚动条时，依然保持元素位置不变。固定定位元素的其他特征与绝对定位元素的一样。

通过对相对定位元素与绝对定位元素的特征的了解，在实际开发中，开发者经常采用将父元素设置为相对定位，子元素设置为绝对定位，然后对子元素设置偏移量的方式，这种方式可以使得子元素在父元素中随意排列，这种布局页面元素的方式常被称为“父相子绝”。

5.3.6 z-index 空间位置

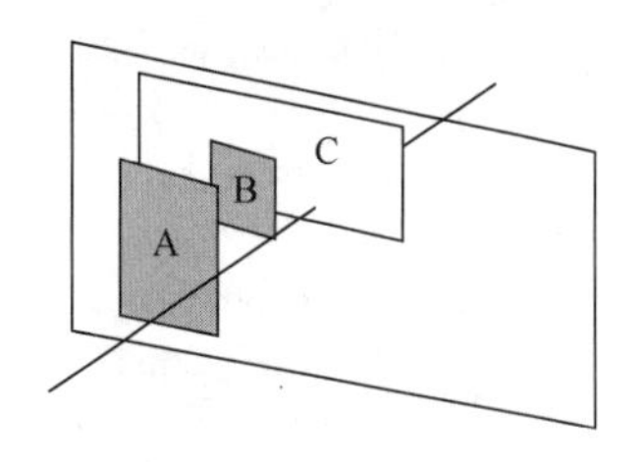

图 5-46 z-index 空间位置

当元素被设置 position 属性后，元素会发生相应的位置变化，可能会产生重叠，可以利用 z-index 属性调整重叠元素的上下位置，值大的元素位于值小的元素的上方，如图 5-46 所示。

z-index 属性的默认值为 0，可以是正数，也可以是负数，当两个元素的 z-index 属性值一样时，则保持原有的上下覆盖关系。

下面通过案例来演示元素“浮动”和“定位”的使用以及前面所讲的相关属性的应用。

【例 5-26】页面图像的显示设置，显示效果如图 5-47 所示。

```
------------------------------------------------【5-26.html 代码清单】------------------------------------------------
<!doctype html>
<html>
<head>
  <meta charset = "utf-8" />
  <title>“浮动”与“定位”的应用</title>
  <style type = "text/css">
  h1{
       text-align: center;
  }
.hots{
         width:940px;
         height:360px;
         margin: 0 auto;
     }
     .hots ul{
         height:360px;
         margin:0;
         padding:0;
         list-style:none;   /*消除列表项前面的修饰*/
     }
     .hots ul li{
         width:25%;
         height:180px;
         padding-left: 10px;
         padding-bottom: 10px;
         box-sizing: border-box;
         float:left;           /*浮动*/
     }
     .hots ul li.big{
         width:50%;
         height:360px;
         padding-left:0;
     }
   .hots li img{
     width:100%;
     height:100%;
}
.hots li a{
     display:block;          /*将行内元素转换为块级元素*/
```

```
        height: 100%;
        position: relative;      /*相对定位*/
    }
     .hots li span{
        width: 100%;
        height:30px;
        font-size: 18px;
        line-height: 30px;
        color: #fff;
        background-color: rgba(200,150,100,0.4);
        position: absolute;     /*绝对定位*/
        left:0;
        bottom:0;
        box-sizing:border-box;
        text-align: center;
    }
    .hots li.big span{
        font-size: 24px;
        height: 40px;
        line-height: 40px;
    }
    </style>
    </head>
    <body>
        <h1>牡丹图片欣赏</h1>
        <div class="hots">
            <ul>
                <li class="big">
                    <a href="####">
                        <img src="images/md1.jpg" alt="">
                        <span>《赏牡丹》 作者：刘禹锡</span>
                    </a>
                </li>
                <li>
                    <a href="####">
                        <img src="images/md2.jpg" alt="">
                        <span>庭前芍药妖无格</span>
                    </a>
                </li>
                <li>
                    <a href="####">
                        <img src="images/md3.jpg" alt="">
                        <span>池上芙蕖净少情</span>
                    </a>
                </li>
                <li>
                    <a href="####">
                        <img src="images/md4.jpg" alt="">
                        <span>唯有牡丹真国色</span>
                    </a>
                </li>
                <li>
                    <a href="####">
```

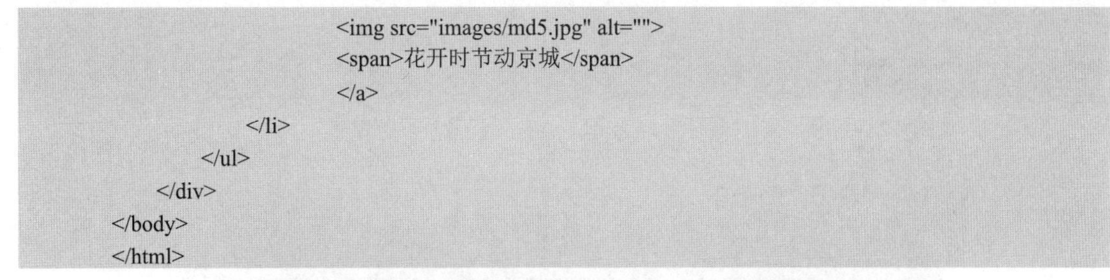

```
                    <img src="images/md5.jpg" alt="">
                    <span>花开时节动京城</span>
                    </a>
            </li>
        </ul>
    </div>
</body>
</html>
```

图 5-47　页面图像的显示效果

在这个例子中通过设置“浮动”实现多幅图像水平排列，利用“父相子绝”的布局方式实现在图像上面显示文字，同时结合相应属性实现背景半透明等效果。

5.4　利用 CSS 设置列表、表格和表单样式

5.4.1　设置列表样式

HTML 提供了无序列表标记<ul>和有序列表标记<ol>，利用它们可以实现列表的基本功能。在 CSS 中，列表被赋予了很多新的属性，甚至超越了它最初设计的功能。

在 CSS 中，列表中的列表项编号是通过 list-style-type 属性来设置的，其属性值及显示效果如表 5-3 所示，无论是无序列表标记<ul>还是有序列表标记<ol>都可以使用，而且效果是完全相同的。

表 5-3　list-style-type 属性值及显示效果

属 性 值	显 示 效 果	属 性 值	显 示 效 果
disc	实心圆	lower-alpha	a,b,c,d,e,f…
circle	空心圆	upper-roman	Ⅰ,Ⅱ,Ⅲ,Ⅳ,Ⅴ,Ⅵ…
square	正方形	lower-roman	ⅰ,ⅱ,ⅲ,ⅳ,ⅴ,ⅵ…
decimal	1,2,3,4,5,6…	none	不显示任何编号
upper-alpha	A,B,C,D,E,F…		

如果要取消有序列表或无序列表默认的列表项编号，设置 list-style-type 的属性值为 none 即可，在用<ul>标记和<ol>标记进行页面设计时常用。

【例 5-27】列表项编号的设置，显示效果如图 5-48 所示。

```
-------------------------------------------【5-27.html 代码清单】-------------------------------------------
<!doctype html>
<html>
```

```
<head>
  <meta charset = "utf-8">
  <title>列表项编号</title>
  <style type = "text/css">
    ul{
      list-style-type:lower-alpha;
    }
    ol{
      list-style-type:circle;
    }
    li.ll{
      color:#ff0000;
      list-style-type:upper-alpha;          /*单独设置样式*/
    }
  </style>
</head>
<body>
  <p>常见的蔬菜：</p>
  <ul>
    <li>西红柿</li>
    <li>豆角</li>
    <li>土豆</li>
    <li>黄瓜</li>
  </ul>
  <p>常见的水果：</p>
  <ol>
    <li>苹果</li>
    <li>橘子</li>
    <li class = "ll">葡萄</li>
    <li>西瓜</li>
  </ol>
</body>
</html>
```

图 5-48 列表项编号设置效果

从图 5-48 中可以看出，在 CSS 中<ul>标记和<ol>标记可以通用 list-style-type 属性。当为<ul>标记和<ol>标记设置 list-style-type 属性时，它们中间的所有<li>标记都将采用该设置，如果希望某一个<li>标记采用其他设置，则可以对该<li>标记单独设置 list-style-type 属性。

除了传统的各种列表项编号，CSS 还提供了 list-style-image 属性，可以将列表项编号显示为任意图像。

【例 5-28】将列表项编号显示为图像的设置。

```
----------------------------------------------【5-28.html 代码清单】----------------------------------------------
<!doctype html>
<html>
<head>
  <meta charset = "utf-8">
  <title>图像编号</title>
  <style type = "text/css">
    div{
      background-color:#99cc99;
    }
    ul{
      list-style-image:url(images/list.jpg);      /* 将列表项编号显示为图像 */
```

```
            color:#0000ff;
        }
    </style>
</head>
<body>
    <div>
        <p>常见的蔬菜：</p>
        <ul>
            <li>西红柿</li>
            <li>豆角</li>
            <li>土豆</li>
            <li>黄瓜</li>
        </ul>
    </div>
</body>
</html>
```

显示效果如图 5-49 所示，每个列表项编号都显示为一个图像。

利用 list-style-image 属性为列表项设置图像编号，不同的浏览器中有时会产生图像编号与列表项文字之间的距离不一样的效果。如果想实现在各个浏览器中的效果一致，可以将上例中的<ul>标记的 list-style-type 属性值设置为 none，即隐藏默认编号，然后将图像设置为<li>标记的背景，设置样式如下：

```
ul{
    list-style-type:none;
    color:#0000ff
}
li{
    padding-left:20px;
    background:url(images/list.jpg) no-repeat 5px 4px;
    /* 图像作为<li>标记的背景 */
    }
```

显示效果如图 5-50 所示。通过隐藏<ul>标记的列表项编号，设置<li>标记的样式，统一文字与图像之间的距离，就可以实现在各个浏览器中一致的效果。

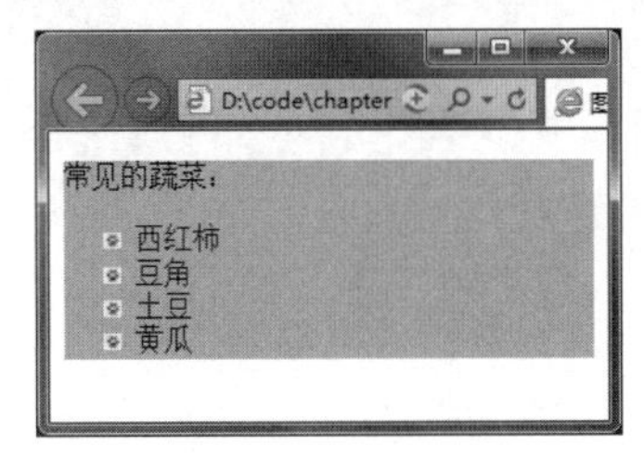

图 5-49　图像编号

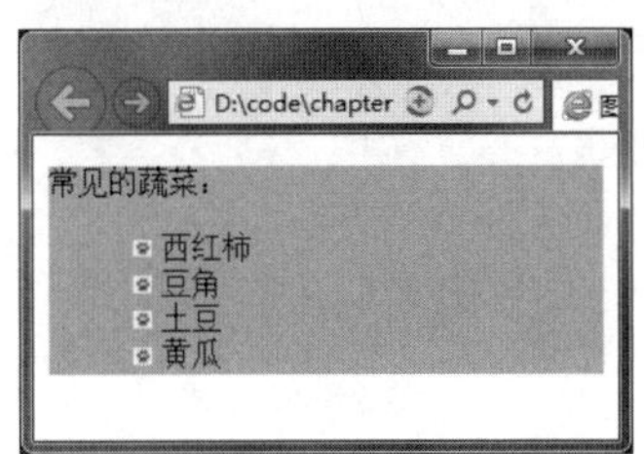

图 5-50　统一后的效果

在实际开发中，经常利用伪元素选择器::before（相关内容见 6.3.2 节）在列表项前面添加小图标。

在浏览网站时，大多数网站的首页都会显示导航菜单让浏览者轻松地访问整个网站。在实际开发中经常将<ul>和<ol>标记的 list-style-type 属性值设置为 none，再配合各种属性样式来实现丰富的导航菜单。

下面通过制作下拉式导航菜单进一步介绍<ul>和<ol>标记的使用。

【例 5-29】创建下拉式导航菜单，显示效果如图 5-51 所示。

--【5-29.html 代码清单】--

```
<!doctype html>
<html>
<head>
  <meta charset = "utf-8" />
  <title>下拉式导航菜单</title>
  <style type = "text/css">
  ul,li{
        margin:0;
        padding:0;
        list-style-type: none;
  }
  ul{
        width:200px;
  }
  ul li a{
        display:block;
        padding-left:10px;
        background-color:#467ca2;
        color:#fff;
        text-decoration: none;
        line-height: 30px;
        border-bottom:solid 1px #316a91;
   }
      ul li ul li {
        padding-left:20px;
        background-color:#d6e6f1;
        border-bottom:solid 1px #6196bb;
        color:#316a91;
   }
</style>
</head>
<body>
    <h1>衣服和鞋子的分类</h1>
    <ul>
      <li>
        <a href="####">上衣</a>
        <ul>
              <li>T 恤</li><li>衬衣</li><li>卫衣</li>
        </ul>
      </li>
      <li>
        <a href="####">裤子</a>
        <ul>
              <li>休闲裤</li><li>西裤</li>
        </ul>
      </li>
      <li>
        <a href="####">鞋子</a>
        <ul>
              <li>篮球鞋</li><li>时装鞋</li>
        </ul>
      </li>
```

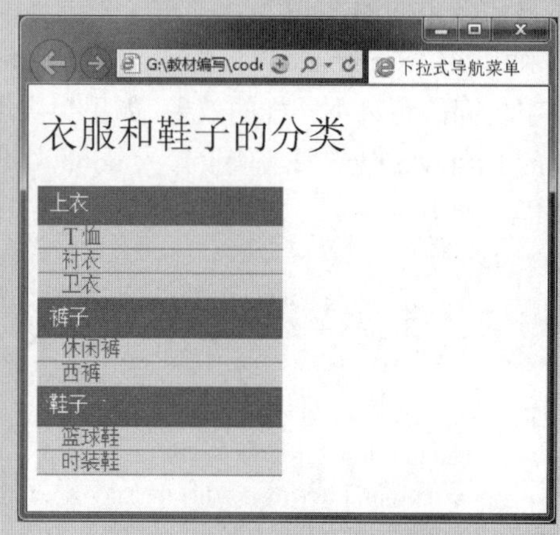

图 5-51　下拉式导航菜单的效果

```
    </ul>
</body>
</html>
```

5.4.2 设置表格样式

表格框架简单、明了，在页面中经常用来显示数据，当然开发者还可以使用没有边框的表格来布局页面，但现在很少使用。本节主要介绍通过 CSS 控制表格样式的方法，包括表格中的颜色、表格的边框和宽度等。

【例 5-30】创建不带任何样式的表格，显示效果如图 5-52 所示。

```
----------------------------------------------【5-30.html 代码清单】----------------------------------------------
<!doctype html>
<html>
<head>
  <meta charset = "utf-8">
  <title>表格</title>
</head>
<body>
  <table summary = "This table shows scores for students" >
     <caption>成绩表</caption>
     <thead>
        <tr>
           <th>姓名</th><th>高数</th><th>英语</th>
           <th>组成原理</th><th>总分</th>
        </tr>
     </thead>
     <tbody>
        <tr>
           <th>谢刘生</th>
           <td>46</td><td>80</td>
           <td>65</td><td>191</td>
        </tr>
        <tr>
           <th>杨无敌</th>
           <td>78</td><td>65</td>
           <td>73</td><td>216</td>
        </tr>
        <tr>
           <th>张大川</th>
           <td>53</td><td>89</td><td>84</td><td>226</td>
        </tr>
        <tr>
           <th>刘长江</th>
           <td>88</td><td>75</td><td>66</td><td>229 </td>
        </tr>
        <tr>
           <th>郭黄河</th>
           <td>90</td><td>80</td><td>77</td><td>247 </td>
        </tr>
        <tr>
           <th>牛大山</th>
           <td>68</td><td>82</td><td>71</td><td>221</td>
```

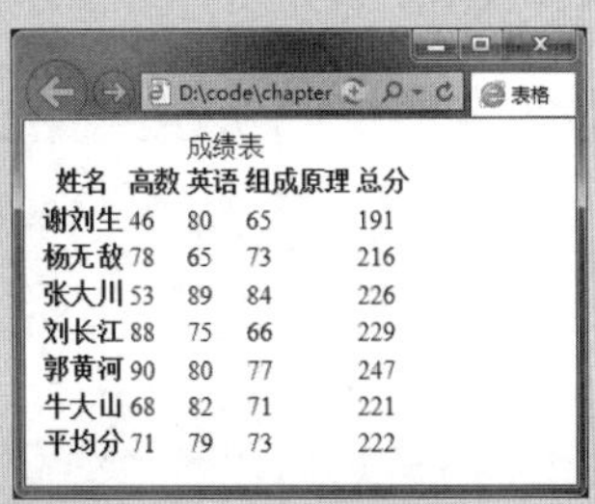
成绩表

姓名	高数	英语	组成原理	总分
谢刘生	46	80	65	191
杨无敌	78	65	73	216
张大川	53	89	84	226
刘长江	88	75	66	229
郭黄河	90	80	77	247
牛大山	68	82	71	221
平均分	71	79	73	222

图 5-52 不带任何样式的表格的效果

```
            </tr>
        </tbody>
        <tfoot>
            <tr>
                <th>平均分</th>
                <td>71</td><td>79</td><td>73</td><td>222</td>
            </tr>
        </tfoot>
    </table>
</body>
</html>
```

【例 5-30】中的表格代码包含了与表格相关的所有标记，在默认情况下，表格中单元格的宽度和高度是由其中的内容决定的。其中，summary 属性值用于概括整个表格的内容，在浏览器显示页面时，它的效果不可见，但对搜索引擎十分重要。

下面通过 CSS 对表格样式进行设置。

1．设置表格、单元格的边框

对表格及单元格的边框进行如下设置。

```
<style type = "text/css">
    table{
        border:5px #FF0000 solid;          /* 整个表格的外边框 */
    }
    th{
        border:1px #FF0000 solid;          /* 表头单元格（th）的边框 */
    }
    td{
        border:1px #FF0000 dashed;         /* 普通单元格的边框 */
    }
</style>
```

显示效果如图 5-53 所示，其完整代码可参考本书教学资源包中的 5-30-1.html 文件。

从图 5-53 中可以看出，在默认情况下，各个单元格的边框是分离的，如果要设置相邻单元格边框之间的距离，可以设置 table 元素的 collspacing 属性，或者对 table 元素使用 CSS 的 border-spacing 属性，代码如下：

```
table{
    border:5px #FF0000 solid;
    border-spacing:10px;
}
```

显示效果如图 5-54 所示，完整代码可参考本书教学资源包中的 5-30-2.html 文件。

姓名	高数	英语	组成原理	总分
谢刘生	46	80	65	191
杨无敌	78	65	73	216
张大川	53	89	84	226
刘长江	88	75	66	229
郭黄河	90	80	77	247
牛大山	68	82	71	221
平均分	71	79	73	222

图 5-53 带边框的表格

姓名	高数	英语	组成原理	总分
谢刘生	46	80	65	191
杨无敌	78	65	73	216
张大川	53	89	84	226
刘长江	88	75	66	229
郭黄河	90	80	77	247
牛大山	68	82	71	221
平均分	71	79	73	222

图 5-54　相邻单元格边框之间距离的设置效果

如果要使相邻单元格之间的两条边框合并为一条边框，可对 table 元素使用 CSS 的 border-collapse 属性，代码如下：

```
table{
  border:5px #FF0000 solid;
  border-collapse:collapse;
}
```

显示效果如图 5-55 所示，完整代码可参考本书教学资源包中的 5-30-3.html 文件。

在图 5-55 中，单元格的边框进行了合并，但在实际应用时，每个单元格都可以设置各自的边框颜色、样式和宽度等属性，相邻边框在合并时有如下规定。

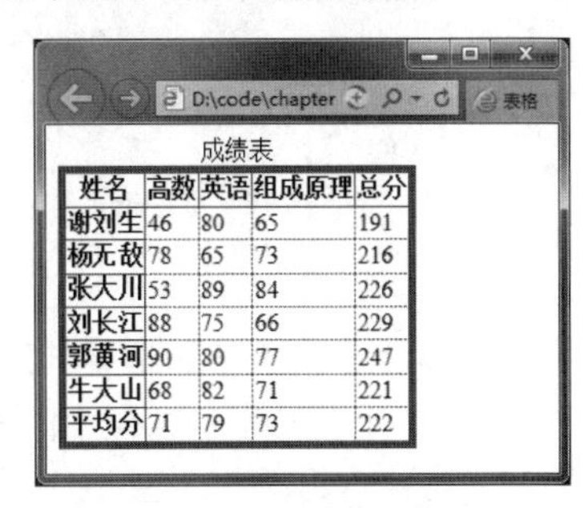

姓名	高数	英语	组成原理	总分
谢刘生	46	80	65	191
杨无敌	78	65	73	216
张大川	53	89	84	226
刘长江	88	75	66	229
郭黄河	90	80	77	247
牛大山	68	82	71	221
平均分	71	79	73	222

图 5-55　相邻单元格边框合并的设置效果

（1）粗的边框优先于细的边框，如果每条边框的 border-width 属性值设置相同，那么优先次序由高到低依次为 double、solid、dashed、dotted、ridge、outset、groove、inset。

（2）如果将边框的 border-style 属性值设置为 hidden，则优先级最高。

（3）如果将边框的 border-style 属性值设置为 none，则优先级最低。

（4）如果边框样式的其他设置均相同，只有颜色不同，那么单元格的样式的优先级最高，其次是行、行组、列、列组的样式，最后是表格的样式。

2．表格中的颜色

通过 color 属性可以设置表格中文字的颜色，通过 background 属性可以设置表格的背景颜色和背景图像。

3．表格的宽度

在 CSS 中，利用 table-layout 属性可以确定表格及内部单元格的宽度，取值为“auto”时，称为“自动方式”，表格的实际宽度会根据单元格中的内容进行调整，浏览器默认使用自动方式；另一个取值为“fixed”，称为“固定方式”，表格的宽度不依赖单元格中的内容，而是由 width 属性明确指定的。

下面通过多个例子对【例 5-30】中的表格进行相应的 CSS 样式设置，达到美化表格的效果。

【例 5-31】通过对表格中的不同标记进行背景样式的设置来丰富表格的外观。显示效果如图 5-56 所示，完整代码可参考本书教学资源包中的 5-31.html 文件。

```
-----------------------------------------【5-31.html 中的样式代码清单】-----------------------------------------
<style type = "text/css">
  table{
    width:500px;
    border-collapse:collapse;
  }
  th,td{
    border:1px #ff0000 solid;
    text-align:center;
  }
  th{
    font-family:"隶书" ;
  }
  caption{
```

```
        line-height:30px;
        background-color:#ffff00;
        border-top:5px #ff0000 solid;
        font-family:"隶书" ;
        font-size:30px;
        font-weight: bold;
    }
    thead,tfoot{
        background-color:#999999;
    }
    tbody{
        background-color:#33ffff;
    }
</style>
```

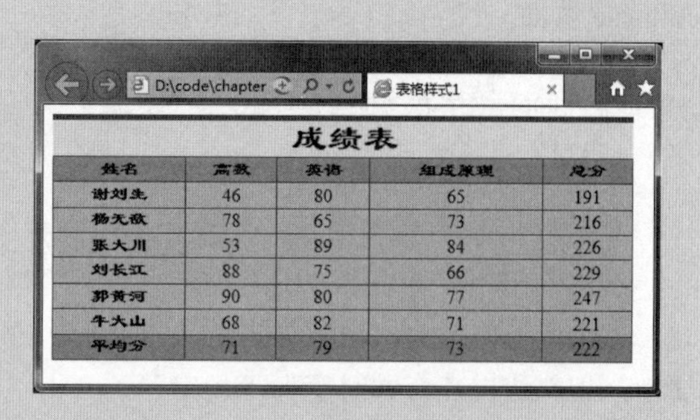

图 5-56　设置表格的背景样式

【例 5-32】对表格边框样式进行设置，使表格产生立体效果。显示效果如图 5-57 所示，完整代码可参考本书教学资源包中的 5-32.html 文件。

```
------------------------------------------【5-32.html 中的样式代码清单】------------------------------------------
<style type = "text/css">
    table{
        width:500px;
        border-spacing:1px;
    }
    th,td{
        border:2px #F3F3F3 solid;
        border-bottom-color:#666666;
        border-right-color:#666666;
        text-align:center;
    }
    th{
        font-family:"隶书" ;
    }
    caption{
        line-height:30px;
        background-color:#ffff00;
        border-top:5px #ff0000 solid;
        border-bottom:2px #ff0000 solid;
        font-family:"隶书" ;
        font-size:30px;
        font-weight: bold;
    }
    thead,tfoot{
        background-color:#ffffff;
    }
    tbody{
        background-color:#e7e7e7;
    }
</style>
```

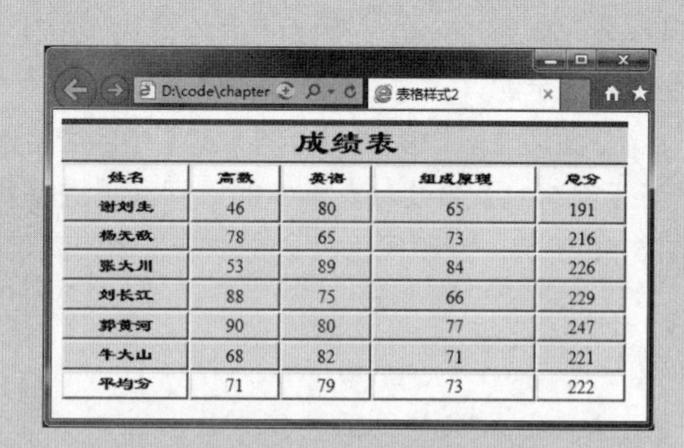

图 5-57　具有立体效果的表格

从图 5-57 中可以看出，利用 CSS 对单元格的边框进行相应的设置，使表格产生了立体效果。如果想实现隔行变色，即斑马纹效果，如图 5-58 所示，只需对【例 5-32】对应的 5-32-1.html 文件中要变颜色的行元素 tr 设置属性 class="even"，然后进行如下设置即可，完整代码可参考本书教学资源包中的 5-32-1.html 文件。

```
tbody tr.even{ background-color:#999999;}
```

两种颜色交替显示不仅可以使表格美观，更重要的是当表格有很多行列时，可以使访问者不容易看错行。

在网页中经常看到当鼠标指针经过某行时整行变色的动态效果，如图 5-59 所示，要实现此效果，可以在【例 5-32】中添加如下样式，完整代码可参考本书教学资源包中的 5-32-2.html 文件。

```
tbody tr:hover{background-color:#33ffff;}
```

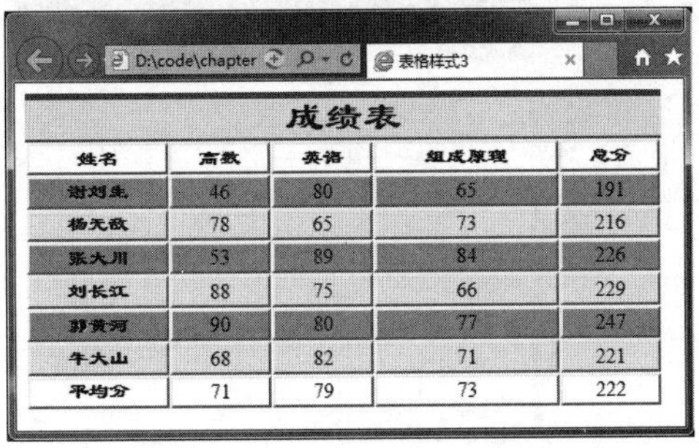

成绩表

姓名	高数	英语	组成原理	总分
谢刘生	46	80	65	191
杨天敌	78	65	73	216
张大川	53	89	84	226
刘长江	88	75	66	229
郭黄河	90	80	77	247
牛大山	68	82	71	221
平均分	71	79	73	222

图 5-58　隔行变色的表格

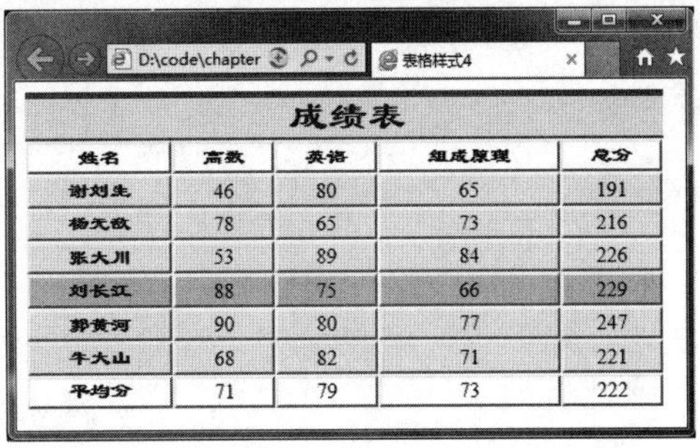

成绩表

姓名	高数	英语	组成原理	总分
谢刘生	46	80	65	191
杨天敌	78	65	73	216
张大川	53	89	84	226
刘长江	88	75	66	229
郭黄河	90	80	77	247
牛大山	68	82	71	221
平均分	71	79	73	222

图 5-59　鼠标经过时整行变色的表格

5.4.3　设置表单样式

表单是网页与用户交互不可缺少的元素，在网页中主要负责数据采集，如采集访问者的名字和 E-mail 地址、调查表、留言簿等。在传统的 HTML 中对表单元素的样式控制很少，仅局限于功能上的实现，本节主要讲解如何利用 CSS 控制表单样式。

表单中的元素有很多种，常用的有输入框、密码框、单选按钮、复选框、多行输入框、上传文件框、下拉菜单和按钮等。

【例 5-33】创建不带样式的表单。显示效果如图 5-60 所示，它是一个没有经过任何 CSS 样式修饰的表单。

```
----------------------------------------------【5-33.html 代码清单】----------------------------------------------
<!doctype html>
<html>
<head>
  <meta charset = "utf-8">
  <title>表单</title>
</head>
<body>
  <form method = "post" action = "">
    <p>姓名：<input type = "text" name = "name" id = "name" class = "txt"></p>
    <p>年龄：<input type = "text" name = "age" id = "age" class = "txt"></p>
    <p>性别：
      <input type = "radio" name = "sex" id = "male" value = "male" class = "rad" checked = "checked">男
     <input type = "radio" name = "sex" id = "female" value = "female" class = "rad">女
    </p>
    <p>爱好：
      <input type = "checkbox" name = "hobby" id = "book" value = "book" class = "check">看书
      <input type = "checkbox" name = "hobby" id = "net" value = "net" class = "check">上网
     <input type = "checkbox" name = "hobby" id = "sleep" value = "sleep" class = "check">睡觉
    </p>
    <p>来自：
      <select name="city" id="city">
```

```
            <option value="hn">河南</option>
            <option value="hb">河北</option>
            <option value="sd">山东</option>
            <option value="sx">山西</option>
            <option value="hn">海南</option>
            <option value="qd">北京</option>
          </select>
        </p>
        <p>上传头像：<input type = "file" name = "image" id =
"image" class = "fil" /></p>
        <p>我要留言：<textarea name = "comments" id =
"comments" cols = "30" rows = "4" class = "txxtarea"></textarea></p>
        <p>
         <input type = "submit" name = "btnSubmit" id =
"btnSubmit" value = "提交" class="btn">    
       
         <input type = "reset" name = "btnReset" id =
"btnReset" value = "重置" class = "btn">
       </p>
     </form>
  </body>
  </html>
```

图 5-60　不带样式的表单

下面利用 CSS 对表单元素进行设置，为整个表单添加样式风格，包括边框、背景、阴影、宽度和高度等，代码如下。显示效果如图 5-61 所示，完整代码可参考本书教学资源包中的 5-33-1.html 文件。

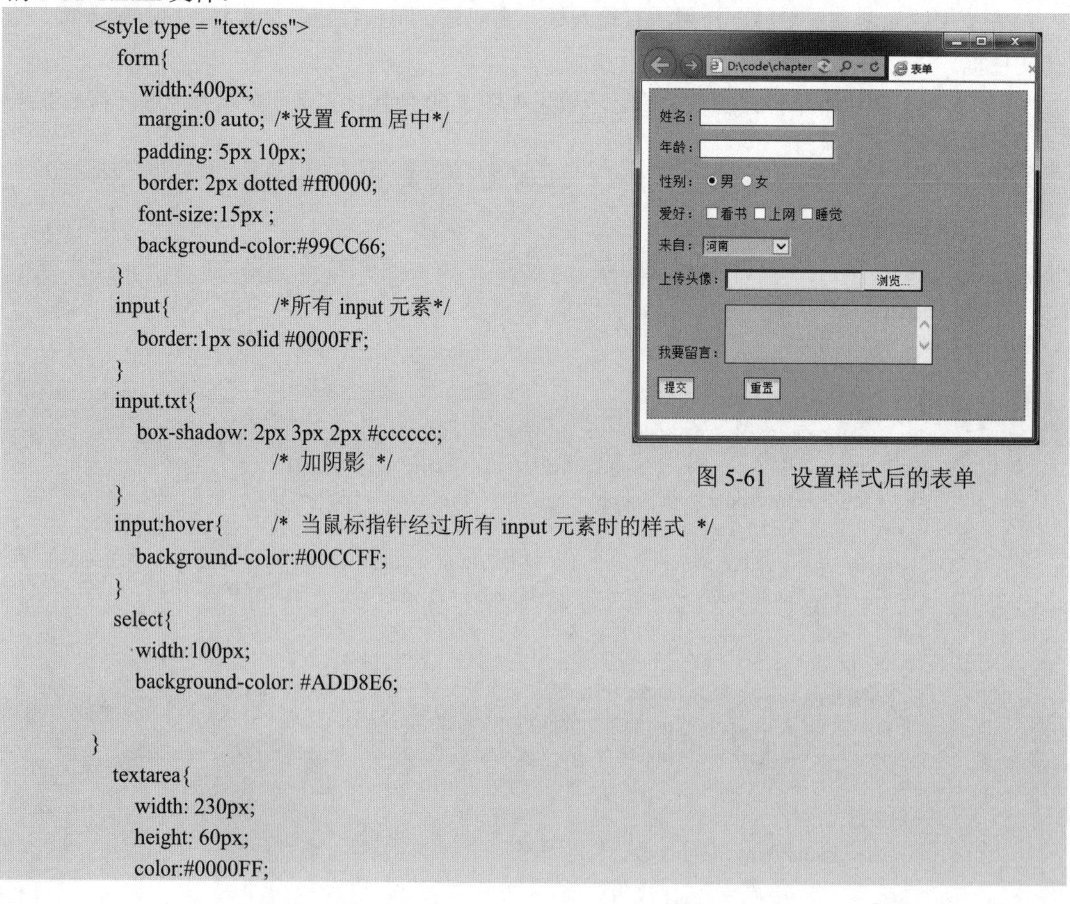

```
  <style type = "text/css">
    form{
      width:400px;
      margin:0 auto;  /*设置 form 居中*/
      padding: 5px 10px;
      border: 2px dotted #ff0000;
      font-size:15px ;
      background-color:#99CC66;
    }
    input{               /*所有 input 元素*/
      border:1px solid #0000FF;
    }
    input.txt{
      box-shadow: 2px 3px 2px #cccccc;
                         /*  加阴影  */
    }
    input:hover{       /* 当鼠标指针经过所有 input 元素时的样式 */
      background-color:#00CCFF;
    }
    select{
      width:100px;
      background-color: #ADD8E6;

  }
    textarea{
      width: 230px;
      height: 60px;
      color:#0000FF;
```

图 5-61　设置样式后的表单

```
        background-color: #ADD8E6;
        border:1px solid #0000FF;
    }
    input.btn{        /* 单独设置样式按钮 */
        padding: 3px 6px;
        box-shadow: 2px 4px 2px #cccccc inset;
    }
</style>
```

5.4.4 鼠标指针特效

在 CSS 中，利用 cursor 属性可以设置各式各样的鼠标指针效果。cursor 属性可以在页面的任何元素中使用，从而改变各种页面元素的鼠标指针效果，例如：

```
h1,p{
    cursor:pointer;      /* 页面中 h1 元素和 p 元素位置的鼠标指针呈现手的形状 */
}
```

除了 pointer 属性值，cursor 属性还有其他属性值，对应的鼠标指针效果如表 5-4 所示。

表 5-4 cursor 属性值及对应的鼠标指针效果

属 性 值	指 针 效 果	属 性 值	指 针 效 果
auto	浏览器默认值	nw-resize	
crosshair	+	se-resize	
default		s-resize	
e-resize	↔	sw-resize	
help		text	
move		wait	
ne-resize		w-resize	↔
n-resize		not-allowed	
no-drop		pointer	
progress			

小结

本章首先介绍了盒子模型的概念、盒子模型的相关属性，然后讲解了页面中多个盒子模型之间的关系，元素类型的转换，接着讲解了在“标准流”中页面元素的排列以及通过浮动与定位设置后元素如何在页面中排列，并制作了图像展示效果。另外还介绍了利用 CSS 设置列表、表格和表单样式的方式以及鼠标指针特效。

通过本章的学习，能够熟练掌握盒子模型的构成，并运用盒子模型和列表的相应 CSS 属性制作丰富的导航菜单；利用相应 CSS 属性能够制作各种各样效果的表格，灵活地设置页面上表单的显示样式。

习题

一、选择题

1. 下面对页面元素边框设置不正确的是（　　）。

A．border-left-style:double; B．border:2px green dashed;

C．border-color:red green; D．border-top-width:2px 4px;

2．下面对页面元素内边距设置不正确的是（　　）。

A．padding:10px 20px 30px 40px; B．padding:10px 20px;

C．padding:-20px; D．padding:10px 20px 30px;

3．当两个行内元素相邻时，第 1 个元素的 margin-right 为 30px，第 2 个元素的 margin-left 为 10px，它们之间的距离为（　　）。

A．30px B．20px C．10px D．40px

4．在“标准流”中两个块级元素相邻，上面元素的 margin-bottom 为 30px，下面元素的 margin-top 为 10px，两个块级元素上下之间的距离是（　　）。

A．30px B．20px C．10px D．40px

5．下面对背景样式设置不正确的是（　　）。

A．background-color:red;

B．background:url(winter.jpg) no-repeat 300px 25px;

C．background-image:fixed;

D．background-position:50px 100px;

6．在下列 CSS 属性中，（　　）可以设置元素背景的大小。

A．background-size B．box-sizing

C．background-position D．background-fixed

7．利用 CSS 的 position 属性可以设置元素的定位，下面（　　）不是它的属性值。

A．overflow B．relative C．absolute D．fixed

8．在下列 CSS 属性中，（　　）可以设置元素的层叠关系。

A．display B．z-index C．float D．background

9．在 CSS 中，列表中的列表项编号是通过（　　）属性来设置的。

A．list-style B．text-indent C．list-style-type D．circle

10．在 CSS 中，利用（　　）属性可以设置各式各样的鼠标指针效果。

A．content B．display C．z-index D．cursor

二、填空题

1．在 CSS 中，一个独立的盒子模型由__________、__________、__________和__________组成。

2．__________是指在不使用其他与排列和定位相关的特殊 CSS 样式规则时，HTML 页面中各种元素的排列规则。

3．div 属于_________元素，span 属于_________元素，两者之间可以通过元素的_________属性设置进行转换。

4．通过对块级元素的__________属性进行设置，可以使多个块级元素达到水平排列的效果。

5．利用 CSS 的__________属性可以为元素添加阴影。

第 6 章　CSS 高级选择器

选择器是 CSS 中一个重要的内容，在第 4 章中已经介绍了 CSS 基本选择器，这些选择器基本上能够满足设计者的常规要求，但在 CSS 中还有一些选择器，使用这些选择器可以更加灵活地对页面中的元素进行选择，从而极大地提高设计者书写和修改样式的效率。

6.1　属性选择器

在 HTML 文件中可以为元素添加各种各样的属性，利用这些属性可以对元素进行相应设置，例如，利用 p 元素的 align 属性可以设置对齐方式，利用 input 元素的 type 属性可以设置输入框的类型等。在 CSS 中可以根据元素的属性及属性值来选择相应的元素，从而构成属性选择器，具体写法如表 6-1 所示。

表 6-1　属性选择器

<table>
<tr><th>选 择 器</th><th>描　　述</th></tr>
<tr><td>E[attribute]</td><td>用于选取带有指定属性的元素。例如：img[alt]{border:1px solid red;}</td></tr>
<tr><td>E[attribute=value]</td><td>用于选取带有指定属性且属性值等于 value 的元素。
例如，input[type="text"]{color:red;}</td></tr>
<tr><td>E[attribute~=value]</td><td>用于选取带有指定属性且属性值包含 value 的元素，该 value 值必须是整个单词。
例如，<p class="important　warning paragraph">段落 1</p>。
利用 P[class~="warning"]{color:red;}可以对上面的 p 元素设置样式</td></tr>
<tr><td>E[attribute|=value]</td><td>用于选取带有指定属性且属性值等于 value 或以 value-开头的元素。
例如，<p class="en">段落 1</p><p class="en-mmm">段落 1</p>。
利用 P[class|="en"]{color:red;}可以对上面的两个 p 元素设置样式</td></tr>
<tr><td>E[attribute^=value]</td><td>用于选取带有指定属性且属性值以 value 开头的元素。
例如，<p class="en">段落 1</p><p class="en-mmm">段落 1</p><p class="enmmm">段落 1</p>。
利用 P[class^="en"]{color:red;}可以对上面的三个 p 元素设置样式</td></tr>
<tr><td>E[attribute$=value]</td><td>用于选取带有指定属性且属性值以 value 结尾的元素。
例如，<p class="mmmen">段落 1</p><p class="mmm-en">段落 1</p>。
利用 p[class$="ss"]{color:red;} 可以对上面的两个 p 元素设置样式</td></tr>
<tr><td>E[attribute*=value]</td><td>用于选取带有指定属性且属性值包含 value 的元素。
例如，<p class="important　warning paragraph">段落 1</p>。
利用 P[class*="warn"]{color:red;}可以对上面的 p 元素设置样式</td></tr>
<tr><td>E[selector1][selector2]…[selectorN]</td><td>用属性选择器合并一个复合属性选择器，满足多个条件，每选择一次，缩小一次范围。
例如，<a href="http://www.bai**.com" title="百度">百度一下</a>。
利用 a[href="http://www.bai**.com"][title="百度"]可以对上面的 a 元素设置样式</td></tr>
</table>

表 6-1 中的属性选择器的 E 元素可以省略，表示可以匹配满足条件的任意元素。例如，[class="hots"]{color:red;}表示将 class 属性值为 hots 的任何元素的文字设置为红色。

显然，属性选择器可以替代前面介绍的类别选择器和 ID 选择器。

6.2 关系选择器

关系选择器主要包含子元素选择器和兄弟选择器。为了更好地讲解关系选择器，先给出如下示例代码，保存在 6-1.html 文件中。

【例 6-1】关系选择器的应用。

```
-------------------------------------------------【6-1.html 代码清单】-------------------------------------------------
<!doctype html>
<html>
<head>
  <meta charset = "utf-8" />
  <title>关系选择器</title>
  <style type = "text/css">
  </style>
</head>
<body>
  <p>子元素选择器</p>
  <div>
    <p>我在 div 元素里面</p>
        <div>子块 1</div>
        <div>子块 2</div>
  </div>
  <p>相邻兄弟选择器</p>
  <div>
    <p>我在 div 元素里面</p>
      <div>子块 1</div>
      <div>子块 2</div>
  </div>
  <p>普通兄弟选择器</p>
    <div>
      <p>我在 div 元素里面</p>
      <div>子块 1</div>
      <div>子块 2</div>
   </div>
</body>
</html>
```

6.2.1 子元素选择器

子元素选择器由符号“>”连接，主要用来选择某个元素的第一级子元素。例如，body> div{background-color:pink;}表示将 body 元素中第一级子元素 div 的背景颜色设置为粉色，其中 body 元素与 div 元素之间是父子关系，只能选择到子元素 div。

一定要将子元素选择器与前面讲到的后代选择器的含义区分开。例如，body div{background-color:pink;}表示将 body 元素中所有 div 元素的背景颜色设置为粉色，其中 body 元素与 div 元素之间是祖先与后代的关系，可以选择其子元素 div 以及子元素 div 中的所有 div 元素。

在【例 6-1】中添加如下样式：

```
body>p{font-size:20px; width:200px; background-color: rgba(0,0,255,0.5);}
```

则代码中的<p>子元素选择器</p>、<p>相邻兄弟选择器</p>和<p>普通兄弟选择器</p>三个 p 元素会被选中并设置相应的样式，而其他的 p 元素不会被设置。

添加如下样式：

```
div>p{ background-color:yellow; }
```

或

```
p[class="pp"]{ background-color:yellow;}
```

则代码中的三个<p>我在 div 元素里面</p>将会被选中并设置背景颜色为黄色。

6.2.2 兄弟选择器

兄弟选择器用来选择与某元素位于同一父元素之中，且位于该元素之后的相邻兄弟元素或所有兄弟元素。

1. 相邻兄弟选择器

相邻兄弟选择器由符号“+”连接前后两个选择器，选择器中的两个元素是位于同一个父元素之中的兄弟元素，而且后面的元素紧跟在前面元素的后面。

在【例 6-1】中添加如下样式：

```
body>p+div{ width: 200px;height:120px; background-color: pink; }
```

则代码中的如下三个 div 元素将会被选中并设置相应的样式，因为它们都是紧跟在 body 元素中的子元素 p 后面的兄弟元素 div，而它们内部的 div 元素不会被选中。

```
<div>
    <p>我在 div 元素里面</p>
    <div>子块 1</div>
    <div>子块 2</div>
</div>
```

2. 普通兄弟选择器

普通兄弟选择器由符号“~”连接前后两个选择器，选择器中的两个元素是位于同一个父元素之中的兄弟元素，而且后面的元素要位于前面元素的后面。

在【例 6-1】中添加如下样式：

```
div>p~div{width: 60px;height: 60px;margin:10px;background-color: red;float: left;}
```

则代码中的所有<div>子块 1</div>与<div>子块 2</div>元素将会被选中并设置相应的样式，因为它们都是 div 元素中的子元素 p 后面的兄弟元素 div。

添加如下样式：

```
div>p+div{background-color:#ccc;}
```

则代码中的所有<div>子块 1</div>元素将会被选中并设置相应的样式，因为它们都是 div 元素中的子元素 p 后面紧相邻的兄弟元素 div。

另外，在使用后代选择器与关系选择器时，“空格”“>”“+”“~”符号连接前后的选择器可以是任意符合要求的选择器，当然也可以是通配符选择器“*”。

在【例 6-1】中添加如下样式：

```
*>p{color:red;}
```

则代码中任意元素的子元素 p 会被选中并设置相应的样式，当然可以直接用简单的“p”标记选择器来写，在这里主要是为了让读者知道通配符选择器“*”的含义。

在【例 6-1】中添加如下样式：

```
div>*{font-family: "黑体";font-weight: bold;}
```

则代码中 div 元素的所有子元素会被选中并设置相应的样式。

最终【例 6-1】的显示效果如图 6-1 所示。

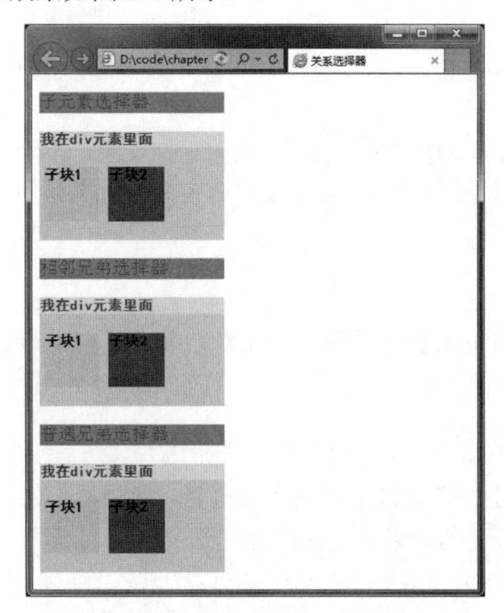

图 6-1　关系选择器应用示例

6.3　伪类与伪元素选择器

伪类与伪元素选择器可以为 HTML 文档中不一定具体存在的结构指定样式，或者根据某些元素的特殊状态来选取元素并指定样式。换言之，伪类与伪元素选择器会根据某种条件而非文档结构来为文档中的某些部分应用样式，这两种选择器有自己的特征，也有自己的语法规则。

6.3.1　伪类选择器

前面介绍过，在 CSS 中可以使用类别选择器把相同的元素定义成不同的样式，例如，对 h1 元素，可以设置如下的 CSS 样式规则：

```
h1.red{
    color :red;
}
```

然后在文档中对 h1 元素设置 class 属性，定义好的样式规则就可以应用到具体的 h1 元素上，HTML 代码如下：

```
<h1 class = "red">世博会介绍</h1>
```

在 CSS 中，除了上面介绍的类别选择器，还有一种伪类选择器，两者的区别是，类别选择器可以根据需要随意命名，而伪类选择器则利用在 CSS 中已经定义好的伪类为某些选择器设置特殊效果，从而形成伪类选择器，伪类选择器不能随意命名，只能使用。

伪类选择器以“:”开头，冒号前面可以写前面介绍过的任何选择器名称，选择器名称与冒号之间不能有空格，如果不写则表示任意元素。

CSS 中常用的伪类选择器有如下几种。

（1）:link：为未被访问过的超链接设置样式，仅限于 a 元素。

（2）:visited：为已访问过的超链接设置样式，仅限于 a 元素。

（3）:hover：为鼠标指针移动到的元素设置样式，可用于页面中的任何元素。

（4）:active：为被用户激活的元素设置样式，可用于页面中的任何元素。

以上 4 种伪类选择器主要用于 a 元素，使用方法如下：

```
a:link {color:blue;}         /* 设置未被访问过的超链接的文字颜色为蓝色 */
a:visited {color:blue;}      /* 设置已访问过的超链接的文字颜色为蓝色 */
a:hover {color:red;}         /* 设置鼠标指针移动到超链接上时的文字颜色为红色 */
a:active {color:yellow;}     /* 设置激活超链接时的文字颜色为黄色 */
```

注意：

在将这些伪类选择器应用到 a 元素时，顺序很重要，建议采用 link→visited→hover→active 顺序。

【例 6-2】演示以上 4 种伪类选择器的具体使用方法。

```
------------------------------------------------【6-2.html 代码清单】------------------------------------------------
<!doctype html>
<html>
<head>
  <meta charset = "utf-8">
  <title>伪类选择器示例</title>
  <style type = "text/css">
    h3:hover{
      background-color:#0000ff;        /* 设置鼠标指针移动到超链接上时的背景颜色为蓝色 */
      color:#fff;
    }
    a.one:link {                       /* 设置未被访问时超链接的样式 */
      color:#ff0000;                   /* 文字颜色为红色 */
      text-decoration:none;            /* 去掉下画线 */
    }
    a.one:visited {                    /* 设置已访问过的超链接的样式 */
      color:#00ff00;                   /* 文字颜色为绿色 */
      text-decoration:none;            /* 去掉下画线 */
    }
    a.one:hover {                      /* 设置鼠标指针移动到超链接上时的样式 */
      color:#ff00ff;                   /* 文字颜色为紫色 */
      text-decoration:underline;       /* 加下画线 */
    }
    a.one:active {                     /* 设置超链接被激活瞬间的样式 */
      color:yellow;
      background-color:#0000ff;        /* 背景颜色为蓝色 */
    }
  </style>
</head>
<body>
  <h3>请把鼠标指针移动到我和超链接上，以查看效果</h3>
  <p><a class = "one" href = "#" >这是一个超链接</a></p>
</body>
</html>
```

显示效果如图 6-2 所示。当鼠标指针移动到 h3 元素上时文字颜色为白色，背景颜色为蓝色；超链接没有被访问过时显示为红色而且没有下画线；鼠标指针移动到超链接上面时，超链接显示为紫色并带下画线；超链接被单击的瞬间为黄色且背景颜色为蓝色；访问过后超链接为绿色且不带下画线。

图 6-2　伪类选择器显示效果（1）

在实际应用时激活状态“a:active”被显示的情况非常少，因为当用户单击超链接后，焦点很快就从超链接转移到其他地方，此刻该超链接就不再是“当前激活”状态了，另外为了使用户有更好的浏览体验，通常将超链接访问前与访问后的样式设置为一样的。

下面利用伪类选择器，再结合相应 CSS 属性制作具有动态效果的超链接。

【例 6-3】创建按钮式超链接，显示效果如图 6-3 所示。

```
---------------------------------------------【6-3.html 代码清单】---------------------------------------------
<!doctype html>
<html>
<head>
  <meta charset = "utf-8">
  <title>按钮式超链接</title>
  <style type = "text/css">
    a{                                          /* 统一设置超链接样式 */
      font-family: Arial;
      font-size: .8em;
      text-align:center;
      margin:3px;
    }
    a:link, a:visited{                          /* 设置超链接正常状态、被访问过的样式*/
      color: #A62020;
      padding:4px 10px 4px 10px;
      background-color: #ecd8db;
      text-decoration: none;
      border-top: 1px solid #EEEEEE;            /* 边框实现阴影效果 */
      border-left: 1px solid #EEEEEE;
      border-bottom: 1px solid #717171;
      border-right: 1px solid #717171;
    }
    a:hover{                                    /* 设置鼠标指针经过时的超链接样式 */
      color:#821818;                            /* 改变文字颜色 */
      padding:5px 8px 3px 12px;                 /* 改变文字位置 */
      background-color:#e2c4c9;                 /* 改变背景颜色 */
      border-top: 1px solid #717171; /* 边框变换，实现“按下去”的效果 */
      border-left: 1px solid #717171;
      border-bottom: 1px solid #EEEEEE;
      border-right: 1px solid #EEEEEE;
    }
  </style>
</head>
<body>
  <a href = "#">首页</a>
  <a href = "#">心情日记</a>
  <a href = "#">学习心得</a>
  <a href = "#">工作笔记</a>
  <a href = "#">生活琐碎</a>
  <a href = "#">其他</a>
</body>
</html>
```

图 6-3　按钮式超链接显示效果

【例 6-4】创建背景图像变换的超链接，显示效果如图 6-4 所示。

```
---------------------------------------------【6-4.html 代码清单】---------------------------------------------
<!doctype html>
<html>
<head>
```

```
    <meta charset = "utf-8">
    <title>背景图像变换的超链接</title>
    <style type = "text/css">
      *{
        margin:0px;
        padding:0px;
      }
      .banner{
          background:url(images/bg.jpg);/*  自动水平平铺  */
      }
      .banner img{
            display:block;                    /*消除图像对 img 元素高度带来的 4px 的误差*/
      }
      .menu{
        height:32px;
        background:url(images/button1_bg.jpg);
        font-size:12px;
      }
      .menu ul{
        list-style-type:none;
      }
      .menu ul li{
        float:left;                           /*  利用浮动属性，使列表中的每一项水平排列  */
        width:80px;                           /*  宽度与背景图像宽度一样  */
        text-align:center;
      }
      .menu ul li a{
        display:block;                        /*  将元素 a 转换为块级元素，方便设置 width 和 height 属性  */
        text-decoration:none;
        height:32px;
        line-height:32px;                     /*  与 height 属性值设置相同，实现文字垂直居中  */
      }
      .menu ul li a:link,.menu ul li a:visited{
        color:#0000FF;
        background-image:url(images/button1.jpg);
      }
      .menu ul li a:hover{
        color:#FFFFFF;
        background-image:url(images/button2.jpg); /*  鼠标指针经过超链接时的背景图像  */
      }
    </style>
  </head>
  <body>
    <div class = "banner"><img src=" images/banner.jpg" /></div>
    <div class = "menu">
      <ul>
        <li><a href = "#">首页</a></li>
        <li><a href = "#">版面设计</a></li>
        <li><a href = "#">文章导读</a></li>
        <li><a href = "#">收藏资源</a></li>
        <li><a href = "#">休闲娱乐</a></li>
        <li><a href = "#">联系方式</a></li>
      </ul>
```

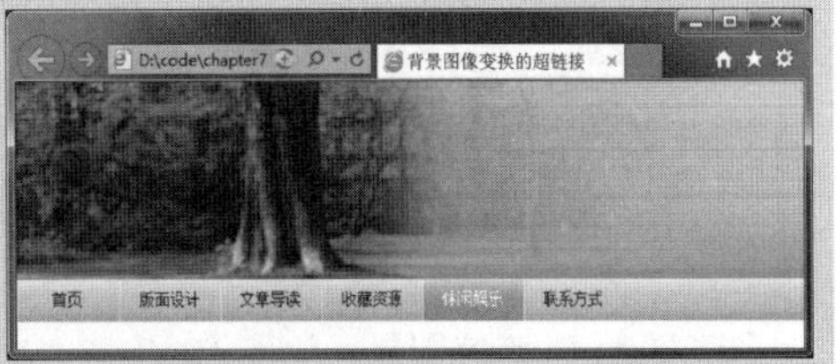

图 6-4　背景图像变换的超链接显示效果

```
    </div>
</body>
</html>
```

例【6-4】中的难点在于：

- 将 list-style-type 属性值设置为“none”取消默认列表项编号，利用 float 属性使得列表中的每一项达到水平排列，从而制作水平导航菜单。
- 利用 display 属性将行内元素 a 转换为块级元素，从而可以设置其 width 和 height 属性。
- 将伪类选择器作用于 a 元素上，实现动态超链接。

（5）:focus：为获得焦点的元素设置样式。

例如：

```
input:focus {border:1px solid #333;}        /*设置 input 元素获得焦点时的样式 */
```

【例 6-5】:focus 伪类选择器的应用。

```
------------------------------------------------【6-5.html 代码清单】------------------------------------------------
<!doctype html>
<html>
<head>
  <meta charset = "utf-8">
  <title>伪类选择器示例</title>
  <style type = "text/css">
    input[type = text]:focus {                             /* 设置输入框获取焦点时的样式 */
      background-color:pink;                               /* 背景颜色为粉色 */
    }
    input[type = text]:hover,input[type = submit]:hover{   /* 设置鼠标指针移动到输入框和“提交”按钮上时的样式 */
      border-color:#0000ff;                                /* 设置边框 */
    }
    input[type=submit]:active{                             /* 设置所有 input 元素被激活瞬间的样式 */
      background-color:#ff0000;
    }
</style>
</head>
<body>
  <form   name = "form1" method = "post" >
    <p>姓名：<input type = "text" name = "text1" size = "20px" /></p>
    <p>性别：<input type   =   "radio" name = "ra" checked/>男
     <input type = "radio" name = "ra"/>女</p>
     <input type="submit"   value="提交"/>
</form>
</body>
</html>
```

显示效果如图 6-5 所示。当鼠标指针移动到输入框上时，输入框会出现蓝色的边框；当单击输入框，输入框获取到焦点时（光标在框中闪烁），输入框的背景颜色会显示为粉色；当鼠标指针移动到“提交”按钮上时，按钮会出现蓝色的边框，按钮被单击的瞬间背景颜色变为红色。

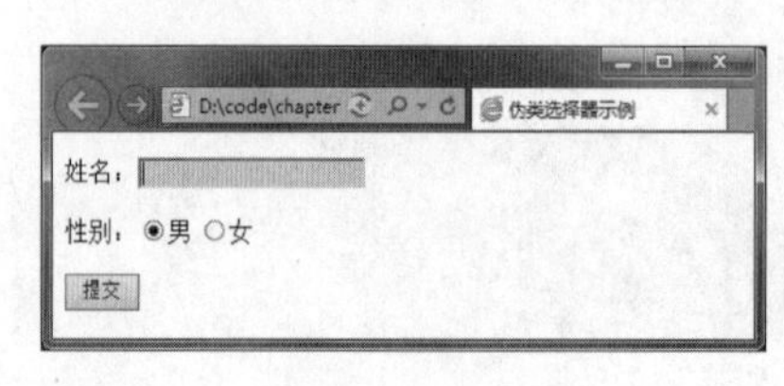

图 6-5　伪类选择器显示效果（2）

（6）利用相对于父元素的位置来获取元素产生的一类伪类选择器，如表 6-2 所示。

表 6-2　匹配子元素与兄弟元素的伪类选择器

选择器	示　例	示例说明
:first-child	p:first-child	选择每个 p 元素是其父元素的第一个子元素
:last-child	p:last-child	选择每个 p 元素是其父元素的最后一个子元素
:nth-child(n)	p:nth-child(2)	选择每个 p 元素是其父元素的第二个子元素
:nth-last-child(n)	p:nth-last-child(2)	选择每个 p 元素是其父元素的倒数第二个子元素
:only-child	p:only-child	选择每个 p 元素是其父元素的唯一一个子元素
:nth-of-type(n)	p:nth-of-type(2)	选择每个 p 元素是其父元素的第二个 p 元素
:nth-last-of-type(n)	p:nth-last-of-type(2)	选择每个 p 元素是其父元素的倒数第二个 p 元素
:first-of-type	p: first-of-type	选择每个 p 元素是其父元素的第一个 p 元素
:last-of-type	p:last-of-type	选择每个 p 元素是其父元素的最后一个 p 元素
:only-of-type	p:only-of-type	选择每个 p 元素是其父元素的唯一一个 p 元素

表 6-2 中伪类选择器的 n 遵循线性变化，取值可以为 0、1、2、3、4、...，也可以是表达式，如:nth-child(3)、:nth-child(2n+1)、:nth-last-child(-n+3)等。

对于:nth-of-type(n)和:nth-last-of-type(n)伪类选择器，n 的取值还可以为 odd（奇数）、even（偶数）。

下面通过示例来演示表 6-2 中前面 5 个伪类选择器的使用方法。

【例 6-6】利用列表来演示伪类选择器的使用方法。

```
------------------------------------------【6-6.html 代码清单】------------------------------------------
<!doctype html>
<head>
  <meta charset = "utf-8">
  <title>伪类选择器示例</title>
  <style   "text/css">
  ul,ol{
       width: 560px;
       padding: 0;
       margin: 25px auto;
       list-style: none;        /*清除默认的列表项编号*/
       border-right: 1px solid #000;
       border-bottom: 1px solid #000;
       overflow: hidden;       /*解决 li 元素全部浮动后没有高度的问题*/
       }
  li{
     width: 79px;
     height: 80px;
     text-align: center;
     line-height: 80px;
     border-left: 1px solid #000;
     border-top: 1px solid #000;
     font-size: 24px;
     font-weight: bold;
     color: #333;
     float: left;
     }
 div{
     width:560px;
     margin: 20px auto;
```

```
        }
    h1{
        text-align: center;
        }
</style>
</head>
<body>
<ul>
        <li>1</li><li>2</li><li>3</li><li>4</li>
        <li>5</li><li>6</li><li>7</li><li>8</li>
        <li>9</li><li>10</li><li>11</li><li>12</li>
        <li>13</li><li>14</li>
</ul>
<ol>
        <li>1</li><li>2</li><li>3</li><li>4</li>
        <li>5</li><li>6</li><li>7</li><li>8</li>
        <li>9</li><li>10</li><li>11</li><li>12</li>
        <li>13</li><li>14</li>
</ol>
 <div>
            <h1>我是 div 元素的唯一一个子元素</h1>
 </div>
</body>
</html>
```

列表初始效果如图 6-6 所示。

图 6-6　列表初始效果

在【例 6-6】中添加如下样式：

```
li:first-child,li:last-child { color:red;}
```

则代码<li>1</li>和<li>14</li>中的文字变为红色，因为它们分别是 ul 与 ol 元素的第一个子元素和最后一个子元素。

添加如下样式：

```
li:nth-child(3),li:nth-last-child(3){font-size: 40px;}
```

则代码<li>3</li>和<li>12</li>中的文字大小变为 40px，因为它们分别是 ul 与 ol 元素的第 3 个子元素和倒数第 3 个子元素。

添加如下样式：

```
li:nth-child(2n+1){
        background-color: #eee;
}
li:nth-last-child(2n+1){
```

```
        background-color: pink;
    }
```

则代码<li>1</li>、<li>3</li>、<li>5</li>等奇数 li 元素的背景颜色变为灰色，因为它们是 ul 与 ol 元素的第 2n+1 个子元素；其他 li 元素的背景颜色变为粉色，因为它们是 ul 与 ol 元素的倒数第 2n+1 个子元素。

添加如下样式：

```
:only-child{color:blue;}
```

则代码<h1>我是 div 元素的唯一一个子元素</h1>中的文字变为蓝色，因为它是 div 元素中的唯一一个子元素。最终显示效果如图 6-7 所示。

图 6-7　应用伪类选择器后的列表效果

表 6-2 中后面的 5 个伪类选择器的使用这里不再一一讲解，读者可根据表中的示例说明进行理解。

（7）:empty：为没有子元素或文本内容的元素设置样式。

有如下 HTML 代码：

```
<body>
  <p>段落 1</p>
  <p>段落 2</p>
  <p></p>
</body>
```

添加样式：

```
p{  width:200px;
    height:30px;
      background-color: pink;
    }
    :empty{
          background-color: #ccc;
  }
```

则段落 1 与段落 2 的背景颜色为粉色，而没有内容的 p 元素的背景颜色为灰色。

（8）:target：为 id 属性被当作页面中的超链接来使用的元素（锚点超链接中的锚点）设置样式。当用户单击页面中的超链接，并且跳转到该元素后，该选择器设置的样式才会起作用。

有如下 HTML 代码：

```
<body>
    <h2><a href="#hot1">跳转到热点一</a></h2>
    <h2><a href="#hot2">跳转到热点二</a></h2>
    ......
    <p id="hot1">热点一相关内容</p>
    <p id="hot2">热点二相关内容</p>
  </body>
```

添加样式：

```
p:target{
    color: red;
}
```

当单击超链接时，所链接到的 p 元素中的文字显示为红色。

（9）:root：为文档根元素设置样式。

在 HTML 文档中，根元素始终是 html 元素，使用伪类选择器:root 设置的样式，对页面中的所有元素都起作用。不需要该样式的元素，对其单独设置样式覆盖即可。

（10）:not(selector)：为父元素中没有被 selector 选择器选中的子元素设置样式。

如果某个元素使用了样式，但是想排除这个元素下面的子元素，让其不使用该样式，则可以使用:not 伪类选择器。

有如下 HTML 代码：

```
<body>
<h1>《春望》</h1>
<p>国破山河在，城春草木深。</p>
<p class="p1">感时花溅泪，恨别鸟惊心。</p>
<p>烽火连三月，家书抵万金。</p>
<p class="p1">白头搔更短，浑欲不胜簪。</p>
</body>
```

添加样式：

```
body  p:not(.p1){
    color: red;
}
```

则 body 元素中除 class 属性值被设置为 p1 的 p 元素外，其他 p 元素的文字颜色设置为红色。

6.3.2 伪元素选择器

伪元素选择器是 CSS 中已经定义好的一类选择器，直接可以为它选择的元素进行样式设置。

在 CSS3 版本中为了区分伪类选择器和伪元素选择器，伪元素选择器以双冒号“::”开头，但以前版本中的伪元素选择器以单冒号“:”开头的写法仍然有效，它们前面可以带任何选择器，选择器与冒号之间不能有空格，如果不写则表示任意元素。

CSS 中常用的伪元素选择器有如下几种。

（1）::first-letter：为元素的第一个字符设置样式。

（2）::first-line：为元素的第一行字符设置样式，常用于 p 元素。

【例 6-7】利用伪元素选择器制作首字下沉效果。

```
----------------------------------------------【6-7.html 代码清单】----------------------------------------------
<!doctype html>
<html>
<head>
<meta charset = "utf-8">
  <title>首字下沉效果</title>
  <style type = "text/css">
h1{
    text-align: center;
}
img{
    float: right;
    width:200px;
    border-radius: 50%;
}
p::first-letter {
        font-size:40px;
        font-weight:bold;
        color:red;
        float:left;
        margin-left:20px;
    }
p::first-line{
    background-color: pink;
```

```
}

</style>
</head>
<body>
<h1>菊花</h1>
<img src="images/jh.jpg" alt="">
<p>菊花在植物分类学中的定义是菊科、菊属的多年生宿根草本植物。按栽培形式分为多头菊、独本菊、大立菊、悬崖菊、艺菊、案头菊等栽培类型；按花瓣的外观形态分为园抱、退抱、反抱、乱抱、露心抱、飞午抱等栽培类型。不同类型的菊花又被命名为各种各样的品种名称。菊花是中国十大名花之三，花中四君子（梅、兰、竹、菊）之一，也是世界四大切花（菊花、月季、康乃馨、唐菖蒲）之一，产量居首。菊花具有清寒傲雪的品格，所以陶渊明有“采菊东篱下，悠然见南山”的名句。中国人有重阳节赏菊和饮菊花酒的习俗。</p>
</body>
</html>
```

显示效果如图 6-8 所示。其中，对段落中的第一个字符设置了下沉效果，第一行字符设置为粉色。

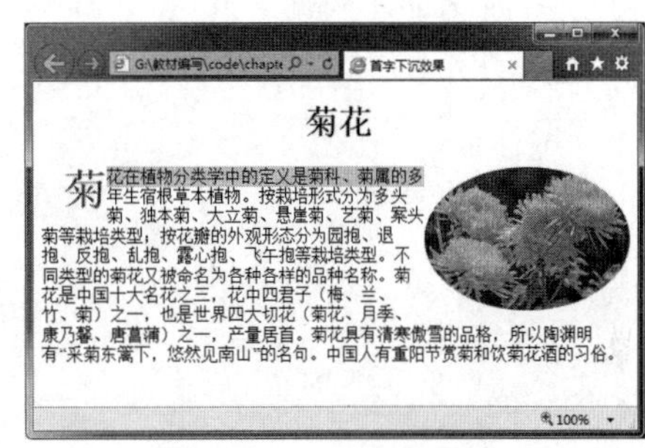

图 6-8　首字下沉显示效果

伪元素选择器仅作用于 HTML 页面中的块级元素，行内元素要使用伪元素选择器，必须先转换为块级元素。

（3）::before：用于在选择的元素内容的前面插入元素并设置样式，必须与 content 属性一起使用。

（4）::after：用于在选择的元素内容的后面插入元素并设置样式，必须与 content 属性一起使用。

【例 6-8】利用伪元素选择器::before 和::after 在列表项前后插入相应内容，显示效果如图 6-9 所示。

```
------------------------------------------------【6-8.html 代码清单】------------------------------------------------
<!doctype html>
<html>
<head>
  <meta charset = "utf-8" />
  <title>::before 和::after 的使用</title>
  <style type = "text/css">
    h2{
      text-align:center;
    }
    li::after{     /* 在列表项后面插入内容 */
      content:"(仅用于测试!)";
      font-size:16px;
      color:#ff0000;
    }
    li::before{   /* 在列表项前面插入图像 */
      content:url(images/list.jpg);
      margin-right:5px;
    }
  </style>
</head>
<body>
  <h2>电视剧清单</h2>
  <ol>
    <li><a href = "#">《咱们结婚吧》</a></li>
    <li><a href = "#">《我是特种兵》</a></li>
```

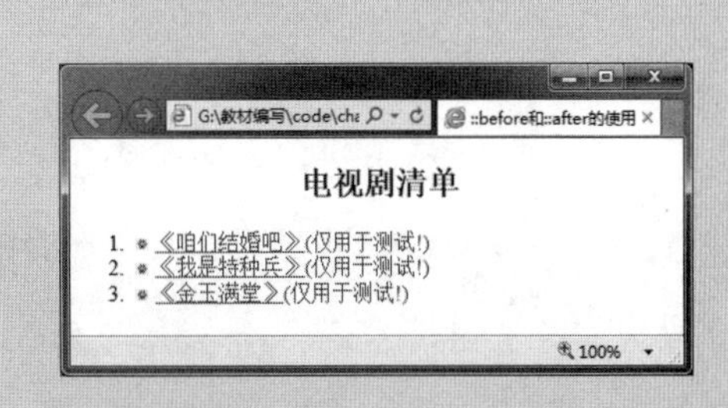

图 6-9　在列表项前后插入内容后的显示效果

```
        <li><a href = "#">《金玉满堂》</a></li>
    </ol>
</body>
</html>
```

利用::before 和::after 伪元素选择器产生的元素是一个行内元素，但这个元素默认没有内容，利用 content 属性可以在里面添加内容（可以是文字或图像），即使没有内容也必须写该属性。

在实际开发中::before 和::after 伪元素选择器使用比较广泛，通过学习下面的示例，读者能更清楚、灵活地掌握它们的用法。

【例 6-9】在图像上添加遮罩效果。

```
---------------------------------------------【6-9.html 代码清单】---------------------------------------------
<!doctype html>
<html>
<head>
<meta charset = "utf-8" />
<title>图像遮罩效果</title>
    <style>
    h2{
    text-align: center;
    }
    div{
    width: 200px;
    height: 200px;
    margin:20px auto;
    position: relative;
    }
    div img{
    width:100%;
    height:100%;
    border-radius: 50%;
    }
    div::before{ /*利用::before 在 div 内部前面插入一个元素，但这个元素没有内容，而且是行内元素*/
    content: "";            /*没有内容也必须写 content 属性*/
    display: block;         /*将行内元素转换为块级元素，以便设置 width、height 属性*/
    width: 200px;
    height: 200px;
    border-radius: 50%;  /*利用 CSS3 属性将该伪元素转换为圆形*/
    position:absolute;      /*采用"父相子绝"将::before 产生的元素与 div 元素完全重合*/
    left: 0;
    top: 0;
    }
    div:hover::before{   /*当鼠标指针移动到::before 产生的元素上时，该元素背景显示为半透明效果*/
    background-color: rgba(255,0,0,0.3);
    }
</style>
</head>
<body>
    <h2>鼠标指针移动到图像上会产生遮罩效果</h2>
    <div>
        <img src="images/md.jpg" alt="">
    </div>
</body>
</html>
```

显示效果如图 6-10 所示，当鼠标指针移动到图像上时，显示效果如图 6-11 所示。

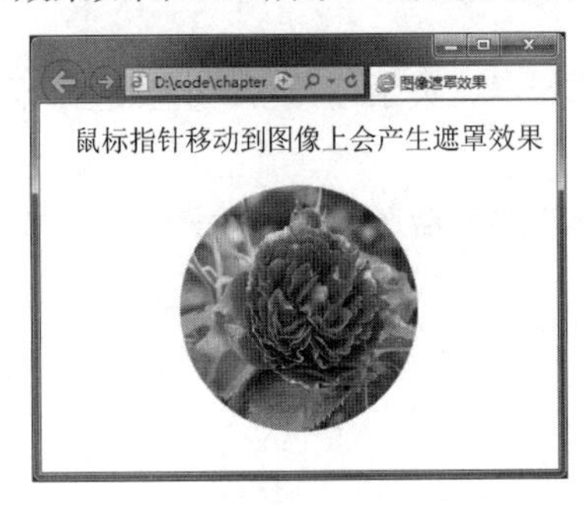

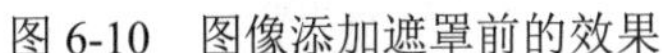
图 6-10　图像添加遮罩前的效果

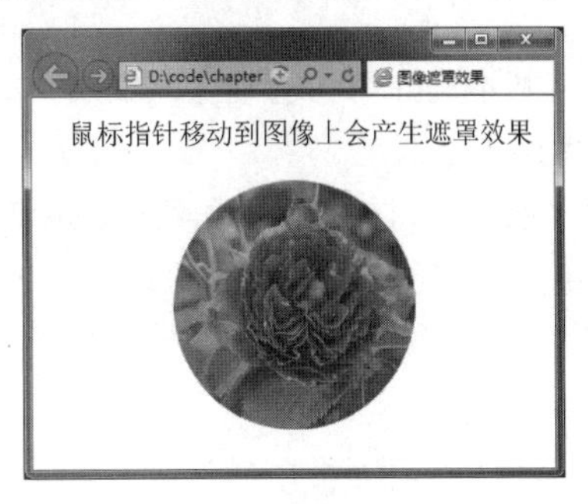

图 6-11　图像添加遮罩后的效果

（5）::selection：为元素中被用户选中或处于高亮状态的部分设置样式。

一般在页面中用鼠标选择文字时，选中的文字显示为白色，背景显示为蓝色，利用::selection 伪元素选择器可以对选中的文字设置样式，但是它只可以应用于少数的 CSS 属性，如 color、background、cursor 和 outline 等。

【例 6-10】利用::selection 伪元素选择器设置选中文字的样式。

```
----------------------------------------------【6-10.html 代码清单】----------------------------------------------
<!doctype html>
<html>
<head>
<meta charset = "utf-8" />
<title>::selection 伪元素选择器的使用</title>
<style>
    p::selection{
        color:red;
        background-color: pink;
    }
</style>
</head>
<body>
<h2>《生查子·元夕》</h2>
<h4>欧阳修（宋代）</h4>
<p>去年元夜时，花市灯如昼。<br>
月上柳梢头，人约黄昏后。<br>
今年元夜时，月与灯依旧。<br>
不见去年人，泪湿春衫袖。<br>
</p>
</body>
</html>
```

运行上述代码，在段落中选中文字后，显示效果如图 6-12 所示。

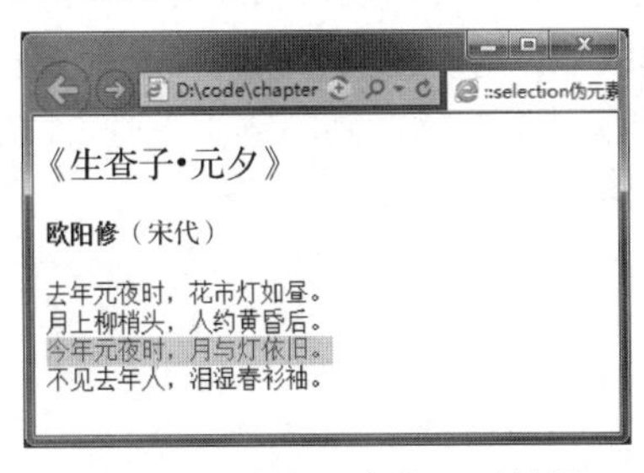

图 6-12　选中文字的显示效果

小结

本章在基本选择器的基础上，依次介绍了属性选择器、关系选择器、伪类选择器与伪元素选择器的使用方法。

通过本章的学习，能够更加熟练、灵活地利用 CSS 选择器选择页面元素并结合相应的 CSS 属性制作更加丰富的页面效果。

习题

一、选择题

1．有如下 HTML 代码：

```
<p>one</p>
<div><p>two</p></div>
<p>three</p>
```

则选择器“div>p”选择的是（　　）元素。

A．<p>two</p>

B．<p>one</p>

C．<p>three</p>

D．<div><p>two</p></div>

2．有如下 HTML 代码：

```
<form>
  <label>Name:</label> <input name="name" type="text" />
  <fieldset>
      <label>Newsletter:</label> <input name="newsletter" type="text" />
  </fieldset>
</form>
<input name="none" type="text"/>
```

则选择器“label+input”选择的是（　　）元素。

A．<input name="name" type="text" />

B．<input name="name" type="text"/>, <input name="newsletter" type="text" />

C．<input name="newsletter" type=""text" />

D．<input name="none" type="text"/>

3．在下列选项中，（　　）描述是错误的。

A．“div span”用于选取 div 元素里所有的 span 元素

B．“div>span”用于选取 div 元素里元素名为 span 的子元素

C．“.one+span”用于选取 class 属性值为 one 的元素向下紧相邻的同辈元素 span

D．“div+span”用于选取 div 元素紧相邻的同辈元素 span

4．有如下超链接代码，当鼠标指针移动到超链接上时，CSS 样式控制正确的是（　　）。

```
<a href = "#">这是一个超链接</a>
```

A．a:link {color:blue;}

B．a:visited {color:blue;}

C．a:hover {color:red;}

D．a:active {color:yellow;}

5．下面描述正确的是（　　）。

A．h1:first-child：为元素 h1 的第一个子元素设置样式

B．h1:first-child：为任何元素的第一个子元素 h1 设置样式

C．h1:last-child：为元素 h1 的最后一个子元素设置样式

D．h1:last-child：为任何元素的最后一个子元素设置样式

6．下面描述不正确的是（　　）。

A．::first-letter：为元素的第一个字符设置样式

B．::first-line：为元素的第一行字符设置样式，常用于 p 元素

C．::selection：为元素中被用户选中或处于高亮状态的部分设置样式

D．::before：用于在选择的元素内容前面插入元素并设置样式，不需要与 content 属性一起使用

7．对于选择器:nth-child，下面写法不正确的是（　　）。

A．:nth-child(3)　　B．:nth-child(2n+1)

C．:nth-child(3-n)　　D．:nth-child(odd)

8．子元素选择器由符号（　　）连接，主要用来选择某个元素的子元素。

A．+　　B．>

C．~　　D．空格

9．在下列选项中，描述不正确的是（　　）。

A．p:last-child：选择每个 p 元素是其父元素的最后一个子元素

B．p:nth-last-child(2)：选择每个 p 元素是其父元素的倒数第二个子元素

C．p:only-child：选择每个 p 元素是其父元素的唯一一个子元素

D．p:nth-of-type(2)：选择每个 p 元素是其父元素的第二个子元素

10．下面（　　）选择器可以实现选择每个 p 元素是其父元素的第二个 p 元素。

A．p:nth-of-child(2)　　B．p:nth-child(2)

C．: nth-last-child(2)　　D．p:only-of-type

二、填空题

1．input[type = text]{color:red;}样式利用的是__________选择器。

2．对于:nth-child(n)和:nth-of-type(n)伪类选择器，n 的取值可以是整数、odd、even，还可以是__________。

3．兄弟选择器由符号__________连接前后两个选择器，选择器中的两个元素是位于同一个父元素之中的兄弟元素，而且后面的元素紧跟在前面元素的后面。

4．利用__________选择器可以选择每个 p 元素是其父元素的第一个 p 元素。

5．::before 与::after 伪元素选择器必须与__________属性一起使用。

第 7 章　DIV+CSS 布局

为了使网页整体效果看起来结构清晰、美观易读，在制作网页时，需要对网页进行“排版”，网页的“排版”是通过布局来实现的。网页布局主要采用 DIV+CSS 技术，其中 DIV 负责内容区域的划分，CSS 负责样式效果的呈现，因此网页中的布局也常称作 DIV+CSS 布局。

为了提高页面制作的效率，在布局时通常需要遵循如下布局流程。

（1）确定页面的版心宽度。

版心宽度是指页面的主要元素及内容的显示区域，一般在浏览器窗口中水平居中显示。在设计网页时，网页宽度一般为 1200px～1920px，但是为了适配不同分辨率的显示器，一般设计版心宽度为 1000px～1200px。在设计网页时应尽量适配主流的屏幕分辨率。

（2）分析页面中的模块。

设计者要根据页面中显示的内容，对页面有一个整体的框架规划，包括整个页面分为哪些模块，各个模块之间的关系等。一般页面主要由头部、导航菜单、焦点图、内容、页面底部等部分组成。

（3）控制网页的各个模块。

当分析完页面模块后，首先利用 div 元素对页面进行模块上的划分；然后对各个 div 元素进行 CSS 定位（主要利用 float 属性和 position 属性），最后在各个 div 元素中添加相应的内容并用 CSS 进行样式控制。在初学网页制作时，设计者一定要养成分析网页布局的习惯，这样可以提高网页制作的效率。

7.1　常见网页布局

下面以较简单且常用的网页布局版式为例，介绍“DIV+CSS”网页布局的实现方法。

7.1.1　宽度固定且居中版式

宽度固定且居中版式是网页设计中常见的布局方式之一，如图 7-1 所示。

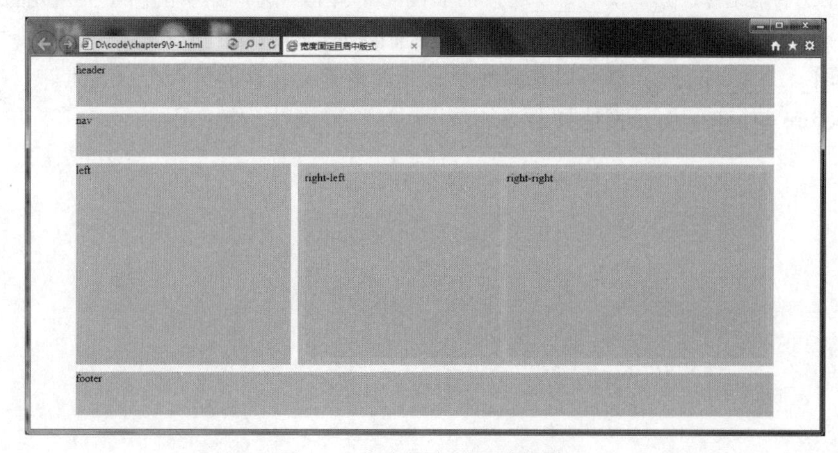

图 7-1　宽度固定且居中版式

网页由 header、nav、left、right（包含 right-left 和 right-right）和 footer 区域组成。利用 div 元素对这些区域进行划分，代码如【例 7-1】所示。本节将利用 CSS 的相关属性通过两种方法来实现该布局。

【例 7-1】创建宽度固定且居中版式页面的结构框架。

首先搭建 HTML 页面结构框架，代码如下。

```
---------------------------------------------【7-1.html 代码清单】---------------------------------------------
<!doctype html>
<html>
<head>
  <meta charset = "utf-8">
  <title>宽度固定且居中版式</title>
  <link href = "9-1.css" type = "text/css" rel = "stylesheet"/>
</head>
<body>
  <div class="header">header</div>
  <div class="nav">nav</div>
  <div class = "middle">
    <div class = "left">left</div>
    <div class = "right">
      <div class = "right-left">right-left</div>
      <div class = "right-right">right-right</div>
      <div class = "clear"></div>
    </div>
    <div class = "clear"></div>
  </div>
  <div class="footer">footer</div>
</body>
</html>
```

下面介绍两种布局方法，这里假设网页固定宽度为 1000px。

1. 方法一

建立好页面的整体框架后，可以利用 CSS 对各个元素进行定位，实现页面的整体布局。首先对 HTML 页面中的所有元素进行统一设置，代码如下：

```
*{                          /* 将所有元素的外边距和内边距设为 0px */
  margin:0px;
  padding:0px;
}
```

通过上面的设置，页面中所有元素的外边距和内边距被清除，如果需要可再进行具体的设置，但在实际开发中尽量不要用通配符选择器“*”，可采用并集选择器。

然后采用并集选择器对页面中的.header 和.nav 元素进行设置，代码如下：

```
.header,.nav{
  width:1000px;
  height:60px;
  margin:10px auto;       /* 左右 margin 设置为 auto，元素水平居中 */
  background-color:#cccc99;
}
```

上述代码设置了.header 和.nav 元素的高度和宽度，以及一些其他的样式，读者也可以根据自己的需要进行调整。如果不设置元素的 height 属性，那么其高度将由显示的内容来决定。

页面中间的主体框架都包含在.middle 元素中，包括.left、.right 和.clear 元素，代码如下：

```
<div class = "middle">
    <div class = "left">left</div>
    <div class = "right"></div>
    <div class = "clear"></div>
</div>
```

对.middle 元素进行 CSS 设置，代码如下：

```
.middle{
    width:1000px;
    margin:10px auto;
}
```

利用 float 属性可以使.left 元素和.right 元素水平排列在.middle 元素中。它们的 width 属性和 height 属性根据需要进行设置。但要注意.left 元素和.right 元素两者的实际宽度之和不能超过.middle 元素的宽度（1000px），否则将不能水平排列。代码如下：

```
.left{
    width:310px;
    height:280px;
    float:left;              /*左浮动*/
    background-color:#cccc99;
}
.right{
    width:660px;
    height:260px;
    float:right;             /*右浮动*/
    padding:10px;
    background-color:#cccccc;
}
```

另外，在.middle 元素中还添加了一个.clear 元素，它的作用主要是清除浮动，同时可以扩展.middle 元素的高度，设置如下：

```
.clear{
    clear:both;
}
```

当然也可以在.middle 元素中利用 overflow 属性来扩展该元素的高度，设置如下：

```
overflow:hidden;
```

.right 元素又包含了.right-left 元素和.right-right 元素，代码如下：

```
<div class = "right">
    <div class = "right-left">right-left</div>
    <div class = "right-right">right-right</div>
    <div class = "clear"></div>
</div>
```

可以利用 float 属性使它们水平排列，同时要注意.right-left 元素和.right-right 元素两者的实际宽度之和不能超过.right 元素的 width 属性值。其中的.clear 元素也是为了清除浮动，同时扩展.right 元素的高度，代码如下：

```
.right-left{
    width:280px;
    height:260px;
    float:left;
    background-color:#cccc99;
}
.right-right{
    width:370px;
```

```
    height:260px;
    float:right;
    background-color:#cccc99;
  }
```

最后对.footer 元素进行设置，代码如下：

```
  .footer{width:1000px;
    height:60px;
    margin:0px auto;
    background-color:#cccc99;
  }
```

这样页面的整体框架便搭建好了，需要指出的是每个元素的 width 和 height 属性值以及其他的样式读者可以根据需要自行调整。CSS 样式的完整代码可参考本书教学资源包中的 7-1.css 文件。

2. 方法二

该方法主要利用 position 属性来实现页面中.right-left 元素和.right-right 元素在父元素中水平排列。CSS 代码如下：

```
  <style type = "text/css">
  *{                                    /*将所有元素的外边距和内边距设为 0px*/
      margin:0px;
      padding:0px;
  }
  .header,.nav{width:1000px;
      height:60px;
      margin:10px auto;                 /* 左右外边框设置为 auto，元素水平居中 */
      background-color:#cccc99;
  }
  .middle{width:1000px;
      margin:10px auto;
  }
  .left{
      width:310px;
      height:280px;
      float:left;                       /* 左浮动 */
      background-color:#cccc99;
  }
  .right{
      width:660px;
      height:260px;
      float:right;                      /* 右浮动 */
      padding:10px;
      position:relative;                /* 设置.right 元素为相对定位 */
      background-color:#cccccc;
  }
  .right-left{
      width:280px;
      height:260px;
      position:absolute;                /* 设置.right-left 元素为绝对定位 */
      top:10px;                         /* 设置偏移量 */
      left:10px;
```

```
        background-color:#cccc99;
    }
    .right-right{
        width:370px;
        height:260px;
        position:absolute;                    /*设置.right-right 元素为绝对定位*/
        top:10px;                             /*设置偏移量*/
        right:10px;                           /*或者 left:290px;*/
        background-color:#cccc99;
    }
    .clear{
        clear:both;
    }
    .footer{width:1000px;
        height:60px;
        margin:0px auto;
        background-color:#cccc99;
    }</style>
```

上面的代码采用“父相子绝”的定位方式来实现.right-left 元素和.right-right 元素在父元素中水平排列，即.right 元素采用了相对定位，其子元素.right-left 和.right-right 则采用了绝对定位，通过对.right-left 元素和.right-right 元素设置偏移量，以.right 元素为基准进行相应的移动，从而达到两个元素水平排列的效果。

7.1.2 “工”字形版式

“工”字形版式也是网页中常见的一种布局方式，页面结构如图 7-2 所示，每个色块都是一个页面元素。

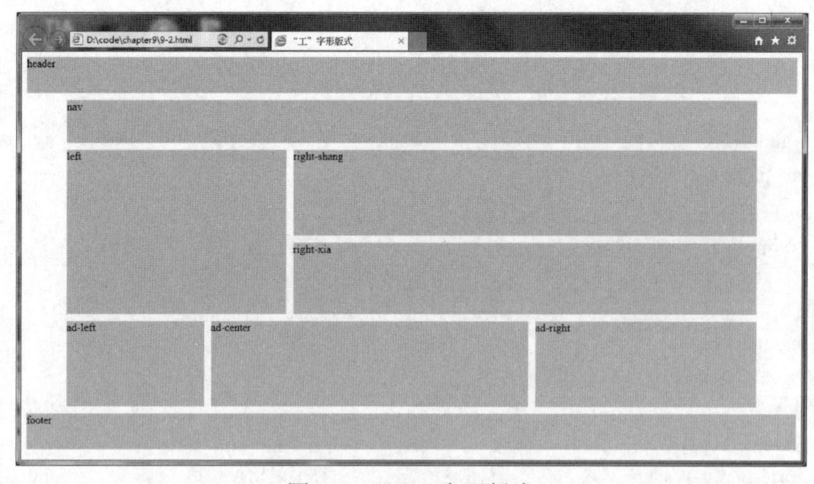

图 7-2 “工”字形版式

在“工”字形版式中 header 和 footer 区域的宽度会随着浏览器窗口的宽度而变换。HTML 页面结构框架代码如【例 7-2】所示，在该例中用 header、nav 和 footer 元素替代相应的 div 元素来布局页面的头部、导航和页面底部区域。

【例 7-2】创建“工”字形版式页面的结构框架。

```
------------------------------------------------【7-2.html 代码清单】------------------------------------------------
<!doctype html>
```

```html
<html>
<head>
  <meta charset = "utf-8">
  <title>“工”字形版式</title>
</head>
<body>
  <header>header</header>
  <nav>nav</nav>
  <div class = "middle">
    <div class = "left">left</div>
    <div class = "right">
      <div class = "shang">right-shang</div>
      <div class = "xia">right-xia</div>
    </div>
    <div class = "clear"></div>
  </div>
  <div class = "ad">
    <div class = "ad-left ">ad-left</div>
    <div class = "ad-center">ad-center</div>
    <div class = "ad-right">ad-right</div>
  </div>
  <footer>footer</footer>
</body>
</html>
```

CSS 代码如下：

```css
<style type = "text/css">
header{
    height:50px;
    width:100%;
    background-color:#CC9;
    }
nav{width:1000px;
    height:60px;
    margin:10px auto;
    background-color:#CC9;
}
.middle{width:1000px;
      margin:10px auto;
}
.middle>.left{
    width:320px;
    height:230px;
    float:left;
    background-color:#CC9;
}
.middle>.right{
    width:670px;
    height:210px;
    float:right;
}
.middle>.right>.shang{
    height:120px;
```

```
        background-color:#CC9;
    }
    .middle>.right>.xia{
        height:100px;
        margin-top:10px;
        background-color:#CC9;
    }
    .clear{clear:both;
    }
    .ad{width:1000px;
        height:120px;
        margin:10px auto;
        position:relative;              /*设置.ad 元素为相对定位*/
    }
    .ad>.ad-left{
        width:200px;
        height:120px;
        background-color:#CC9;
    }
    .ad>.ad-center{
        width:460px;
        height:120px;
        position:absolute;              /*设置.ad-center 元素为绝对定位*/
        top:0px;                        /*设置偏移量*/
        left:210px;
        background-color:#CC9;
    }
    .ad>.ad-right{
        width:320px;
        height:120px;
        position:absolute;              /*设置.ad-right 元素为绝对定位*/
        top:0px;                        /*设置偏移量*/
        right:0px;
        background-color:#CC9;
    }
    footer{
        height:50px;
        width:100%;
        background-color:#CC9;
    }</style>
```

在这个例子中，header 元素和 footer 元素的 width 属性值被设置为 100%，它们会随着浏览器窗口大小的变化而变化。.middle 元素和.ad 元素中的子元素的设置与【例 7-1】相同，都是通过设置元素的 float 属性或 position 中间部分的属性来使多个元素水平排列的。

上面的两个网页布局的例子是在网页的整体框架设置好之后，利用 div 元素进行划分，然后在各个 div 元素中添加相应的内容并用 CSS 样式进行控制来实现的。

下面在网页的 header 元素中添加内容并设置 CSS 样式，制作网页头部效果。

【例 7-3】利用 DIV+CSS 布局页面头部，效果如图 7-3 所示。

首先分析 header 元素中内容的构成，形成相应的 HTML 结构代码，然后对每个元素进行相应的 CSS 样式设置。

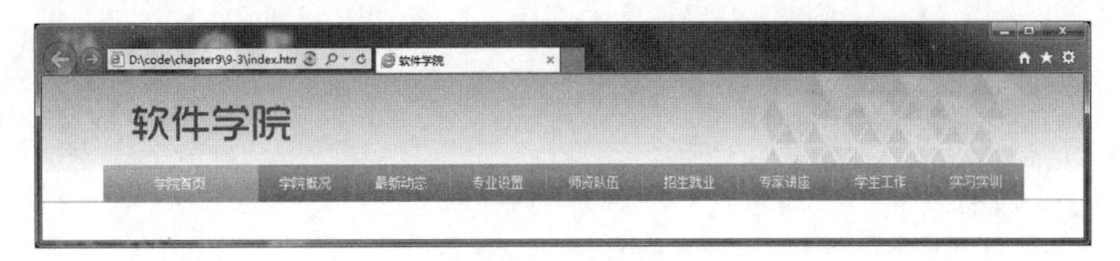

图 7-3　页面头部效果

1．header 元素内容结构

```
<header>
    <div class="logo"><img src="images/logo.jpg" ></div>
    <ul>
        <li class="shouye"><a href="#">学院首页</a></li>
        <li><a href="#">学院概况</a></li>
        <li><a href="#">最新动态</a></li>
        <li><a href="#">专业设置</a></li>
        <li><a href="#">师资队伍</a></li>
        <li><a href="#">招生就业</a></li>
        <li><a href="#">专家讲座</a></li>
        <li><a href="#">学生工作</a></li>
        <li><a href="#">实习实训</a></li>
    </ul>
</header>
```

2．设置 CSS 样式

（1）设置基础样式，代码如下：

```
body,ul,li{margin:0;padding:0; list-style: none;}
```

（2）设置 header 元素的样式，代码如下：

```
header{
    width:100%;
    height:133px;
    border-bottom:2px solid #ccc;
    background:url(images/ground.jpg) repeat-x;
}
```

（3）设置 header 元素中.logo 盒子模型的样式，代码如下：

```
header .logo,header ul{
    width:1002px;
    margin:0 auto;
    }
header .logo{
    height:95px;
    background:url(images/top-right.jpg) no-repeat right top;
    }
header .logo img{ margin:20px 0 0 20px;}
```

（4）设置 header 元素中 ul 元素的样式，代码如下：

```
header ul{
    width:1002px;
    margin:0 auto;
    height:40px;
    background:url(images/nav.gif) repeat-x;
    line-height:40px;
```

```
        }
    header ul li{
        float:left;
        width: 104px;
        text-align: center;
        background:url(images/nav-jg.jpg) no-repeat;
        }
    header ul a{
        font-size:14px;
        color:#fff;
        text-decoration:none;
    }
    header ul a:hover{
        color:#fff;
        text-decoration:underline;
    }
    header ul li:hover{
        background:url(images/nav-hover.gif) repeat-x;
        }
    header ul li.shouye{
        width:170px;
        text-align:center;
        background:url(images/nav-yellow.gif) repeat-x;
        }
```

至此，就完成了如图 7-3 所示的页面头部效果。

7.2 响应式布局

响应式布局是一种新型网页布局理念，之所以称之为新型理念，是因为其颠覆了之前的网页设计思想，可以实现一次开发、多次使用。运用响应式布局的网站被称为响应式网站，现在，在网站设计中响应式网站出现得越来越多。

7.2.1 什么是响应式布局

响应式布局是通过检测设备信息来决定网页布局的方式，即用户采用不同的设备访问同一个网页，看到的内容可能会不一样，一般情况下是通过检测设备屏幕的宽度来实现的。

响应式布局意在实现在不同屏幕分辨率的终端上浏览网页时的不同展示方式，通过响应式布局能使网站在手机和平板电脑上有更好的浏览和阅读体验。

如图 7-4 所示，屏幕分辨率不一样展示给用户的网页内容也不一样。利用媒体查询检测到屏幕的分辨率（主要检测宽度），并设置不同的 CSS 样式，就可以实现响应式布局。

利用响应式布局可以实现不同分辨率的终端设备非常完美地展现网页内容，使得用户体验得到很大的提升，但是为了实现这一目的开发者不得不利用媒体查询写很多冗余的代码，使整个网页的体积变大，这样应用在移动设备上就会存在严重的性能问题。

响应式布局常用于中小型企业的官方网站、博客、新闻资讯类型的网站，这些网站内容比较单一，没有复杂的交互。

一般对常见的设备屏幕分辨率进行划分后，再分别为不同屏幕分辨率的设备设计专门的布局方式，如表 7-1 所示。

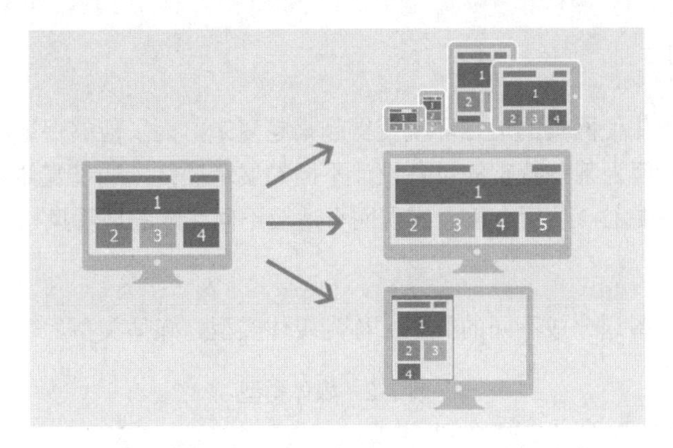

图 7-4　响应式布局在不同屏幕分辨率上的网页内容呈现

表 7-1　常见的设备屏幕分辨率划分

设 备 类 型	屏幕分辨率	布 局 宽 度
超小屏幕（手机）	< 768px	100%
小屏幕（平板电脑）	≥ 768px 且<992px	750px
中等屏幕（桌面显示器）	≥ 992px 且< 1200px	970px
大屏幕（大桌面显示器）	≥1200px	1170px

表 7-1 所示是对常见的屏幕分辨率进行分类后的结果，在使用响应式布局时，就可以根据这些屏幕分辨率对应的设备类型来写媒体查询条件，对应的查询条件如下：

```
/* 仅用于超小屏幕（手机） */
@media only screen and (max-width: 767px){
    .container{
        width: 100%;
    }
}
/* 仅用于小屏幕（平板电脑） */
@media only screen and (min-width: 768px){
    .container{
        width: 750px;
    }
}
/* 仅用于中等屏幕（桌面显示器） */
@media only screen and (min-width: 992px){
    .container{
        width: 970px;
    }
}
/* 仅用于大屏幕（大桌面显示器） */
@media only screen and (min-width: 1200px){
    .container{
        width: 1170px;
    }
}
```

上面代码中的.container 为指定的布局容器的类别名，在响应式布局中，一般会使用一个布局容器将网页中的所有版块包裹到里面，例如：

```
<div class="container">
  ……
</div>
```

7.2.2 媒体查询

设备终端的多样化使网页的运行环境变得越来越复杂，为了能够保证网页可以适应多个终端，开发者不得不专门为某些特定的设备设计不同的展示风格。通过媒体查询可以检测当前网页运行在什么设备终端上，从而有机会实现网页适应不同终端的展示风格。

1．媒体类型

将不同的终端设备划分成不同的类型，称为媒体类型。媒体类型如表 7-2 所示。

表 7-2　媒体类型

值	描　述
all	用于所有终端设备
print	用于打印机
screen	用于计算机、平板电脑、智能手机等
speech	用于屏幕阅读器等发声设备

2．媒体特性

每种媒体类型都有各自不同的特性，开发者要根据不同媒体类型的媒体特性设置不同的展示风格。常见的媒体特性如表 7-3 所示。

表 7-3　常见的媒体特性

值	描　述
width	定义输出设备中的页面可见区域宽度
height	定义输出设备中的页面可见区域高度
min-width	定义输出设备中的页面最小可见区域宽度
min-height	定义输出设备中的页面最小可见区域高度
max-width	定义输出设备中的页面最大可见区域宽度
max-height	定义输出设备中的页面最大可见区域高度
device-width	定义输出设备的屏幕可见宽度
device-height	定义输出设备的屏幕可见高度
aspect-ratio	定义输出设备中的页面可见区域宽度和高度的比例
device-aspect-ratio	定义输出设备中的屏幕可见宽度和高度的比例
orientation	定义输出设备中的页面可见区域高度是否大于或等于宽度。值可以设置为 portrait 或者 landscape，分别对应肖像或全景模式，即竖屏或横屏模式

3．关键字

关键字用来将媒体类型或多个媒体特性连接到一起作为媒体查询的条件，比较复杂的查询条件经常需要用到关键字。常用关键字如表 7-4 所示。

表 7-4　常用关键字

值	描　述
and	将多个媒体特性连接到一起，相当于“且”的意思
not	排除某个媒体类型，相当于“非”的意思
only	指定某个特定的媒体类型，相当于“仅仅”的意思

4．引入方式

在实现响应式布局时，需要在 HTML 代码中加入媒体查询部分，引入的方式有 2 种。

（1）link 方式。

将媒体查询条件放到<link>标记的 media 属性中，符合媒体查询条件时要应用的 CSS 样式文件放到<link>标记的 href 属性中。例如：

```
<link rel="stylesheet" href="css/pad.css" media="only screen and  (min-width: 768px) and
 (max-width: 979px)" >
<link rel="stylesheet" href="css/phone.css" media="only screen and  (max-width: 480px)">
```

（2）@media 方式。

将媒体查询作为 CSS 的一部分，放到<style>标记中或者一个单独的 CSS 文件中。例如：

```
<style>
        @media (orientation: portrait) {
            body {
                background-color: blue;
            }
        }
        @media (orientation: landscape) {
            body {
                background-color: green;
            }
        }
</style>
```

在以上方式中，一般建议使用第 2 种方式，因为这种方式使用起来比较灵活，同时媒体查询条件和符合条件要应用的样式是写在一起的。

7.2.3 视口

视口（viewport）是响应式布局中非常重要的一个概念，用来约束网页中的 html 元素，也就是说，它决定了 html 的大小。通过所学的 CSS 知识，我们可以了解到 html 元素的大小是会影响网页布局的，而视口又决定了 html 元素的大小，所以视口会间接地影响网页布局。

在 PC 设备上，视口的大小取决于浏览器窗口的大小，也就是说，PC 端视口的大小等于浏览器窗口可视区域的大小，所以在设计一个 PC 端的网站时，根本不需要考虑视口的大小设置。

在移动设备上，屏幕普遍比较小，而大多数网站又是为 PC 设备设计的，要想让移动设备也可以正常显示网页，移动设备上视口的大小就不能和 PC 设备的一样。在移动设备上，视口的大小不再受限于浏览器的窗口大小，而是允许开发人员自由设置视口的大小，通常浏览器会设置一个默认大小的视口，一般这个值会大于屏幕的尺寸，目的就是能够正常显示那些专为 PC 设备设计的网页。常见的默认视口大小（单位为 px）如图 7-5 所示（仅供参考）。

iPhone	iPad	Android Samsung	Android HTC	Chrome	Opera Presto	BlackBerry	IE
980	980	980	980	980	980	1024	1024

图 7-5　常见的默认视口大小

从图 7-5 中可以看出，不同的移动设备厂商分别设置了一个默认的视口大小，这个数值保证了大部分网页可以在移动设备下正常显示。

事实上，视口是由苹果公司为了解决移动设备浏览器渲染页面的问题而提出的解决方案，后来逐渐被其他移动设备厂商采纳。

视口是通过设置<meta>标记的 content 属性实现的，使用格式为：

```
<meta name="viewport" content="...">
```

在 content 属性中可以设置多个值，中间以逗号分隔，可以设置的值包括以下几个。

- width：设置 layout viewport 宽度，为数字或者 device-width。
- height：设置 layout viewport 高度，为数字或者 device-height。
- initial-scale：设置页面的初始缩放值，为一个数字，可以是小数。
- maximum-scale：设置允许用户缩放的最大值，为一个数字，可以是小数。
- minimum-scale：设置允许用户缩放的最小值，为一个数字，可以是小数。
- user-scalable：设置是否允许用户进行缩放，为“no”或“yes”。

在移动设备上，网站页面最理想的状态是避免出现滚动条且不被默认缩放，我们可以通过设置 viewport 的大小来改变浏览器视口的默认宽度。所以，在进行响应式布局时，一般会将视口设置为：

```
<meta name="viewport" content="width=device-width, initial-scale=1.0">
```

注意：

width=device-width 和 initial-scale=1.0 的作用是一样的，在开发中同时设置是为了解决一些兼容性问题。

7.2.4 响应式布局简单案例

需要注意的是，不是只使用媒体查询就可以做出完美的响应式页面，要想实现响应式布局，不能将响应部分的版块宽度设置为固定值，需要将其设置为百分数形式，这样才能实现真正灵活的响应式页面。

下面通过制作一个简单的响应式布局页面来熟悉响应式布局的实现方法，效果如图 7-6～图 7-8 所示。

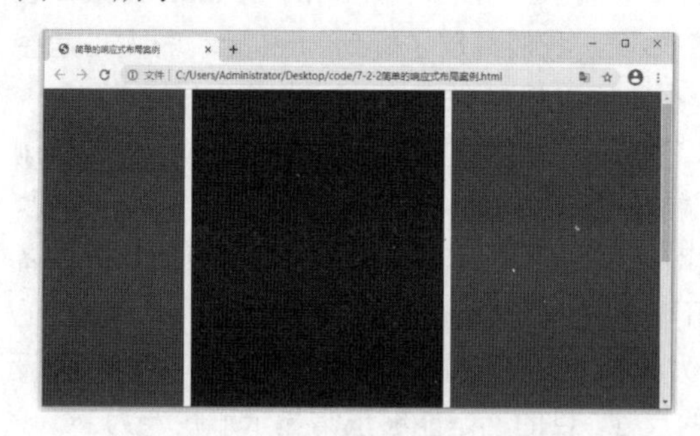

图 7-6　PC 上完整显示 3 个版块

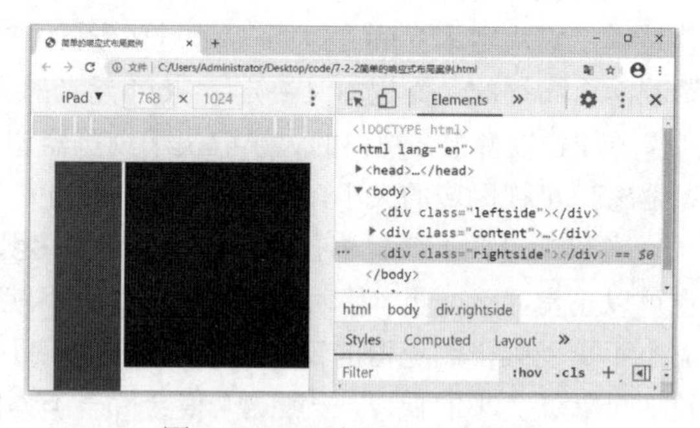

图 7-7　iPad 上显示 2 个版块

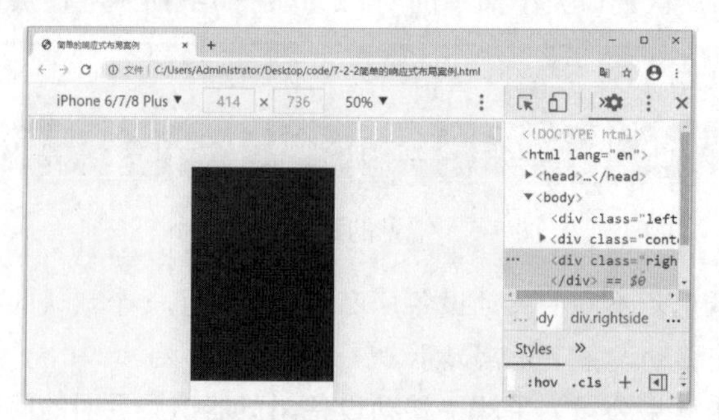

图 7-8　iPhone6/7/8 Plus 上显示 1 个版块

【例 7-4】制作简单的响应式布局页面。

```
------------------------------------------------【7-4.html 代码清单】------------------------------------------------
<!DOCTYPE html>
<html lang="en">
<head>
    <meta charset="utf-8">
    <!-- 视口设置 -->
    <meta name="viewport" content="width=device-width, initial-scale=1">
    <title>简单的响应式布局案例</title>
    <style>
        html,body{
            height:100%;
        }
        body{
            margin:0;
            padding:0;
        }
        .leftside{
            width:200px;
            height:100%;
            background-color:red;
            position:fixed;          /*固定定位，在没有设置偏移量时，默认 left 为 0、top 为 0*/
        }
        .content{
            float:left;              /*左浮动*/
            width:100%;              /*宽度为整个页面的 100%*/
        }
        .main{
            height:600px;
            margin-left:210px;
            margin-right:310px;
            background-color:blue;
        }
        .rightside{
            float:left;              /*左浮动*/
            width:300px;
            height:800px;
            margin-left:-300px;      /*设置左外边距为-300px*/
            background-color:green;
        }
        /*当用于屏幕宽度>=481px 且<=768px 的设备时*/
        @media only screen and (max-width: 768px){
            /*右侧栏版块隐藏*/
            .rightside{
                display: none;
            }
            /*主体内容版块右外边距清零*/
            .main{
                margin-right: 0;
            }
        }
        /*当用于屏幕宽度<=480px 的设备时*/
        @media only screen and (max-width: 480px){
            /*左侧栏和右侧栏版块都隐藏*/
```

```
            .leftside,.rightside{
                display: none;
            }
            /*主体内容版块左、右外边距都清零*/
            .main{
                margin-left: 0;
                margin-right: 0;
            }
        }
    </style>
</head>
<body>
    <!-- 在进行响应式开发时，往往会使用布局容器，此例中的布局容器就是 div.container -->
    <div class="container">
        <!-- 左侧栏版块 -->
         <div class="leftside"></div>
         <!-- 主体内容版块 -->
           <div class="content">
             <div class="main"></div>
        </div>
        <!-- 右侧栏版块 -->
        <div class="rightside"></div>
        </div>
    </div>
</body>
</html>
```

上面是一个比较简单的响应式布局案例，在实现过程中有一些细节值得注意。

（1）案例中的页面版块分为左侧栏、主体内容、右侧栏 3 部分，左侧栏版块和右侧栏版块宽度固定，主体内容版块宽度为自适应的。

（2）为了方便控制 3 个版块之间的水平间距且让主体内容版块宽度自适应，将真正的主体内容部分放到 div.main 中，外层又包含了 div.content。

（3）通过设置 div.content 的左、右外边距让出空间来保证主体内容不被左侧栏和右侧栏内容遮住，且让它们有一定的间隔，本例将 3 个版块的水平间距设置为 10px。

（4）将右侧栏版块的 margin-left 设置为-300px 是一个技巧性应用，巧妙利用了盒子模型大小的计算方法，因为右侧栏版块的宽度为 300px，根据盒子模型大小的计算方法，对页面来说，右侧栏盒子模型的宽度为 0，这样右侧栏版块才能出现在主体内容版块的右边，否则右侧栏版块会出现在下面。

（5）媒体查询条件写两个就可以了，因为前面设置的 CSS 部分针对的就是 PC 设备，所以不需要再添加媒体查询条件了。

小结

一个网站的设计除了内容要丰富多样，在排版上还要结构清晰、美观易读，这样才能吸引访问者。本章在前面所学内容的基础上，专门介绍网页布局，网页布局主要采用 DIV+CSS 技术。首先介绍了简单且常用的两种固定布局方式，即宽度固定且居中版式和“工”字形版式，然后介绍了一种新型网页布局理念——响应式布局。

通过本章的学习，能够熟练、灵活地掌握利用 DIV+CSS 技术进行网页布局的方法和技巧，同时能够掌握响应式布局的实现方法，以满足现代 Web 开发的需要。

习题

一、选择题

1．在一个宽度固定且居中的网页布局中，有如下一部分 HTML 结构：

```
<div class = "middle">
  <div class = "left">left</div>
  <div class = "right">right</div>
  <div style = "clear:both"></div>
</div>
```

其中，类别名为 middle 的版块中包含了类别名为 left 和 right 的两个水平排列的子版块，则里面第 3 个 div 中设置的 clear:both 的作用是（　　）。

A．清除内容　　B．清除样式

C．清除浮动的影响　　D．没什么作用

2．在宽度固定且居中的网页布局中，如果要使若干个版块水平排列，则下面说法正确的是（　　）。

A．必须使用浮动才能实现版块水平排列

B．必须使用定位才能实现版块水平排列

C．使用浮动或者定位都能实现版块水平排列

D．只可以用左浮动来实现版块水平排列

3．在“工”字形网页布局中，页面的头部和底部版块的宽度一般会设置为（　　）。

A．1000px　　B．1200px　　C．50%　　D．100%

4．在“工”字形网页布局中，页面的中间版块部分一般为宽度固定且（　　）的版式。

A．居中　　B．偏左　　C．偏右　　D．偏上

5．关于响应式布局，下面说法不正确的是（　　）。

A．响应式布局可以实现在不同的设备上显示的内容多少和版块排列不一样

B．个人博客网站比较适合用响应式布局

C．使用响应式布局的网站，系统性能比较好

D．响应式布局一般情况下是通过检测设备屏幕的宽度来实现的

6．当媒体查询条件比较复杂时，需要用到关键字，下列（　　）关键字是不可以用的。

A．and　　B．or　　C．not　　D．only

7．关于视口，下列说法不正确的是（　　）。

A．视口是由苹果公司为了解决移动设备浏览器渲染页面的问题而提出的解决方案

B．PC 端视口的大小等于浏览器窗口可视区域的大小

C．移动端视口的大小等于浏览器窗口可视区域的大小

D．视口是通过设置<meta>标记的 content 属性实现的

二、填空题

1．在宽度固定且居中的版式中，居中是通过设置版块的左、右外边距值为__________实现的。

2．在响应式布局中，媒体查询是通过__________命令实现的。

3．在媒体查询中，用于计算机、平板电脑、智能手机等设备的媒体类型为__________。

第 8 章　CSS3 过渡、转换与动画

相比 CSS2，CSS3 增加了很多新特性，过渡、转换、动画是其中具有代表性的 3 个特性。过渡用来实现网页元素在不同状态之间切换时的过渡效果；转换又分成 2D 转换和 3D 转换，用来实现网页元素的位移、缩放、倾斜、旋转等效果；动画通过设置若干个关键帧来实现比较复杂的动画效果。前两者经常和动画相结合来实现比较酷炫的网页特效和动画，增强用户体验，从而完成以前需要使用 Flash 才能实现的效果。本章主要对过渡、2D 转换、3D 转换及动画所涉及的属性进行介绍，并通过示例介绍它们的应用场景。

8.1　CSS3 过渡

在 CSS3 里使用 transition 属性来实现过渡效果，类似于 Flash 里的补间动画。网页元素只要有“属性”发生变化或者存在两种状态，就可以借助 transition 属性实现平滑的过渡。

8.1.1　transition 属性需包含的内容

在设置 transition 属性时，至少要包含 2 个方面的内容：

- 要添加过渡效果的 CSS 属性。
- 过渡效果的持续时间。

例如：

```
transition:background-color 5s;
transition:width 3s;
transition:height 4s;
```

说明：

（1）如果要添加多个属性的过渡效果，添加的属性要用逗号分隔，例如：

```
transition:width 1s,height 2s,color 3s;
```

（2）如果要添加的多个属性的过渡效果的持续时间都一样，例如：

```
transition:width 2s,height 2s,color 2s;
```

则建议使用简写形式：

```
transition:all 2s;
```

（3）完整的过渡效果包括 4 个方面的内容，例如：

```
transition:width 2s 3s linear;
```

其中，width 是要应用过渡效果的 CSS 属性，2s 是过渡效果的持续时间，3s 是过渡效果的延迟时长，linear 是过渡效果的速度曲线。

8.1.2　实现过渡效果需满足的条件

需要注意的是，并不是给网页元素设置了 transition 属性就会有过渡效果。过渡效果的实现要满足下面 2 个条件：

- 网页元素必须存在两种不同的状态，即属性值有变化。

- 必须能够触发两种状态的切换，通常通过:hover 触发。

说明：

（1）不是所有的属性都能实现过渡效果，如 text-align 属性。

（2）凡是可以用数字表示的属性都可以实现过渡效果，如与尺寸相关的 width、height 属性，与文字字号相关的 font-size 属性，与颜色相关的 color、background-color 属性等。

（3）transition 属性写在哪个状态都可以，但效果有区别，一般写在起始（或正常）状态下。

（4）:hover 只是触发状态切换的一种方式，开发者也可以使用 JavaScript 脚本触发。

【例 8-1】体验过渡效果。

```
----------------------------------------------【8-1.html 代码清单】----------------------------------------------
<!DOCTYPE html>
<html lang="en">
<head>
    <meta charset="utf-8">
    <title>体验过渡效果</title>
    <style>
        .box{
            width: 200px;
            height:200px;
            margin:10px auto;
            background-color:red;
            transition:width 3s,height 3s,background-color 3s,border-radius 3s;
            /*transition: all 3s;*/
        }
        .box:hover{
            width:300px;
            height:300px;
            border-radius: 50%;
            background-color:blue;
        }
    </style>
</head>
<body>
    <div class="box"></div>
</body>
</html>
```

在浏览器中打开 HTML 文档，可以看到当鼠标指针移到 div 盒子模型上时，在 3s 内宽度、高度、背景颜色、边框半径按照设置的值实现了平滑的过渡效果。

8.1.3 transition 属性的分解

实际上 transition 属性是一个复合属性，它可以分解为 4 个单一属性，如表 8-1 所示。

表 8-1 transition 属性的 4 个分解属性

属　性	含　义	示　例
transition-property	设置应用过渡效果的属性	transition-property:background-color
transition-duration	设置过渡效果的持续时间	transition-duration:2s
transition-delay	设置过渡效果的延迟时长	transition-delay:1s
transition-timing-function	设置过渡效果的速度曲线	transition-timing-function:linear

- transition-property 属性：用于指定要设置过渡效果的 CSS 属性名称。其语法格式如下：

```
transition-property: all | none | property;
```

其中，all 是默认值，表示所有可以应用过渡效果的属性；none 表示没有属性应用过渡效果；property 表示具体应用过渡效果的属性，如果有多个属性，则用逗号分隔。

- transition-duration 属性：用于指定过渡效果的持续时间。其语法格式如下：

```
transition-duration: time;
```

其中，time 表示过渡效果的持续时间，默认值为 0，如果有多个持续时间，则用逗号分隔。

- transition-delay 属性：用于指定过渡效果的延迟时长，即过渡效果延迟多长时间才开始。其语法格式如下：

```
transition-delay: time;
```

其中，time 表示过渡效果延迟的时长，默认值为 0，如果有多个延迟时长，则用逗号分隔。

- transition-timing-function 属性：用于指定过渡效果的速度曲线。其语法格式如下：

```
transition-timing-function: linear | ease | ease-in | ease-out | ease-in-out | cubic-bezier(x1,y1,x2,y2);
```

  - linear：线性过渡，又称为匀速过渡。
  - ease：默认值，平滑过渡，过渡速度会逐渐降下来。
  - ease-in：由慢到快，逐渐加速。
  - ease-out：由快到慢，逐渐减速。
  - ease-in-out：由慢到快再到慢，先加速再减速。
  - cubic-bezier(x1,y1,x2,y2)：通过特定的贝塞尔曲线设置，其中 x1,y1、x2,y2 分别代表两个坐标点，其值在 0～1 之间。

8.1.4 过渡应用案例——商品列表效果

学习完 transition 属性的使用方法后，我们可以制作一个在网页上应用的商品列表效果，如图 8-1 所示。

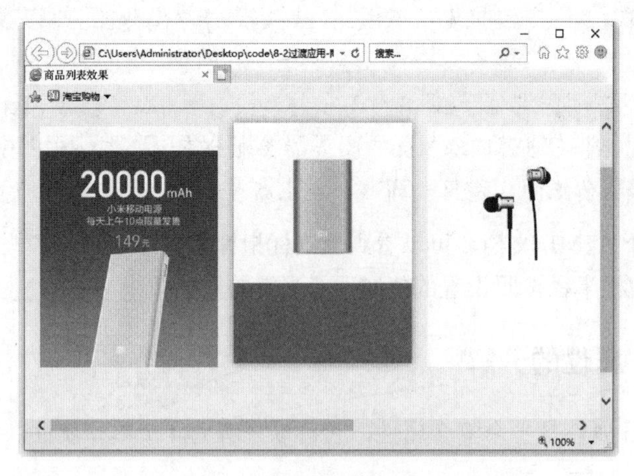

图 8-1 商品列表效果

【例 8-2】制作商品列表效果。

```
---------------------------------------------【8-2.html 代码清单】---------------------------------------------
<!DOCTYPE html>
<html lang="en">
<head>
    <meta charset="utf-8">
```

```
        <title>商品列表效果</title>
        <style>
            body {
                margin: 0;
                padding: 0;
                background-color: #f7f7f7;
            }
            .items {
                width: 1250px;
                height: 320px;
                padding-left: 20px;
                margin: 80px auto;
            }
            .item {
                width: 230px;
                height: 300px;
                text-align: center;
                margin-right: 20px;
                background-color: #fff;
                float: left;
                position: relative;
                top: 0;
                overflow: hidden;
                transition: all .5s;
            }
            .pic {
                margin-top: 30px;
            }
            .desc {
                position: absolute;
                bottom: -100px;
                width: 100%;
                height: 100px;
                background-color: #ff6700;
                transition: all 0.5s;
            }
            .item:hover {
                top: -5px;
                box-shadow: 0 0 15px #aaa;
            }
            .item:hover .desc {
                bottom: 0;
            }
    </style>
    </head>
    <body>
        <div class="items">
            <div class="item">
                <div class="pic">
                    <img src="images/1.jpg" alt="">
                </div>
                <div class="desc"></div>
            </div>
```

```
            <div class="item">
                <div class="pic">
                    <img src="images/2.jpg" alt="">
                </div>
                <div class="desc"></div>
            </div>
            <div class="item">
                <div class="pic">
                    <img src="images/3.jpg" alt="">
                </div>
                <div class="desc"></div>
            </div>
            <div class="item">
                <div class="pic">
                    <img src="images/4.jpg" alt="">
                </div>
                <div class="desc"></div>
            </div>
            <div class="item">
                <div class="pic">
                    <img src="images/5.jpg" alt="">
                </div>
                <div class="desc"></div>
            </div>
        </div>
    </body>
    </html>
```

在浏览器中打开 HTML 文档，可以看到当鼠标指针移到商品图片上时，实现了图片向上稍微移动、添加阴影和滑动的色块的过渡效果。

8.2 CSS3 2D 转换

在 CSS3 里使用 transform 属性和 transform-origin 属性来实现 2D 转换。transform 属性用来实现元素的位移、旋转、倾斜、缩放等效果，transform-origin 属性用来调整元素转换时的原点。需要注意的是，单独的 2D 转换不具有动画效果，需要结合过渡或者动画知识，才能实现丰富的网页动画效果。

8.2.1 transform 属性

通过为 transform 属性设置不同的方法属性值来实现元素的位移、旋转、倾斜、缩放等效果。设置的方法属性值有以下几种。

1. translate(x, y)

translate(x, y)用来实现元素的位移效果，x 和 y 的取值可以为正数，也可以为负数，使用形式如下：

```
transform:translate(200px,0px);
```

需要说明三点：

（1）x 和 y 分别代表水平和垂直方向的移动距离，移动的距离参考的是元素原来的位置。

（2）x 和 y 的值可以是像素值，也可以是百分数，使用百分数时相对的是元素自身的宽度或高度。

（3）translate(x, y)还可以分解为 translateX (x)和 translateY (y)，以方便单独控制水平或垂直方向的移动。

2．scale(x, y)

scale(x, y)可以对元素进行水平和垂直方向的缩放，x、y 的取值可以为小数。scale(x, y)还可以分解为 scaleX(x)和 scaleY(y)，方便单独控制水平或垂直方向的缩放。

3．rotate(deg)

rotate(deg)可以对元素进行旋转，deg 为正值表示顺时针旋转，为负值表示逆时针旋转。

需要说明两点：

（1）当元素旋转以后，坐标轴也会跟着发生转动。

（2）如果对一个元素使用多个 2D 转换方法，一般情况下要把旋转方法放到最后。

4．skew(deg,deg)

skew(deg,deg)包含两个参数，分别表示 x 轴和 y 轴倾斜的角度，如果第二个参数为空，则默认为 0，参数为负数表示向相反方向倾斜。

需要注意的是，以上的转换方法可以同时使用，并且使用的顺序会影响转换的效果。

【例 8-3】体验 2D 转换效果。

```
----------------------------------------------【8-3.html 代码清单】----------------------------------------------
<!DOCTYPE html>
<html lang="en">
<head>
    <meta charset="utf-8">
    <title>体验 2D 转换效果</title>
    <style>
        .box {
            width: 200px;
            height: 200px;
            margin: 20px;
        }
        .box img {
            width: 100%;
            transition: all 3s;
        }
        .box:hover img {
            transform:translate(500px,200px) scale(1.5,1.5) skew(30deg,30deg) rotate(360deg);
        }
    </style>
</head>
<body>
    <div class="box">
        <img src="images/circle.png" alt="">
    </div>
</body>
</html>
```

在浏览器中打开 HTML 文档，可以看到当鼠标指针移到图片上时，实现了图片边移动、边缩放、边倾斜、边旋转的动画效果。

8.2.2 transform-origin 属性

2D 转换时的原点默认位于元素的中心，使用 transform-origin 属性可以改变元素 2D 转换时的原点位置。需要说明一点，改变元素 2D 转换时的原点不会影响 translate 位移效果。

使用格式如下：

```
transform-origin:left center;
transform-origin:50% 50%;              /*默认值*/
transform-origin:center center;        /*默认值*/
transform-origin:20px 0;
```

【例 8-4】设置元素 2D 转换时的原点。

```
---------------------------------------------【8-4.html 代码清单】---------------------------------------------
<!DOCTYPE html>
<html lang="en">
<head>
    <meta charset="utf-8">
    <title>元素 2D 转换时的原点</title>
    <style>
        body {
            margin: 0;
            padding: 0;
            background-color: #F7F7F7;
        }
        .box {
            width: 100px;
            height: 200px;
            margin: 300px auto;
            position: relative;
        }
        .box img {
            width: 100%;
            height: 100%;
            position: absolute;
            left: 0;
            top: 0;
            transition: all 1s;
            transform-origin: left top;          /*设置原点在左上角*/
            /*transform-origin: right top;*/
            /*transform-origin: 0 0;*/
            /*transform-origin: 78px 0;*/
            /*transform-origin: 50% 0;*/
        }
        .box:hover img:nth-child(1) {
            transform: rotate(30deg);
        }
        .box:hover img:nth-child(2) {
            transform: rotate(60deg);
        }
        .box:hover img:nth-child(3) {
            transform: rotate(90deg);
        }
```

```
            .box:hover img:nth-child(4) {
                transform: rotate(120deg);
            }
            .box:hover img:nth-child(5) {
                transform: rotate(150deg);
            }
            .box:hover img:nth-child(6) {
                transform: rotate(180deg);
            }
        </style>
    </head>
    <body>
        <div class="box">
            <img src="images/phone.jpg" alt="">
            <img src="images/phone.jpg" alt="">
            <img src="images/phone.jpg" alt="">
            <img src="images/phone.jpg" alt="">
            <img src="images/phone.jpg" alt="">
            <img src="images/phone.jpg" alt="">
        </div>
    </body>
    </html>
```

8.2.3 2D 转换应用案例——任意元素在窗口中居中

在网页开发中，有时会有让一个元素出现在页面正中间的需求，这种情况结合使用定位和 2D 转换来实现比较方便，同时无论浏览器窗口怎么缩放，元素都会保持在窗口的正中间，这也是 2D 转换的一个技巧性应用。效果如图 8-2 所示。

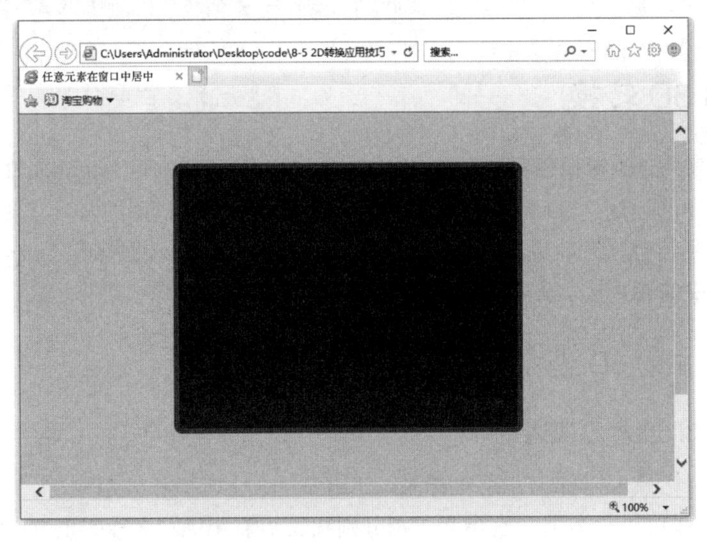

图 8-2　任意元素在窗口中居中

【例 8-5】设置任意元素在窗口中居中。

```
---------------------------------------------【8-5.html 代码清单】---------------------------------------------
<!DOCTYPE html>
<html lang="en">
<head>
```

```
        <meta charset="utf-8">
        <title>任意元素在窗口中居中</title>
        <style>
            html, body {
                height: 100%;
            }
            body {
                margin: 0;
                padding: 0;
                background-color: #ccc;
                position: relative;
            }
            /* 实现任意元素的垂直和水平居中 */
            .box {
                width: 400px;
                height: 300px;
                border:6px solid red;
                border-radius: 10px;
                background-color: blue;
                position: absolute;
                left: 50%;          /*参考的是父元素 body 的宽度*/
                top: 50%;           /*参考的是父元素 body 的高度*/
                transform: translate(-50%, -50%);
            }
        </style>
    </head>
    <body>
        <div class="box"></div>
    </body>
    </html>
```

8.3 CSS3 3D 转换

在 CSS3 里实现 3D 转换也需要用到 transform 属性和 transform-origin 属性。这两个属性的作用和 2D 转换中的一样，3D 转换可以呈现出 3D 效果。需要说明的是，单独的 3D 转换不具有动画效果，需要结合过渡或者动画知识，才能实现丰富的网页动画效果。要学习 3D 转换，需要先了解 CSS3 中的 3D 坐标系与透视原理。

8.3.1 CSS3 中的 3D 坐标系

1. 传统的 3D 坐标系概述

传统的 3D 坐标系可以称为左手坐标系，伸出左手，让拇指和食指成“L”形，大拇指向右，食指向上，中指指向前方，拇指、食指和中指分别代表 x 轴、y 轴、z 轴的正方向，如图 8-3 所示。

2. CSS3 中的 3D 坐标系概述

CSS3 中的 3D 坐标系与传统的 3D 坐标系有一定的区别，相当于将传统的 3D 坐标系绕着 x 轴旋转了 180 度，如图 8-4 所示。

体现在网页中，水平向右是 x 轴正方向，垂直向下是 y 轴正方向，垂直计算机屏幕向外是 z 轴正方向。

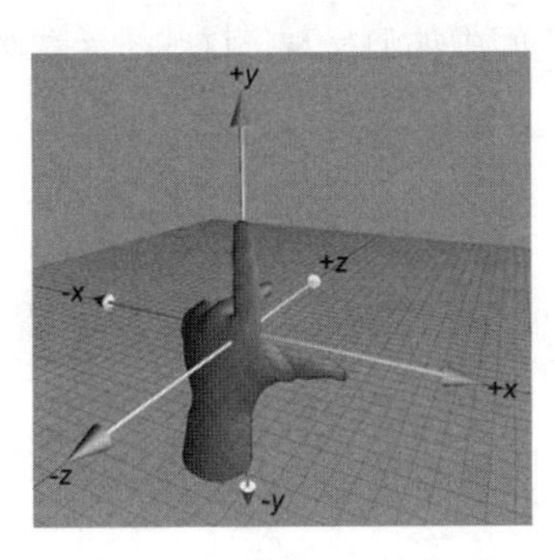

图 8-3　传统的 3D 坐标系

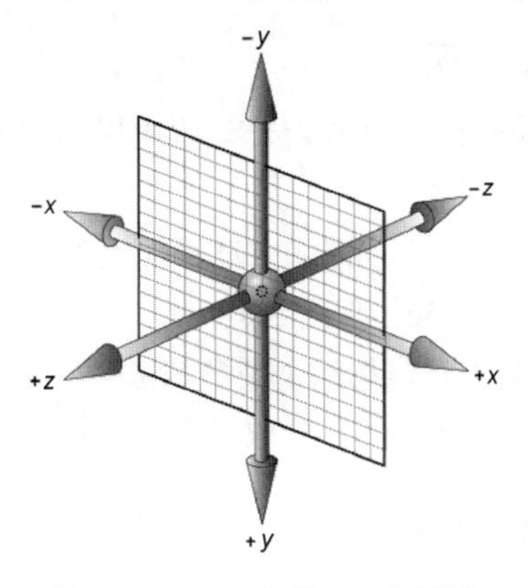

图 8-4　CSS3 中的 3D 坐标系

3. 左手法则

左手握住旋转轴，竖起拇指指向旋转轴正方向，正向就是其余手指卷曲的方向。

8.3.2　透视原理

1. 透视

计算机屏幕是一个 2D 平面，图像具有的立体感（3D 效果），其实只是一种视觉呈现，通过透视（perspective）可以实现此效果。

透视可以将一个 2D 平面在转换的过程中，呈现 3D 效果。

> **注意：**
> 并非任何情况下都需要透视效果，开发者要根据开发需要进行设置。

2. 理解透视距离

透视会产生“近大远小”的效果，如图 8-5 所示。其中，*d* 表示视距，即眼睛到屏幕的距离，*z* 表示 *z* 轴方向上物体离屏幕的距离，*z* 值（正值）越大，人们看到的物体就越大。

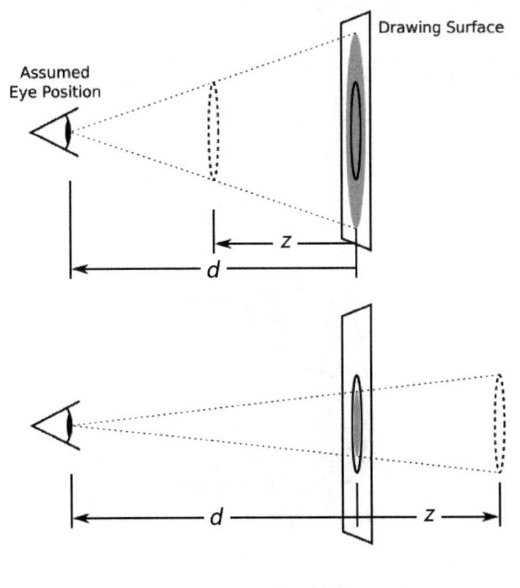

图 8-5　透视距离

3．3D 呈现

transform-style 属性用于设置内嵌的子元素在 3D 空间中如何呈现，这些子元素必须为转换元素，取值如下。

- flat：所有子元素在 2D 平面呈现。
- preserve-3d：保留 3D 空间。

3D 元素构建是指某个图形是由多个元素构成的，可以给这些元素的父元素设置 transform-style: preserve-3d 来使其变成一个真正的 3D 图形。

8.3.3 3D 转换方法

CSS3 中常用的 3D 转换方法和 2D 转换中的类似，唯一不同的是多了 *z* 轴方向的控制。

1．translate3d(x,y,z)

translate3d(x,y,z)用来设置元素在 *x* 轴、*y* 轴、*z* 轴上的移动距离，为了方便实现单个方向的控制，可以将其分解为 translateX(x)、translateY(y)、translateZ(z)三个方法。

2．scale3d(x,y,z)

scale3d(x,y,z)用来设置元素在 *x* 轴、*y* 轴、*z* 轴上的缩放效果，为了方便实现单个方向的控制，可以将其分解为 scaleX(x)、scaleY(y)、scaleZ(z)三个方法。

3．rotate3d(x,y,z,deg)

rotate3d(x,y,z,deg)用来设置元素的 3D 旋转效果，参数 x、y、z 的取值在 0～1 之间，用来描述元素围绕 *x* 轴、*y* 轴、*z* 轴旋转的矢量值，参数 deg 用来指定元素在 3D 空间旋转的角度，正值表示顺时针旋转，负值表示逆时针旋转。该方法的具体含义是：以起始点（根据 transform-origin 设定，默认为(0,0,0)）为坐标原点、终点为(x,y,z)的向量为轴，根据左手法则，按 deg 进行旋转。

在实际使用时，经常使用单个方向上的旋转控制，即 rotateX(deg)、rotateY(deg)、rotateZ(deg)。

8.3.4 3D 转换应用案例——立方体效果

学习完 3D 转换的相关知识后，我们可以制作一个立方体，让 2D 页面上呈现出立方体效果，如图 8-6 所示。

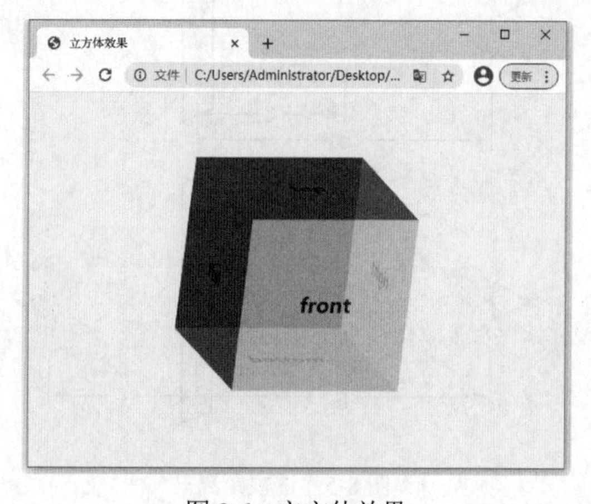

图 8-6 立方体效果

【例 8-6】制作立方体效果。

```
-------------------------------------------- 【8-6.html 代码清单】 --------------------------------------------
<!DOCTYPE html>
<html lang="en">
<head>
    <meta charset="utf-8">
    <title>立方体效果</title>
    <style>
        body {
            margin: 0;
            padding: 0;
            background-color: #F7F7F7;
        }
        .box {
            width: 200px;
            height: 200px;
            text-align: center;
            line-height: 200px;
            font-size: 24px;
            font-weight: bold;
            margin: 100px auto;
            position: relative;
            /*设置旋转角度是为了方便观察立方体效果*/
            transform: rotateY(20deg) rotateX(-20deg);
        /*所有内嵌子元素位于 3D 空间中*/
        transform-style: preserve-3d;
        }
        .front, .back, .left, .right, .top, .bottom {
            width: 200px;
            height: 200px;
            position: absolute;
            top: 0;
            left: 0;
            opacity: 0.8;
        }
        .front {
            background-color: pink;
            transform: translateZ(100px);     /*沿 z 轴正方向移动 100px*/
        }
        .back {
            background-color: blue;
            transform: translateZ(-100px);     /*沿 z 轴负方向移动 100px*/
        }
        .left {
            background-color: green;
            /*沿 y 轴顺时针旋转 90 度，然后沿 z 轴负方向移动 100px*/
            transform: rotateY(90deg) translateZ(-100px);
        }
        .right {
            background-color: yellow;
            /*沿 y 轴顺时针旋转 90 度，然后沿 z 轴正方向移动 100px*/
            transform: rotateY(90deg) translateZ(100px);
        }
```

```
            .top {
                background-color: red;
                /*沿 x 轴顺时针旋转 90 度，然后沿 z 轴正方向移动 100px*/
                transform: rotateX(90deg) translateZ(100px);
            }
            .bottom {
                background-color: orange;
                /*沿 x 轴顺时针旋转 90 度，然后沿 z 轴负方向移动 100px*/
                transform: rotateX(90deg) translateZ(-100px);
            }
        </style>
</head>
<body>
    <div class="box">
        <div class="front">front</div>
        <div class="back">back</div>
        <div class="left">left</div>
        <div class="right">right</div>
        <div class="top">top</div>
        <div class="bottom">bottom</div>
    </div>
</body>
</html>
```

此例中比较特殊的是，将六个面中涉及旋转的方法放到了位移方法的前面，所以位移的控制一直是在 *z* 轴上进行的。

8.4 CSS3 动画

动画是 CSS3 中具有颠覆性的特性之一，可通过设置多个关键帧来精确控制一个或一组动画，常用来实现复杂的动画效果，可以取代原来网页上的 GIF 动画图像、Flash 动画和使用 JavaScript 实现的动画效果。

8.4.1 动画序列

要创建 CSS3 动画，首先要通过@keyframes 指定一个动画序列，并为该动画序列命名，然后在@keyframes 内通过百分数将动画序列分割成多个关键帧，在每个关键帧中分别定义各自的属性。例如：

```
@keyframes changeBg{
    0% {background: red;}
    100% {background: blue;}
}
```

其中，changeBg 就是动画序列的名称，里面的 0%、100%规定了变化发生的时间，参照的是动画执行的时长，具体可以理解为在动画开始时背景颜色为红色，在动画结束时背景颜色为蓝色。这种动画序列很简单，只有 2 个关键帧，也可以使用关键词“from”和“to”来分别替代 0%和 100%。例如：

```
@keyframes myfirst {
    from {background: red;}
    to {background: blue;}
}
```

当然，CSS3 中的动画是为了实现复杂的动画效果，更多情况下要设置的关键帧不止 2 个，例如：

```
@keyframes change {
        0% {width: 400px;}
        20% {height: 400px;}
        40% {background-color: yellow;}
        80% {width: 200px;}
        100% {height: 200px; background-color: red;}
}
```

需要注意的是，通过@keyframes 只是定义了一个动画序列，要实现动画，还需要将动画序列绑定到一个网页元素上，具体地说是通过元素的 animation 属性绑定动画序列的。

8.4.2 animation 属性

定义一个动画序列后，如果希望这个动画序列应用于某个网页元素，就可以为该元素设置 animation 属性，从而让该元素按照动画序列中指定的样式进行变化。

【例 8-7】体验动画效果。

```
--------------------------------------------【8-7.html 代码清单】--------------------------------------------
<!DOCTYPE html>
<html lang="en">
<head>
    <meta charset="utf-8">
    <title>CSS3 动画</title>
    <style>
        body {
            margin: 0;
            padding: 0;
            background-color: #F7F7F7;
        }
        .box {
            width: 200px;
            height: 200px;
            margin: 0 auto;
            background-color: red;
            animation: change 10s linear;    /*绑定动画序列、设置动画时长和速度曲线*/
        }
        /* 定义动画序列 */
        @keyframes change {
            0% {width: 400px;}
            20% {height: 400px;}
            40% {background-color: yellow;}
            80% {width: 200px;}
            100% {height: 200px;background-color: red;}
        }
    </style>
</head>
<body>
     <div class="box"></div>
</body>
</html>
```

8.4.3 animation 属性的分解

animation 是一个复合属性，可以分解为如表 8-2 所示的单一属性。

表 8-2 animation 属性的分解属性

属　　性	含　　义	示　　例
animation-name	设置动画序列的名称	animation-name:move
animation-duration	设置动画效果的持续时间	animation-duration:2s
animation-delay	设置动画效果的延迟时长	animation-delay:3s
animation-timing-function	设置动画效果的速度曲线，默认值是“ease”	animation-timing-function:linear
animation-play-state	设置动画是否正在运行，默认值是“running”	animation-play-state:running
animation-direction	设置动画是否在下一个周期逆向播放，默认值是“normal”	animation-direction:alternate
animation-fill-mode	设置动画不播放时（当动画完成时或动画有一个延迟未开始播放时），要应用到元素的样式	animation-fill-mode:forward
animation-iteration-count	设置动画播放的次数，默认值是“1”	animation-iteration-count:infinite

例如：

```
div
{
    width:100px;
    height:100px;
    background:red;
    position:relative;
    animation-name:myfirst;
    animation-duration:5s;
    animation-timing-function:linear;
    animation-delay:2s;
    animation-iteration-count:infinite;
    animation-direction:alternate;
    animation-play-state:running;
}
@keyframes myfirst
{
    0%    {background:red; left:0px; top:0px;}
    25%   {background:yellow; left:200px; top:0px;}
    50%   {background:blue; left:200px; top:200px;}
    75%   {background:green; left:0px; top:200px;}
    100% {background:red; left:0px; top:0px;}
}
```

说明：关于 animation 属性值的设置，除动画序列名称、动画效果的持续时间、动画效果的延迟时长有严格的顺序要求外，其他的可以随意。

8.4.4 动画应用案例——旋转的立方体

在【例 8-6】的基础上，结合动画特性制作一个旋转的立方体，效果如图 8-7 所示。

【例 8-8】制作旋转的立方体效果。

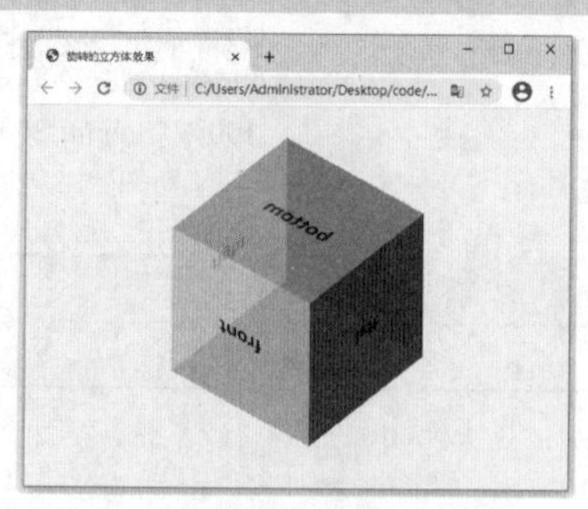

图 8-7 旋转的立方体效果

--【8-8.html 代码清单】--

```
<!DOCTYPE html>
<html lang="en">
<head>
    <meta charset="utf-8">
    <title>旋转的立方体效果</title>
    <style>
        body {
            margin: 0;
            padding: 0;
            background-color: #F7F7F7;
        }
        .box {
            width: 200px;
            height: 200px;
            text-align: center;
            line-height: 200px;
            font-size: 24px;
            font-weight: bold;
            margin: 100px auto;
            position: relative;
            transform: rotateY(20deg) rotateX(-20deg);
            transform-style: preserve-3d;
            /*绑定动画序列 rotate，动画效果的持续时间为 8s，动画效果的速度曲线为匀速，动画播放次数为无限次*/
            animation: rotate 8s linear infinite;
        }
        .front, .back, .left, .right, .top, .bottom {
            width: 200px;
            height: 200px;
            position: absolute;
            top: 0;
            left: 0;
            opacity: 0.8;
        }
        .front {
            background-color: pink;
            transform: rotateY(0) translateZ(100px);
        }
        .back {
            background-color: blue;
            transform:   translateZ(-100px);
        }
        .left {
            background-color: green;
            transform:   rotateY(90deg) translateZ(-100px);
        }
        .right {
            background-color: yellow;
            transform: rotateY(90deg) translateZ(100px);
        }
        .top {
            background-color: red;
```

```
            transform: rotateX(90deg) translateZ(100px);
        }
        .bottom {
            background-color: orange;
            transform:   rotateX(90deg) translateZ(-100px);
        }
        /*定义动画序列，命名为 rotate*/
        @keyframes rotate {
            from {
                transform: rotateX(0) rotateY(360deg);
            }

            to {
                transform: rotateX(360deg) rotateY(0);
            }
        }
    </style>
</head>
<body>
    <div class="box">
        <div class="front">front</div>
        <div class="back">back</div>
        <div class="left">left</div>
        <div class="right">right</div>
        <div class="top">top</div>
        <div class="bottom">bottom</div>
    </div>
</body>
</html>
```

注意：

文字加粗部分的代码用来实现立方体一直旋转的动画效果。

小结

与 CSS2 相比，CSS3 增加了很多新特性，本章对其中比较有代表性的过渡、转换及动画特性进行了介绍，具体介绍了过渡、2D 转换、3D 转换和动画涉及的 CSS3 属性及相关知识，并通过示例介绍了它们的应用场景。通过本章的学习，可以制作出丰富的网页特效和动画，从而增强用户体验。本章体现了现在网页设计过程中 Flash 动画转向 H5 动画的设计理念。

习题

一、选择题

1．关于 CSS3 的过渡，下列说法正确的是（　　）。

A．所有的属性只要属性值有变化，都可以实现过渡效果

B．transition 属性无论是放到正常状态还是 hover 状态，实现的过渡效果都没有区别

C．凡是可以用数字表示的属性都可以实现过渡效果

D．只能通过:hover 触发两种状态的切换，从而实现过渡效果

2．可以同时指定多个参与过渡的属性值，以（　　）进行分隔。

A．逗号　　B．分号　　C．顿号　　D．句号

3．用来设置过渡效果的持续时间的属性是（　　）。

A．transition-property　　B．transition-duration

C．transition-delay　　D．transition-timing-function

4．在下面的 2D 转换方法中，用于实现元素倾斜的是（　　）。

A．translate()　　B．scale()　　C．skew()　　D．rotate()

5．要实现将一个元素从当前位置水平向左移动 200px，下面的位移方法使用正确的是（　　）。

A．translate(200px,0px)　　B．translate(0px,200px)

C．translate(-200px,0px)　　D．translate(0px,-200px)

6．在下列选项中，用于实现元素 2D 旋转的是（　　）。

A．transform:rotate(30deg)　　B．transform:rotate(30)

C．transform:scale(30deg)　　D．transform:translate(30)

7．下面关于 3D 转换，说法正确的是（　　）。

A．CSS3 中的 3D 坐标系和数学上传统的 3D 坐标系没有区别

B．在网页中，垂直计算机屏幕向内就是 CSS3 的 3D 坐标系的 z 轴正方向

C．3D 转换本身自带动画效果

D．translate3d(x,y,z)用来设置元素在 x 轴、y 轴、z 轴的移动距离

8．在 3D 转换方法 rotate3d(x,y,z,deg)中，参数 x,y,z 的取值范围为（　　）。

A．0～1　　B．0～90　　C．0～360　　D．没有限制

9．关于 CSS3 中的动画，下面说法正确的是（　　）。

A．animation-name 属性值不一定要和@keyframes 动画序列的名称设置为一致

B．动画序列中至少要定义两个关键帧的属性

C．只能使用百分数来定义关键帧的位置

D．所有浏览器都支持

10．下面（　　）属性用于指定动画效果的延迟时长。

A．animation-name　　B．animation-timing-function

C．animation-play-state　　D．animation-delay

二、填空题

1．transition-timing-function 属性用来设置过渡效果的速度曲线，默认值为__________。

2．2D 转换时的原点默认位于元素的__________。

3．要实现元素的缩放，需要使用的 2D 转换方法是__________。

4．在 3D 转换中如果某个图形是由多个元素组成的，则需要将这些元素的父元素的 transform-style 属性值设置为__________。

5．定义如下动画序列：

```
@keyframes changeBg{
    0% {background: red;}
    100% {background: blue;}
}
```

其中的 0%和 100%可以分别使用关键字__________和__________替代。

第9章　JavaScript 基础

HTML、CSS、JavaScript 是网页设计中核心的 3 种技术。JavaScript 是嵌入在 HTML 文档中的一种脚本，由 Web 浏览器（客户端）解释运行。其主要作用是在 HTML 页面中添加交互行为、改进设计效果、进行表单验证、检测浏览器版本、创建 cookie 等。本章主要介绍 JavaScript 基础知识，包括 JavaScript 概述、语法基础等。JavaScript 是实现 HTML5 应用的基础。

9.1　JavaScript 概述

9.1.1　JavaScript 简介

JavaScript 是一种基于对象（Object）和事件驱动（Event Driven）并具有一定安全性的脚本。其语法结构与 C、C++及 Java 相似，但 JavaScript 和 Java 是两种完全不同的语言，两者之间没有任何关系。JavaScript 是以 ECMAScript 为开发标准的，而 Java 则是由 Sun（2009 年被 Oracle 公司收购）公司开发的更复杂的面向对象的编程语言。

JavaScript 是一种解释型的脚本，有两种形式，即客户端 JavaScript 和服务器端 JavaScript。客户端 JavaScript 可被直接嵌入在 HTML 文档中，主要用于对网页元素进行动态控制。在用 Web 浏览器浏览页面时，嵌入在 HTML 文档中的 JavaScript 代码由脚本引擎解释执行。脚本引擎是一个解释器，它是 Web 浏览器的一部分。服务器端 JavaScript 可以直接访问文件系统、数据库。

脚本是计算机编程语言的统称，网页中的脚本可以动态地操作 Web 页面，包括修改、删除或添加网页内容，改变网页的外观，对表单提交的用户请求进行响应，访问数据或数据库并向浏览器返回结果等。网页中的脚本有两种：一种是在 Web 服务器端执行的，被称为服务器端脚本，如 ASP、ASP.NET、PHP、JSP 等；另一种是在 Web 浏览器端执行的，被称为客户端脚本，如 JavaScript。网页中的服务器端脚本在服务器收到页面请求时在服务器上执行，然后将执行的结果返回浏览器；客户端脚本不会在服务器上执行，而是直接返回浏览器，浏览器收到返回的页面后，显示网页内容并解释执行里面的客户端代码。图 9-1 展示了用户浏览网页的过程。

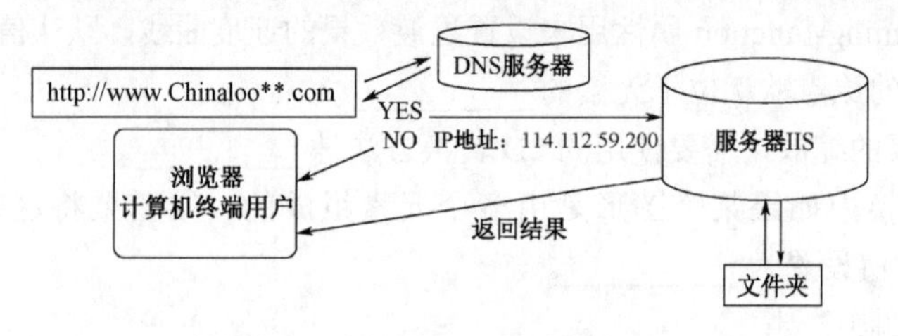

图 9-1　用户浏览网页的过程

网页一般存储在被称为 Web 服务器的计算机上，装有网页浏览器的 Web 客户端通过 HTTP 协议向 DNS 服务器请求 URL 的地址信息，如果没有 DNS 信息，则 DNS 服务器向浏览器显示当前域名有误或网页返回，如果有 DNS 信息，就会向浏览器返回该请求的域名所对应的服务器 IP 地址，浏览器通过 IP 地址找到服务器后，经过 Web 服务器上的 Web 服务器组件（Windows

操作系统上为 IIS、UNIX 操作系统上为 Apache）找到网址对应的网页文件存储路径，然后运行网页文件中的服务器端脚本，接着将运行结果、客户端脚本以及 HTML 文档等网页信息返回客户端，客户端的浏览器负责分析返回的 HTML 文档和解释执行里面的客户端脚本并显示网页。浏览器还能读取 CSS 样式、渲染 HTML 文档的内容，或传输 XML 结构的内容，如果代码不能识别则显示其源代码。

由于早期浏览器所支持的 JavaScript 存在不兼容的现象，因此 ECMA（European Computer Manufacturers Association，欧洲计算机制造商协会）对 JavaScript 进行了标准化设计，制定了 ECMAScript 并把它作为 JavaScript 的标准风格，从而让各公司有据所依。

9.1.2 JavaScript 嵌入网页的方式

在 HTML 文档中嵌入 JavaScript 代码有 3 种方式，分别是在 HTML 文档中使用 JavaScript、在 HTML 标记中内嵌 JavaScript、引用外部 JavaScript 文件。

1. 在 HTML 文档中使用 JavaScript

```
<script type = "text/javascript">
  // JavaScript 代码
</script>
```

2. 在 HTML 标记中内嵌 JavaScript

```
<button onclick="JavaScript:alert('这是第一个 JavaScript 例子！ ')">单击我</button>
```

3. 引用外部 JavaScript 文件

```
<script type="text/javascript" src=" JavaScript  文件路径"></script>
```

下面通过案例说明 JavaScript 代码是怎样被嵌入 HTML 文档中的。

【例 9-1】创建一个网页，实现在屏幕上输出提示信息“这是第一个 JavaScript 例子！”，运行效果如图 9-2 和图 9-3 所示。

```
--------------------------------------------------【9-1.html 代码清单】--------------------------------------------------
<!doctype html>
<html>
<head>
  <meta charset = "utf-8">
  <title>这是第一个 JavaScript 例子</title>
  <script language="javascript">
    // 在这里添加 JavaScript 代码
      alert( "这是第一个 JavaScript 例子!" );
    </script>
</head>
<body>
  <h1 id="d1"> 今后大家将一起学习 JavaScript 知识！ </h1>
</body>
</html>
```

在上述代码中：JavaScript 代码由<script language =" javascript " >…</script>部分说明，其中 language 属性用于说明代码采用的是哪种脚本语言集。常见的脚本语言集有 JavaScript、JScript、VBScript，默认是 JavaScript，因此该属性可以省略，目前该代码常被<script type = "text/javascript">…</script>代替。

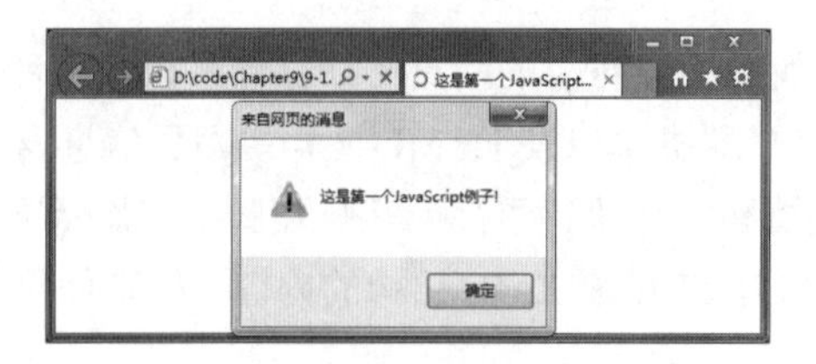

图 9-2　运行效果

图 9-3　单击“确定”按钮后的效果

“//”之后的内容是 JavaScript 的注释，不会被执行。JavaScript 支持两种注释类型：单行注释和多行注释。单行注释用“//”表示，多行注释用“/*”和“*/”把多行文本括起来。

alert("这是第一个 JavaScript 例子!")是 JavaScript 的窗口对象（window 对象）的方法，其功能是弹出一个带有“确定”按钮的对话框并显示括号中的字符串。

JavaScript 中常见的数据输出方法有 4 种，它们分别是：

- window.alert()方法；

例如：

```
window.alert("这是第一个 JavaScript 例子!");
```

- document.write()方法；

例如：

```
document.write("这是第一个 JavaScript 例子!");
```

- console.log()方法；

例如：

```
console.log("这是第一个 JavaScript 例子!");
```

- 修改标记对象的.innerHTML 属性的方法。

例如：

```
document.getElementById("d1").innerHTML="这是第一个 JavaScript 例子!";
```

其中 document.getElementById("d1")的含义是获取页面中 id="d1"的元素。

将【例 9-1】的 alert("这是第一个 JavaScript 例子!")分别改写为上面的 4 条语句（见本书源代码 9-1-1.html 至 9-1-4.html），并分析它们的运行效果。window.alert()与 alert()的含义是一样的，因为 window 是顶层对象，可以省略。document.write()是把文本信息显示在网页中。console.log()是在调试窗口中输出文本信息（浏览页面，然后按 F12 键打开浏览器的调试窗口，选择控制台或 Console 面板，可以看到调试信息），如图 9-4 和图 9-5 所示，不同浏览器的调试窗口略有不同。

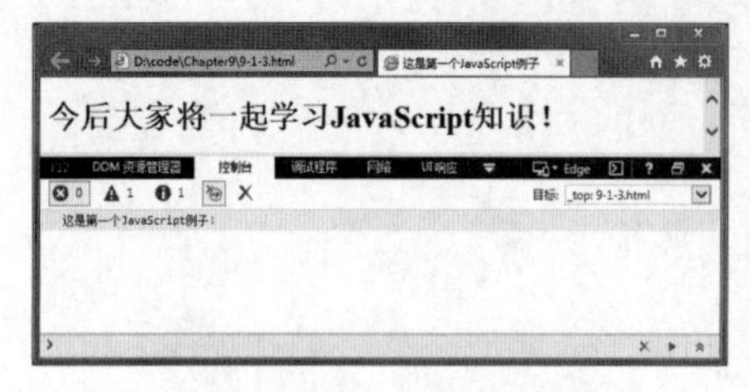

图 9-4　IE 浏览器的调试窗口

图 9-5　Chrome 浏览器的调试窗口

document.getElementById("d1").innerHTML="";是获取页面中 id="d1"的元素，并修改它的标记内容，使用该语句替换 alert()语句后发现页面没有什么效果，通过查看浏览器的调试窗口的 Console 面板，发现了错误，如图 9-6 所示。因为本语句要获取 id="d1"的 HTML 元素，而该元素还未加载，因此 document.getElementById("d1")的值为 null，null 对象没有 innerHTML 属性，把整个 JavaScript 代码放在</h1>标记之后，该错误即可排除。

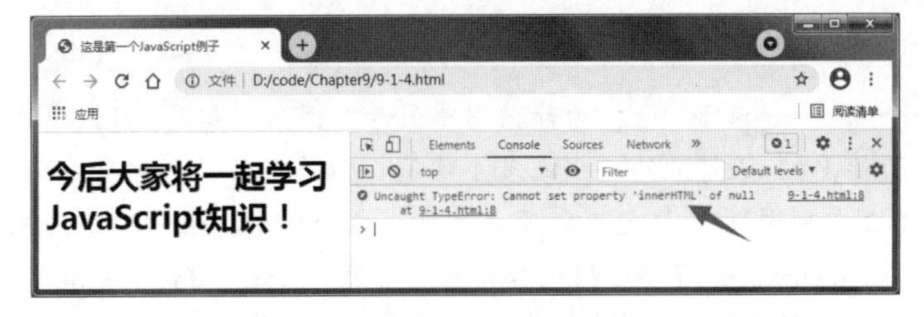

图 9-6　页面出错提示

通常将 JavaScript 代码放在<head></head>标记之间、</title>和<meta>等标记的后面，从而确保 JavaScript 代码在网页显示出来之前已经完全下载到浏览器；也可以将 JavaScript 代码放在<body> </body>标记之间的任意位置。将【例 9-1】的代码改写为如下代码。

```
----------------------------------------------【9-1-5.html 代码清单】----------------------------------------------
<!doctype html>
<html>
<head>
  <meta charset = "utf-8">
  <title>这是第一个 JavaScript 例子</title>
</head>
<body>
  <h1> 今后大家将一起学习 JavaScript 知识！ </h1>
  <script   type = "text/javascript">
    // 在这里添加 JavaScript 代码
    alert( "这是第一个 JavaScript 例子！ " );
  </script>
</body>
</html>
```

由于 HTML 文档的加载顺序是由上至下，由左至右的，因此在调用 alert()函数显示对话框之前，<h1></h1>标记中的文字就已经显示在浏览器端。而【例 9-1】代码在执行时，是先出现提示对话框，当用户单击“确定”按钮后，才显示<h1> </h1>标记中的文字。如果 JavaScript 代码涉及 HTML 标记，一定要保证在代码执行时，该 HTML 标记已经加载完成，否则将出现错误。

在 HTML 标记中内嵌 JavaScript，一般是在 HTML 的起始标记中加入事件属性，并把事件属性的值指定为 JavaScript 代码，这样当触发该标记的对应事件时，事件对应的代码就会被执行。将【例 9-1】的代码改写为如下代码。

```
----------------------------------------------【9-1-6.html 代码清单】----------------------------------------------
<!doctype html>
<html>
<head>
  <meta charset = "utf-8">
  <title>这是第一个 JavaScript 例子</title>
</head>
<body>
  <h1 onclick = "javascript:alert( '这是第一个 JavaScript 例子！ ');">今后大家将一起学习 JavaScript 知识！
  </h1>
</body>
</html>
```

网页运行时只显示“今后大家将一起学习 JavaScript 知识！”，当用户单击该行字符时，会触发 onclick 事件，从而调用其中的 JavaScript 代码。

注意：

'这是第一个 JavaScript 例子!'，为什么用单引号？因为，JavaScript 中的字符串是用单引号（'）或双引号（"）括起来的一个或多个字符。但是当外面已经有双引号（"）时，里面的字符串只能用单引号（'）括起来，反之亦然。另外要尤其注意的是，HTML 代码不区分字母大小写，而 JavaScript 程序严格区分字母大小写。因此当 JavaScript 程序和 HTML 代码写在一起时，要知道哪些是 HTML 代码，哪些是 JavaScript 程序，这样才不容易混淆。在<h1 onclick = "javascript:alert('这是第一个 JavaScript 例子!');">今后大家将一起学习 JavaScript 知识！</h1>这段代码中，双引号里面的是 JavaScript 程序，区分字母大小写，其他的都是 HTML 代码，不区分字母大小写。

写在事件属性中的 JavaScript 代码可以有多条语句，中间用分号（;）分隔，但是如果代码很长，写在网页标记中就会很乱，这时通常把这些代码定义为一个函数，事件属性的值为函数调用。【例 9-1】的代码可继续改写为如下代码。

```
------------------------------------------------【9-1-7.html 代码清单】------------------------------------------------
<!doctype html>
<html>
<head>
   <meta charset = "utf-8">
   <title>这是第一个 JavaScript 例子</title>
   <script   type = "text/javascript">
        function   fun() {
          alert( "这是第一个 JavaScript 例子！" );
        }
        </script>
</head>
<body>
   <h1 onclick = "fun();">今后大家将一起学习 JavaScript 知识！</h1>
</body>
</html>
```

在上面的代码中，在<head></head>标记中定义了 JavaScript 自定义函数 fun()，按照加载顺序，这段代码在<body></body>标记加载之前就已经载入。但是，函数定义后不会自动执行，只有被调用后才会执行。例如，本例中<h1 onclick = "fun();">的意思是当用户单击<h1>标记中的文字时调用 fun()函数。这时 fun()函数被称为事件处理函数。除此之外，函数也可以被直接调用，或被其他函数调用。函数定义通常放在网页头部，以保证被调用时已经加载。JavaScript 中的函数定义格式如下：

```
function   函数名(参数列表) {
   执行语句
}
```

有时需要在若干个页面中运行相同的 JavaScript 代码，为了避免重复以及方便修改，通常将 JavaScript 代码放在外部的 JavaScript 文件（以.js 为后缀）中。页面需要调用该段代码时，利用<script src="URL"   type = "text/ javascript"></script>方法导入即可，这种方法类似于 CSS 中的链接样式引用方法。下面的代码说明了如何将 JavaScript 代码放在外部的 JavaScript 文件并导入 HTML 页面中。

```
---------------------------------------------【js_1.js 代码清单】---------------------------------------------
function   fun(){
   alert( "这是第一个 JavaScript 例子!" );
```

```
}

--------------------------------------------【9-1-8.html 代码清单】--------------------------------------------
<!doctype html>
<html>
<head>
  <meta charset = "utf-8">
  <title>这是第一个 JavaScript 例子</title>
  <script src = "js_1.js"    type = "text/javascript"></script>
</head>
<body>
  <h1 onclick = "fun(); "> 今后大家将一起学习 JavaScript 知识！ </h1>
</body>
</html>
```

在 HTML 页面中导入外部 JavaScript 文件的基本格式如下：

```
<script src = "URL" type = "text/javascript"></script>
```

其中，URL 用于说明外部 JavaScript 文件的位置，其含义是将外部 JavaScript 文件内容导入 HTML 文件的该位置。JavaScript 文件是纯文本文件，可以用任意的文本编辑器编辑。

9.1.3 JavaScript 的特点

JavaScript 的特点主要体现在以下几个方面。

（1）简单性：JavaScript 是一种解释型的脚本，采用小程序段的方式实现程序设计。JavaScript 脚本语句的解释执行由 Web 浏览器负责，不需要额外的开发环境。

（2）事件驱动——动态性：相对于 HTML 和 CSS 的静态性，JavaScript 是动态的，JavaScript 可以直接对用户输入做出响应，无须经过 Web 服务器程序，它对用户的响应，是以事件驱动的方式进行的。所谓事件驱动，是指在网页中执行了某种操作从而触发“事件”，比如按下鼠标、移动窗口、选择菜单等都可以视为事件，当事件发生后，会引起相应的事件响应。响应的具体内容需要通过编写事件处理函数来实现。

（3）跨平台性：JavaScript 依赖于 Web 浏览器本身，与操作系统环境无关，计算机只要能运行支持 JavaScript 的浏览器，就可以正确地执行 JavaScript 程序。

（4）基于对象：JavaScript 是一种基于对象的语言。JavaScript 中提供了大量的对象，灵活应用各种对象实现对页面元素的控制是学习 JavaScript 的核心。

（5）节省与服务器的交互时间：在向服务器提交数据前，可以用 JavaScript 代码对数据进行验证，数据验证合法后再提交到服务器，当数据不正确时，可直接给予用户提示信息，避免数据提交到服务器以后发现错误，再返回用户，从而节省交互时间。

9.1.4 JavaScript 代码的编写习惯

在编写 JavaScript 代码时，应遵循以下规则。

（1）区分英文字母大小写。

（2）忽略程序中代码之间的空格、制表符和换行符。例如，下面两条语句的意义相同。

```
x = 10;
x   =    10;
```

（3）每行末尾的分号可有可无。JavaScript 自动在每行末尾加上分号。因此不要将一条语句写在多行，例如：

```
return  true;
```

如果写为

```
return
true
```

在执行时，JavaScript 自动在每行末尾加上分号，就变成了

```
return;
true;
```

这样就会出现错误。

写在一行的多条语句之间的分号不能省略。例如：

```
a = 5;b = 9;
```

为了增加程序的可读性，建议将不同的代码写在不同的行。

9.2 JavaScript 语法基础

JavaScript 与其他语言相同，有其自身的基本数据类型、常量、变量、运算符、表达式及程序控制语句。JavaScript 提供了七种数据类型来处理数据，变量提供了存放信息的地方，表达式则能完成较复杂的信息处理，程序控制语句使程序按照一定的流程执行。

9.2.1 数据类型、常量、变量

JavaScript 属于弱类型程序语言，又被称为动态类型程序语言，因而一个变量不必事先声明类型，在使用或赋值时再确定其类型即可。

1. 数据类型

JavaScript 的数据类型分为原始类型和引用类型。原始类型有三种基本的数据类型：数值型（number）、字符串型（string）、布尔型（boolean）。引用类型主要指对象（object）类型和函数（function）（见 10.2.7 节和 10.2.8 节）。另外还有两种特殊数据类型：未定义类型（undefined）和空类型（null）。本章仅介绍三种基本数据类型和两种特殊数据类型。

2. 常量

常量是程序中不能改动的数据，通常又被称为字面常量。JavaScript 的常量分别属于不同的数据类型。

（1）数值型常量：数值型常量包括整型常量和实型常量。

① 整型常量：JavaScript 中的整型常量能使用十进制、八进制和十六进制表示。

十进制常量是由正号（+）、负号（-）和数字（0～9）组成的整数表示形式，如–4、456、0。

八进制常量是由数字 0 引导，由正号（+）、负号（-）和数字（0～7）组成的整数表示形式，如 012、045、-016。

十六进制常量是由 0X 或 0x 引导，由正号（+）、负号（-）、数字（0～9）和字母（a～f 或 A～F）组成的整数表示形式，如 0x2b、0X49、-0X16。

② 实型常量：实型常量由整数部分加小数部分表示，如 12.32、193.98。实型常量能使用科学或指数记数法表示，如 5E7、4e5 等。

（2）布尔型常量：布尔型常量只有 true 或 false 两个值。

（3）字符串常量：字符串常量是使用单引号（''）或双引号（""）括起来的一个或多个字符

序列，由于 JavaScript 字符集采用的是 Unicode 字符集，因此字符串中可以包括汉字，如"This is a book of JavaScript""3245""您好!"等。

字符串中可以有一些以反斜杠（\）开头的不可显示的特殊字符，这些字符被称为转义字符。表 9-1 列出了 JavaScript 中常用的转义字符。

表 9-1　JavaScript 中常用的转义字符

转义字符	含　义	转义字符	含　义
\b	退格	\t	横向跳格
\f	走纸换页	\'	单引号
\n	换行	\"	双引号
\r	回车	\\	反斜杠

（4）undefined 值：undefined 值是未定义类型的数据，未定义类型仅此一个数据。当定义了变量还未赋值时，变量的值为 undefined；或者当访问一个不存在的属性时，返回 undefined。例如：

```
var a;                    // 声明变量 a
alert(a);                 // 显示 undefined，因为变量 a 未赋值
alert(typeof a);          // 显示 undefined，因为变量 a 的类型为 undefined
// typeof 运算符用于返回参数的类型（见 9.2.3 节）
alert(window.color);      // 显示 undefined，因为 window 对象没有 color 属性
```

（5）null 值：null 表示什么也没有，是一种特殊的 object 类型的数据。当试图获得一个对象，但是该对象不存在时，返回 null 值。例如：

```
var a = document.getElementById("d1");
```

如果网页中目前不存在 id = "d1"的元素，则 a 的值为 null，又如：

```
alert(typeof a);          // 显示 object，因为变量 a 的值为 null，null 可以看作空对象
```

（6）几个特殊的值。

① Infinity：正无穷大，表示 JavaScript 所能表示的最大数，用正数除以零得到 Infinity。

② -Infinity：负无穷大，表示 JavaScript 所能表示的最小数，用负数除以零得到-Infinity。

③ NaN：Not a Number 的简写，表示不是数值，例如，用数值除以字符串将得到 NaN。

Infinity、-Infinity、NaN 都是特殊的 number 类型的数据。

3．变量

变量的主要作用是存储数据，变量是存放信息的容器。下面主要介绍标识符的命名规则、变量的声明、变量的类型及变量的作用域。

（1）标识符的命名规则：标识符就是一个名字，用来为变量、函数等命名，标识符的命名规则如下。

① 标识符由字母、数字、下画线（_）或$组成，但不能以数字开头。标识符中不能有空格、+、−、,或其他符号。如 test1、text2、_name、$str 等都是合法的标识符，而 1a、a b+、name−1 等都是非法的标识符。

② 不能使用 JavaScript 的关键字作为标识符。在 JavaScript 中定义了许多关键字，这些关键字是供 JavaScript 内部使用的，不能作为标识符。表 9-2 分别列出了 JavaScript 的保留关键字与扩展关键字。在使用 EditPlus、Dreamweaver 等工具编写 JavaScript 脚本时，它们都会将关键字加上特殊颜色，以防止开发者使用关键字命名标识符。

表 9-2　JavaScript 的保留关键字与扩展关键字

保留关键字	扩展关键字
break、do、if、switch、typeof、case、else、in、this、var、catch、false、instanceof、throw、void、continue、finally、new、true、while、default、for、null、try、with、delete、function、return	abstract、double、goto、native、static、boolean、enum、implements、package、super、byte、export、import、private、synchronized、char、extends、int、protected、throws、class、final、interface、public、transient、const、float、long、short、volatile、debugger

③ 在命名标识符时，最好把标识符的意义和其代表的意思对应起来，以免出现错误。

（2）变量的声明：用 var 关键字声明变量，在声明变量时可以为变量赋初值。变量的类型由变量存储的数据的类型确定。在程序执行过程中可以改变变量的值，其类型也随着其值的类型的变化而变化。例如：

```
var mytest = "This is a book" ;  // 声明变量 mytest 并赋初值，mytest 类型为字符串型
mytest = true;                   // 给变量 mytest 赋值 true，mytest 类型为布尔型
var i = 1,j = 2,k = 3;           // 同时声明 i、j 和 k 三个变量，并分别对其进行初始化
var   mytest;                    // 声明变量 mytest，未赋初值，mytest 值为 undefined，类型为 undefined
```

在 JavaScript 中，变量也可以不做声明，直接赋值。例如：

```
x = 100;
y = "125";
xy =   true;
cost = 19.5;
```

其中，变量 x 为数值型，y 为字符串型，xy 为布尔型，cost 为数值型。

养成在使用变量之前加以声明的习惯对开发者是有益无害的。对变量做声明的最大好处就是能及时发现代码中的错误，因为 JavaScript 是采用动态编译的，而动态编译是不易发现代码中的错误的，特别是变量命名方面的错误。

（3）变量的作用域：JavaScript 中的变量分为全局变量和局部变量（也被称为函数作用域）。在所有函数体之外声明的变量是全局变量，其作用范围是整个网页；在函数体之内用 var 声明的变量是局部变量，其作用范围是该函数体；在函数体内直接赋值声明的变量也是全局变量。在 ES6 之前，JavaScript 没有块级作用域。

【例 9-2】编写代码说明全局变量和局部变量的作用域。

```
---------------------------------------------【9-2.html 代码清单】---------------------------------------------
<!doctype html>
<html>
<head>
  <meta charset = "utf-8">
  <title>变量的作用域</title>
</head>
<body>
  <script   type = "text/javascript">
    var a;                         //a 在函数体外声明，是全局变量，作用于整个脚本代码
    function send() {
      a = "欢迎进入";
      var b = "JavaScript";        //b 在函数体内声明，只作用于该函数体
      c = "JavaScript 程序设计";    //c 在函数体内直接赋值，是全局变量，作用于整个脚本代码
      alert(a+b);                  // 显示“欢迎进入 JavaScript”
      alert(a+c);                  // 显示“欢迎进入 JavaScript 程序设计”
    }
    send();                        // 调用函数 send()，从而执行 send()中的代码
    alert(a+c);                    // 显示“欢迎进入 JavaScript 程序设计”
```

```
    alert(a+b);                  // 出错，因为无法访问局部变量 b
  </script>
</body>
</html>
```

4．ES6 新增变量、常量声明方式

1）用 let 命令声明变量

ES6 新增了 let 命令，用来声明局部变量（块级作用域）。它的用法类似于 var，与 var 声明变量的主要区别如下。

（1）用 let 命令声明的变量仅在其所在的代码块内有效，而且在使用 let 命令声明变量之前，该变量都是不可用的。

（2）let 命令不允许在相同作用域内重复声明同一个变量，否则会报错。

（3）let 命令非常适用于 for 循环内部的块级作用域。在 for 循环中用 let 命令声明循环控制变量时，对于 for 语句的每次循环，循环控制变量都是一个全新的、独立的块级作用域，变量传入 for 循环体的作用域后，循环控制变量不会发生改变，不受外界的影响。ES6 之前要实现同样的功能需要通过函数的闭包，因为在 ES6 之前只有函数才可以改变变量的作用域（见 9.2.5 节）。

【例 9-3】编写代码说明用 let 命令和 var 声明变量的区别。

```
----------------------------------------------【9-3.html 代码清单】----------------------------------------------
<!doctype html>
<html>
<head>
<meta charset="utf-8">
<title>编写代码说明用 let 命令和 var 声明变量的区别</title>
<script type="text/javascript">
{
  var a = 1;                    //全局变量 a，var 声明的变量没有块级作用域
}
function f1() {
  console.log(a);               //输出 undefined，局部变量 a，声明提升后，默认值为 undefined
  var a = 10;                   //函数中声明的变量，在编译时都将被提升到函数的顶部
  var a = 20;                   //var 允许重复定义
  console.log(a);               //输出 20
}
f1();                           //调用函数 f1()，输出 undefined 和 20
console.log(a);                 //输出 1，是全局变量 a

{
  let b = 1;                    //局部变量 b，其作用域是块级作用域，仅在本大括号中能用
}
function f2() {
  // console.log(b);            //报错，在用 let 命令声明变量之前，该变量不能用
  let b = 10;
  //let b = 20;                 //let 命令不允许在相同作用域内重复声明同一个变量
  console.log(b);               //输出 10
}
f2();                           //调用函数 f2()，输出 10
//console.log(b);               //报错，b 未定义，上面声明的局部变量 b 都已经不存在
for (var i = 0; i <10; i++) {   //设置 10 个定时器，输出 i 的值
setTimeout(function() {
    console.log(i);  /* 定时器时间到，执行此代码时，for 循环已经执行完成，变量 i 的值为 10，由
```

```
于这里循环创建了 10 个定时器，这 10 个定时器的 i 值均为 10，即输出 10 个 10*/
        }, 10);                          //setTimeout()是用于设置定时器的方法，10ms 后执行第一个参数中的代码
    }
    for (let i = 0; i <10; i++) {          // 设置 10 个定时器，输出 i 的值
        setTimeout(function() {
            console.log(i);  //输出 0   1   2   3   4   5   6   7   8 9
    /* 定时器时间到，执行此代码时，for 循环已经执行完成，但 for 语句的每次循环，i 均是一个独立变
量，其作用域是本次循环体内，其值不受外界影响。因此 10 个定时器的输出值不一样*/
        }, 10);
    }
    </script></head>
    <body></body></html>
```

在 Chrome 浏览器中的运行效果如图 9-7 所示。

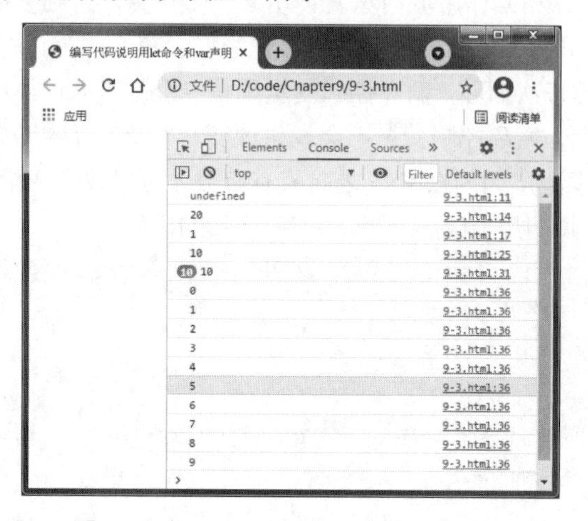

图 9-7　在 Chrome 浏览器中的运行效果

2）用 const 声明常量

const 用于声明一个符号常量，一旦声明，常量的值就不能改变。因此在声明常量时必须进行初始化，否则会报语法错误。例如：

```
const a = 2;   //正确
a = 5;         //报错，不能修改 a 的值
const b;       //报错，没有进行初始化
```

9.2.2　数据类型的转换

1．将非数值型数据转换为数值型数据

以下 3 个函数可以把非数值型数据转换为数值型数据，它们对于同样的输入会返回不同的结果。

（1）Number(expression)：把参数表达式转换为数值型数据。参数表达式可以是任意数据类型，例如：

```
Number(true)、Number(false)、Number(null)、Number(undefined)、Number("")//分别返回 1、0、0、NaN 和 0
Number("123")//返回 123，参数字符串中只包含数字，则将其转换为十进制数值
Number("0123")//有的浏览器返回 123，也就是说，忽略前导 0，有的浏览器会按八进制转换字符串数字
Number("123.4")//返回 123.4，参数字符串中包含有效的浮点格式，将其转换为对应的浮点数
Number("0x123")//返回 291，参数字符串以“0x”开头，并包含有效的十六进制格式，将十六进制数字转
//换为相同大小的十进制整数值
Number("123.4aa")//返回 NaN，参数字符串中包含非数字字符，将其转换为 NaN
```

（2）parseInt(string[,radix])：参数 string 是一个字符串，参数 radix 用于指定一个基数，表示把二进制、八进制、十六进制或其他任何进制的字符串转换为整数，当遇到第一个非法字符时，停止转换。如果参数字符串的第一个字符不是合法数字或字符，或参数不是字符串型则返回 NaN；如果省略 radix 参数或其值为 0，则数字将以 10 为基数来解析；如果 string 参数以“0x”或“0X”开头，则数字将以 16 为基数来解析；如果 radix 参数小于 2 或者大于 36，则将返回 NaN。例如：

```
parseInt("12.23as");        // 返回 12，遇到.停止转换
parseInt("aa12.23as");      // 返回 NaN，第一个字符是非数字字符
parseInt(true);             // 返回 NaN，参数不是字符串
parseInt("AB",16);          // AB 是合法的十六进制字符，把十六进制字符 AB 转换为十进制数值 171
parseInt("10",2);           // 返回 2，表示字符串中的数字是二进制形式
parseInt("10",8);           // 返回 8，表示字符串中的数字是八进制形式
var str ="0x10";
parseInt(str);              // 返回 16，表示字符串中的数字是十六进制形式
```

（3）parseFloat(string)：将字符串转换为浮点数，当遇到第一个非数字字符（不包括小数点）时，停止转换。例如：

```
parseFloat("12.45cv");      // 返回 12.45
parseFloat("12.23.34");     // 返回 12.23
parseFloat("abc");          // 返回 NaN
```

2．将其他类型数据转换为字符串型数据

将其他类型数据转换为字符串型数据相当于在原来的值的两边加上双引号。转换方法有以下两种。

（1）expression.toString([radix])：将表达式的值转换为相应的字符串。数值、布尔值、对象和字符串值都可使用 toString()方法，但 null 和 undefined 值不可使用该方法，将 undefined 和 null 值转换为字符串，只能使用下面的 String()方法。参数 radix 用于指出对数字进行转换时，按 radix 值所指进制来转换。

（2）String(value)：把参数值转换为字符串并返回。

例如：

```
var a = true;
a.toString();               // 结果为"true"
(10).toString(2);           // 结果为"1010"
String(null);               // 结果为"null"
```

3．将其他类型数据转换为布尔型数据

将其他类型数据转换为布尔型数据使用的方法是 Boolean(value)。该方法根据参数类型的不同，有以下不同的转换规则。

① 数值型：若为 0 或 NaN，则转换为 false，否则转换为 true。

② 字符串型：若为空字符串（""），则转换为 false，否则转换为 true。

③ 对象类型：若存在，则转换为 true，否则转换为 false。

④ undefined：转换为 false。

⑤ null：转换为 false。

9.2.3 运算符和表达式

在声明变量之后，就能对它们进行赋值、计算等一系列操作，这一过程通常由表达式来完

成。表达式是由变量、常量及运算符组成的。运算符是表达式中用于完成运算的一种符号，在JavaScript中有算术运算符、比较运算符、逻辑运算符、赋值运算符、位运算符等。运算符按参与运算对象多少又可分为单目运算符、双目运算符和三目运算符。

1. 算术运算符

算术运算符及其说明如表9-3所示。

表9-3 算术运算符及其说明

运 算 符	描 述	例子（设x = 5）	结 果
+	加	y = x+2	y = 7
-	减	y = x-2	y = 3
*	乘	y = x*2	y = 10
/	除	y = x/2	y = 2.5
%	求余数	y = x%2	y = 1
++	累加	y = ++x	y = 6
--	递减	y = --x	y = 4

JavaScript是一种松散类型的程序设计语言，允许运算符对不匹配的操作数进行运算，以提高灵活性，原因在于JavaScript会根据运算符的特性和操作数的类型进行隐式类型转换。当JavaScript不能将一个操作数正确转换为数值型时，则返回NaN。

例如，对于"+"运算符，如果其中一个操作数为字符串，在运算时系统会自动把另一个操作数转换为字符串，然后进行字符串连接；如果两个操作数都不是字符串，那么系统会把操作数转换为数值型，再进行算术加法运算。但是"-""*""/"运算符只能对数值进行运算。例如：

```
100+"300"                    // 返回 100300
true+100                     // 返回 101
true+"100"                   // 返回 true100
true+false                   // 返回 1
true-false                   // 返回 1
100-"300"                    // 返回-200
"a"-100                      // 返回 NaN
"value is "+(13+14);
// 返回 value is 27，括号的优先级高，因此先得到数值 27，然后将 27 转换为字符串，与"value is "进行
//字符串的连接
"value is "+13+14 ;
// 返回 value is 1314，在运算时自动将 13 和 14 转换为字符串，然后进行字符串的连接
```

2. 比较运算符

在使用比较运算符时，如果两边的表达式都是字符串，则按字典顺序进行字符串的比较；如果两边的表达式的类型不同（"==="运算符除外），则系统试图将它们转换为字符串、数值或布尔型，再进行比较，比较运算符及其说明如表9-4所示。

表9-4 比较运算符及其说明

运 算 符	描 述	例子（设x = 5）	结 果
==	等于	x == 8	false
===	严格相等（值和类型）	x === 5 x === "5"	true false

续表

运　算　符	描　　述	例子（设 x = 5）	结　　果
!=	不等于	x != 8	true
>	大于	x >3	true
<	小于	"abd"<"abc"	false
>=	大于或等于	3459>="3457"	true
<=	小于或等于	true<=2	true

3．逻辑运算符

逻辑运算符及其说明如表 9-5 所示。

表 9-5　逻辑运算符及其说明

<table>
<tr><th>运　算　符</th><th>描　　述</th><th>例子（设 x = 5；y = 8）</th><th>结　　果</th></tr>
<tr><td>&&</td><td>与</td><td>x < 10 && y > 1</td><td>true</td></tr>
<tr><td>||</td><td>或</td><td>x == 5 || y == 5</td><td>true</td></tr>
<tr><td>!</td><td>非</td><td>!(x == y)</td><td>true</td></tr>
</table>

4．赋值运算符

赋值运算符及其说明如表 9-6 所示。

表 9-6　赋值运算符及其说明

运　算　符	例子（设 x = 5，y = 8）	等　价　于	结　　果
=	x = y		x = 8
+=	x += y	x = x+y	x = 13
-=	x -= y	x = x-y	x = -3
*=	x *= y	x = x*y	x = 40
/=	x /= y	x = x/y	x = 0.625
%=	x %= y	x = x%y	x = 5

5．位运算符

位运算符及其说明如表 9-7 所示。位运算在执行时，将操作数按二进制形式逐位进行操作。

表 9-7　位运算符及其说明

<table>
<tr><th>运　算　符</th><th>描　　述</th><th>例　　子</th><th>结　　果</th></tr>
<tr><td>~</td><td>位 NOT</td><td>~10</td><td>-11</td></tr>
<tr><td>&</td><td>位 AND</td><td>10&6</td><td>2</td></tr>
<tr><td>|</td><td>位 OR</td><td>10|6</td><td>14</td></tr>
<tr><td>^</td><td>位 XOR</td><td>10^6</td><td>12</td></tr>
<tr><td><<</td><td>向左移位</td><td>1<<2</td><td>4</td></tr>
<tr><td>>></td><td>向右移位（高位补符号位）</td><td>16>>1</td><td>8</td></tr>
<tr><td>>>></td><td>向右无号移位（高位总补 0）</td><td>16>>>1</td><td>8</td></tr>
</table>

6．其他运算符

其他运算符及其说明如表 9-8 所示。

表 9-8 其他运算符及其说明

运算符	描述	例子	结果
()	圆括号运算符，用于改变运算优先级	var a = 20; var b = (++a,10);	b 的值为 10，去掉括号报错，因为逗号运算符的优先级比赋值运算符低
,	逗号运算符，依次执行用逗号分隔的表达式	x1=8*2,x1*4	x1=16，整个表达式的值为 64
?:	条件运算符，格式为“条件?表达式 1:表达式 2”，如果条件为 true，则取表达式 1 的值，否则取表达式 2 的值	(5<7)?"yes":"no"	yes
delete	删除一个对象的属性或数组元素	var arr = [1, 2, 3, 4]; delete arr[0];	此时 arr[0]的值为 undefined
instanceof	判断一个对象是否是一个类的实例 格式为：object instanceof class	var a=new Array(); a instanceof Array	true
new	创建一个新的对象实例	var d = new Date()	创建日期对象，并赋给变量 d
typeof	返回一个表达式的类型。格式为“typeof 表达式”，typeof 运算符返回的值包括“undefined”“boolean”“number”“string”“function”“object”	var a = 123 alert(typeof a)	number
void	使表达式无返回值	void fun()	使函数 fun()无返回值

7．运算符的优先级

如表 9-9 所示的运算符的优先级按照从上到下的顺序依次降低。

表 9-9 运算符的优先级

运算符	描述
.、[]、()	字段访问、数组下标、函数调用以及表达式分组（优先级）
++、-- 、- 、~、!、delete、new、typeof、void	一元运算符、删除属性、对象创建、返回数据类型、使表达式无返回值
*、/、%	乘、除、求余数
+ 、- 、+	加、减、字符串连接
<< 、>>、 >>>	移位
< 、<=、 > 、>=、 instanceof	小于、小于或等于、大于、大于或等于、instanceof
==、 != 、===、 !==	等于、不等于、严格相等、非严格相等
&	按位与
^	按位异或
|	按位或
&&	逻辑与
||	逻辑或
?:	条件
= 、oP=	赋值、复合赋值运算符
,	逗号运算符

【例 9-4】设计如图 9-8 所示的个人所得税计算器，个人所得税的计算方式为（月收入−起征额）×所得税率，超过起征额 1000 元以内，按 5%收税；超过起征额 1000～3000 元按 10%收税；超过起征额 3000 元以上按 20%收税。

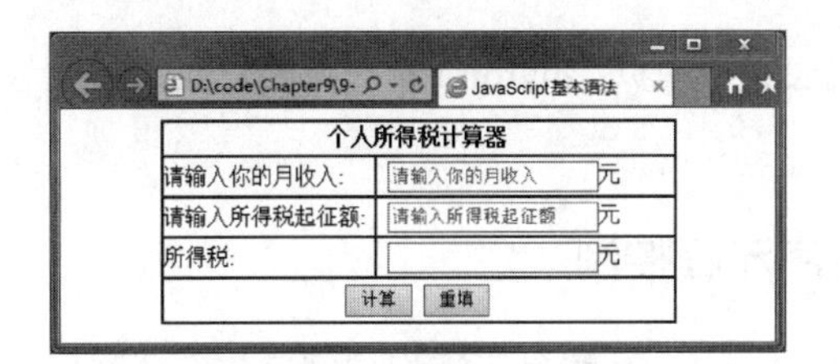

图 9-8　个人所得税计算器

---【9-4.html 代码清单】---

```
<!doctype html>
<html>
<head>
  <meta charset = "utf-8">
  <title>JavaScript 基本语法</title>
  <script   type = "text/JavaScript">
  function cal() {
     var income = parseFloat(document.myform.income.value);
     var base = parseFloat(document.myform.base.value);
     var range;
     if(income>base) {              // 月收入必须大于起征额
     range = income-base;
     if(range < 1001) {             // 判断征税的范围
         document.myform.tax.value = range*0.05;
     }else if(range > 1000 && range < 3001){
         document.myform.tax.value = range*0.1;
     }else{
         document.myform.tax.value = range*0.2;
     }
}
  }
  </script>
</head>
<body>
  <form action = "" method = "post" name = "myform">
     <table width = "376" height = "146" border = "1" cellpadding = "0" cellspacing = "0" align = "center">
        <tr> <th colspan = "2">个人所得税计算器</th></tr>
        <tr> <td width = "154">请输入你的月收入:</td><td width = "216"> 
        <input id = "income" name = "income" type = "text" placeholder = "请输入你的月收入"   autofocus
required size = "20">元</td></tr>
        <tr> <td>请输入所得税起征额:</td><td> 
        <input id = "base" name = "base" type = "text" placeholder = "请输入所得税起征额"   required size =
"20">元</td></tr>
        <tr><td>所得税:</td><td> 
        <input id = "tax" name = "tax" type = "text"   size = "20">元</td></tr>
        <tr><td colspan = "2" align = "center">
        <input type   = "button" name = "btn" value = "计算" onclick = "cal()"> 
        <input type = "reset" name = "reset" value = "重填"></td></tr>
     </table>
  </form>
</body>
</html>
```

本例使用 document.myform.income.value 等语句获取用户在表单中输入的数值，其中

document 是文档对象，代表整个网页；myform 是表单名；income 是输入框的 name 属性；value 是输入框的值属性。

9.2.4 JavaScript 程序流程控制

与其他编程语言一样，JavaScript 提供了流程控制语句来控制程序执行的流程，包括条件控制语句、循环控制语句和异常控制语句。

1．条件控制语句

条件控制语句包括 if 语句和 switch 语句，它们能够根据条件的不同来控制程序执行不同的语句。

（1）if 语句：在一个指定的条件成立时执行语句通常用 if 语句。if 语句包含单分支、双分支、多分支多种结构。

① 单分支结构：条件表达式为 true 时执行语句，条件表达式为 false 时不执行语句。单分支结构流程图如图 9-9 所示。其语法格式如下：

```
if ( 表达式 ) {
   语句;
}
```

② 双分支结构：条件表达式为 true 时执行语句 1，条件表达式为 false 时执行语句 2。双分支结构流程图如图 9-10 所示。其语法格式如下：

```
if ( 表达式 ) {
   语句 1;
}
else {
   语句 2;
}
```

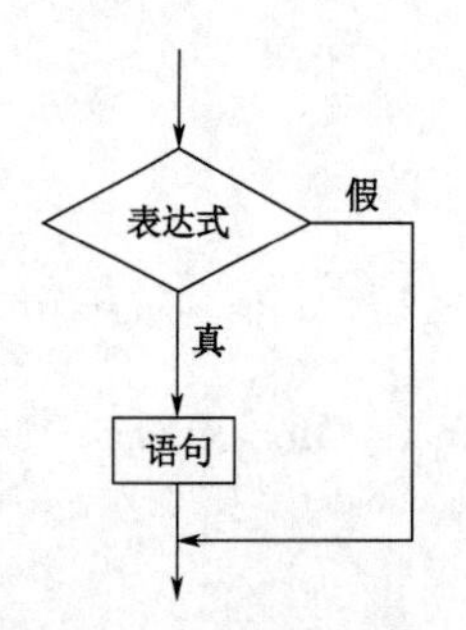

图 9-9　单分支结构流程图

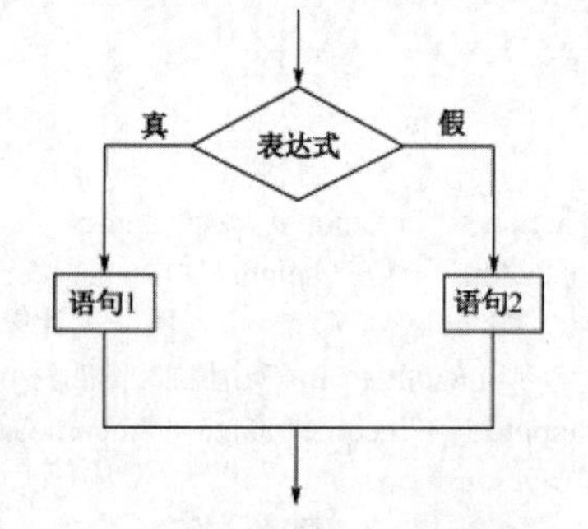

图 9-10　双分支结构流程图

③ 多分支结构：先判断条件表达式 1，为 true 时执行语句 1，为 false 时再判断条件表达式 2，条件表达式 2 为 true 时执行语句 2，为 false 时再判断下面的条件，以此类推，当所有条件都不成立时，执行语句 n。多分支结构流程图如图 9-11 所示。其语法格式如下：

```
if ( 表达式 1 ) {
   语句 1;
   }
else if ( 表达式 2 ) {
   语句 2;
   }
…
else {
```

```
    语句 n;
  }
```

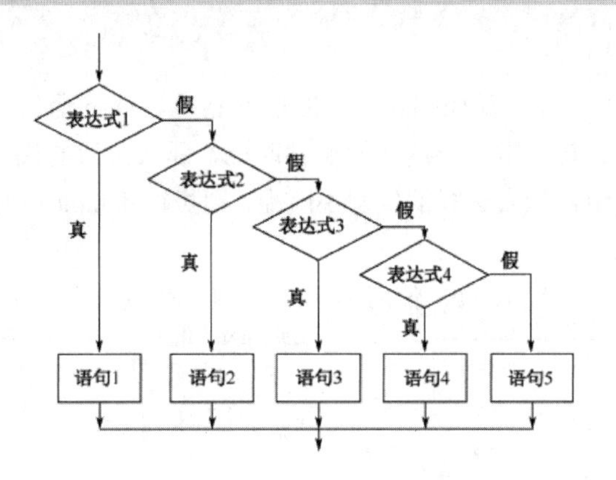

图 9-11　多分支结构流程图

【例 9-5】创建一个 HTML 网页，使用 if 语句根据不同的时间，在网页上显示不同的信息。

```
------------------------------------------------ 【9-5.html 代码清单】 ------------------------------------------------
<!doctype html>
<html>
<head>
  <meta charset = "utf-8">
  <title>if 语句示例</title>
</head>
<body>
  <script   type = "text/javascript">
    var d = new Date();
    var time = d.getHours()
    if (time < 10) {
    document.write( "<b>Good morning</b>" );
    }
    else if (time > 10 && time < 16) {
      document.write( "<b>Good day</b>" );
    }
    else {
      document.write( "<b>Hello World!</b>" );
    }
  </script>
</body>
</html>
```

（2）switch 语句：switch 语句也是用于处理多分支的控制语句，使用这个语句可以选择执行若干代码块中的一个。switch 语句的语法格式如下：

```
switch( 控制表达式 ) {
   case 常量表达式 1:
     执行代码块  1;
     break;
   case 常量表达式 2:
     执行代码块  2;
     break;
     …
   case 常量表达式 n:
     执行代码块  n;
```

```
        break;
    default:
        执行代码块 n+1;
}
```

switch 语句在执行时，先计算控制表达式的值，然后与 case 语句中的常量表达式的值进行比较，如果与某个 case 语句中常量表达式的值相匹配，那么其后的代码就会被执行，如果控制表达式的值与 case 语句中常量表达式的值都不匹配，则执行 default 后面的语句。break 语句的作用是防止代码自动执行到下一行。

【例 9-6】创建一个 HTML 网页，使用 switch 语句，在网页上显示星期信息。

```
------------------------------------------------【9-6.html 代码清单】------------------------------------------------
<!doctype html>
<html>
<head>
  <meta charset = "utf-8">
  <title>switch 语句示例</title>
</head>
<body>
  <script   type = "text/javascript">
    var d = new Date();
    var week = d.getDay();
    switch (week) {
      case 0:
        document.write( "星期日" );   break;
      case 1:
        document.write( "星期一" );   break;
      case 2:
        document.write( "星期二" );   break;
      case 3:
        document.write( "星期三" );   break;
      case 4:
        document.write( "星期四" );   break;
      case 5:
        document.write( "星期五" );   break;
      case 6:
        document.write( "星期六" );   break;
    }
  </script>
</body>
</html>
```

2．循环控制语句

JavaScript 中有 4 种不同类型的循环控制语句：for 语句、while 语句、do…while 语句和 for…in 语句。在循环中可以使用 break 和 continue 跳转语句。

1）for 语句

for 语句常用在循环次数固定的情况下，for 语句的流程图如图 9-12 所示。其语法格式如下：

```
for (变量 = 开始值;变量<=结束值;变量 = 变量+步长值) {
  循环体语句;
}
```

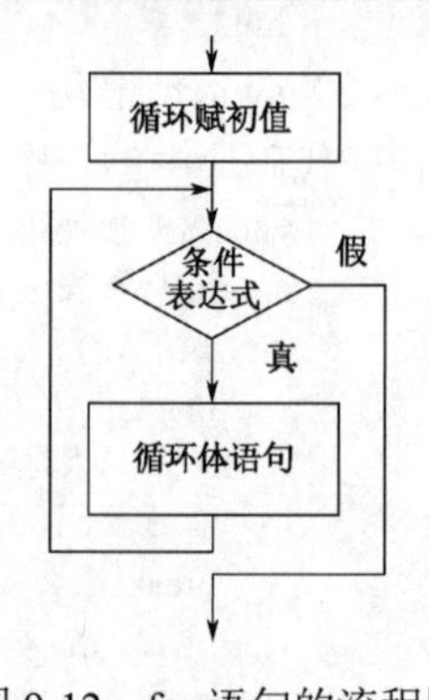

图 9-12　for 语句的流程图

【例 9-7】设计如图 9-13 所示的网页，输入行数和列数，动态创建表格。

```
------------------------------------------------ 【9-7.html 代码清单】 ------------------------------------------------
<!doctype html>
<html>
<head>
  <meta charset = "utf-8">
  <title>动态创建表格</title>
  <style>
    fieldset,#d1 {
      padding:10px; width:300px; margin:0 auto;
    }
  </style>
  <script  type = "text/javascript">
    function createTable() {
      n = 1;
      var str = "<table width = '100%'  border = '1' cellspacing = '0' cellpadding = '0' ><tbody>";
      var r1 = document.getElementById( "row" ).value;
      var c1 = document.getElementById( "col" ).value;
      for(i = 0; i<r1; i++) {
        str = str+"<tr align = 'center'>";
        for(j = 0; j<c1; j++) str = str+"<td>"+(n++)+"</td>";
        str = str+"</tr>";
      }
      var d1 = document.getElementById( "d1" );
      d1.innerHTML = str+"</tbody></table>";
    }
  </script>
</head>
<body>
  <form id = "form1" name = "form1" method = "post" action = "">
    <fieldset>
    <legend>动态创建表格</legend>
    输入表格的行数：<input type = "text" id = "row" placeholder = "请输入表格的行数" required
autofocus /><br/>
    输入表格的列数：<input type = "text" id = "col" placeholder = "请输入表格的列数" /><br/>
    <input type = "button" id = "ok" value = "产生表格" onclick = "createTable()"/>
    </fieldset>
  </form>
  <div id = "d1"></div>
</body>
</html>
```

图 9-13　动态创建表格

本例使用 document.getElementById ("id 名")根据 id 属性获取网页上的元素，并通过表单元素的 value 属性获取用户输入的值。例如：

var r1 = document.getElementById("row").value;用于获取用户在输入框"row"中的输入值。

var d1 = document.getElementById("d1");用于获取 id="d1"的 div 元素，并存储在 d1 变量中。

d1.innerHTML 表示 d1 存储的 div 元素中的内容，可以直接为 d1.innerHTML 赋值，以改变 div 元素中的内容，从而使网页内容发生变化。

2）while 语句

while 语句在执行时先判断条件表达式是否成立，成立则执行循环体语句，然后继续判断条件表达式；不成立，则结束循环。while 语句的流程图如图 9-14 所示。其语法格式如下：

```
while ( 条件表达式 ) {
```

```
    循环体语句
}
```

3）do…while 语句

do…while 语句在执行时首先执行一遍循环体语句，然后当指定的条件表达式为 true 时，继续这个循环；当条件表达式为 false 时，跳出循环。do…while 语句的流程图如图 9-15 所示。其语法格式如下：

```
do {
    循环体语句
} while( 条件表达式 )
```

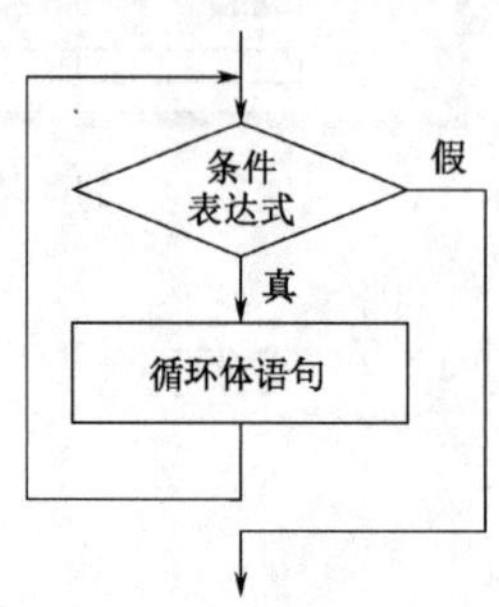

图 9-14　while 语句的流程图

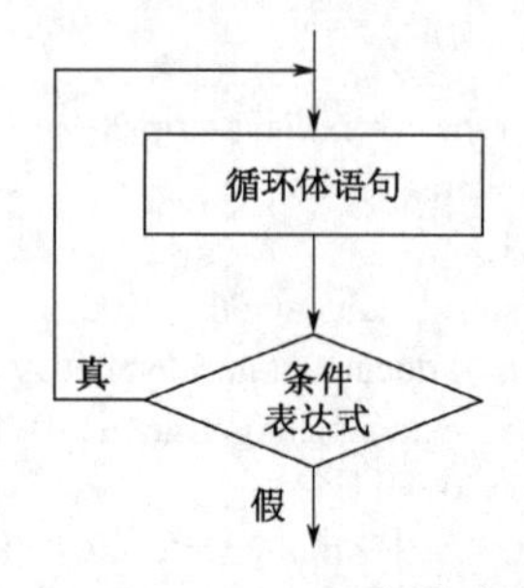

图 9-15　do…while 语句的流程图

4）for…in 语句

for…in 语句用于对数组或者对象的属性进行循环操作。for…in 语句每执行一次，变量就会取数组的一个下标或者对象的一个属性，从而遍历数组或对象的属性。其语法格式如下：

```
for ( 变量 in 对象 ) {
    循环体语句
}
```

【例 9-8】定义一个数组，在其中存储一些汽车的品牌及价格，使用 for…in 语句遍历输出数组。

```
------------------------------------------------ 【9-8.html 代码清单】 ------------------------------------------------
<!doctype html>
<html>
<head>
    <meta charset = "utf-8">
    <title>for…in 语句示例</title>
</head>
<body>
    <script    type = "text/javascript">
        var x;
        var mycars = new Array();
        mycars["Saab"] = 10;
        mycars["Volvo"] = 30;
        mycars["BMW"] = 20;
        for ( x in mycars ) {
            document.write(x + "的价格为：" + mycars[x] + "万元<br />");
        }
    </script>
</body>
</html>
```

本例使用 var mycars=new Array()来创建数组，Array()的有关内容可参见 9.2.5 节。

5）break 语句和 continue 语句

break 语句可以跳出 switch...case 语句，继续执行 switch 语句后面的内容。break 语句还可以跳出循环，也就是结束循环语句的执行，然后继续执行循环之后的代码。continue 语句的作用是结束本次循环，然后进行下一次是否执行循环的判断。

【例 9-9】查找数字 7 在数组中第一次出现的位置并显示，然后输出数组中比 7 小的数字。本例的代码说明了 break 语句和 continue 语句的作用。

```
---------------------------------------------【9-9.html 代码清单】---------------------------------------------
<!doctype html>
<html>
<head>
  <meta charset = "utf-8">
  <title>break 语句与 continue 语句示例</title>
</head>
<body>
  <script   type = "text/javascript">
    var arrnum = new Array(2,45,6,7,8,23,45,5,6,7,56,7);
    var iLength = arrnum.length;
    var iPos = 0;
    for( var i = 0; i < iLength; i++ ) {
      if( arrnum[i] == 7 ) {
        iPos = i+1;
        break;
      }
    }
    document.write( "数组列表为：" + arrnum + "<br\>" );
    document.write( "7 在数组中第一次出现的位置为：" + iPos + "<br\>" );
    document.write( "数组中小于 7 的数字有：" );
    for( var i = 0; i < iLength; i++ ){
      if(arrnum[i] >= 7){
        continue;
      }
      document.write(arrnum[i]+"，");
    }
  </script>
</body>
</html>
```

3．异常控制语句

JavaScript 提供了 try...catch…finally 语句来捕获和处理异常，提供了 throw 语句来抛出异常。

1）try...catch…finally 语句

try...catch…finally 语句用于捕获和处理异常，语法格式如下：

```
try {
  可能出现异常的语句
}
catch( exception )   {
  出现异常时要执行的语句
}
finally {
  最后要执行的代码
}
```

其中，try 和 catch 必须成对出现，finally 语句可有可无。try 区域包含可能出现异常的语句；catch 区域包含出现异常时要执行的语句，exception 变量用于存储出现异常的信息；finally 区域包含一定要执行的语句或者用于处理错误的语句。当 try 区域中包括的语句出现异常时，会执行 catch 区域中的语句，当有 finally 语句时，无论 try 区域中的语句是否出现异常，都要执行 finally 语句。

【例 9-10】编写代码说明 try...catch…finally 语句的作用。

```
---------------------------------------------【9-10.html 代码清单】---------------------------------------------
<!doctype html>
<html>
<head>
  <meta charset = "utf-8">
  <title>try...catch...finally 语句示例</title>
</head>
<body>
  <script   type = "text/javascript">
    var num1 = 12, num2;
    try {
      num2 = num1.toString(80); // toString()的参数在 2～36 之间，超过则出错
    }
    catch( oe ) {
      document.writeln( "错误类型：" + oe.name + "<br />" );
      document.writeln( "错误代码：" + (oe.number   & 0xFFFF) + "<br />" );
      document.writeln( "错误信息：" + oe.message + "<br />" );
    }
    finally {
      document.writeln( "num2 = " + num2);
    }
  </script>
</body>
</html>
```

oe 变量用于接收错误（Error）对象，name、number、message 是 Error 对象的 3 个属性，分别返回错误类型、错误代码、错误信息。

2）throw 语句

在 JavaScript 中，除了系统本身引发的异常，还可以使用 throw 语句产生一个能被 try...catch…finally 语句处理的异常，throw 语句的语法格式如下：

```
throw exception
```

其中，参数 exception 可以是任何表达式。

在 JavaScript 中，使用 Error 对象保存有关错误的信息。创建 Error 对象有以下 3 种语法格式：

```
var newErrorObj = new Error();
var newErrorObj = new Error(number);
var newErrorObj = new Error(number, description);
```

其中，参数 number 用于指定与错误相关联的数值，如果省略，则为 0；参数 description 是描述错误的简短字符串，如果省略则为空字符串。

【例 9-11】编写代码说明 throw 语句的作用。

```
---------------------------------------------【9-11.html 代码清单】---------------------------------------------
<!doctype html>
<html>
<head>
  <meta charset = "utf-8">
  <title>throw 语句示例</title>
</head>
```

```
<body>
  <script  type = "text/javascript">
    var num1 = 100, num2 = 0, num3;
    try {
      if(num2 == 0) {
        throw new Error(1234, "除数为 0");
      }
      num3 = num1 / num2;
    }
    catch( oException ) {
      document.writeln( "错误代码：" + (oException.number & 0xFFFF) + "<br />" );
      document.writeln( "错误描述：" + oException.description + "<br />" );
    }
    finally{
      document.writeln( "num3 = " + num3 );
    }
  </script>
</body>
</html>
```

9.2.5 JavaScript 函数

函数是指将一段具有某种功能的代码写成独立的程序单元，然后给予特定的名称，有些程序设计语言把函数称为方法、子程序或程序。JavaScript 函数可以分为内置函数和用户自定义函数。JavaScript 函数属于 function 类型，可以和其他数据类型一样保存在变量中。

1．JavaScript 的内置函数

JavaScript 提供的内置函数如下。

（1）encodeURI(URIstring)：用 utf-8 编码字符串，但对字符串中的;、,、/、?、:、@、&、=、+、$等字符不做编码。

（2）decodeURI(URIstring)：对用 encodeURI()函数编码的字符串进行解码。

（3）encodeURIComponent(URIstring)：用 utf-8 编码字符串，字符串中的所有字符都被编码。

（4）decodeURIComponent(URIstring)：对用 encodeURIComponent()函数编码的字符串进行解码。

（5）escape (string)：以十六进制编码字符串，该函数不会对 ASCII 字母、数字以及@、-、_、+、.、/等特殊字符进行编码，空格、其他符号等字符用%xx 编码表示，中文等字符用%uxxxx 编码表示。

（6）unescape()：对用 escape()函数编码的字符串进行解码。

通过 get 方式访问某一 URL，如果 URL 中包含中文等字符，为了防止乱码等编码问题，需要使用 encodeURI()函数对 URL 进行编码。如果 URL 中包含特殊字符，需要使用 encodeURIComponent()函数对 URL 进行编码。目前 escape()和 unescape()函数已经不常使用。

【例 9-12】编写代码说明编码/解码函数的用法。

```
-----------------------------------------------【9-12.html 代码清单】-----------------------------------------------
<!doctype html>
<html>
<head>
  <meta charset = "utf-8">
  <title>编码/解码函数</title>
```

```
</head>
<body>
  <script  type = "text/javascript">
    var url1 = "http://www.esoft.com/index.aspx?id = 12&columnid = 文件汇编";
    var enurl1 = encodeURI(url1);
    var enurl2 = encodeURIComponent(url1);
    var enurl3 = escape(url1);
    document.write( url1 + "<br>" )
    document.write( "<br>用 encodeURI()函数编码后为： " + enurl1 ) ;
    document.write( "<br>解码后为:" + decodeURI(enurl1) + "<br>" );
    document.write( "<br>用 encodeURIComponent()函数编码后为： " + enurl2) ;
    document.write( "<br>解码后为:" + decodeURIComponent(enurl2) + "<br>" );
    document.write( "<br>用 escape()函数编码后为： " + enurl3 );
    document.write( "<br>解码后为:" + unescape(enurl3) + "<br>" );
  </script>
</body>
</html>
```

（7）parseFloat(string)：解析一个字符串并返回一个浮点数。

（8）parseInt(string, radix)：解析一个字符串并返回一个整数。

（9）eval(string)：计算 JavaScript 字符串，并把它作为脚本代码来执行。例如：

```
eval("12*2+9") ; // 返回 33
```

（10）isFinite(number)：判断参数是否是有限数字。如果 number 是有限数字（或可转换为有限数字），则函数返回 true；如果 number 是 NaN（非数字），或者正、负无穷大的数字，则函数返回 false。

（11）isNaN(x)：判断参数是否是 NaN。如果 x 是特殊的非数字值 NaN（或者能被转换为这样的值），则函数返回 true；如果 x 是其他值，则函数返回 false。通常使用该函数检测 parseFloat()和 parseInt()函数的返回值是否是 NaN。例如：

```
var area = parseFloat("abc");
isNaN(area);   // 返回 true
```

2．用户自定义函数

1）JavaScript 函数的定义和调用

JavaScript 函数定义的格式如下：

```
function 函数名(形参列表) {
  函数体
  return; 或 return 表达式;
}
```

函数由 function 关键字定义。定义一个函数后，函数不会自动执行，只有被调用时才会执行，或者把函数与事件绑定，当事件发生时执行绑定的函数（见 11.1 节）。调用函数的格式如下：

```
函数名(实参列表);
```

形参列表是定义函数时的参数，实参列表是调用函数时的参数，利用参数实现函数之间的数据传递。有多个参数时中间要用逗号隔开。调用有参数的函数时，需要注意实参（实际参数）的个数可以不同于形参列表的参数个数。

return 或 return 表达式将程序的控制权从函数内返回调用函数的地方，当函数没有返回值且不需要提前跳转到调用函数的地方时，return 语句可以省略不写；当希望从函数返回数据时，可以使用 return 表达式。

【例 9-13】设计如图 9-16 所示的网页效果。当单击输入框时，弹出“出发地”下拉列表，单击下拉列表中的某一项时，信息显示在输入框中。

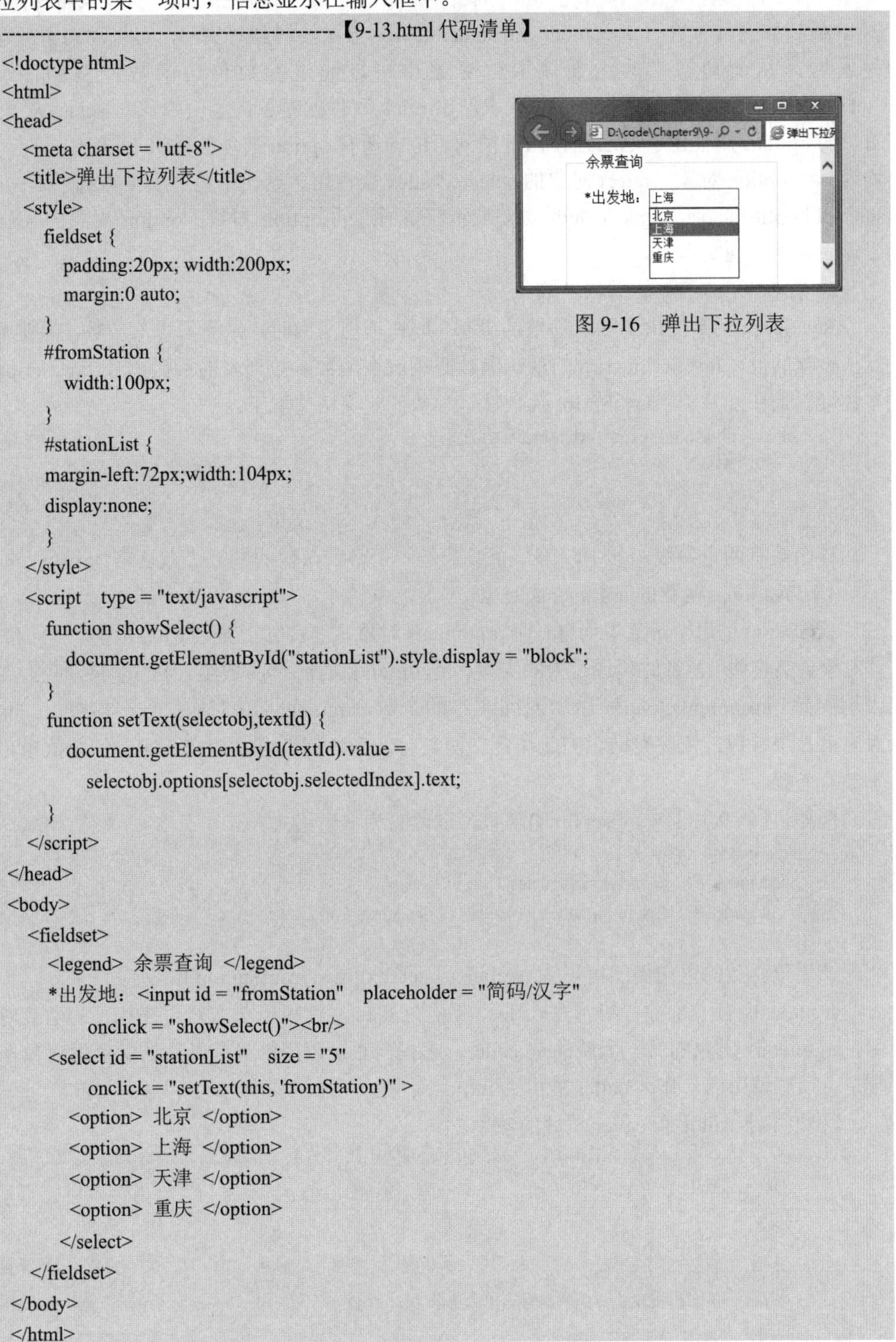

图 9-16　弹出下拉列表

--【9-13.html 代码清单】--

```
<!doctype html>
<html>
<head>
  <meta charset = "utf-8">
  <title>弹出下拉列表</title>
  <style>
    fieldset {
      padding:20px; width:200px;
      margin:0 auto;
    }
    #fromStation {
      width:100px;
    }
    #stationList {
    margin-left:72px;width:104px;
    display:none;
    }
  </style>
  <script   type = "text/javascript">
    function showSelect() {
      document.getElementById("stationList").style.display = "block";
    }
    function setText(selectobj,textId) {
      document.getElementById(textId).value =
        selectobj.options[selectobj.selectedIndex].text;
    }
  </script>
</head>
<body>
  <fieldset>
    <legend> 余票查询 </legend>
    *出发地：<input id = "fromStation"   placeholder = "简码/汉字"
         onclick = "showSelect()"><br/>
    <select id = "stationList"   size = "5"
         onclick = "setText(this, 'fromStation')" >
      <option> 北京 </option>
      <option> 上海 </option>
      <option> 天津 </option>
      <option> 重庆 </option>
     </select>
  </fieldset>
</body>
</html>
```

本例中定义了 showSelect()和 setText()两个函数，函数 showSelect()没有参数，函数 setText()有两个参数。onclick = "showSelect()"表示当用户单击输入框事件发生时，调用 showSelect()函数。这种执行方式称为事件驱动，onclick = "showSelect()"称为事件绑定。也就是说，函数定义完之后，不会自动执行，只有当绑定的事件发生时，函数才会被执行。

网页中的所有标记，每出现一次，都会有一个对应类型的对象产生，JavaScript 中提供了根据 id 值获取网页对象的 document.getElementById()方法，得到对象后，可以动态修改对象的各种属性，从而动态修改页面效果。对象也可以通过参数传给函数，例如，onclick = "setText(this,'fromStation')"中的 this 代表产生 click 事件的对象，本例中代表 select 对象。select 对象的 options 属性用于返回包含在下拉列表中的所有 option 选项的数组，数组中的每一个元素均为一个 option 对象，select 对象的 selectedIndex 属性用于返回下拉列表中被选项目的索引号。selectobj.options[selectobj.selectedIndex]表示获得所选的 option 对象，option 对象的 text 属性用于返回选项的纯文本值。

2）JavaScript 函数的默认参数

JavaScript 函数提供了默认参数的机制，即在调用函数时，如果不传入参数，则使用定义的默认参数的值。JavaScript 函数的默认参数必须放在函数参数列表的最后，且 JavaScript 的默认参数可以是任意多个。JavaScript 函数默认参数的定义格式如下：

```
function funcName(param1, param2=value){
    执行语句...
    return 返回值
}
```

该函数有两个参数，其中，第二个参数是一个带默认值的参数，默认值为 value。

3）JavaScript 函数的 arguments 对象

JavaScript 的每个函数中均有一个 arguments 对象，它实际上是当前函数的一个内置属性。该对象会接收调用函数时传递过来的实参。arguments 是一个伪数组，因此可以使用数组下标表示实参。arguments.length 用于返回实参的个数。arguments[0]对应第一个参数，arguments[1]对应第二个参数，依次类推。因此在定义函数时，形参列表可以为空，实参的个数也可以超过形参的个数。

例如，【例 9-13】中的 setText()函数可以改写为如下格式：

```
function setText() {
   document.getElementById(arguments[1]).value =
      arguments[0].options [arguments[0].selectedIndex].text;
}
```

调用该函数的语句仍然可以为 onclick = "setText(this,'fromStation')"。

arguments 有一个特有的属性 callee，通过 callee 属性可以获取对正在执行的函数对象的引用。arguments 对象的另一个属性是 caller，它指向正在调用的当前函数的父函数对象。如果函数是由顶层调用的，那么 caller 的值为 null。

【例 9-14】callee 和 caller 属性的应用。

```
----------------------------------------------【9-14.html 代码清单】----------------------------------------------
<!doctype html>
<html>
<head>
   <meta charset = "utf-8">
   <title>callee 和 caller 属性的应用示例</title>
</head>
<body>
   <script    type = "text/javascript">
      function calleeDemo() {
         alert(arguments.callee);
      }
      function callerDemo() {
```

```
        if (callerDemo.caller) {
            var a = callerDemo.caller.arguments[0];
            alert(a);
        }
        else {
            alert( "this is a top function" );
        }
    }
    function handleCaller() {
        callerDemo();
    }
    calleeDemo();
    callerDemo();
    handleCaller( "参数 1","参数 2" );
  </script>
</body>
</html>
```

运行代码，依次弹出如图 9-17、图 9-18 和图 9-19 所示的 3 个对话框。

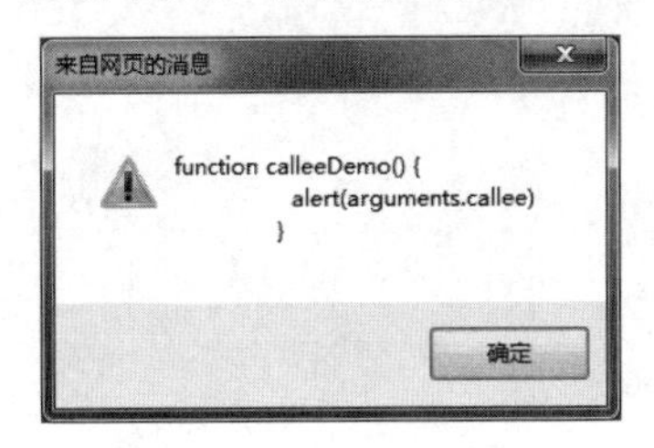

图 9-17　执行结果（1）

图 9-18　执行结果（2）

图 9-19　执行结果（3）

4）匿名函数

使用 function 语句定义函数时可以不指定函数名，这样的函数被称为匿名函数。匿名函数如何调用呢？每个匿名函数都被表示为一个特殊的对象，可以方便地将其赋值给一个变量，再通过这个变量名进行函数调用，或者直接把函数定义与事件进行绑定。

【例 9-15】在网页中设计一个下拉列表，当网页加载时，为下拉列表动态添加数据。

```
-----------------------------------------------【9-15.html 代码清单】-----------------------------------------------
<!doctype html>
<html>
<head>
  <meta charset = "utf-8">
  <title>匿名函数示例</title>
  <script   type = "text/javascript">
    var citys = new Array('北京','上海','天津','重庆');
    window.onload = function() {
      var obj1 = document.getElementById("stationList");
      for( i = 0; i < citys.length; i++ ) {
        var newoption = new Option(citys[i]);
        obj1.add(newoption);
      }
    }
  </script>
</head>
<body>
  <select id = "stationList" ></select>
```

```
</body>
</html>
```

本例中定义了一个匿名函数，并把该函数和 window 的 onload 事件绑定，这样当网页加载完毕后，产生 onload 事件，从而调用该匿名函数。把函数绑定给 window 的 onload 事件可以保证在执行函数时网页已经加载，在函数中获取 id 值为 stationList 的对象就不会得到 null 值。该例子的代码也可以改写为如下形式，即把匿名函数赋给变量，通过变量调用函数。

```
---------------------------------------------【9-15-1.html 代码清单】---------------------------------------------
<!doctype html>
<html>
<head>
  <meta charset = "utf-8">
  <title>匿名函数示例</title>
  <script   type = "text/javascript">
    var citys = new Array('北京','上海','天津','重庆');
    var addoption = function() {
      var obj1 = document.getElementById("stationList");
      for( i = 0; i < citys.length; i++ ) {
        var newoption = new Option(citys[i]);
        obj1.add(newoption);
      }
    }
  </script>
</head>
<body>
  <select id = "stationList" ></select>
  <script   type ="text/javascript">
    addoption();
  </script>
</body>
</html>
```

匿名函数也被称为函数表达式，即 alert(typeof addoption)返回 function 类型。因此函数也是一种值，它可以作为实参传递给另一个函数（见【例 9-17】）。函数表达式与“function 函数名(形参)”直接声明的函数的区别在于，解释器会对直接声明的函数进行优先处理，即可以在声明函数之前调用函数。例如，在 sum()函数声明之前可以调用 sum()函数。

```
alert(sum(1,2));
function sum(n1,n2){return n1+n2};
```

但是，下面的语句会报错，因为变量 sum 还未定义。

```
alert(sum(1,2));
var sum= function (n1,n2){return n1+n2};
```

5）嵌套函数

把函数定义写在另一个函数的函数体内，这样的函数被称为嵌套函数。使用嵌套函数可以把一个函数的可见性封装在另一个函数中，使得内部函数作为外部函数的私有函数，即内部函数只能在外部函数内部被调用。在内部函数中，可以访问外部函数中声明的变量和参数，但在外部函数中不能访问在内部函数中声明的变量和参数。

【例 9-16】嵌套函数的应用。

```
---------------------------------------------【9-16.html 代码清单】---------------------------------------------
<!doctype html>
<html>
```

```
  <head>
    <meta charset = "utf-8">
    <title>嵌套函数示例</title>
  </head>
  <body>
    <script   type = "text/javascript">
      var x = 'global1';
      var y = 'global2';
      function outer() {
        var x = 'local';
        function inner() {
          alert(x);
          alert(y);
        }
        inner();
      }
      outer();
    </script>
  </body>
```

本例中定义了 outer()和 inner()两个函数，inner()函数是嵌套在 outer()函数中的嵌套函数，在 inner()函数中可以访问 outer()函数中定义的变量，也可以访问全局变量。当执行 outer()函数中的语句时，引起对 inner()函数的调用。inner()函数要输出 x 的值，先在 inner()函数内部查找 x 的值，如果 inner()函数内部没有定义 x，则在外部 outer()函数内部查找 x 的值，找到 x = 'local'，输出 local，而不会继续往下查找全局变量；inner()函数要输出 y 的值，因为 inner()函数和 outer()函数都没有定义 y 的值，所以会继续查找全局变量，于是找到 var y = 'global2'，输出 global2。因此运行【例 9-16】的代码，将分别输出 local 和 global2。

内部函数可以访问外部函数变量的这种机制称为作用域链。每个函数在运行时都会产生一个执行环境，执行环境关联了一个变量对象。环境中定义的所有变量和函数都保存在这个对象中。

在【例 9-16】中 inner()函数执行时的作用域链可以用图 9-20 表示。

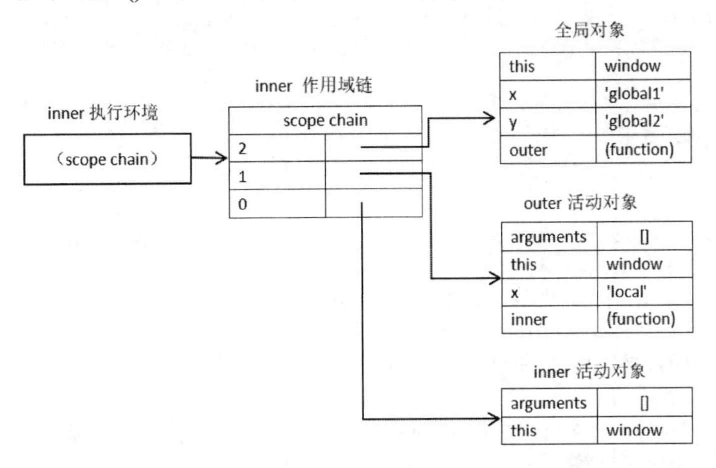

图 9-20　inner()函数执行时的作用域链

6）函数作为参数

在调用一个函数时，可以通过实参向该函数传递一些数据。实参既可以是常量、变量、表达式及函数调用，也可以是函数名，此时函数名实际上是指向函数的指针。例如，下面代码中func2()函数作为一个对象传递给了 func1()函数的形参 theFunc，再在 func1()函数内部进行theFunc 的调用。调用 func1()函数时，需要传递给形参 theFunc 一个函数，theFunc 被称为回调函数。回调函数就是一个通过函数指针调用的函数。

【例 9-17】回调函数的应用。

```
----------------------------------------------【9-17.html 代码清单】----------------------------------------------
<!doctype html>
<html>
<head>
  <meta charset = "utf-8">
  <title>回调函数示例</title>
</head>
  <script type="text/javascript">
   function func1( theFunc ) {
     theFunc();
   }
   function func2() {
     alert( "good" );
   }
    func1( func2 );
   </script>
</head>
</html>
```

回调函数在数组处理、AJAX 调用等方面应用非常广泛，例如，数组的 forEach()方法为每个数组元素调用一次函数（回调函数）。其语法格式如下：

```
array.forEach(function(currentValue, index, arr), thisValue);
```

它的第一个参数就是一个回调函数，currentValue、index、arr 分别表示数组的当前元素、当前元素的索引和当前元素所属的数组对象。thisValue 为可选参数。

用 forEach()方法改写【例 9-15】的代码，实现网页加载时动态加载下拉列表，代码如下。

```
---------------------------------------------【9-15-2.html 代码清单】---------------------------------------------
<!doctype html>
<html>
<head>
  <meta charset = "utf-8">
  <title>回调函数示例</title>
</head>
<body>
  <select id = "stationList" ></select>
  <script   type = "text/javascript">
        var citys =new Array('北京','上海','天津','重庆');
        var obj1 = document.getElementById("stationList");
        function myFunction(value,index,array)
          {
            var newoption = new Option(value);
            obj1.add(newoption);
          }
        citys.forEach(myFunction);
  </script>
</body>
</html>
```

7）箭头函数

ES6 标准新增了一种新的函数，即 Arrow Function（箭头函数），也叫 lambda 表达式。

箭头函数相当于匿名函数，并且简化了函数定义。但实际上，箭头函数和匿名函数有一个明显的区别：箭头函数没有 this 和 arguments 对象，内部引用 this 对象是词法作用域，this 具体指代哪个对象由上下文确定，内部引用 arguments 对象会报错。

箭头函数的定义格式如下：

```
var 函数名=(参数，参数)=>{
函数体；
return 返回值；}
```

当箭头函数只有一个参数时，参数可以不加括号，当函数体只有一条语句时，可以省略大括号。定义格式如下：

```
var 函数名 = 参数 => 函数体
```

当箭头函数没有参数时用空括号表示。定义格式如下：

```
var 函数名 = () => 函数体
```

箭头函数表达式的语法比函数表达式更简洁。箭头函数表达式更适用于那些本来需要匿名函数的地方，并且它不能用作构造函数。

【例 9-18】用箭头函数改写【例 9-15】的代码，并用 Chrome 浏览器运行该示例。

```
-----------------------------------------------【9-18.html 代码清单】-----------------------------------------
<!doctype html>
<html>
<head>
  <meta charset = "utf-8">
  <title>箭头函数示例</title>
</head>
<body>
  <select id = "stationList" ></select>
  <script   type = "text/javascript">
      var citys =new Array('北京','上海','天津','重庆');
      var obj1 = document.getElementById("stationList");
      citys.forEach((value,index,array)=>{
            var newoption = new Option(value);
            obj1.add(newoption);
            alert(this);//返回 window 对象
            // alert(arguments);报错}
      );
  </script>
</body>
</html>
```

8）JavaScript 闭包

内部函数的作用域链仍然保持着对父函数活动对象的引用，就是闭包（Closure）。闭包就是引用了父函数变量的函数，被引用的父函数变量和函数一同存在，即使已经离开了父函数的环境也不会被释放或者删除。被捕获到闭包中的变量让闭包本身拥有了记忆效应，闭包中的逻辑代码可以修改闭包捕获的变量，变量会跟随闭包生命期一直存在，闭包本身就如同变量一样拥有了记忆功能。闭包有两个作用：一是可以读取自身函数外部的变量（沿着作用域链寻找）；二是让这些外部变量始终保存在内存中。

【例 9-19】JavaScript 闭包的应用。

```
---------------------------------------------【9-19.html 代码清单】---------------------------------------------
<!doctype html>
<html>
<head>
  <meta charset = "utf-8">
    <title>JavaScript 闭包</title>
</head>
        <script type="text/javascript">
            function fun(){
             var n = 1;
             return function(x){
                   n = n * x;
                   return n;
             }
            }
            var f = fun();
            console.log("闭包返回：", f(1));//返回 1
            console.log("闭包返回：", f(2));//返回 2
            console.log("闭包返回：", f(3));//返回 6
        </script>
    </head>
</html>
```

f 变量的值是 fun()函数执行后的返回值，该返回值是一个函数，该函数使用了 fun()函数的局部变量 n，虽然 fun()函数已经调用结束，但是 n 并没有消失，多次调用 f 变量中存储的函数，n 一直存在，并且它的值是共享的，也就是只有一个变量 n。

函数是进行模块化程序设计的基础，在编写复杂的 HTML5 应用程序时，必须对函数有深入的了解。JavaScript 中的函数不同于其他语言中的函数，JavaScript 中的每个函数都是作为一个对象被维护和运行的。函数对象对应的类型是 function，不仅可以通过 function 关键字来创建一个函数对象，也可以通过 new Function()来创建一个函数对象（见 10.2.8 节）。对于经常使用的函数，读者可以收集起来，放在独立的 JavaScript 文件中，在网页中导入 JavaScript 文件，就可以调用该 JavaScript 文件中的所有函数。

小结

本章主要介绍了 JavaScript 的概述和语法基础。JavaScript 是一种基于对象和事件驱动的脚本，被嵌入网页中由浏览器解释执行。JavaScript 是一种弱类型的脚本，变量的类型能跟随其值的变化而变化，各数据类型之间运算时类型可以隐式转换，也可以通过方法将一种数据类型转换为另一种数据类型。JavaScript 的条件和循环控制语句同其他编程语言类似。JavaScript 的函数功能非常强大，提供了内置函数和用户自定义函数，用户自定义函数包括匿名函数、嵌套函数、箭头函数等多种形式。

习题

一、选择题

1．在浏览器上运行 JavaScript 程序，可以（　　）。

　A．动态显示网页内容　　　　　　　B．校验用户输入的内容

C．异步数据请求　　　　D．具有以上各种功能

2．在 HTML 中嵌入 JavaScript，应该使用的标记是（　　）。

A．<script></script>　　　　B．<head></head>

C．<body></body>　　　　D．<JS></JS>

3．JavaScript 脚本文件的扩展名是（　　）。

A．.css　　B．.html　　C．.script　　D．.js

4．当前页面的同一目录下有一个名称为 show.js 的文件，下列（　　）代码可以正确导入该文件。

A．<script type = "text/javascript" language = "show.js"></script>

B．<script type = "text/javascript" type = "show.s"></script>

C．<script type = "text/javascript" src = "show.js"></script>

D．<script type = "text/javascript" runat = "show.js"></script>

5．以下代码片段的输出结果是（　　）。

```
var str ;
alert(typeof str);
```

A．string　　B．undefined　　C．object　　D．String

6．分析如下的 JavaScript 代码片段，运行后在页面上输出（　　）。

```
var c = "10",d = 10;
document.write(c+d) ;
```

A．10　　B．20　　C．1010　　D．页面报错

7．分析下面的 JavaScript 代码片段，b 的值为（　　）。

```
var a = "1.5" ; b = parseInt(a);
```

A．2　　B．0.5　　C．1　　D．1.5

8．在 JavaScript 中，需要声明一个整型变量 a，以下（　　）语句能实现该要求。

A．int a;　　B．number a;　　C．var a;　　D．Integer a;

9．在下列 JavaScript 的循环开始语句中，（　　）是正确的。

A．for (var i <= 10; i++)　　　　B．for (var i = 0; i <= 10)

C．for var i = 1 to 10　　　　D．for (var i = 0; i <= 10; i++)

10．在下列 JavaScript 语句中，（　　）能实现单击“确定”按钮时弹出一个对话框。

A．<input type = "button" value = "确定" onclick = Alert("确定")>

B．<input type = "button" value = "确定" onclick = "alert("确定")">

C．<input type = "button" value = "确定" onclick = 'alert('确定')'>

D．<input type = "button" value = "确定" onclick = "alert('确定')">

二、填空题

1．JavaScript 的 3 种基本数据类型为__________、__________和__________。

2．JavaScript 的引用类型主要指__________和__________。

3．JavaScript 的变量按有效范围不同分为__________和__________。

4．__________函数可以将参数字符串当作 JavaScript 代码执行。

5．在函数体代码中，通过特殊对象__________来访问参数列表。

第 10 章　JavaScript 对象

JavaScript 是基于对象和事件驱动的脚本，JavaScript 中的所有事物都是对象，对象包括内置对象、BOM 对象、DOM 对象和用户自定义对象。本章主要介绍对象的基本概念，对象实例的创建，各种对象的属性、方法的应用。

10.1　对象的基本概念

10.1.1　对象和类

在面向对象的编程语言中，类是对具有相同属性、相同方法的某一类对象的描述。在类中定义对象的属性和方法，然后由类创建对象，生成的对象称为类的实例（Instance），由类创建对象实例的过程称为实例化（Instantiation）。类是对象的模板，对象是类的实例。

JavaScript 中并没有真正的类。JavaScript 中的对象也不完全是类的实例，而是一种特殊的数据类型。对象拥有属性和方法，属性用于描述对象的特征，方法是在对象上执行的操作。JavaScript 通过修改对象属性或调用对象的方法实现对网页的各种动态控制。

JavaScript 中的所有对象可归纳为下面 3 种类型。

（1）内置对象：这些对象与网页、浏览器或其他环境无关。它们包括 Math、Number、Boolean、String、Array、Date、Object、Function、RegExp、Error 等。其中，Object、Function 内置对象可以用来定义用户自定义对象，以满足特定应用需求。

（2）BOM（Browser Object Model）对象：包括 window、document、location、navigator、frames、history、screen 以及 document 对象中的各种子对象，这些对象之间的关系可以用图 10-1 和图 10-2 表示。document 对象代表的是 HTML 文档本身，可以通过它访问网页上的所有控件，包括在<html></html>标记之间的窗体、图片、表格、超链接、框架等。

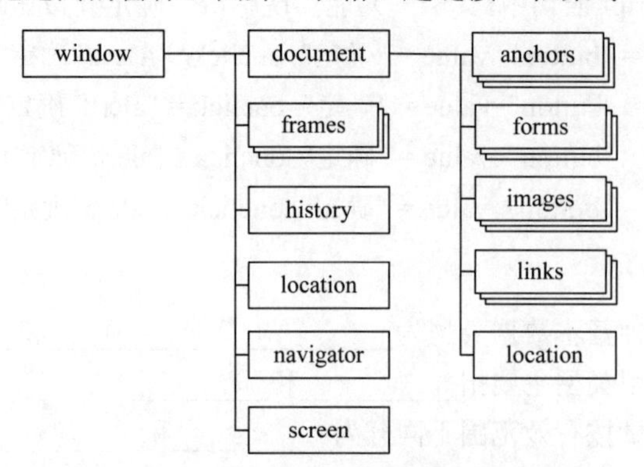

图 10-1　BOM 对象体系结构

（3）DOM（Document Object Model）对象：HTML DOM 把 HTML 文档呈现为带有元素、属性和文本节点的节点树，所有的节点都是对象。DOM 对象提供了获取节点、修改节点和创建节点的方法，从而可以动态改变 HTML 文档。

图 10-2　浏览器的分层结构

10.1.2　使用对象

在使用内置对象和 DOM 对象进行操作时，一般需要先创建对象实例或者获取网页中的 DOM 对象，并把对象实例的引用存储到变量中，然后通过该变量访问对象的属性和方法。BOM 对象不需要创建实例，可直接引用。

用来创建对象实例的对象，可以看作对象类型，相当于其他面向对象语言中的类，比如 Date 在 JavaScript 中称为日期对象类型，实际上它相当于其他面向对象语言中的 Date 类，用 Date 对象类型可以创建日期实例对象。为了陈述方便，经常把对象实例简称为对象，对象类型也称为对象，读者要注意区分。创建对象实例的语法格式如下：

```
var 引用变量 =new 对象类型名( );
```

引用对象的方法或属性的语法格式如下：

```
引用变量.方法名([参数])
引用变量.属性
```

或

```
引用变量["属性"]
```

例如：

```
var today = new Date( );
var prompt = "今天是" + today.getFullYear( ) + "年" + (today.getMonth( ) + 1) + "月";
prompt = prompt + today.getDate( ) + "日";
document.write(prompt);
```

上面第 1 行代码创建了一个 Date 对象类型的对象，并把它存储到变量 today 中，第 2～4 行代码通过 today 调用了对象的 getFullYear()、getMonth()和 getDate()方法，最后在网页中显示当前的年月日。这里的 document 属于 BOM 对象，可直接调用。

网页中的每个标记在加载时，会自动创建对应类型的对象。通过 document.getElementById()等方法获取这些对象，然后修改网页对象的属性，达到动态控制网页的效果。例如：

```
var obj1=document.getElementById("stationList");
obj1.style.display = "block";
```

表示获取网页中 id 值为 stationList 的对象实例，并存入 obj1 变量中，通过 obj1 变量修改对象实例的 display 属性值为 block。这两行代码等价于下面的链式操作：

```
document.getElementById("stationList").style.display = "block";
```

表示获取网页中 id 值为 stationList 的对象，修改其 display 属性值为 block。

如果在代码中反复引用一个对象的属性和方法，可以使用 with 语句设定默认对象，以简化代码，语法格式如下：

```
with(对象) {
   语句;
}
```

例如：

```
x = Math.cos(3 * Math.PI) + Math.sin(Math.LN10) ;
y = Math.tan(14 * Math.E) ;
```

可用 with 语句改写为如下代码：

```
with (Math) {
     x = cos(3 * PI) + sin (LN10) ;
     y = tan(14 * E) ;
}
```

当使用 with 语句时，代码变得更简短且更易读，但 with 语句的缺点是运行较慢，最好避免使用。

10.1.3 对象废除

把对象的所有引用都设置为 null，可以强制性地废除对象。例如：

```
var today = new Date( );
today = null;
```

把变量 today 的值设置为 null 后，日期对象的引用就不存在了，这意味着系统在下次运行无用存储单元收集程序时，该对象将被废除。

每用完一个对象后，就将其废除来释放内存，这是一个好习惯。废除对象时要小心，如果一个对象有两个或更多引用，要正确废除该对象，必须将其所有引用都设置为 null。

10.2 内置对象

10.2.1 Math 对象

Math 对象用于执行数学运算。Math 对象不能用 new 运算符创建实例，而是直接通过 Math 调用其属性和方法，例如：

```
var pi_value = Math.PI;
var sqrt_value = Math.sqrt(16);
```

表 10-1 和表 10-2 分别列出了 Math 对象的属性和方法。

表 10-1　Math 对象的属性

属　性	描　述
E	返回自然对数的底数 e（约等于 2.718）
LN2	返回 2 的自然对数（约等于 0.693）
LN10	返回 10 的自然对数（约等于 2.302）
LOG2E	返回以 2 为底的 e 的对数（约等于 1.414）
LOG10E	返回以 10 为底的 e 的对数（约等于 0.434）
PI	返回圆周率（约等于 3.14159）

续表

属　性	描　述
SQRT1_2	返回 2 的平方根的倒数（约等于 0.707）
SQRT2	返回 2 的平方根（约等于 1.414）

表 10-2　Math 对象的方法

方　法	描　述
abs(x)	返回参数 x 的绝对值
acos(x)	返回参数 x 的反余弦值
asin(x)	返回参数 x 的反正弦值
atan(x)	以介于–PI/2 与 PI/2 弧度之间的数值来返回参数 x 的反正切值
atan2(x,y)	返回从 x 轴到点(x,y)的角度（介于–PI/2 与 PI/2 弧度之间）
ceil(x)	对参数 x 进行向上舍入。例如：Math.ceil(2.3)的值为 3
cos(x)	返回参数 x 的余弦值
exp(x)	返回 e 的指数
floor(x)	对参数 x 进行向下舍入。例如：Math.floor(2.3)的值为 2
log(x)	返回参数 x 的自然对数（底为 e）
max(x,y)	返回参数 x 和 y 中的最大值
min(x,y)	返回参数 x 和 y 中的最小值
pow(x,y)	返回参数 x 的 y 次幂
random()	返回 0～1 的随机数
round(x)	把参数 x 四舍五入为最接近的整数。例如：Math.round(2.3)的值为 2
sin(x)	返回参数 x 的正弦值
sqrt(x)	返回参数 x 的平方根
tan(x)	返回参数 x 的正切值

【例 10-1】编写一个函数，产生指定位数的随机数。

```
----------------------------------------------【10-1.html 代码清单】----------------------------------------------
<!doctype html>
<html>
<head>
  <meta charset = "utf-8">
  <title>产生指定位数的随机数</title>
  <script type = "text/javascript">
    function checkCode(n) {
      var result = "";
      for(i = 0; i < parseInt(n); i++) {
        result = result + (Math.floor(Math.random()*10)).toString();
      }//Math.floor(Math.random()*10)返回一个 0～9 的整数
      return result;
    }
  </script>
</head>
<body>
  <script type = "text/javascript">
    document.write(checkCode(10));   //产生 10 位的随机数
  </script>
</body></html>
```

10.2.2 Number 对象

Number 对象是基本类型中的数值型的封装对象。可以通过 Number 对象建立数值型的对象实例，创建 Number 对象实例的方式有以下几种：

```
var num1 = new Number(value);
var num2 = Number(value);
var num3 = 123;
```

其中，参数 value 是要创建的 Number 对象的数值，或要转换为数值的值（如果转换失败，则返回 NaN），后面两条语句是定义两个 Number 类型变量，并分别为其赋值。以上三条语句定义的变量在使用上没有区别，通过它们都可以调用 Number 对象的方法，不同的是，变量 num1 是引用类型，变量 num2 和 num3 是原始类型，用 typeof 运算符查看 num1、num2、num3 变量的数据类型，分别返回 object、number、number。

表 10-3 和表 10-4 分别列出了 Number 对象的属性和方法。Number 对象的属性都是静态属性，通过 Number.属性名访问，Number 对象的方法需要通过 Number 类型的变量调用。

表 10-3 Number 对象的属性

属　性	描　述
MAX_VALUE	JavaScript 可表示的最大数
MIN_VALUE	JavaScript 可表示的最小数
NaN	非数值
NEGATIVE_INFINITY	代表负无穷大（-Infinity），溢出时返回该值
POSITIVE_INFINITY	代表正无穷大（Infinity），溢出时返回该值

表 10-4 Number 对象的方法

方　法	描　述
toString([iRadix])	把数值转换为字符串，使用 iRadix 指定基数，默认为十进制数
toFixed(x)	把数值转换为字符串，结果的小数点后有 x 位数字
toExponential(x)	把对象的值转换为指数记数法，结果的小数点后有 x 位数字
toPrecision(x)	把数值格式化为参数 x 给定的长度（包括小数点）
valueOf	返回一个 Number 对象的原始数值

【例 10-2】Number 对象的属性、方法的调用说明，运行结果如图 10-3 所示。

```
--------------------------------------------【10-2.html 代码清单】--------------------------------------------
<!doctype html>
<html>
<head>
  <meta charset = "utf-8">
  <title>Number 对象示例</title>
</head>
<body>
  <script   type = "text/javascript">
    window.document.write(Number.MAX_VALUE + "<br/>");
    window.document.write(Number.MIN_VALUE + "<br/>");
    window.document.write(Number.NaN + "<br/>");
    window.document.write(Number.NEGATIVE_INFINITY + "<br/>");
    window.document.write(Number.POSITIVE_INFINITY + "<br/>");
```

图 10-3 运行结果

```
        var x = new Number(13.625);
        window.document.write(x + "转换为指数记数法：" + x.toExponential() + "<br/>");
        window.document.write(x + "取到小数点后面 2 位：" + x.toFixed(2) + "<br/>");
        window.document.write(x + "转换为字符串：" + x.toString() + "<br/>");
        window.document.write(x + "转换为二进制字符串：" + x.toString(2) + "<br/>");
        window.document.write(x + "设置为 8 位精确位数：" + x.toPrecision(8) + "<br/>");
        window.document.write(x + "取值：" + x.valueOf()+ "<br/>");
    </script>
</body>
</html>
```

10.2.3 Boolean 对象

Boolean 对象是基本类型中的布尔型的封装对象。可以通过 Boolean 对象建立布尔型的对象实例，创建 Boolean 对象实例的方式有以下两种：

```
var b = new Boolean(value);
var b = False;
```

当按第 1 种方式创建布尔型的对象实例时，只有参数为 false、0、null、undefined 的情况下才会得到值为 false 的对象，其他情况下会得到值为 true 的对象。这种写法不常见，通常用第 2 种方式。两条语句定义的变量在使用上没有区别，通过它们都可以调用 Boolean 对象的方法。

10.2.4 String 对象

1. 创建 String 对象

String 对象用于处理文本（字符串），是基本类型中的字符串型的封装对象。创建 String 对象实例的方式有以下几种：

```
var str1 = new String(s);
var str2 = String(s);
var str3 = "Javascript 程序设计";
```

其中，参数 s 是要创建的 String 对象的字符串，或要转换为字符串的值。以上三条语句定义的变量都可以调用 String 对象的属性和方法，但变量 str1 是引用类型，变量 str2 和 str3 是原始类型，用 typeof 运算符查看 str1、str2、str3 变量的数据类型，分别返回 object、string、string。

2. String 对象的 length 属性

String 对象的 length 属性用于返回字符串的长度，即字符串中字符的个数。例如：

```
var x = "JavaScript 程序设计";
alert(x.length) ;  // 返回 14
```

3. String 对象的方法

表 10-5 列出了 String 对象的方法，下面按功能不同分别进行介绍。

表 10-5　String 对象的方法

方　法	描　述
anchor()	返回<a>str</a>标记字符串
big()	返回<big>str</big>标记字符串
blink()	返回<blink>str</blink >标记字符串

续表

方　法	描　述
bold()	返回<b>str</b>标记字符串
fixed()	返回<tt>str</tt>标记字符串
fontcolor(color)	返回<font color = "color">str</font>标记字符串。由于 HTML5 不支持<font>标记，因此该方法一般不用
fontsize(size)	返回<font size = "size">str</font>标记字符串。由于 HTML5 不支持<font>标记，因此该方法一般不用
italics()	返回<i>str</i>标记字符串
link(url)	返回<a href = "url">str</a>标记字符串
small()	返回<small>str</small >标记字符串
strike()	返回<strike>str</strike >标记字符串
sub()	返回<sub>str</sub >标记字符串
sup()	返回<sup>str</sup >标记字符串
charAt(iIndex)	返回指定位置的字符
charCodeAt(iIndex)	返回指定位置的字符的 Unicode 编码
concat(str)	连接字符串
indexOf(sSubString,iStartIndex)	从 iStartIndex 位置开始，从左向右检索 sSubString 子字符串
lastIndexOf(sSubString,iStartIndex)	从 iStartIndex 位置开始，从右向左检索 sSubString 子字符串
substr(iStart[,iLength])	从起始索引号提取字符串中指定数目的字符
substring(iStart,iEnd)	提取字符串中两个指定的索引号之间的字符
toLowerCase()	把字符串中的字母转换为小写字母
toUpperCase()	把字符串中的字母转换为大写字母
split(ch)	把字符串分割为字符串数组
match(reExpr)	找到一个或多个正则表达式的匹配项
search(reExpr)	检索与正则表达式相匹配的值
replace(reExpr,sReplaceText)	替换与正则表达式相匹配的子字符串

（1）在字符串的两边加上 HTML 标记的方法。表 10-5 中从 anchor()到 sup()方法都属于该类。例如：

```
var x = "JavaScript 程序设计";
document.write(x.bold());        //写入网页的内容是<b> JavaScript 程序设计</b>
document.write(x.link("10-2.html"));
/* 写入网页的内容是<a href="10-2.html">JavaScript 程序设计</a>*/
```

下面的例子均以 x 字符串为例。

（2）charAt(iIndex)、charCodeAt(iIndex)分别返回指定位置的字符和字符的 Unicode 编码。参数 iIndex 是介于 0 到字符串长度减 1 之间的值。例如：

```
alert(x.charAt(5)) ;             // 返回 c
alert(x.charCodeAt(5)) ;         // 返回 99
```

（3）concat(str)连接两个字符串，参数 str 是要连接的字符串。例如：

```
alert(x.concat("教程"));         // 返回 JavaScript 程序设计教程
```

（4）indexOf(sSubString [, iStartIndex])、lastIndexOf(sSubString [, iStartIndex])分别返回子字符串在字符串中第一次和最后一次出现的位置。参数 sSubString 是要搜索的子字符串，iStartIndex

是搜索的起始位置。indexOf()从起始位置向右搜索，没有 iStartIndex 参数时，默认为 0；lastIndexOf()从起始位置向左搜索，没有 iStartIndex 参数时，默认为 length-1。如果没有找到子字符串，则返回-1。例如：

```
alert(x.indexOf("a",0));          // 返回 1
alert(x.lastIndexOf("a",10));     // 返回 3
alert(x.lastIndexOf("a",0));      // 返回-1
```

（5）substr(iStart [,iLength])、substring(iStart, iEnd)分别返回字符串的子字符串。参数 iStart 表示子字符串的起始位置，参数 iLength 表示获取的子字符串长度，iEnd 指出子字符串的结束位置，不包含结束位置的字符。例如：

```
alert(x.substr(4,6));             // 返回 Script
alert(x.substring(4,6));          // 返回 Sc
```

（6）toLowerCase()、toUpperCase()分别把字符串中的字母转换为小写和大写字母。例如：

```
alert(x.toLowerCase());           // 返回 javascript 程序设计
alert(x.toUpperCase());           // 返回 JAVASCRIPT 程序设计
```

（7）split(ch)把字符串分割为字符串数组。参数 ch 是一个字符串或正则表达式，用于描述分割子字符串的位置的字符。例如：

```
var str = "001,王丽,24,女"
var arr = str.split(",");         // arr 是含有 4 个元素的数组
alert(arr[0]);                    // 返回 001
```

但是，如果分割各子字符串的字符不同，则需要用正则表达式指出分割的字符。正则表达式将在 10.2.9 节介绍。

（8）match(reExpr)、search(reExpr)、replace(reExpr,sReplaceText)这 3 个方法均是在字符串中匹配参数 reExpr 给定的正则表达式，但是返回的结果不同。match()将匹配的结果用数组返回，如果未找到匹配项，则返回 null；search()返回第一个匹配的子字符串的位置，如果未找到匹配项，则返回-1；replace()将匹配的子字符串用参数 sReplaceText 所指的值替换。例如：

```
reg1 = new RegExp(/abc{2}/ig);    /* 其中，"/abc{2}/ig"是一个正则表达式，表示匹配 abcc，i 表示不
区分字母大小写，g 是全局标志，在替换时，会替换字符串中与正则表达式匹配的所有子字符串，如果没有 g 标
志，则仅替换第一个匹配的子字符串*/
str = "abcABCCdabccc"
xx = str.match(reg1);
alert(xx);            // xx 为数组，xx[0] = "ABCC", xx[1] = "abcc"
yy = str. search(reg1);
alert(yy);            // yy 的值为 3，即"ABCC"的起始位置
zz = str.replace(reg1,"****");
alert(zz);            // zz 的值改为"abc****d****c"
```

10.2.5 Array 对象

Array 对象用来建立数组。数组和变量都可以用来存放数据，不同的是，数组可以存放连续的多个数据元素。

1. 创建数组与访问数组

创建数组的格式有以下 4 种：

```
var arrObj = new Array();
var arrObj = [];
var arrObj = new Array(size);
var arrObj = new Array(element0, element1, ..., elementn);
```

第 1 种、第 2 种格式表示创建空数组；第 3 种格式表示创建有 size 个元素的数组，每个元

素的初始值为undefined；第4种格式根据参数的个数创建具有若干个元素的数组，每个元素的初始值为对应的参数。实际上，JavaScript中的数组是动态的，可以将数据存储在规定长度以外的元素里，数组长度会随之改变。因此数组的4种格式的定义没有本质区别，只是初始值不一样。另外，数组的元素可以是不同的数据类型。访问数组元素采用下标方式。例如：

```
var a = new Array();        // 创建空数组 a
var b = new Array(4);       // 创建有 4 个元素的数组 b，每个元素的初始值为 undefined
//创建有 7 个元素的数组 week
var week = new Array("星期日","星期一","星期二","星期三","星期四","星期五","星期六");
a[0] = 1;                   //为数组 a 的第 1 个元素赋值 1，数组 a 的长度自动增加为 1
a[1] = 2;                   //为数组 a 的第 2 个元素赋值 2，数组 a 的长度自动增加为 2
b[100] = 50;                //为数组 b 的第 101 个元素赋值 50，数组 b 的长度自动增加为 101
```

创建数组也可以采用下面的简单形式：

```
var arr = ["zs",123, "li",3.5];
```

上述代码表示创建有4个元素的数组arr，arr[0]的值为字符串"zs"，arr[1]的值为数值123，arr[2]的值为字符串"li"，arr[3]的值为数值3.5。arr数组中各元素的数据类型不一样。

2．数组的length属性

length属性表示数组的长度，即其中元素的个数。数组的下标由0开始，到length-1结束。与其他大多数语言不同的是，JavaScript中数组的length属性是可变的。当length属性被设置得更大时，数组原有数据不会发生变化，仅仅是length属性变大；当length属性被设置得比原来小时，则原来数组中下标大于或等于length的元素的值全部被丢弃。例如：

```
var arr = new Array(1,20,5,3,25,98,74,58,89,8);/*  定义了一个包含 10 个数字的数组 */
alert(arr.length);          // 显示数组的长度（10）
arr[18] = 34;               // 为下标为 18 的元素赋值
alert(arr.length);          // 将数组长度增加到 19
arr.length = 20;            // 增加数组的长度
alert(arr.length);          // 显示数组的长度已经变为 20
alert(arr[8]);              // 显示第 9 个元素的值，仍为 89
arr.length = 5;             // 将数组的长度减少到 5，下标等于或超过 5 的元素被丢弃
alert(arr[8]);              // 显示第 9 个元素已经变为 undefined
arr.length = 10;            // 将数组长度恢复为 10
alert(arr[8]);              /* 虽然数组长度被恢复为 10，但第 9 个元素无法收回，显示为 undefined */
```

通常用for或for…in循环语句遍历数组元素。

【例10-3】定义数组并把数组元素显示在网页的表格里。

```
---------------------------------------------【10-3.html 代码清单】---------------------------------------------
<!DOCTYPE HTML>
<html>
<head>
  <meta   charset = "utf-8">
  <title>数组的遍历示例</title>
</head>
<body>
  <table border = "1" cellpadding = "10" cellspacing = "0" width = "300">
    <script type = "text/javascript">
      var names = new Array("卡布奇诺咖啡", "拿铁咖啡", "血腥玛丽","长岛冰茶", "爱尔兰咖啡", "蓝色
夏威夷", "英式水果冰茶");
      for( var i = 0; i < names.length; i++ ) {
        document.write("<tr><td>饮料" + (i+1) + "</td>");
```

```
                document.write("<td>" + names[i] + "</td></tr>");
            }
        </script>
    </table>
</body>
</html>
```

3. Array 对象的方法

表 10-6 列出了 Array 对象的方法，下面按功能不同分别进行介绍。

表 10-6　Array 对象的方法

方　法	描　述
push()	向数组的末尾添加一个或多个元素，并返回新的数组长度
unshift()	向数组的开头添加一个或多个元素，并返回新的数组长度
pop()	删除并返回数组的最后一个元素
shift()	删除并返回数组的第一个元素
splice()	删除元素，并向数组中添加新元素
concat()	连接两个或更多的数组，并返回结果
slice()	从某个已有的数组中返回选定的元素
sort()	对数组的元素进行排序
reverse()	颠倒数组中元素的顺序
toString()	把数组元素转换为字符串，并返回结果
join()	把数组的所有元素连接为一个字符串。元素通过指定的分隔符进行分隔
forEach()	为每个数组元素调用一次函数（回调函数）
map()	对每个数组元素执行函数来创建新数组
filter()	创建一个包含通过测试的数组元素的新数组
every()	检查所有数组值是否通过测试
some()	检查某些数组值是否通过测试
reduce()	在每个数组元素上运行函数，以生成单个值，在数组中从左到右工作
reduceRight	在每个数组元素上运行函数，以生成单个值，在数组中从右到左工作

（1）push([item1[,item2 [,…[,itemN]]]])、unshift([item1 [,item2 [,… [,itemN]]]])、splice(insertPos, 0,[item1[, item2[,… [,itemN]]]])分别用于把参数 item1 到 itemN 添加到数组中。不同的是，push()在数组末尾处添加新元素并返回数组新长度，unshift()在数组开始处添加新元素并返回数组新长度，splice()在数组的指定位置插入新元素并返回空字符串（""），参数 insertPos 用于指出插入位置。例如：

```
var Arr = new Array("a","b","c");
h1 = Arr.push("d");
alert(Arr);                    // 返回 a,b,c,d
alert(h1);                     // 返回 4
h2 = Arr.unshift("1","2");
alert(Arr);                    // 返回 1,2,a,b,c,d
alert(h2);                     // 返回 6
h3 = Arr.splice(3,0,"A","B");
alert(Arr);                    // 返回 1,2,a,A,B,b,c,d
alert(h3 == "");               // 返回 true
```

（2）pop()、shift()、splice(deletePos,deleteCount)均用于实现数组元素的删除。pop()用于删除

最后一个元素并返回该元素值；shift()用于删除第一个元素并返回该元素值，数组中的元素自动前移；splice()用于删除从指定位置（deletePos）开始的指定数量（deleteCount）的元素，以数组形式返回所删除的元素。例如：

```
var Arr = new Array("a","b","c","d","e");
h1 = Arr.pop();
alert(Arr);              // 返回 a,b,c,d
alert(h1);               // 返回 e
h2 = Arr.shift();
alert(Arr);              // 返回 b,c,d
alert(h2);               // 返回 a
h3 = Arr.splice(1,2);    //h3 为数组
alert(Arr);              // 返回 b
alert(h3);               // 返回 c,d
```

（3）slice(start, [end])表示以数组的形式返回数组的一部分，原数组对象不变。参数 start 用于指出起始位置，参数 end 用于指出结束位置，但不包括 end 位置对应的元素，如果省略参数 end，则将复制参数 start 之后的所有元素。

（4）concat([item1[, item2[,…[,itemN]]]])用于将多个数组（也可以是字符串，或者数组和字符串的混合）连接为一个数组，返回连接好的新数组，且原数组不变。例如：

```
var Arr = new Array("a","b","c","d","e");
h1 = Arr.slice(2,4);
alert(Arr) ;             //Arr 值不变，仍为 a,b,c,d,e
alert(h1) ;              // 返回 c,d
h2 = Arr.concat(h1,"A");
alert(Arr) ;             //Arr 值不变，仍为 a,b,c,d,e
alert(h2);               // 返回 a,b,c,d,e,c,d,A
```

（5）sort()、reverse()分别用于实现数组元素的排序（默认按 ASCII 升序排列）和数组元素的反转（最前的排到最后、最后的排到最前），并返回该数组的地址。例如：

```
var Arr = new Array(45,1,34,3,10);
h1 = Arr.sort();
alert(Arr);              // 返回 1,10,3,34,45，按 ASCII 升序排列
alert(h1);               // 返回 1,10,3,34,45
h2 = Arr.reverse();
alert(Arr);              // 返回 45,34,3,10,1
alert(h2);               // 返回 45,34,3,10,1
```

（6）join(separator)用于将数组的所有元素连接为一个字符串，中间用 separator 隔开。例如：

```
var Arr = new Array(45,1,34,3,10);
h1 = Arr.join("$")
alert(Arr);              // 返回 45,1,34,3,10
alert(h1);               // 返回字符串"45$1$34$3$10"
```

（7）forEach()、map()、filter()、every()、some()这几个方法的用法相似，此处以 forEach()方法为例进行讲解。其语法格式如下：

```
forEach(function(currentValue[[,index],arr])[,thisValue]);
```

forEach()方法用来遍历数组，为数组中的每一个元素调用一次回调函数进行处理，处理完成后，返回一个新的数组。thisValue 是执行回调时，传递给函数用作“this”的值。如果省略了 thisValue，或者传入 null、undefined，那么回调函数的 this 为全局对象。参数 function(currentValue[[, index], arr])是必填项，function 参数的含义如表 10-7 所示。

表 10-7　function 参数的含义

参　数	含　义
currentValue	必填项。当前元素
index	可选项。当前元素的索引
arr	可选项。当前元素所属的数组对象

【例 10-4】使用 forEach()方法循环遍历数组中的每一个元素。下面代码的运行结果与【例 10-3】的一样。

```
----------------------------------------------【10-4.html 代码清单】----------------------------------------------
<!DOCTYPE HTML>
<html>
<head>
  <meta  charset = "utf-8">
  <title>用 forEach()方法遍历数组示例</title>
</head>
<body>
  <table border = "1" cellpadding = "10" cellspacing = "0" width = "300">
    <script type = "text/javascript">
  function fun(value, index, array){
              document.write("<tr><td>饮料" + (index+1) + "</td>"+"<td>" + value + "</td></tr>");
        }
      var names = new Array("卡布奇诺咖啡", "拿铁咖啡", "血腥玛丽","长岛冰茶", "爱尔兰咖啡", "蓝色
夏威夷", "英式水果冰茶");
      names.forEach(fun);
    </script>
  </table>
</body>
</html>
```

（8）reduce()和 reduceRight()方法的用法相似，此处以 reduce()方法为例进行讲解。其语法格式如下：

```
reduce(function(total,currentValue[[,index],arr])[,thisValue]);
```

reduce()方法用于接收一个函数作为累加器，将数组中的每个值从左到右开始缩减，最终计算为一个值。total 为必填项，是初始值，或者计算结束后的返回值。其他参数的含义同上面 forEach()方法的参数的含义。例如：

```
var arr = new Array(1,2,3,4,5,6);
console.log("arr =",arr);
var result = arr.reduce((a, b)=>a + b);
console.log("result=",result);//返回 result=21
```

这里的回调函数采用了箭头函数，参数 a 对应 total 参数，是计算的初始值和终值，参数 b 对应 currentValue 参数，对应每个数组元素。

4．二维数组的定义与访问

数组元素本身又是一个数组，即数组的数组，则被称为二维数组。例如：

```
var citys = new Array();
citys[0] = new Array('SHA','上海','SHANGHAI','SH');
citys[1] = new Array('HYN','黄岩','HUANGYAN','HY');
citys[2] = new Array('HGH','杭州','HANGZHOU','HZ');
```

citys 为二维数组，使用“数组变量名[子数组索引号][子数组中的元素索引号]”格式来访问二维数组中的元素。例如，citys[0][1]的值为上海。

二维数组也可以采用下面的简单形式定义：

```
var citys = [ [ 'SHA' , '上海' , 'SHANGHAI' , 'SH' ] , [ 'HYN' , '黄岩' , 'HUANGYAN' , 'HY' ] , [ 'HGH' , '杭州' , 'HANGZHOU' , 'HZ' ] ];
```

二维数组的访问常用双重循环实现。

【例 10-5】编写代码说明二维数组的定义并把数组元素显示在网页的表格里。

```
---------------------------------------------【10-5.html 代码清单】---------------------------------------------
<!doctype html>
<html>
<head>
  <meta charset = "utf-8">
  <title>二维数组示例</title>
</head>
<body>
  <table border = "1" cellpadding = "3" cellspacing = "0" width = "300">
    <script type = "text/javascript">
      var students = new Array(5);
      for( var i = 0; i < students.length; i++ )
      students[i] = new Array(2);                //声明 Array 对象的元素为一个 Array 对象
      students[0][0] = "小丸子";                  //一一指定二维数组的值
      students[1][0] = "花轮"; students[2][0] = "小玉";
      students[3][0] = "美环"; students[4][0] = "丸尾";
      students[0][1] = 80;       students[1][1] = 95;
      students[2][1] = 92;       students[3][1] = 88;
      students[4][1] = 85;
      for(var i = 0; i < students.length; i++) { /* 使用巢状循环显示二维数组的值 */
        document.write("<tr>");
        for( var j = 0; j < students[i].length; j++ )
          document.write("<td>" + students[i][j] + "</td>");
        document.write("</tr>");
      }
    </script>
  </table>
</body>
</html>
```

10.2.6 Date 对象

1．创建 Date 对象

Date 对象用于处理日期和时间。创建 Date 对象的格式有以下 3 种：

```
var dateObj1 = new Date();
var dateObj2 = new Date(dateVal);
var dateObj3 = new Date(year, month, date[,hour, min, sec, ms]);
```

第 1 种格式创建的 Date 对象会自动把当前日期和时间保存为其初始值。第 2 种格式中的 dateVal 可以是日期格式的字符串型数据，或距离 JavaScript 内部定义的起始时间（1970 年 1 月 1 日）的毫秒数。第 3 种格式可以创建给定年、月、日、时、分、秒、毫秒等的具体的日期型数据。例如：

```
var d1 = new Date();                  //创建当前日期对象
var d2 = new Date(678878343523);      //创建 1991 年 7 月 7 日  17:19:03 日期对象
var d3 = new Date("2013-12-12");      //创建 2013 年 12 月 12 日  8:00:00 日期对象
var d4 = new Date(2013,1,9);          //创建 2013 年 2 月 9 日  00:00:00 日期对象
```

2．Date 对象的方法

Date 对象提供了大量的方法，主要分为 3 类，即 get 类方法、set 类方法和转换为字符串的方法。

1）get 类方法

get 类方法的主要功能是返回 Date 对象中的年、月、日、时、分、秒等。例如：

```
var d3 = new Date("2013-12-22");
alert(d3.getDate());                    //返回日期中的日（22）
alert(d3.getMonth());                   //返回日期中的月份（11），月份的范围是 0～11
```

2）set 类方法

set 类方法用于设置 Date 对象中的年、月、日、时、分、秒等。例如：

```
var d3 = new Date("2013-12-22");
d3.setYear(2012);                       // 设置 d3 的年为 2012 年
d3.setMonth(4);                         // 设置 d3 的月为 5 月
d3.setDate(23);                         // 设置 d3 的日为 23 日
```

3）转换为字符串的方法

该类方法用于把 Date 对象转换为给定的字符串格式，例如，toLocaleString()方法用于把日期对象转换为本地日期和时间格式；toLocaleTimeString()方法用于把日期对象转换为本地时间格式。例如：

```
alert(d3.toLocaleString());             // 返回 2012 年 5 月 23 日   8:00:00
```

Date 对象的其他方法请参考 JavaScript 的帮助文档。

10.2.7 Object 对象

1．创建自定义对象

通过 Object 对象可以创建自定义对象，在自定义对象上定义数据属性和方法属性。例如：

```
var   cat1 = new Object();              // 创建对象 cat1
cat1.name = "mary";                     // 给 cat1 定义 name 数据属性
cat1["color"] ="write";                 // 另一种定义属性的方法，给 cat1 定义 color 数据属性
cat1.eat = function() { console.log(this.name + "吃老鼠");};   /* 给 cat1 定义 eat 方法属性，this 指代 cat1 */
```

上面第 1 行代码可以写为下面的形式：

```
var   cat1 = {};
```

也可以用下面的形式定义自定义对象：

```
var   cat1 = {
      name: "mary",
      color: "write",
      eat:function() { console.log(this.name + "吃老鼠");}
   };
```

cat1 是一个对象实例，不能用 new cat1()创建其他实例。但是在各浏览器的最新版本中都支持 Object.create()方法，可以创建 cat1 对象的实例。例如：

```
var cat2 = Object.create(cat1);   //创建 cat1 对象的实例 cat2
```

2．Object.defineProperty()方法

Object.defineProperty()方法会直接在一个对象上定义一个新属性，或者修改一个已经存在的属性，并返回这个对象。其语法格式如下：

```
Object.defineProperty(obj, prop, descriptor);
```

- obj：需要定义属性的对象。

- prop：需要被定义或修改的属性名。
- descriptor：需要被定义或修改的属性描述符或者存取描述符。

属性描述符是一个拥有可写或不可写值的属性。存取描述符是由一对 getter-setter 函数功能来描述的属性。描述符必须是两种形式之一，但两者不能同时存在。

在一般情况下，为对象添加属性是通过赋值来实现的。通过赋值方法添加的对象属性显示在属性枚举中（通过 for...in 或 Object.keys()方法可以查到这些属性），属性枚举中的属性值可以被改变，也可以被删除。而使用 Object.defineProperty()方法为对象添加的属性在默认情况下是不可改变的，可以通过 descriptor 参数改变这些默认设置。

属性描述符和存取描述符均具有以下可选键值。

- configurable：仅当属性的 configurable 为 true 时，该属性才能被修改，也能被删除，默认值为 false。
- enumerable：仅当属性的 enumerable 为 true 时，该属性才能出现在对象的枚举属性中，默认值为 false。

属性描述符同时具有以下可选键值。

- value：定义 prop 参数给的属性的值。可以是任何有效的 JavaScript 值（数值、对象、函数等），默认值为 undefined。
- writable：仅当属性的 writable 为 true 时，该属性才能被赋值运算符改变，默认值为 false。

例如：

```
var cat1 = {};                  //创建一个新对象
cat1.color='白色';              //通过赋值为 cat1 对象添加属性 color
//为对象 cat1 添加 name 属性，name 属性的值为 mary，不可枚举，可修改
Object.defineProperty(cat1 , "name",
{value :"mary" , writable : true, enumerable : false, configurable : true});
for(x in cat1)
{
    console.log(x);             //仅列出了 color 属性
}
console.log(cat1.name);  //返回 mary
delete cat1.name              //删除属性 name
console.log(cat1.name);  //返回 undefined
```

存取描述符同时具有以下可选键值。

- get：一个为属性提供 getter 的方法，如果没有 getter 则为 undefined。当读取某个属性时，其实是在对象内部调用了该方法，此方法必须有 return 语句。该方法的返回值被用作属性值，默认值为 undefined
- set：一个为属性提供 setter 的方法，如果没有 setter 则为 undefined。该方法将接收唯一参数，并将该参数的新值分配给该属性，默认值为 undefined。也就是说，当设置某个属性时，实际上是在对象内部调用了该方法。

【例 10-6】Object.defineProperty()方法的应用。

```
-------------------------------------------【10-6.html 代码清单】-------------------------------------------
<!doctype html>
<html>
<head>
   <meta charset = "utf-8">
   <title>Object.defineProperty()方法应用示例</title>
```

```
</head>
<body>
  <script type = "text/javascript">
  var warehouse = {
    _temperature:37,
    archive: []
    }; // 创建一个新对象
  Object.defineProperty(warehouse, 'temperature', {
    get: function() {
      return this._temperature;
    },
    set: function(newValue) {
      this._temperature = newValue;
      this.archive.push({ "val": this._temperature });
    }
  });
  warehouse.temperature = 36;                  //调用 set 方法
  warehouse.temperature = 35;                  //调用 set 方法
  for(i in warehouse.archive)
  {
    console.log(warehouse.archive[i]);         //返回{val: 36} {val: 35}
  }
  </script>
</body>
</html>
```

本例说明了如何使用 get、set 访问器属性实现自我存档的自定义对象 warehouse，当设置 warehouse 对象的 temperature 属性时，archive 数组会得到一个存档。

3．使用工厂模式创建对象

把创建对象的代码封装在一个函数中，调用该函数，就可以创建多个具有同样属性但属性值不一样的对象，这就是使用工厂模式创建对象。例如：

```
function createObject(name,color){
     var obj = new Object();                 // 创建对象
     obj.name = name;                        // 为对象添加属性
     obj.color = color;
     obj.eat= function(){                    // 为对象添加方法
       console.log(this.name + "吃老鼠"); };
     return obj;
   }
   var cat1 = createObject('mary',"write");
   cat1.eat();
   var cat2 =    createObject('jack',"black");
   cat2.eat();
```

10.2.8　Function 对象

通过 Function 对象可以建立用户自定义函数，例如，下面的代码声明了一个名称为 sum 的函数：

```
var sum = new Function("x","y","return(x + y)");
```

但是这种写法并不常见，通常会直接写成如下形式：

```
function  sum(x,y) {
   return (x + y);
}
```

1．通过构造函数创建对象

函数对象在 JavaScript 中有多种功能，它不仅可以用来定义自定义函数，还可以被当作构造函数，用来定义对象。例如：

```
function Cat(name,color) {
   this.name = name;
   this.color = color;
   this.eat = function() { console.log(this.name + "吃老鼠");};
}
var cat1 = new Cat("mary","write");
cat1.eat(); // 返回 mary 吃老鼠
var cat2 = new Cat('jack',"black");
cat2.eat();
```

上述代码中定义了一个函数 Cat()，该函数可以被看作一个 Cat 类。Cat 既是函数名，也是类名和构造函数名，Cat 类中定义了两个属性和一个方法。属性名前面的 this 代表新创建的对象实例。通过 new Cat()创建了 Cat 的两个实例 cat1、cat2。cat1.eat()调用了 eat()方法，此时 eat()里的 this 指代调用方法的对象实例 cat1。

上面这种通过构造函数创建的对象，其在内存中有各自的属性和方法，称为实例属性，如果需要各个对象共享同样的数据属性和方法属性，可以用 prototype（原型）属性。

JavaScript 中的每个构造函数都有一个 prototype 属性，用于返回对象类型的原型，当它指向另一个对象时，这个对象的所有属性和方法，都会被构造函数的实例共享。也可以把属性和方法直接定义在 prototype 对象上，从而给类添加原型属性和方法。使用对象的 hasOwnProperty()函数可以判断该对象是否拥有某个实例属性。例如：

```
function Cat(name,color) {
   this.name = name;
   this.color = color;
}
Cat.prototype.eat=function() { console.log(this.name + "吃老鼠");};
Cat.prototype.type="猫科动物";
var cat1 = new Cat("mary","write");
cat1.eat(); // 返回 mary 吃老鼠
console.log(cat1.type);
var cat2 = new Cat("jack","black");
cat2.eat();
console.log(cat1.type);
cat1.type="catamount";    //为 cat1 对象添加实例属性 type
console.log(cat1.hasOwnProperty("type"));//判断对象是否包含实例属性，返回 true
for(x in cat1)
{
      console.log(cat1[x]);
      //返回 mary、write、catamount、f() { console.log(this.name + "吃老鼠");}
}
console.log(cat2.hasOwnProperty("type"));//返回 false
```

图 10-4 说明了实例属性和原型属性的关系。

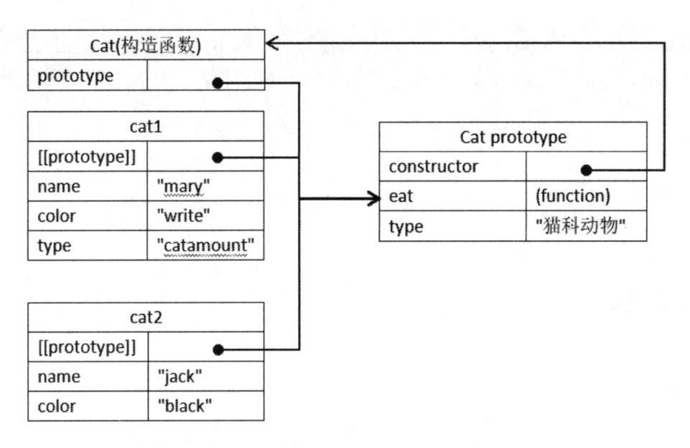

图 10-4　实例属性和原型属性的关系

通常把类的数据部分定义在构造函数上，保证每个对象有各自的数据，把类的方法定义在原型属性上，方便各个对象共享。例如，定义 Cat 类：

```
function Cat(name,color) {//创建猫类
  this.name = name;
  this.color = color;
}
Cat.prototype={
     constructor:Cat,
     eat:function(){ console.log(this.name + "吃老鼠");}
}
```

2. 实现继承

利用函数的 prototype 属性可以实现继承。下面的代码定义了一个 Animal 类和一个 Cat 类，通过 Cat.prototype=new Animal()让 Cat 类继承 Animal 类。

```
function Animal() {                        // 创建 Animal 类
      this.sleep = function() { console.log("睡懒觉"); };
      }
    function Cat(name,color) {             // 创建 Cat 类
      this.name = name;
      this.color = color;
    }
    Cat.prototype = new Animal();          // 让 Cat 类继承 Animal 类
    Cat.prototype.eat=function(){ console.log(this.name + "吃老鼠");};//为 Cat 类添加新的方法
    var cat1 = new Cat("mary","write");    // 创建 Cat 类的实例 cat1
    cat1.sleep();                          // 显示睡懒觉，继承了 sleep()方法
    cat1.eat();                            // 显示 mary 吃老鼠
```

类的继承的另外一种常见写法如下：

```
var Animal = {
     createNew: function() {
       var animal = {};
       animal.sleep = function() { console.log("睡懒觉"); };
         return animal;
       }
     };
   var Cat = {
     createNew: function() {
       var cat = Animal.createNew();/* 调用 Animal.createNew()返回一个 Animal 对象，存储在 cat 中 */
       cat.name = "猫咪"; // 为 cat 增加新的属性
```

```
        cat.makeSound = function() { console.log("喵喵喵"); }; /* 为 cat 增加新的方法*/
        return cat; // 返回增加了属性和方法的 Animal 对象，从而实现类的继承
        }
    };
    var cat1 = Cat.createNew();
    cat1.sleep(); // 返回睡懒觉
```

10.2.9 RegExp 对象

1．创建 RegExp 对象

RegExp 对象表示正则表达式，它是对字符串执行模式匹配和替换的强大工具。创建 RegExp 对象的格式有以下两种：

```
var regObj =new RegExp("pattern"[,"flags"])
var regObj = /pattern/[flags]
```

其中，参数 pattern 是必填项，其对应正则表达式的字符模式。参数 flags 是可选项，是一些标志组合。常见的 flags 标志有 g（全局标志）、i（忽略字母大小写）、m（多行标志）。

pattern 是由普通字符（如字符 a～z）、转义字符及特殊字符（也称为元字符）等组成的字符模式。该模式用于描述在查找文字主体时待匹配的一个或多个字符串。正则表达式作为一个模板，将某个字符模式与所搜索的字符串进行匹配。下面介绍构成 pattern 的常用字符。

（1）普通字符：普通字符包括字母、数字、汉字、下画线及没有特殊定义的标点符号等。pattern 中的普通字符，在匹配一个字符串时，匹配与之相同的字符。例如，/ab/表示当字符串中含有 ab 时，匹配成功。

（2）转义字符：一些不便于书写的字符，采用在前面加“\”的方法来表示，例如，\r、\n 分别代表回车和换行符；有特殊意义的标点符号，在前面加“\”后，就代表该符号本身，例如，“^”“$”都有特殊意义，如果想匹配字符串中的“^”和“$”字符，则在 pattern 中要写成“\^”和“\$”。

（3）表达式：常用的表达式有[]、[^]、|、-和()。

使用方括号[]包含一系列字符，表示匹配其中任意一个字符。例如，/[ab5@]/能匹配“a”“b”“5”“@”，而/[^ab5@]/能匹配“a”“b”“5”“@”以外的任意字符，即[^]表示取反。

| 符号表示“或”操作，例如，/z|food/能匹配“z”或“food”。

- 符号表示字符范围或数字范围，用于匹配指定范围内的任意字符。例如，/[a-z]/可以匹配 a～z 范围内的任意小写字母。

()表示一个组合项或子匹配项，也就是用括号括起一些字符、字符类或量词，它们是一个整体。例如，/(g|f)ood/能匹配“good”或“food”。

```
var reg=/(g|f)ood/;
alert(reg.test("food"));//返回 true
alert(reg.test("f"));//返回 false
alert(reg.exec("food"));//返回 food,f
```

注意：

alert(reg.exec("food"));返回 food,f，food 是匹配项，f 是此次匹配的子匹配项，f 并不与整个正则表达式匹配。

（4）特殊字符：特殊字符主要包括如下几个。

^表示与字符串开始的地方匹配，不匹配任何字符。

$ 表示与字符串结束的地方匹配，不匹配任何字符。

\d 表示与任意一个数字字符匹配，等价于[0-9]。

\D 表示与任意一个非数字字符匹配，等价于[^0-9]。

\s 表示与任意一个空白字符匹配，等价于[\f\n\r\t\v]。

\S 表示与任意一个非空白字符匹配，等价于[^\f\n\r\t\v]。

\w 表示与任意一个英文字母、数字、下画线匹配，等价于[A-Za-z0-9_]。

\W 表示与任意一个非英文字母、数字、下画线匹配，等价于[^A-Za-z0-9_]。

.表示匹配除"\n"以外的任何单个字符；若要匹配包括"\n"的任何单个字符，可使用"[\s\S]"；若要匹配"."本身，可使用"\."。

（5）修饰匹配次数的特殊符号：修饰匹配次数的特殊符号主要包括如下几个。

{n}：重复 n 次，比如，/\w{2}/ 相当于/\w\w/；/a{5}/ 相当于 /aaaaa/。

{m,n}：至少重复 m 次，最多重复 n 次，比如，/ba{1,3}/可以匹配"ba""baa""baaa"。

{m,}：至少重复 m 次，比如，/\w\d{2,}/可以匹配"a12""_456""M12344"...。

?：匹配 0 次或者 1 次，相当于{0,1}，比如，/a[cd]?/ 可以匹配"a""ac""ad"。

+：至少出现 1 次，相当于{1,}，比如，/a+b/可以匹配"ab""aab""aaab"...。

*：不出现或出现任意次，相当于{0,}，比如，/\^*b/可以匹配"b""^^^b"...。

2．RegExp 对象的方法

1）test()方法

test()方法的语法格式如下：

```
reg.test(string);
```

其中，reg 是正则表达式对象，string 是字符串对象。test()方法用于检索字符串中是否存在 reg 表示的模式，若存在则返回 true，并更新正则表达式对象 reg 的静态属性，例如，reg.lastIndex 表示下一次匹配的开始位置，若不存在则返回 false。

2）exec()方法

exec()方法的语法格式如下：

```
reg.exec(string);
```

exec()方法用于检索字符串中是否存在 reg 表示的模式，存在则返回被找到的值，否则返回 null。如果正则表达式设置了 g 标志，则可多次调用 exec()方法进行连续搜索，否则将从头开始搜索。例如，运行下面的代码将在网页中分别弹出 true、3 并输出 123、345、678、null。

```
<script  type = "text/javascript">
  var reg = /\d+/g;
  var s = "123aa345bb678ss";
  alert(reg.test(s));          //返回 true
  alert(reg.lastIndex);        //返回 3，表示下次从索引 3 处开始向后搜索
  reg.lastIndex=0;             //设置下次从索引 0 处开始向后搜索
  do {
    result = reg.exec(s);
    document.write(result + ",");
  }while (result != null);
</script>
```

【例 10-7】编写代码说明正则表达式在表单中的应用。

```
---------------------------------------------- 【10-7.html 代码清单】 ----------------------------------------------
<!doctype html>
<html>
```

```
    <head>
        <meta charset = "utf-8">
        <title>正则表达式在表单中的应用</title>
    </head>
    <body>
        <form method = post action = " ">
            <label for = "username">用户名: </label>
            <input id = "username" type = "text" name = "username" placeholder = "4 到 10 个字符"    required = "required"
autofocus = "autofocus"
    pattern = "[A-Za-z]{4,10}">
            <button type = "submit">提交</button>
        </form>
    </body>
    </html>
```

运行代码，结果如图 10-5 所示。当在输入框中输入不符合模式"[A-Za-z]{4,10}"的字符串时，单击“提交”按钮，系统会给出提示信息，如图 10-6 所示。

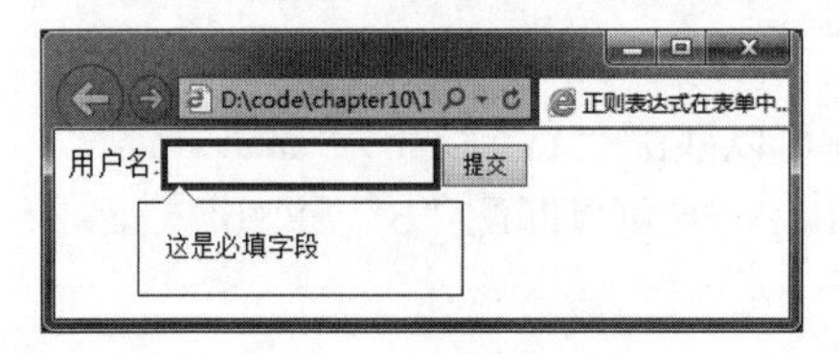

图 10-5　运行结果

图 10-6　提示信息

10.2.10　JavaScript JSON

JSON 指的是 JavaScript 对象表示法（JavaScript Object Notation）。JSON 虽然使用 JavaScript 语法，但它仍然独立于语言和平台，仅是用于存储和传输数据的格式，常用于服务器端向网页传递数据。

JSON 对象写在大括号（{}）中，可以包含多个 key/value（键/值）对，每个键/值对之间用逗号分隔，键/值对之间用冒号（:）隔开，key 置于双引号中，value 可以是字符串（在双引号中）、数值（整数或浮点数）、布尔值（true 或 false）、null、对象（在大括号中）和数组（在中括号中）等。

例如，"name":"zhangsan"为一个 JSON 对象，表示为{"name":"zhangsan"}。对象可以保存多个键/值对，如{"name":"zhangsan","age":18}。在 JavaScript 中用字符串存储 JSON 对象。例如：

```
    var jsonstr='{"name":"zhangsan","age":18}';
```

JSON 对象的值可以是数组对象，数组元素也可以是 JSON 对象，从而存储复杂的、有结构的数据，例如：

```
    {"grades":[
    {"name":"zhangsan", "scores":{"chinese":100,"math":80,"english"90}},
    {"name":"lisi", "scores":{"chinese":100,"math":80,"english",90}},
    {"name":"wangwu", "scores":{"chinese":100,"math":80,"english",90}}
    ]}
```

对象"grades"的值是一个数组，该数组有三个元素，每个元素是一个 JSON 对象。JavaScript 一般用字符串连接的方式存储多行 JSON 对象。例如：

```
    var jsonstr='{"grades":['+
        '{"name":"zhangsan", "scores":{"chinese":100,"math":80,"english":90}},'+
        '{"name":"lisi", "scores":{"chinese":80,"math":95,"english":80}},'+
        '{"name":"wangwu", "scores":{"chinese":70,"math":70,"english":80}}'+
```

```
']}';
```

可以使用 JavaScript 提供的函数实现 JavaScript 对象与 JSON 字符串之间的转换。

（1）JSON.stringify()：用于将 JavaScript 对象转换为 JSON 字符串。例如，下面的语句可以将 JavaScript 对象转换为 JSON 字符串。

```
var str = {"name":"zhangsan", "scores":{"chinese":100,"math":80,"english":90}}
var jsonstr= JSON.stringify(str)
```

（2）JSON.parse()：用于将一个 JSON 字符串转换为 JavaScript 对象。

【例 10-8】解析 JSON 字符串，把信息显示在网页的表格中。

```
-------------------------------------------- 【10-8.html 代码清单】 --------------------------------------------
<!doctype html>
<html>
<head>
<meta charset="utf-8">
<title>JSON 格式数据解析</title>
<script   type = "text/javascript">
var jsonstr='{"grades":['+
      '{"name":"zhangsan", "scores":{"chinese":100,"math":80,"english":90}},'+
      '{"name":"lisi", "scores":{"chinese":80,"math":95,"english":80}},'+
      '{"name":"wangwu", "scores":{"chinese":70,"math":70,"english":80}}'+
      ']}';
 window.onload=function()
      {
         var table=document.getElementById("t1");
         var obj = JSON.parse(jsonstr);   //将 JSON 字符串转换为 JavaScript 对象
         var text=" <tr><td>name</td><td>chinese</td> <td>math</td><td>english</td></tr>";
         for(var i=0;i<obj.grades.length;i++)
            {
             text=text+"<tr><td>"+obj.grades[i].name+"</td>";
             text=text+"<td>"+obj.grades[i].scores.chinese+"</td>" ;
             text=text+"<td>"+obj.grades[i].scores.math+"</td>" ;
             text=text+"<td>"+obj.grades[i].scores.english+"</td>" ;
             text=text+"</tr>"
            };
        table.innerHTML=text;
      };
   </script></head>
 <body>
      <table width="400" cellspacing="0" cellpadding="0" id="t1" border="1"> </table>
 </body></html>
```

运行上述代码，显示结果如图 10-7 所示。

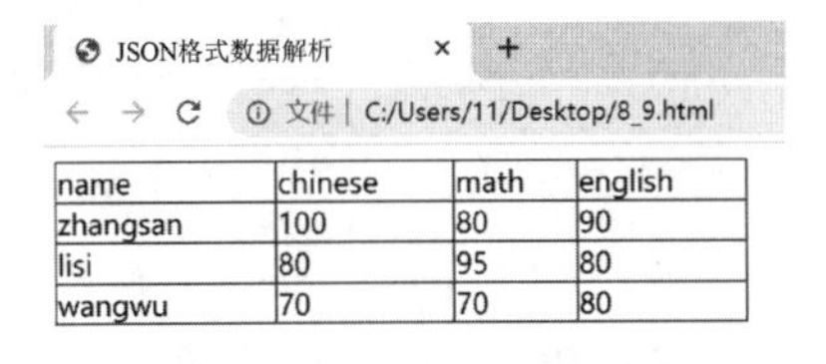

name	chinese	math	english
zhangsan	100	80	90
lisi	80	95	80
wangwu	70	70	80

图 10-7　运行结果

10.2.11　Error 对象

当发生错误时，JavaScript 提供处理错误信息的内置 Error 对象。Error 对象提供了两个有用的属性，即 name 和 message，分别用来设置或返回错误名称与错误消息。例如：

```
var x;
try {
    x = y + 1;    // y 无法被引用
 }
catch(err) {
    document.getElementById("demo").innerHTML = err.name;
}
```

try 中的代码有错，系统自动产生内置 Error 对象放入 err 变量中，通过 err.name 可以获取错误名称。

10.3 BOM 对象

10.3.1 window 对象

window 对象表示在浏览器中打开的窗口。一个框架页面也是一个窗口。如果文档中包含<iframe>标记，浏览器会为 HTML 文档创建一个 window 对象，并为每个浮动框架创建一个额外的 window 对象。window 对象的 frames[n]集合返回该窗口中所有浮动框架对应的 window 对象。n 为 0～frames.length−1 的任意值。

1．window 对象的属性

（1）name 属性：表示窗口的名称，其值由浮动框架页 name 属性设置（<iframe name = "…">）或调用 open()方法打开窗口时设置（见例 10-10）。超链接的 target 属性可以设置为某个窗口的 name 属性，表示链接对应页面打开后显示在该窗口中（<a target = "…"></a>）。

（2）defaultStatus、status 属性：defaultStatus 属性用于设置或返回窗口状态栏中的默认文本；status 属性表示窗口状态栏所显示的内容。通过下面的代码可以理解这两个属性的区别。

【例 10-9】编写代码说明 defaultStatus 与 status 属性的区别。

```
----------------------------------------------【10-9.html 代码清单】----------------------------------------------
<!doctype html>
<html>
<head>
  <meta charset = "utf-8">
  <title>状态信息示例</title>
  <script type = "text/javascript">
    window.defaultStatus = "我的首页"
</script>
  </head>
  <body>
<p  onmouseover="status= &apos;go to a map&apos;;return false;">段落文字</p>
</body>
</html>
```

当用户将鼠标指针移动到“段落文字”上时，状态栏显示“go to a map”。当鼠标指针离开“段落文字”时，状态栏显示 defaultStatus 的值“我的首页”，即状态栏的默认值，但是有些浏览器不支持这两个属性。window 对象是顶层对象，对其属性或方法进行操作时，可以省略 window.。

（3）self、parent、top、opener 属性：self 属性指窗口本身，它返回的对象与 window 对象是

一样的，最常用的是“self.close()”，例如，把该代码放在<a>标记中，即“<a href = "javascript:self.close()">关闭窗口</a>”，可用于关闭当前窗口；parent 属性用于返回窗口所属的框架页对象；top 属性用于返回占据整个浏览器窗口的顶端的框架页对象，但 HTML5 中不再支持框架；opener 属性用于返回打开本窗口的父窗口对象，如果窗口不是由其他窗口打开的，在 Netscape 浏览器中 opener 属性将返回 null，而在 IE 浏览器中返回 undefined。

（4）closed 属性：只读属性，返回 true 或 false，表示窗口是否被关闭。

（5）document、history、location、navigator、screen 属性：window 对象的这 5 个属性分别用来引用 document、history、location、navigator、screen 对象，本节后面将详细介绍这些对象。

2．window 对象的方法

（1）alert(message)、confirm(message)、prompt(message,defaultValue)方法：这三个方法分别弹出一个对话框。

alert()方法弹出一个警示对话框，message 为参数，该参数将转换为字符串直接显示在对话框上。

confirm()方法弹出一个确认对话框，对话框包括“确定”和“取消”两个按钮，如果用户单击“确定”按钮，则 confirm()方法返回 true，否则返回 false。例如：

```
if( confirm("确定删除该记录吗？") ) {
  // 删除记录的操作
}
else {
  // 不删除记录的操作
}
```

prompt()方法弹出一个输入对话框，用于让用户输入一个值，其中，参数 message 表示提示信息，参数 defaultValue 表示显示在输入框中的初始值。prompt()方法返回用户的输入。对话框包括“确定”和“取消”两个按钮，用户单击“确定”按钮则返回输入框中的内容，单击“取消”按钮则返回 null。例如：

```
var userName = window.prompt("请输入您的姓名：","");
alert("hello," + userName);
```

prompt()方法提示用户输入其姓名，使用 userName 变量获取用户输入，并显示欢迎信息。

（2）moveBy(deltaX, deltaY)、moveTo(x,y)、resizeBy(deltaX, deltaY)、resizeTo(x,y)、scrollBy(x,y)、scrollTo(x,y)方法：这六个方法分别用来移动窗口、调整窗口大小和滚动窗口。

moveBy()方法把窗口的左上角相对于当前窗口的坐标位置移动(deltaX, deltaY)像素。moveTo()方法把窗口的左上角移动到(x,y)坐标位置；resizeBy()方法用于调整当前窗口大小，增加 deltaX 宽度、deltaY 高度。resizeTo()方法把窗口的大小调整到(x,y)指定的宽度和高度；ScrollBy()方法在水平方向上把内容滚动 x 像素，在垂直方向上把内容滚动 y 像素；scrollTo()方法把内容滚动到(x,y)坐标指定的位置。

（3）open(url,windowName,"name1 = value1[,name2 = value2,[…]]")方法：用来打开一个新窗口，并返回新窗口的引用。其中，url 是要打开的页面地址；windowName 表示新建窗口的名称（window 对象的 name 属性值）；最后一个参数是用字符串表示的参数列表，每一个参数都是名称和值对应的形式，用逗号隔开，其中可以使用的参数如下。

- height：新建窗口的高度。
- width：新建窗口的宽度。
- left：新建窗口到屏幕左边缘的距离。

- top：新建窗口到屏幕顶端的距离。

以上参数的单位均为 px，例如，对于 800px×600px 的分辨率，left = 400 表示新建窗口的左边缘处于屏幕的正中间。

- directories：是否显示链接工具栏。
- location：是否显示地址栏。
- menubar：是否显示菜单栏。
- resizable：是否允许调整窗口大小。
- scrollbars：是否显示滚动条。
- status：是否显示状态栏。
- toolbar：是否显示工具栏。

以上参数是布尔型的，用 yes 或者 1 表示开启状态，用 no 或者 0 表示关闭状态。如果是开启状态，则 yes 或 1 可省略，例如，toolbar = 1 等价于 toolbar = yes，也等价于 toolbar。

【例 10-10】在页面上制作两个按钮，单击按钮，分别弹出新窗口，显示搜狐页面和 10-9.html 页面。

```
---------------------------------------------【10-10.html 代码清单】---------------------------------------------
<!doctype html>
<html>
<head>
  <meta charset = "utf-8">
  <title>打开窗口示例</title>
  <script type = "text/javascript">
    function open_win1() {
      window.open("10-8.html");
    }
    function open_win2() {
      window.open ('10-9.html', 'newwindow', 'height = 100, width = 400, top = 0,left = 0, toolbar = no,
menubar = no, scrollbars = no, resizable = no,location = no, status = no');
    }
  </script>
</head>
<body>
  <form>
    <input type = button value = "打开窗口 1" onclick = "open_win1()">
    <input type = button value = "打开窗口 2" onclick = "open_win2()">
  </form>
</body>
</html>
```

运行代码，单击“打开窗口 1”按钮，弹出新的窗口显示 10-8.html 页面；单击“打开窗口 2”按钮，弹出新的窗口显示 10-9.html 页面，'newwindow' 是弹出窗口的名称。如果 10-8.html 和 10-9.html 与主窗口程序不在同一路径下，则应写明路径。

（4）setInterval(code,delay)、setTimeout (code,delay)、clearInterval(intervalID)、clearTimeout (intervalID)方法：这四个方法分别用来设置或清除定时器。

setInterval()方法按照指定的周期来调用函数或计算表达式；setTimeout()方法在指定的毫秒数后调用函数或计算表达式，参数 code 可以是用引号引起来的一段代码，也可以是一个函数名，到了指定的时间，系统便会自动执行代码或调用该函数，当使用函数名作为调用句柄时，不能带任何参数，而当使用字符串形式调用函数时，则可以在其中写入要传递的参数，delay 表示延迟或者重复执行的间隔毫秒数；clearInterval()方法用于取消由 setInterval()方法设置的定时器；clearTimeout()方法用于取消由 setTimeout()方法设置的定时器，参数 intervalID 是要清除的定时器 ID，表示一个定时器，intervalID 是由 setTimeout()方法或 setInterval()方法返回的。例如：

```
<script  type = "text/javascript">
  function hello() {
    alert("hello");
    if(arguments[0]) alert(arguments[0]);//如果调用函数传递进来的有参数，则输出第 1 个参数
  }
  var id = window.setTimeout(hello,5000);
  document.onclick = function() {
    window.clearTimeout(id);
  }
</script>
```

上述代码将在页面打开 5s 后显示警示对话框“hello”。其中：

```
var id = window.setTimeout(hello,5000);
```

可以写为：

```
var id = window.setTimeout("hello(100)",5000);//用字符串方式设置回调函数，可以传递参数
```

如果要在延迟期限到达之前取消执行，则单击页面中的任意部分，从而调用 window.clearTimeout()方法来取消超时操作。

【例 10-11】用定时器实现图片渐隐渐现的效果。

```
----------------------------------------------【10-11.html 代码清单】----------------------------------------------
<!doctype html>
<html>
<head>
  <meta charset = "utf-8">
  <title>图片渐隐渐现的效果</title>
</head>
<body>
  <img src = "img1.jpg" name = "myImage" id = "myImage" border = "1" style = "filter:alpha(opacity = 0)">
  <script  type = "text/javascript">
    var p = 1;
    var flag = true;
    function fun() {
      if(flag == true)
        p++;
      else
        p--;
      if(p == 100) {
        p--;
        flag = false;
      }
      if(p == 10) {
        p++;
        flag = true;
      }
    /* myImage.filters.alpha.opacity = p; //IE6 浏览器支持的代码*/
      document.getElementById("myImage").style.opacity = p/100;
      window.setTimeout("fun()",30);
  }
    fun();  //调用 fun()方法，从而实现循环
  </script>
</body>
</html>
```

本例代码通过 fun()方法改变图片的 alpha 滤镜的值，然后用 setTimeout()方法设置定时器，30ms 后再次调用 fun()方法，从而实现图片透明度的不断变化。上面的代码也可以用 setInterval()方法实现，代码如下：

```
<script  type = "text/javascript">
  var p = 1;
  var flag = true;
  function fun() {
    if(flag == true)
      p ++;
    else
      p --;
    if(p == 100) {
      p --;
      flag = false;
    }
    if(p ==10) {
      p ++;
      flag = true;
    }
  /* myImage.filters.alpha.opacity = p;      //IE6 浏览器支持的代码*/
    document.getElementById("myImage").style.opacity = p/100;
  }
    window.setInterval(fun,30);  //30ms 后调用 fun()方法，从而实现循环
</script>
```

由于不同浏览器对 alpha 滤镜的设置方法不同，因此该例代码不能兼容所有的浏览器。通过本例，可以看到使用 setTimeout()方法和 setInterval()方法均可实现循环执行一段代码的效果，不同的是，用 setInterval()方法建立循环时，有 30ms 的延迟。

（5）close()方法：用于关闭浏览器窗口。

10.3.2 location 对象

location 对象包含了当前页面的 URL 的相关信息。location 对象是 window 对象的一个属性，开发者可通过 window.location 对其进行访问。

1. location 对象的属性

location 对象的属性主要用来设置或返回 URL 的不同部分的信息。

（1）hash 属性：设置或返回从#开始的 URL。

（2）host 属性：设置或返回主机名和当前 URL 的端口号。

（3）hostname 属性：设置或返回当前 URL 的主机名。

（4）href 属性：设置或返回完整的 URL。

（5）pathname 属性：设置或返回当前 URL 的路径部分。

（6）port 属性：设置或返回当前 URL 的端口号。

（7）protocol 属性：设置或返回当前 URL 的协议。

（8）search 属性：设置或返回从问号（?）开始的 URL（参数部分）。

2. location 对象的方法

（1）assign()方法：加载新的文档。

（2）reload()方法：重新加载当前文档。

（3）replace()方法：用新的文档替换当前文档。

【例 10-12】location 对象的应用。

```
----------------------------------------------【10-12.html 代码清单】----------------------------------------------
<!doctype html>
<html>
<head>
<meta charset = "utf-8">
<title>location 对象示例</title>
   <script    type = "text/javascript">
      for( var Property in window.location )
         window.document.write(Property + ":" + window.location[Property] + "<br>");
   </script>
</head>
<body>
   <input type = "button" value = "重新载入"
     onclick = "javascript:window.location.reload();">
   <input type = "button" value = "例 10-8 页面"
     onclick = "javascript:window.location.replace('10-8.html');">
</body>
</html>
```

10.3.3 navigator 对象

navigator 对象包含了浏览器的相关信息。navigator 对象包含的属性描述了正在使用的浏览器，开发者可使用这些属性进行平台专用的配置。navigator 对象的实例是唯一的，开发者可通过 window. navigator 对其进行访问。

navigator 对象的常见属性如下。

（1）appCodeName 属性：返回浏览器的代码名。

（2）appName 属性：返回浏览器的名称。

（3）appVersion 属性：返回浏览器的平台和版本信息。

（4）platform 属性：返回运行浏览器的操作系统平台。

（5）userLanguage 属性：返回操作系统的自然语言设置。

【例 10-13】navigator 对象的应用。

```
----------------------------------------------【10-13.html 代码清单】----------------------------------------------
<!doctype html>
<html>
<head>
   <meta charset = "utf-8">
   <title>navigator 对象示例</title>
   <script    type = "text/javascript"">
      for(var Property in window.navigator)
         window.document.write(Property + ":" + window.navigator[Property] + "<br>");
   </script>
</head><body></body></html>
```

10.3.4 history 对象

history 对象包含了用户在浏览器窗口中访问过的 URL。history 对象是 window 对象的一个属性，开发者可通过 window.history 对其进行访问。

1．history 对象的属性

length 属性：返回浏览器历史列表中的 URL 数量。

2．history 对象的方法

（1）back()方法：加载 history 列表中的前一个 URL。

（2）forward()方法：加载 history 列表中的后一个 URL。

（3）go(n)方法：加载 history 列表中的某个具体页面。n 为正数则向后跳转，n 为负数则向前跳转，go(1)等价于 forward()，go(-1)等价于 back()。

【例 10-14】history 对象的应用。

```
---------------------------------------------【10-14-a.html 代码清单】---------------------------------------------
<!doctype html>
<html>
<head>
   <meta charset = "utf-8">
   <title>页面跳转</title>
</head>
<body>
   <a href = "javascript:location.href = '10-14-b.html'"> 查看 history 对象示例 </a>
</body></html>
---------------------------------------------【10-14-b.html 代码清单】---------------------------------------------
<!doctype html>
<html>
<head>
<meta charset="utf-8">
   <title>history 对象示例</title>
   <script language="javascript">
      for(var Property in window.history)
         window.document.write(Property + ":" + window.history[Property] + "<br>");
   </script>
</head>
<body>
   <input type="button" value="上一页"
    onclick="javascript:window.history.back();">
   <input type="button" value="下一页"
    onclick="javascript:window.history.forward();">
</body></html>
```

10.3.5 screen 对象

screen 对象包含了客户端浏览器屏幕的相关信息。每个 window 对象的 screen 属性都引用一个 screen 对象。JavaScript 程序将利用这些信息来优化输出，以达到用户的显示要求。例如，一个程序可以根据显示器的尺寸选择使用大图像还是使用小图像，还可以根据显示器的颜色深度选择使用 16 位色还是使用 8 位色的图形。另外，JavaScript 程序还能根据有关屏幕尺寸的信息将新的浏览器窗口定位在屏幕中间。

screen 对象的常用属性如下。

（1）availHeight 属性：返回显示屏幕的高度（除 Windows 系统任务栏以外）。

（2）availWidth 属性：返回显示屏幕的宽度（除 Windows 系统任务栏以外）。

（3）height 属性：返回显示屏幕的高度。

（4）width 属性：返回显示屏幕的宽度。

【例 10-15】screen 对象的应用。

```
---------------------------------------------【10-15.html 代码清单】---------------------------------------------
<!doctype html>
<html>
<head>
  <meta charset = "utf-8">
  <title>screen 对象属性的示例</title>
  <script   type = "text/javascript">
    window.document.write("availHeight 属性的值为" + window.screen.availHeight + "<br>");
    window.document.write("availWidth 属性的值为" + window.screen.availWidth + "<br>");
    window.document.write("height 属性的值为" + window.screen.height + "<br>");
    window.document.write("width 属性的值为" + window.screen.width + "<br>");
  </script>
</head><body></body></html>
```

10.3.6 document 对象

每个载入浏览器的 HTML 页面都会成为一个 document 对象。通过 document 对象可以在脚本中对 HTML 页面的所有标记进行访问。document 对象是 window 对象的一个属性，可通过 window.document 对其进行访问。

1．document 对象的属性

（1）body 属性：提供对<body>标记对象的直接访问。例如，修改<body>标记的背景颜色为黄色的代码如下：

```
document.body.bgColor = "yellow";
```

（2）cookie 属性：设置或返回与当前文档有关的所有 cookie。

cookie 是浏览器提供的一种机制，是存储于硬盘中的一个文件，这个文件通常对应一个域名，当浏览器再次访问这个域名时，cookie 属性可用。因此，cookie 可以跨越一个域名下的多个网页，可以作为全局变量。cookie 主要用于保存用户登录状态、跟踪用户行为、定制页面、创建购物车等。

但是 cookie 可以被禁用，也可以被删除，而且 cookie 是与浏览器相关的，不同浏览器之间所保存的 cookie 不能互相访问，所有的 cookie 都是以纯文本的形式记录于文件中的，因此 cookie 的安全性不高。

JavaScript 中的 cookie 是 document 对象的属性，属性值是一个字符串，通过它可以对网页的 cookie 进行设置、读取操作。操作 cookie 的基本格式如下：

```
document.cookie="name=value; expires=value; path=value; domain=value; secure=value";
```

如果要存储多个信息，则只需多次给 document.cookie 赋值即可。例如：

```
document.cookie="username=111;expires=Thu, 18 Dec 2043 12:00:00 GMT; path=/";
document.cookie="pwd=123;expires=Thu, 18 Dec 2043 12:00:00 GMT; path=/";
```

其中，username=111、pwd=123 是用户自定义的要存储的数据。expires、path、domain 和 secure 是可选属性，分别用于控制 cookie 的生存周期、可见性和安全性。

expires 参数用于指定 cookie 的生存周期，在默认情况下，cookie 是暂存的，也就是说，当关闭浏览器后信息值将消失，可以使用 expires 指定 cookie 终止信息的时间（使用 UTC 或 GMT

时间)，一旦超过了这个终止时间，该条 cookie 信息就会自动失效。

指定与 cookie 关联的 Web 页。值可以是一个目录，或者是一个路径。在默认情况下，cookie 属于当前页面。若设置 path=/，则来自同一服务器，URL 里有相同路径的所有 Web 页面都可以共享该 cookie。

domain 用于指定有效域名，所有位于该域名下的服务器上的网页均能访问这个 cookie。

secure 指定了 cookie 的值如何在用户和服务器间传递。在默认情况下，cookie 是不安全的，它通过不安全的 HTTP 协议传递数据。如果将 cookie 标记为安全，那么它与服务器间可以通过 HTTP 协议安全传递数据。

用以下形式读取 cookie，然后通过查询字符串获取存储的数据。

```
var x = document.cookie;
```

【例 10-16】cookie 属性的应用。

```
--------------------------------------------- 【10-16.html 代码清单】 ---------------------------------------------
<!DOCTYPE HTML>
<html>
<head>
  <meta   charset = "utf-8">
  <title>cookie 属性示例</title>
</head>
<body>
<script type="text/javascript">
function fn()
{
     var name=document.getElementById("username").value;
     var pwd=document.getElementById("pwd").value;
     var d=new Date();
     if(document.getElementById("p1").checked)
     {
          d.setMonth(d.getMonth()+1);
     }
     else
     {
          d.setMonth(d.getMonth()-1);
     }
    document.cookie="name="+name+";expires=" + d.toGMTString();
    document.cookie="pwd="+pwd+";expires=" + d.toGMTString();
    document.cookie="f="+document.getElementById("p1").checked+";expires=" + d.toGMTString();
}
function getCookie(cookie_name)
{
    var allcookies = document.cookie;
    var cookie_pos = allcookies.indexOf(cookie_name);
    if (cookie_pos != -1)
      {
        cookie_pos += cookie_name.length + 1;
        var cookie_end = allcookies.indexOf(";", cookie_pos);
        if (cookie_end == -1)
            {
               cookie_end = allcookies.length;
            }
     var value =unescape(allcookies.substring(cookie_pos, cookie_end));
```

```
        }
        return value;
    }
    window.onload=function()
    {
    var username=getCookie("name");
    var pwd=getCookie("pwd");
    var flag=getCookie("f");
        if(username) document.getElementById("username").value= username;
    if(pwd) document.getElementById("pwd").value= pwd;
        if(flag) document.getElementById("p1").checked="checked";
    }
    </script>
    </head>
    <body>
          <form action="#" onsubmit="return fn()">
            用户名：<input type="text" id="username" /><br />
            密码：<input type="text" id="pwd" /><br />
            <input type="checkbox" id="p1" />记住密码<br />
             <input type="submit" value="登录" />
          </form>
    </body></html>
```

把代码放到某台 Web 服务器上（从本地浏览可能无法显示效果），浏览页面，结果如图 10-8 所示，输入用户名和密码并勾选“记住密码”复选框，相关信息则被存储在 cookie 中，再次浏览该页面，可以看到用户名和密码信息自动填入，如图 10-9 所示。如果未勾选“记住密码”复选框，再次打开页面，则用户名和密码信息将不存在。

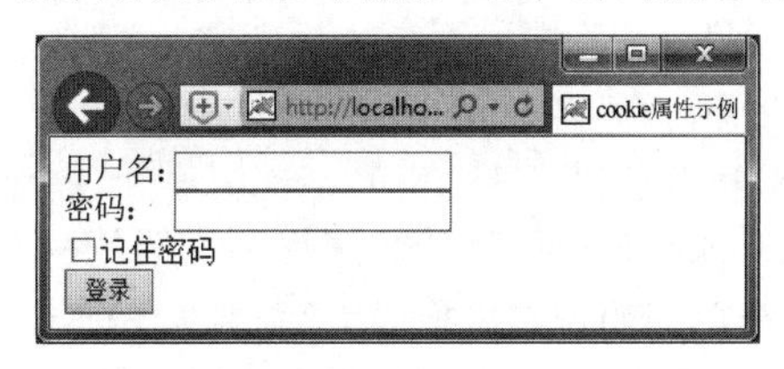

图 10-8 运行结果（1）

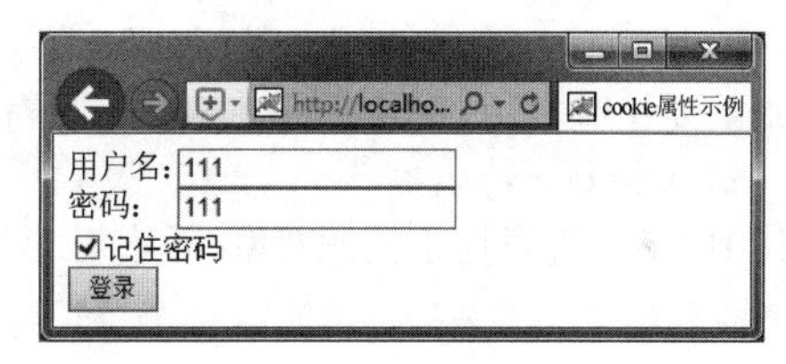

图 10-9 运行结果（2）

（3）lastModified 属性：返回文档最后被修改的日期和时间。

2．document 对象的方法

（1）write()、writeln()方法：向文档写入 HTML 表达式或 JavaScript 代码。writeln()方法与 write()方法的区别是，writeln()方法在每个表达式之后写入一个换行符。

（2）open(mimetype,replace)：打开一个流，以收集来自 document.write()或 document.writeln()方法的输出，mimetype 是可选参数，用于规定正在写的文档的类型，默认值是 text/html；replace 是可选参数，当设置此参数后，可引起新文档从父文档继承历史条目。

（3）close()：关闭用 document.open()方法打开的输出流。

【例 10-17】打开一个新的窗口，在窗口文件中写入新的字符串。

```
---------------------------------------------【10-17.html 代码清单】---------------------------------------------
<!doctype html>
<html>
<head>
   <meta charset = "utf-8">
```

```
        <title>打开新窗口示例</title>
        <script    type = "text/javascript">
          function openDocument() {
            /* 打开一个新的窗口 */
            var newwin = window.open("","newwindow","height = 300,width = 300");
             newwin.document.open("text/html");   /* 打开 MIME 类型为 text/html 的新文件，在新文件中显示
字符串 */
            newwin.document.write("<html><body>这是新的 HTML 文件！ </body> </html>");
            newwin.document.close();          // 关闭新文件
          }
        </script>
    </head>
    <body>
        <input type = "button" value = "打开新文件"    onclick = "javascript: openDocument();">
    </body></HTML>
```

（4）getElementById(Id)、getElementsByName(Name)、getElementsByTagName(TagName)：getElementById()返回对拥有指定 id 的第一个对象的引用；getElementsByName()返回指定名称的对象集合；getElementsByTagName()返回指定标记名称的对象集合。

获得对象引用后，可以修改对象的属性、样式等，从而动态改变网页效果。大多数 HTML 元素对象的属性可以使用相同的名称在脚本中直接访问。例如：

```
<p id = "p1">这是一个段落</p>
```

如果要通过代码修改段落的对齐方式，可以使用下面的代码：

```
document.getElementById("p1").align = "center";
```

HTML 元素的 class 属性是唯一的例外，在 JavaScript 中通过 className 来引用。例如，修改段落 p1 的 class 值为“aa”，代码如下：

```
document.getElementById("p1").className = "aa";
```

如果要在脚本中直接访问 HTML 元素对象的 CSS 属性值，可使用如下语法格式：

```
obj.style.cssPropertyName
```

其中，obj 代表指定的 HTML 元素对象；cssPropertyName 为 CSS 属性名，但是在脚本中，要把属性名中的“-”去掉，并把第一个单词后的每个单词的首字母换成大写。比如，CSS 的 font-size 属性在脚本中的名字为 fontSize；border-left-color 属性在脚本中的名字为 borderLeftColor。例如，修改段落 p1 的文字大小为 24px，代码如下：

```
document.getElementById("p1").style.fontSize = "24px";
```

【例 10-18】设计带按钮的轮播横幅广告。

```
--------------------------------------------【10-18.html 代码清单】--------------------------------------------
<!doctype html>
<html>
<head>
    <meta charset = "utf-8">
    <title>带按钮的轮播横幅广告</title>
    <style type = "text/css">
      /* 设置超链接的文字样式 */
      .a1 {
        display:block;
        font-size:13px;
        text-decoration:none;
        background-color:#ff0000;
        width:20px;
        margin-left:3px;
```

```
        float:left;
    }
     /* 当前图片对应的文字样式 */
     .a2 {
        display:block;
        color:#000;
        font-size:13px;
        text-decoration:none;
        background-color:#FF6;
        width:20px;
        margin-left:3px;
        float:left;
     }
  </style>
  <script  type = "text/javascript">
     var NowImg = 1;
     var MaxImg = 4;
     function show(d1) {
        if(Number(d1)) {
           clearTimeout(timer);                                                      // 当单击按钮时，清除计时器
           NowImg = d1;                                                              // 设置当前显示的图片
        }
        for( var i = 1; i<(MaxImg + 1); i++ ) {
        if(i == NowImg) {
           document.getElementById('div' + NowImg).style.display = '';               // 显示当前图片
              document.getElementsByTagName("a")[i-1].className = 'a2';   // 改变文字样式
           }
           else {
              document.getElementById('div' + i).style.display = 'none';             // 隐藏其他图片层
              document.getElementsByTagName("a")[i-1].className = 'a1';   // 改变文字样式
           }
        }
        if(NowImg == MaxImg)                                                         // 设置下一张显示的图片
           NowImg = 1;
        else
           NowImg++;
           timer = setTimeout('show()', 3000); // 设置定时器，显示下一张图片
     }
  </script>
</head>
<body onLoad = "show();">
  <div style = "position:absolute;left:200px;top:60px;">
  <img src = "image/ad-01.jpg" style = "display:none;" id = "div1" border = "0">
  <img src = "image/ad-02.jpg" style = "display:none;" id = "div2" border = "0">
  <img src = "image/ad-03.jpg" style = "display:none;" id = "div3" border = "0">
  <img src = "image/ad-04.jpg" style = "display:none;" id = "div4" border = "0">
  </div>
  <div style = "position:absolute;left:620px;top:325px;" align = "center">
     <a href = "javascript:show(1)" class = "a2">1</a>
     <a href = "javascript:show(2)" class = "a1">2</a>
     <a href = "javascript:show(3)" class = "a1">3</a>
     <a href = "javascript:show(4)" class = "a1">4</a>
  </div>
```

```
</body>
</html>
```

3. document 对象的集合对象

（1）all[]：返回对文档中所有 HTML 元素对象的引用。

（2）forms[]：返回对文档中所有 form 对象的引用。

（3）images[]：返回对文档中所有 image 对象的引用。

（4）links[]：返回对文档中所有 area 和 link 对象的引用。

【例 10-19】document 对象的集合对象的应用。

```
----------------------------------------------【10-19.html 代码清单】----------------------------------------------
<!doctype html>
<html>
<head>
  <meta charset = "utf-8">
  <title>document 对象的集合对象示例</title>
</head>
<body>
  <form id = "Form1" name = "Form1">
    您的姓名：<input type = "text">
  </form>
  <form id = "Form2" name = "Form2">
    您的汽车：<input type = "text">
  </form>
  <p>要访问集合中的项目，既可以使用项目编号，也可以使用项目名称：</p>
  <script type = "text/javascript">
    document.write("<p>第一个表单名称是：" + document.forms[0].name + "</p>");
    document.write("<p>第一个表单名称是：" + document.getElementById("Form1"). name + "</p>");
  </script>
</body>
</html>
```

10.4 DOM 对象

DOM（Document Object Model，文档对象模型）是一种与浏览器、编程平台和语言无关的应用程序接口（API）。它提供了动态访问和更新文档的内容、结构和样式的基本方法。

DOM 的标准化工作由 W3C 组织负责。W3C DOM 的标准并没有被所有的浏览器实现，各浏览器之间还存在兼容问题。W3C DOM 包括以下几个部分。

（1）核心 DOM：定义了一套标准的针对任何结构化文档的对象。

（2）XML DOM：定义了一套标准的针对 XML 文档的对象。

（3）HTML DOM：定义了一套标准的针对 HTML/XHTML 文档的对象。

HTML DOM 把 HTML 文档呈现为一棵节点树，即 HTML 文档中的每个元素都被视为一个节点，并定义了访问和操作 HTML 文档节点的标准方法。

10.4.1 DOM 节点树

下面通过一个简单的 HTML 文档介绍 DOM 节点树。

```
<html><head>
  <title>主页面</title>
```

```
    </head>
    <body>
      <h2>专业介绍</h2>
      <p id = "p1">网络专业</p>
    </body>
    </html>
```

上述 HTML 文档对应的节点树如图 10-10 所示，可以看到，HTML 文档中的每个元素、属性、文本都对应着树中的一个节点。

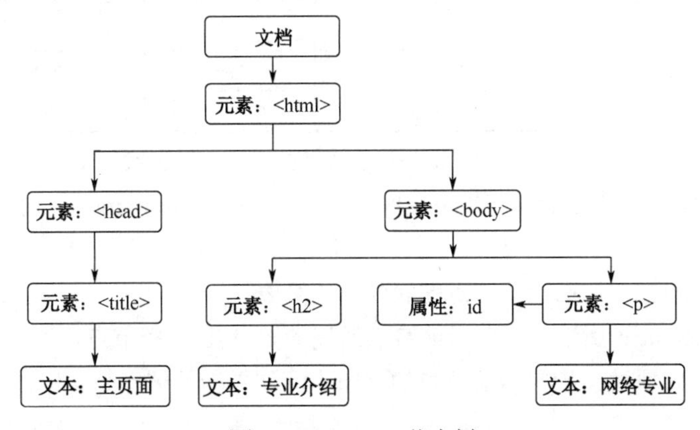

图 10-10　DOM 节点树

HTML DOM 中的节点具有不同的类型，常见的节点类型有以下几种。

（1）文档节点：整个文档是一个文档节点。

（2）元素节点：每个 HTML 标记是一个元素节点。

（3）文本节点：包含在 HTML 标记中的文本是文本节点。

（4）属性节点：每一个 HTML 标记属性是一个属性节点。

（5）注释节点：注释属于注释节点。

节点之间存在各种层次关系。其中，<html>元素是根节点，根节点有<head>和<body>两个子节点。<html>与<head>和<body>之间是父子关系，<head>与<body>之间是兄弟关系。<head>下有子节点<title>，<body>下有子节点<h2>和<p>，<html>与<head>和<body>的子节点之间是祖先/后代关系，以此类推，直到处于这棵树最低级别的所有文本节点为止。通过元素节点<p>可以找到属性节点 id，但是 id 不是<p>的子节点，<p>的子节点只有一个文本节点“网络专业”。

除文档节点以外的每个节点都有父节点，大部分元素节点都有子节点。当节点共享同一个父节点时，它们是同辈（同级）节点。节点也可以拥有后代，后代指某个节点的所有子节点，或者这些子节点的子节点，以此类推。节点也可以拥有先辈，先辈是某个节点的父节点，或者父节点的父节点，以此类推。

10.4.2　节点属性和节点方法

HTML DOM 中的每个节点都有许多属性和方法，通过这些属性和方法，可以实现对节点的访问和操作，从而动态改变 HTML 文档。

1. 节点属性

常见的节点属性如下。

（1）nodeType 属性：节点的类型，nodeType 属性值是一个整数。

（2）nodeName 属性：节点的名称，nodeName 属性值是一个字符串，具体取值与节点类型有关。

（3）nodeValue 属性：节点的值，具体取值与节点类型有关。

表 10-8 列出了不同节点类型的 nodeType、nodeName 和 nodeValue 属性的取值。

表 10-8　不同节点类型的 nodeType、nodeName 和 nodeValue 属性的取值

属 性 名 称	文 档 节 点	元 素 节 点	文 本 节 点	属 性 节 点	注 释 节 点
nodeType	9	1	3	2	8
nodeName	#document	元素的 HTML 标记	#text	属性的名称	
nodeValue	null	null	文本内容	属性的值	

例如，在图 10-10 中，<p>节点的 nodeType 属性值为 1、nodeName 属性值为 p、nodeValue 属性值为 null；文本“网络专业”节点的 nodeType 属性值为 3、nodeName 属性值为#text、nodeValue 属性值为“网络专业”。

（4）attributes 属性：返回当前节点的属性节点列表。

（5）ownerDocument 属性：指向当前节点所属的 HTML 文档节点。

（6）parentNode 属性：指向当前节点的父节点。如果当前节点是文档节点，则 parentNode 属性值为 null。

（7）childNodes 属性：返回当前节点的所有子节点的列表，其中，各个子节点按书写顺序排列。

（8）firstChild 属性：指向当前节点的子节点列表中的第一个节点。

（9）lastChild 属性：指向当前节点的子节点列表中的最后一个节点。

（10）previousSibling 属性：指向当前节点的前一个兄弟节点。如果该节点就是第一个兄弟节点，则 previousSibling 属性值为 null。

（11）nextSibiling 属性：指向当前节点的下一个兄弟节点。如果该节点就是最后一个兄弟节点，则 nextSibiling 属性值为 null。

（12）innerHTML 属性：获取节点的内容，包括节点中的子节点、注释及文本节点。通过该属性可以方便地获取和修改节点的内容。

例如，给出代码<p id = "p1">Hello World!</p>，要使<p>节点中的文字加粗，可以用下面的代码实现：

```
var op = document.getElementById("p1");               //获取 p1 节点
op.innerHTML = "<b>" + op.innerHTML + "</b>";          //修改 p1 节点的 innerHTML 值
```

此时原来的代码变为<p id = "p1"><b>Hello World!</b></p>。

2. 节点方法

常见的节点方法如下。

（1）appendChild()方法：将子节点添加到当前节点的子节点列表的末尾。

（2）cloneChild()方法：克隆当前节点，得到当前节点的副本。

（3）hasChildNodes()方法：返回一个 Boolean 值，指示当前节点是否有子节点。

（4）insertBefore()方法：在另一个节点前插入新的子节点。

（5）removeChild()方法：移除一个子节点。

（6）replaceChild()方法：用新节点替换旧节点。

（7）isSupported()方法：检测节点是否支持某种特殊功能。

10.4.3 获取节点

使用 DOM 技术能够对 HTML 文档进行动态的修改，修改时要首先获取文档中的某个节点，然后更新该节点的样式、内容等。获取节点的方法有很多种。

1．获取根节点

通过 document.documentElement 方法可以得到 HTML 文档的根节点，即<html>标记。

【例 10-20】通过 HTML 文档根节点获取整个网页的源代码，运行结果如图 10-11 所示。

--【10-20.html 代码清单】--

```
<!doctype html>
<html>
<head>
  <meta charset = "utf-8">
  <title>显示网页源代码</title>
  <script type = "text/javascript">
    function getSource() {
      var objHtml = document.documentElement;
      document.getElementById("txtarea").value = "<"+ objHtml.nodeName
      + ">" + objHtml.innerHTML + "</" + objHtml.nodeName + ">";
    }
  </script>
</head>
<body>
<textarea id = "txtarea" cols = " 65" rows = "10"></textarea><br>
<input   type = "button" onclick = "getSource ()" value = "显示网页源代码">
</body>
</html>
```

图 10-11　运行结果

document 对象和 HTML 文档的根节点是两个不同的概念，document 对象指的是整个 HTML 文档，<!doctype html>节点和<html>节点是 document 对象的两个子节点。在本例中，objHtml 变量用于存储根节点，objHtml.innerHTML 属性用于获取根节点中包含的所有内容。

2．获取<body>节点

通过 document.body 可以得到<body>节点，该属性是对 HTML 页面的特殊扩展，提供了对<body>节点对象的直接访问方法。<body>节点还可以通过后面介绍的其他方法获取。

3．获取指定的元素节点

根据 HTML 元素的 id 属性、name 属性或标记名称，可以查找 HTML 文档中的任何 HTML 元素节点。

（1）根据 id 属性获取元素节点，格式如下：

```
oElement = document.getElementById(sId);
```

（2）根据 name 属性获取元素节点，格式如下：

```
collObjects = document.getElementsByName(sName);
```

（3）根据标记名称获取元素节点，格式如下：

```
collObjects = document.getElementsByTagName(sTagName);
```

> **注意：**
>
> getElementsByName()和 getElementsByTagName()方法获取的是一个节点集合，想要操作集合里面的单个节点，可以使用下标法或集合的 item()方法。下面的两条语句均可以获取集合中的第一个节点。
>
> ```
> var oElement = collObjects[0];
> var oElement = collObjects.item(0);
> ```

【例 10-21】获取指定的元素节点，运行结果如图 10-12 所示。

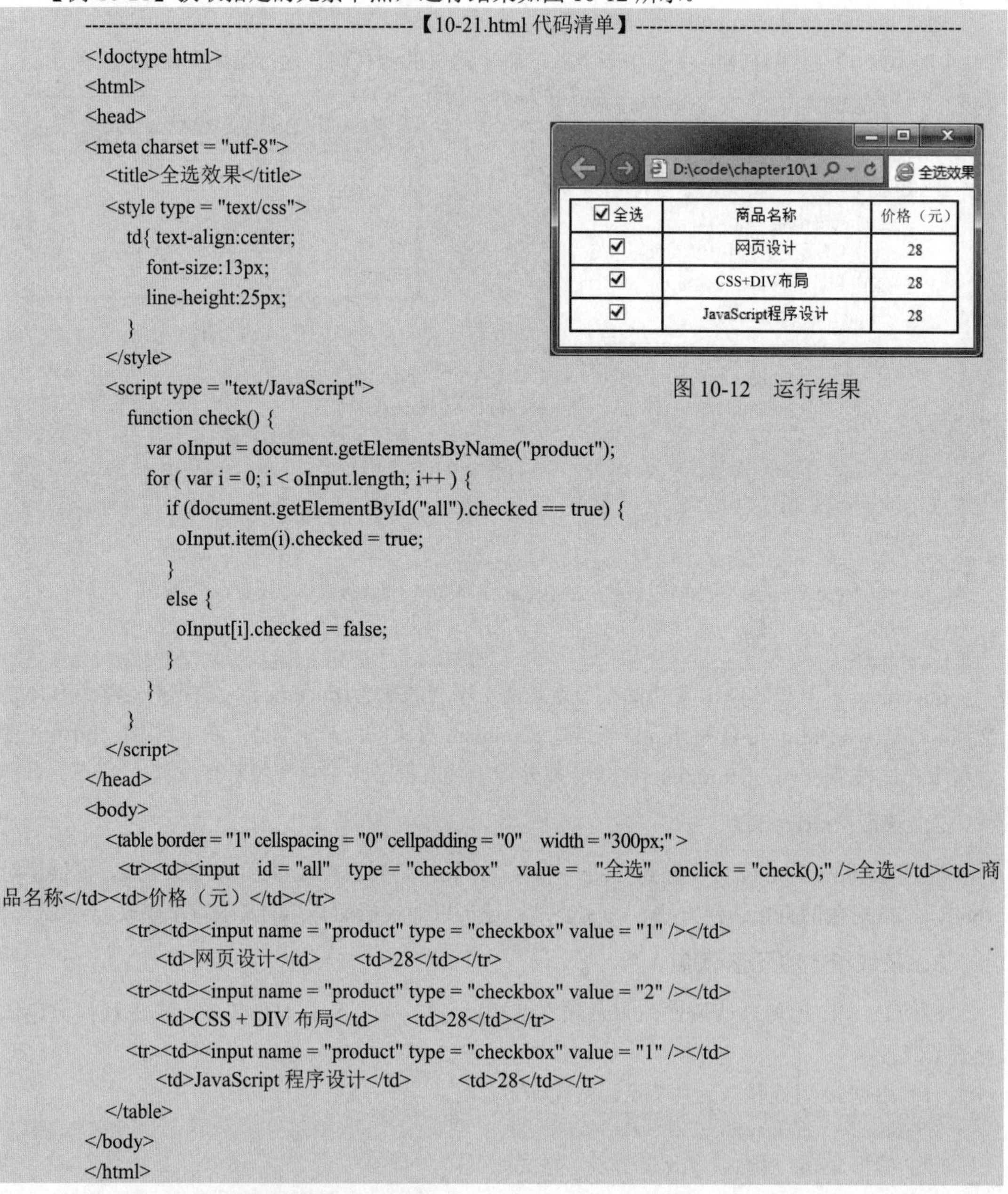

```
----------------------------------------------【10-21.html 代码清单】----------------------------------------------
<!doctype html>
<html>
<head>
<meta charset = "utf-8">
  <title>全选效果</title>
  <style type = "text/css">
    td{ text-align:center;
      font-size:13px;
      line-height:25px;
    }
  </style>
  <script type = "text/JavaScript">
    function check() {
      var oInput = document.getElementsByName("product");
      for ( var i = 0; i < oInput.length; i++ ) {
        if (document.getElementById("all").checked == true) {
          oInput.item(i).checked = true;
        }
        else {
          oInput[i].checked = false;
        }
      }
    }
  </script>
</head>
<body>
  <table border = "1" cellspacing = "0" cellpadding = "0"   width = "300px;" >
   <tr><td><input  id = "all"  type = "checkbox"  value =  "全选"  onclick = "check();" />全选</td><td>商品名称</td><td>价格（元）</td></tr>
    <tr><td><input name = "product" type = "checkbox" value = "1" /></td>
       <td>网页设计</td>    <td>28</td></tr>
    <tr><td><input name = "product" type = "checkbox" value = "2" /></td>
       <td>CSS + DIV 布局</td>    <td>28</td></tr>
    <tr><td><input name = "product" type = "checkbox" value = "1" /></td>
       <td>JavaScript 程序设计</td>     <td>28</td></tr>
  </table>
</body>
</html>
```


图 10-12　运行结果

4．根据 CSS 获取指定的元素节点

HTML5 新增了根据 CSS 获取指定的元素节点的方法。常用方法如下。

（1）根据 CSS 类名获取元素节点，格式如下：

```
collObjects = getElementsByClassName(cssName);
```

（2）根据各种 CSS 选择器查询并返回匹配模式的一个子孙元素，格式如下：

```
oElement = document.querySelector(selector);
```

（3）根据各种 CSS 选择器查询并返回匹配模式的所有元素的集合，格式如下：

```
collObjects = document.querySelectorAll(selector);
```

【例 10-22】在 HTML5 中根据 CSS 获取指定的元素节点。

```
--------------------------------------------【10-22.html 代码清单】--------------------------------------------
<!doctype html>
<html>
<head>
  <meta charset = "utf-8">
  <title>HTML5 新增获取元素节点的方法示例</title>
</head>
<body>
  <div id = "query">id 层</div>
  <div class = "query">class 层</div>
  <script type = "text/javascript">
    var str = document.querySelector("body #query").innerHTML;    //返回 id 层
    str = document.querySelector("body div").innerHTML;           //返回 id 层
    str = document.querySelector( "body .query").innerHTML;       //返回 class 层
    collObjects = document.querySelectorAll("body div");/* 返回 body 中的所有 div 元素 */
    str = collObjects[1].innerHTML;                               //返回 class 层
  </script>
</body></html>
```

5．获取相关节点

如果需要获取与当前节点有关的节点，可以通过该节点的以下属性获取。

（1）parentNode 属性：获取当前节点的父节点。

（2）firstChild 属性：获取当前节点的第一个子节点。

（3）lastChild 属性：获取当前节点的最后一个子节点。

（4）previousSibling 属性：获取当前节点的前一个兄弟节点。

（5）nextSibiling 属性：获取当前节点的下一个兄弟节点。

（6）ownerDocument 属性：获取当前节点所属的 HTML 文档节点。

（7）childNodes 属性：获取当前节点的所有子节点列表。

【例 10-23】编写代码说明获取相关节点的方法。

```
--------------------------------------------【10-23.html 代码清单】--------------------------------------------
<!DOCTYPE HTML>
<html>
<head>
  <meta charset ="utf-8" />
  <title>获取相关节点示例</title>
  <script type = "text/javascript">
    window.onload = function () {
      s = "";
      var node = document.documentElement;
      for(i = 0;i<node.childNodes.length;i++) {
        s = s + "<br>根节点的第" + (i + 1) + "个子节点的名为："
+ node.childNodes [i].nodeName;
      }
```

```
            var p = document.getElementById("p1");
            s = s + "<br>p1 的第 1 个子节点的类型为：" + p.firstChild.nodeType;
            s = s + "<br>p1 的第 1 个子节点的值为："+ p.firstChild.nodeValue;
            s = s + "<br>p1 的第 2 个子节点的名为："
+ p.firstChild.nextSibling. nodeName;
            p.firstChild.nodeValue = "你好！"；  //修改 p1 的第 1 个子节点的值为“你好！”
            s = s + "<br>body 节点的前一个兄弟节点的名为："
+ document.body.previousSibling. nodeName;
            document.getElementById("p2").innerHTML = s;
        }
    </script>
</head>
<body>
    <section>
        <article>
            <header>
                <h2>标题</h2>
                    <p id = "p1" align = "left">内容<a href = "#">超链接</a></p>
                </header>
                    <p id = "p2"></p>
            </article>
    </section>
</body>
</html>
```

上述代码在 IE10 浏览器中的运行结果如图 10-13 所示。

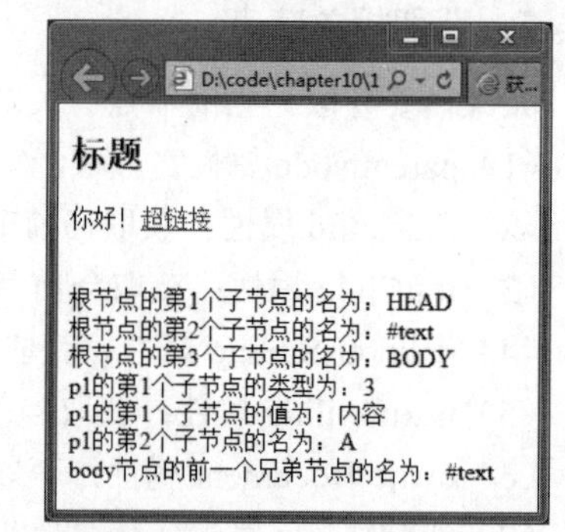

图 10-13　在 IE10 浏览器中的运行结果

6．属性节点的访问方法

属性节点总是属于某个元素节点。在 W3C DOM Level 1 标准中定义的元素节点的 attributes 集合包含了该节点的所有属性的集合，可以通过当前节点的 attributes 集合的属性和方法对属性节点进行访问。attributes 集合的属性和方法有以下几种。

（1）length 属性：用于获取或设置 attributes 集合中包含的对象个数。

（2）getNamedItem(name)方法：从 attributes 集合中获取具有指定名称的属性节点。

（3）removeNamedItem(name)方法：从 attributes 集合中移除具有指定名称的属性节点。

（4）setNamedItem(node)方法：把一个属性节点添加到 attributes 集合中。

【例 10-24】属性节点访问的应用。

```
---------------------------------------------【10-24.html 代码清单】---------------------------------------------
<!doctype html>
<html>
<head>
    <meta charset = "utf-8">
    <title>属性节点访问示例</title>
</head>
<body>
    <p id = "p1" style = "background-color:red;" title = "段落">Some Text!</p>
```

```
    <script type = "text/javascript">
      var p1 = document.getElementById("p1");       //获得 id 值为 p1 的元素节点
      alert(p1.attributes.getNamedItem("id").nodeValue);   //返回 p1
      alert(p1.attributes.item(0).nodeValue);       //返回段落
      p1.attributes.getNamedItem("id").nodeValue = "newp1"; /*改变<p>标记的 id 值为 newp1 */
      /* p1.attributes.removeNamedItem("title"); //删除<p>标记的 title 属性*/
    </script>
  </body>
  </html>
```

上述代码在 IE 浏览器中的运行结果如图 10-14 所示，可以看到，<p>标记的属性的顺序并不是网页中的书写顺序。因此 p1.attributes.item(0).nodeValue 返回“段落”。但是用 Chrome 等浏览器运行 p1.attributes.item(0).nodeValue 则返回“p1”，如图 10-15 所示，在 Chrome 浏览器中，<p>标记的第一个属性为 id，目前它的值已经被修改为“newp1”，因此不同浏览器存在不兼容现象。

图 10-15　在 Chrome 浏览器中的运行结果及 DOM 结构

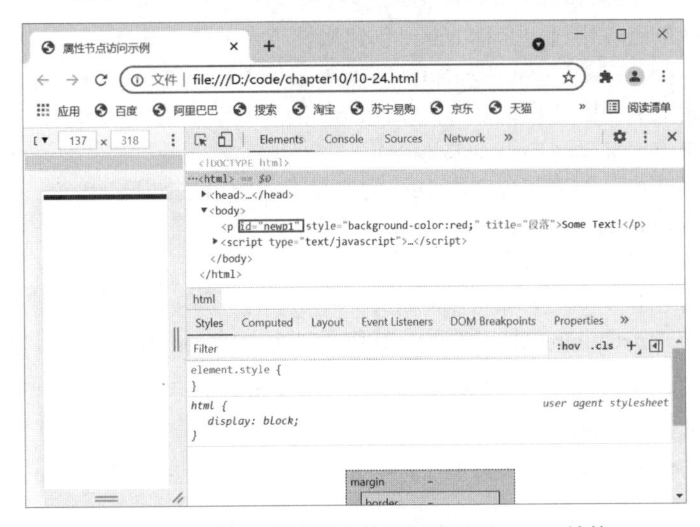

图 10-14　在 IE 浏览器中的运行结果及 DOM 结构

除了用元素节点的 attributes 集合访问和操作属性节点，DOM 还提供了以下 3 种方法实现对元素节点的属性节点的访问。

（1）getAttribute(name)方法：用于获取元素节点的指定属性的值。等价于 attributes.

getNamedItem(name).nodeValue。

（2）setAttribute(name,newValue)方法：用于设置元素节点的指定属性的值。等价于 attributes. getNamedItem(name).nodeValue = newValue。

（3）removeAttribute(name)方法：用于从元素节点中移除给定的属性。等价于 attributes. removeNamedItem(name)。

【例 10-25】用 DOM 方法改写【例 10-24】中的代码。

```
------------------------------------------【10-25.html 代码清单】------------------------------------------
<!doctype html>
<html>
<head>
   <meta charset = "utf-8">
   <title>属性节点访问示例</title>
</head>
<body>
   <p id = "p1" style = "background-color:red;" title = "段落">文本</p>
   <script type = "text/javascript">
      var p1 = document.getElementById("p1");      //获得 id 值为 p1 的元素节点
      alert(p1.getAttribute("id"));                //返回 p1
      p1.setAttribute("id","newp1");               //改变<p>标记的 id 值为 newp1
      p1.removeAttribute("title");                 //删除<p>标记的 title 属性
   </script>
</body>
</html>
```

10.4.4 操作节点

1. 创建节点

（1）创建文本节点。创建包含文本 Text 的文本节点的语法如下：

```
oTextNode = document.createTextNode(Text);
```

（2）创建属性节点。用给定名称 Name 创建属性节点的语法如下：

```
oAttribute = document.createAttribute(Name);
```

（3）创建元素节点。创建标记名称为 Tagname 的元素节点的语法如下：

```
oElement = document.createElement(Tagname);
```

（4）创建注释节点。创建包含文本 Text 的注释节点的语法如下：

```
oComment = document.createComment(Text);
```

（5）复制节点。复制节点的语法如下：

```
oClone = object.cloneNode([bCloneChildren]);
```

其中，参数 bCloneChildren 是可选的，其值是一个 Boolean 值，默认值为 false，表示只复制节点本身，不包含其子节点；如果设置为 true，则包含子节点。object 表示被复制的源节点，该方法返回对新建节点的引用。

例如，下面的代码实现了在网页中加入<p align = "center">段落 2</p><p align = "center">段落 1</p>标记。

```
oTextNode = document.createTextNode("段落 1");        //创建段落 1 文本节点
oAttribute = document.createAttribute("align");       //创建 align 属性节点
oAttribute.nodeValue = "center";                      //修改属性节点的值
oElement = document.createElement("p");               //创建<p>节点
oElement.attributes.setNamedItem(oAttribute);         //把属性节点插入<p>节点中
```

```
        oElement.appendChild(oTextNode);                    //把创建的文本节点添加到<p>节点中
        document.body.appendChild(oElement);                //把<p>节点追加到<body>节点中
        oNewElement = oElement.cloneNode(true);             //复制<p>节点为 oNewElement
        oNewElement.innerHTML = "段落 2";                    //修改 oNewElement 的内容为“段落 2”
        document.body.insertBefore(oNewElement,oElement);   /* 把 oNewElement 节点插入<body>节点中的
oElement 节点之前*/
```

2．插入节点

（1）追加子节点。追加子节点的语法如下：

```
        oElement = object.appendChild(oNode);
```

其中，参数 oNode 用于指定要追加到文档中的新节点；object 用于指定父节点。也就是说，在父节点的末尾插入新的节点。例如：

```
        document.body.appendChild(oElement);   // 把元素节点追加到<body>节点中
```

（2）插入子节点。插入子节点的语法如下：

```
        oElement = object.insertBefore(oNewNode[,oChildNode]);
```

其中，参数 oNewNode 用于指定要插入文档中的新节点；参数 oChildNode 用于指定插入位置，表示在 oChildNode 节点前插入节点；object 用于指定 oChildNode 节点的父节点。例如：

```
        document.body.insertBefore(oNewElement,oElement);   /* 表示把 oNewElement 节点插入<body>节点中的
oElement 节点之前*/
```

3．替换节点

替换节点的语法如下：

```
        oReplace = object.replaceChild(oNewNode, oChildNode);
```

其中，参数 oNewNode 用于指定要插入文档中的新节点；参数 oChildNode 用于指定将被替换的节点；object 用于指定 oChildNode 节点的父节点。replaceChild()方法返回对被替换的元素节点的引用。被替换的节点必须是父节点的直接子节点。新节点必须使用 createElement()方法来创建。例如：

```
        document.body.replaceChild(oNewElement,oElement);    /* 用 oNewElement 节点替换<body>节点中的
oElement 节点*/
```

4．删除节点

删除节点的语法如下：

```
        oRemove = object.removeChild(oNode);
```

其中，参数 oNode 用于指定要从文档中删除的节点；object 用于指定要删除的节点的父节点。removeChild()方法返回对被删除的节点的引用。

要删除的节点必须是父节点的直接子节点。例如，要从表格（table）中删除行，必须从 tbody 节点中删除 tr 节点，而不能直接从 table 节点中删除 tr 节点。例如：

```
        document.body.removeChild(oElement);     //表示删除<body>节点中的 oElement 节点
```

【例 10-26】制作如图 10-16 所示的页面，单击“增加一行”按钮可以在表格中插入一行数据；单击“删除第 2 行”按钮可以删除表格第 2 行，当表格仅剩 1 行时，不能再删除；单击“修改标题”按钮可以修改表格的标题。

```
        ----------------------------------------【10-26.html 代码清单】----------------------------------------
        <!doctype html>
        <html>
        <head>
          <meta charset = "utf-8">
          <title>DOM 操作节点示例</title>
```

```
    <style type = "text/css">
      body {
        font-size:13px;
        line-height:25px;
      }
      table {
        border-top: 1px solid #333;
        border-left: 1px solid #333;
        width:300px;
      }
      td {
        border-right: 1px solid #333;
        border-bottom: 1px solid #333;
      }
      .title {
        text-align:center;
        font-weight:bold;
        background-color: #cccccc;
      }
    </style>
    <script type = "text/javascript">
      function addRow() {
        var newtr = document.createElement("tr");
        var newtd1 = document.createElement("td");
        var text1 = document.createTextNode("图书 3");
        newtd1.appendChild(text1);
        var newtd2 = document.createElement("td");
        var text2 = document.createTextNode("33.00 元");
        newtd2.appendChild(text2);
        newtr.appendChild(newtd1);
        newtr.appendChild(newtd2);
        document.getElementById("row1").parentNode.appendChild(newtr);
      }
      function delRow() {
        var myTable = document.getElementById("myTable")
        var colltr = myTable.getElementsByTagName("tr");
        if(colltr.length>=2) {
          var deltr = myTable.getElementsByTagName("tr")[1];
          deltr.parentNode.removeChild(deltr);
        }
      }
      function updateRow() {
        var uRow = document.getElementById("row1");
        uRow.className = "title";
      }
    </script>
  </head>
  <body>
    <table border = "0" cellspacing = "0" cellpadding = "0" id = "myTable">
      <tr id = "row1"><td>书名</td><td>价格</td></tr>
      <tr id = "row2"><td>图书 1</td><td >30.00 元</td></tr>
      <tr id = "row3"><td>图书 2</td><td>32.00 元</td></tr>
    </table>
  <input name = "b1" type ="button" value = "增加一行" onclick = "addRow()" />
```

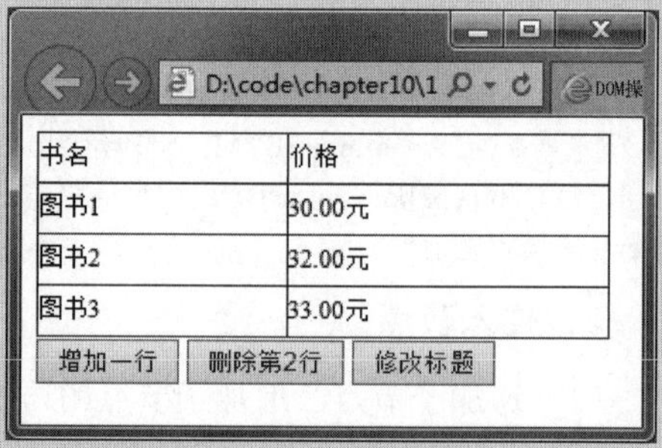

图 10-16　DOM 操作节点示例

```
<input name = "b2"  type =  "button"  value = "删除第 2 行"  onclick = "delRow()"/>
  <input name = "b3" type = "button" value = "修改标题"  onclick = "updateRow()"/>
</body>
</html>
```

小结

本章主要介绍了 JavaScript 对象相关知识，并详细介绍了内置对象、BOM 对象、DOM 对象。内置对象提供了字符串、数组、日期、正则表达式等常用数据的操作方法，Object 对象和 Function 对象提供了创建自定义对象和自定义函数的方法；BOM 对象提供了对浏览器对象的操作与访问方法；HTML 文档就是一棵 DOM 节点树，DOM 对象提供了获取节点、操作节点的各种方法。

习题

一、选择题

1．执行以下程序片段，输出的结果为（　　）。

```
var n = new Number(1234);
alert(n.toFixed(2));
```

A．12　　B．34　　C．1234.00　　D．123400

2．执行以下程序片段，输出的结果为（　　）。

```
var str = "12px";
var s = str.indexof("2");
alert(s);
```

A．1　　B．2　　C．p　　D．12

3．"JavaScript 动态网页编程".substring(10)的返回值为（　　）。

A．JavaScript　　B．Java

C．动态网页　　D．动态网页编程

4．关于 JavaScript 中数组的说法，不正确的是（　　）。

A．数组的长度必须在创建时给定，之后不能改变

B．由于数组是对象，因此创建数组可以使用 new 运算符

C．数组内元素的类型可以不同

D．数组可以在声明的同时进行初始化

5．以下（　　）代码不能正确创建函数。

A．function show(text) { alert(text); }

B．var showFun = function show(text) { alert(text); }

C．var showFun = function(text) { alert(text); }

D．var showFun =new function("text" , "alert(text)");

6．下列与表达式/ ^\d{3,5}$ /相符的是（　　）。

A．3　　B．4　　C．5　　D．345

7．setTimeout("alert('welcome');",1000);这段代码的意思是（　　）。

A．等待 1000s 后弹出一个对话框

B．等待 1s 后弹出一个对话框

C．每隔 1s 弹出一个对话框

D．语句报错，语法有问题

8．以下（　　）选项中的方法全部属于 window 对象。

A．alert()、clear()、close()　　B．clear()、close()、open()

C．alert()、close()、confirm()　　D．alert()、setTimeout()、write()

9．在 history 对象中能访问前一页面的方法是（　　）。

A．back(-1)　　B．back(1)

C．go(-1)　　D．forward(1)

10．下列（　　）不是 document 对象的属性。

A．anchors　　B．forms

C．location　　D．Images

11．关于 DOM 节点属性的说法，错误的是（　　）。

A．文本节点的 nodeName 属性值总是#text

B．parentNode 属性指向当前节点的父节点

C．如果当前节点是文档节点，则其 parentNode 属性值为 null

D．ownerDocument 属性指向文档的根节点

12．要改变标记<div id = "userInput">…</div>的背景颜色为蓝色，应使用（　　）语句。

A．document.getElementById("userInput").style.color = "blue"

B．document.getElementById("userInput").style.divColor = "blue"

C．document.getElementById("userInput").style.background-color = "blue"

D．document.getElementById("userInput").style.backgroundColor = "blue"

13．以下关于 DOM 节点树的论述中，不正确的是（　　）。

A．只有一个根节点

B．除根节点外，每个节点只有一个父节点

C．元素节点可以包含子节点

D．文本节点可以包含子节点

14．为获取页面中多个同名对象，应使用 document 的（　　）方法。

A．getElementById()　　B．getElementsByName()

C．getElementsByTagName()　　D．getElementsByClassName()

15．如果在 HTML 页面中包含如下图片标记，则下列选项中的（　　）语句能够实现隐藏该图片的功能。

```
<img id="pic" src="pic1.jpg" width="400" height="300">
```

A．document.getElementById("pic").style.display="visible"

B．document.getElementById("pic").style.display="disvisible"

C．document.getElementById("pic").style.display="block"

D．document.getElementById("pic").style.display="none"

16．在 HTML 文档中包含如下选项中的超链接，要实现当鼠标指针移到该超链接上时，超链接文字大小变为 36px，选项中的编码正确的是（　　）。

A．<a href="#"　onmouseover="this.style.fontSize='36px'">注册</a>

B．<a href="#"　onmouseover="this.style.font-size='36px'">注册</a>

C．<a href="#"　onmouseover="this.style.fontsize='36px'">注册</a>

D．<a href="#"　onmouseover="this.style.fontSize=36px">注册</a>

17．设 oP 是指向 p 元素的节点，（　　）不能用于设置段落的对齐方式。

A．oP.atrributes.getNamedItem("align").nodeValue="center"

B．oP.getAttribute("align")="center"

C．oP.setAttribute("align","center")

D．oP.align="center"

18．通过 innerHTML 属性改变某 div 元素中的内容，下列说法中正确的是（　　）。

A．只能改变元素中的文字内容

B．只能改变元素中的图像内容

C．只能改变元素中的文字和图像内容

D．可以改变元素中的任何内容

19．若要将一个 p 元素（其 id 值为“p2”）移动到另一个 p 元素（其 id 值为“p1”）之前，而且 p1 = document.getElementById("p1");、p2 = document.getElementById("p2");，则可以使用以下（　　）语句。

A．p2.insertBefore(p1)

B．p1.insertBefore(p2)

C．p2.parentNode.insertBefore(p2,p1)

D．p2.appendNode(p1)

20．若一个 div 元素内只有 3 个连续的 p 元素，其中第 2 个 p 元素的 id 值是“p2”，且 p2 = document.getElementById("p2");，则不能访问第 3 个 p 元素的表达式是（　　）。

A．p2.nextSibling　　　　B．p2.lastChild

C．p2.parentNode.lastChild　　　　D．p2.parentNode.children[2]

二、填空题

1．产生一个 0～7（含 0，7）的随机整数应使用__________语句。

2．定义一个变量 d 用于存储系统当前日期和时间，应使用__________语句。

3．Array 对象的__________属性用于返回数组长度。

4．若要取得浏览器的屏幕信息，可以利用__________对象。

5．document 对象的__________方法可以根据标记名称取得 HTML 文档中的对象。

6．DOM 节点的类型有多种，系统使用一个常量值代表一种类型。通过读取节点的__________属性即可判断节点所属的类型。

7．通过__________可以得到 HTML 文档的根节点。

8．节点的__________属性用于返回当前节点的所有子节点的列表。

9．元素节点的__________集合包含了当前节点的所有属性的集合。

10．创建一个<p>元素节点的代码为__________。

第 11 章　JavaScript 事件处理

事件是 JavaScript 和 DOM 之间进行交互的桥梁。所谓事件，是指用户或浏览器本身的某种行为，如单击、触摸、加载、拖曳、调整、输入等。全面掌握 DOM 事件的工作原理，能够更好地理解 HTML5 的各种应用。本章将讲解事件模型、event 对象和 HTML5 事件属性。

11.1　事件模型

在各种浏览器中存在 3 种事件模型，即原始事件模型、DOM 事件模型和 IE 事件模型。其中原始事件模型被所有浏览器支持，DOM 事件模型被除 IE6、IE7、IE8 浏览器以外的所有主流浏览器支持，IE9 以后的 IE 浏览器也完全支持 DOM 事件模型，IE6、IE7、IE8 浏览器支持 IE 事件模型，IE 事件模型目前应用比较少，本节不再介绍。

11.1.1　原始事件模型

在原始事件模型中，事件一旦发生就直接调用事件处理函数，事件不会向其他对象传播。在原始事件模型中，事件程序的注册可以采用以下几种方式。

1．在 HTML 中设置事件属性

在 HTML 中设置事件属性是指在 HTML 标记中添加事件属性，并将该属性值设置为 JavaScript 语句，例如，运行下面的代码，当单击“确定”按钮时，将弹出一个警示对话框。

```
<input type = "button"   value = "确定"   onclick = "alert('thanks');">
```

onclick = "alert('thanks');"表示当 onclick 事件发生时执行双引号中的 JavaScript 语句，这里的 onclick 不区分字母大小写。双引号中可以有多条语句，用分号分隔。JavaScript 语句也可以写在一个函数中，把函数名绑定给事件属性，绑定函数时可以传递参数。

【例 11-1】在 HTML 中设置事件属性。

```
---------------------------------------------【11-1.html 代码清单】---------------------------------------------
<!doctype html>
<html>
<head>
  <meta charset = "utf-8">
  <title>在 HTML 中设置事件属性示例</title>
  <script type = "text/javascript">
    function fnshow(op) {
      alert(op.name + ":被单击");
    }
  </script>
</head>
<body>
  <input type = "button" name = "button1" value = "单击我" onclick = "fnshow(this)">
</body></html>
```

在上述代码中，参数 this 代表产生事件的当前对象，即 input 对象。

2．在 JavaScript 中设置事件属性

在 JavaScript 中设置事件属性时，首先要获取对象，然后把对象的事件属性值设置为一个函数名称，函数名称后不能带圆括号，也不能向函数传递参数，函数可以通过 event 对象获取事件的相关信息（见 11.2 节）。在 JavaScript 中设置事件属性的格式如下：

```
obj.eventType = handler;
```

或者，绑定对象的事件属性为一个匿名函数：

```
obj.eventType = function() {
  }
```

其中，obj 是要设置事件的对象，eventType 是事件类型名，handler 是函数名称，用设置事件属性的方法只能为对象的每个事件注册一个函数，当注册多个函数时，后注册的函数将覆盖先注册的函数。

【例 11-2】在 JavaScript 中设置事件属性。

```
-------------------------------------------------【11-2.html 代码清单】-------------------------------------------------
<!doctype html>
<html>
<head>
  <meta charset = "utf-8">
  <title>在 JavaScript 中设置事件属性示例</title>
  <script   type = "text/javascript">
    window.onload = function() {
      var oP = document.getElementById("oP");
      oP.onclick = fn1;
      oP.onclick = fn2;
    }
    function fn1() {alert("我被覆盖了！ ");}
    function fn2() {alert("只有我被执行！ ");}
  </script>
</head>
<body>
  <input type = "button" id = "oP" name = "button1" value = "单击我" >
 </body>
</html>
```

在上述代码中，window 对象的 onload 属性绑定了一个匿名函数，这样保证了网页中的所有元素加载完毕后再去获取 oP 对象并注册事件。oP 对象的 onclick 事件注册了两个函数，后注册的函数 fn2 覆盖了先注册的函数 fn1，当单击按钮时，只执行了 fn2 中的代码。需要注意的是，这里的 onload 和 onclick 只能使用小写字母。

3．使用代码触发事件

开发者可以使用代码显式地触发事件，从而调用对应的事件处理函数。

【例 11-3】使用代码触发事件。

```
-------------------------------------------------【11-3.html 代码清单】-------------------------------------------------
<!doctype html>
<html>
<head>
  <meta charset = "utf-8">
  <title>使用代码触发事件示例</title>
  <script type = "text/javascript">
    function p() {
```

```
            var f = window.confirm("确认提交吗？");
            if(f) {
               document.getElementById("myform").submit();
               //document.getElementById("myform").onsubmit();
            }
            else   {
               return false;
            }
         }
      </script>
   </head>
   <body>
      <form id = "myform" action = "11-1.html" onsubmit = "alert('表单的 onsubmit 事件被触发！')">
         <input type = "submit" value = "提交" onclick = "return p();">
      </form>
   </body>
   </html>
```

当单击“提交”按钮时，将执行函数 p()，显示是否确认提交的对话框，单击“确定”按钮后，显式调用 myform 的 submit()方法提交表单，但在 IE 浏览器中不会触发表单的 onsubmit 事件，如果改用 myform 的 onsubmit()方法提交表单，将首先触发表单的 onsubmit 事件，然后提交表单；如果单击“取消”按钮，函数返回 false，从而阻止“提交”按钮执行的默认提交动作，表单不会被提交。如果将 onclick = "return p();"改写为 onclick = " p();"，当显示是否确认提交的对话框时，无论是单击“确定”按钮还是“取消”按钮，表单都会被提交。

在 HTML 标记中设置事件属性时，常把事件的属性值设置为一个返回布尔值的 return 语句。如果 return 语句返回 true，则执行该事件默认行为；如果返回 false，则取消该事件默认行为。

下面列出了使用代码触发事件的常用方法。

（1）blur()：使窗体或控件失去焦点，并触发 onblur 事件。

（2）focus()：使窗体或控件获取焦点，并触发 onfocus 事件。

（3）click()：触发 onclick 事件。

（4）select()：选取文本域的内容，并触发 onselect 事件。

（5）reset()：重置表单，并触发 onreset 事件。

（6）submit()：提交表单，IE 浏览器不会触发表单的 onsubmit 事件，其他浏览器会触发表单的 onsubmit 事件。

（7）onsubmit()：提交表单，触发表单的 onsubmit 事件。

11.1.2 DOM 事件模型

在理解 DOM 事件模型之前，首先要理解 DOM 事件流。DOM 结构是一个树状结构，事件可以在 DOM 的任何部分被触发。当一个 HTML 元素产生一个事件时，该事件会在元素节点与根节点之间按特定的顺序传播，路径所经过的节点都会收到该事件，这个传播过程被称为 DOM 事件流。事件流按传播顺序分为两种类型，即事件捕捉和事件冒泡。

事件捕捉的基本思想是：事件从最不特定的对象（document 对象）开始触发，然后传递到最特定的事件目标。从 DOM 树状结构上理解，就是事件从 DOM 节点树顶层元素一直传递到精确的元素。

事件冒泡的基本思想是：事件按照从最特定的事件目标到最不特定的事件目标（document对象）的顺序触发。从 DOM 树状结构上理解，就是事件从叶子节点开始沿祖先节点一直向上传递到根节点。

DOM 事件模型同时支持两种事件流类型，即事件捕捉和事件冒泡，事件捕捉先发生。两种事件流都会流经 DOM 中的所有对象，从 document 对象开始，也在 document 对象结束（部分浏览器会继续将事件捕捉或事件冒泡延续到 window 对象）。如图 11-1 所示，首先是捕捉型事件传播，然后是冒泡型事件传播，所以，如果一个事件处理函数既注册了捕捉型事件监听，又注册了冒泡型事件监听，那么当对应事件发生时它会被调用两次。

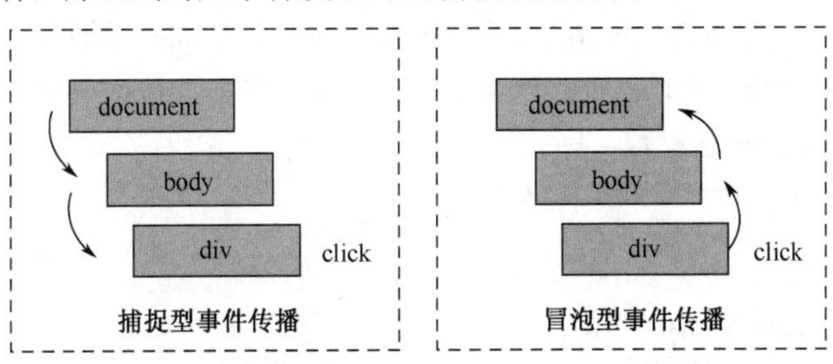

图 11-1　DOM 事件流

所有的事件都会经历事件捕捉阶段，但是只有部分事件会经历事件冒泡阶段，例如，submit事件就不会冒泡上浮。

在 DOM 事件模型中事件处理函数的注册采用以下语句：

```
addEventListener("eventType",handler,true|false);
```

在 DOM 事件模型中事件处理函数的删除采用以下语句：

```
removeEventListener ("eventType",handler,true|false);
```

其中，参数 eventType 是事件类型名（去掉 on 前缀）；参数 handler 是事件处理函数；第 3 个参数用于设置事件绑定的阶段，true 为捕捉阶段，false 为冒泡阶段。addEventListener()支持为一个元素添加多个事件处理函数。

在整个事件传播过程中可以调用 event.stopPropagation()或者 event.cancelBubble = true 来停止事件的传播。在事件传播过程中可以调用 event.preventDefault()来阻止浏览器的默认行为。

【例 11-4】DOM 事件模型的应用。

```
------------------------------------------------【11-4.html 代码清单】------------------------------------------------
<!doctype html>
<html>
<head>
<meta charset = "utf-8">
  <title>DOM 事件模型示例</title>
  <script type = "text/javascript">
    function initiate() {
      var myButton = document.getElementById("myButton");
      myButton.addEventListener("click", function (e) {
        alert(this.id);
      }, false);
      myButton.addEventListener("click", function (e) {
        alert("Hello World");
      }, false);
    }
    window.addEventListener("load",initiate,false);
```

```
        window.addEventListener("click", function (e) {
            alert("window   click");
        },  false);
    </script>
</head>
<body>
    <input type = "button" id = "myButton" value = "单击">
</body>
</html>
```

在本例中，在“myButton”按钮上为 click 事件添加了两个事件处理函数，在 window 对象上为 load 事件添加了一个事件处理函数，在 window 对象上为 click 事件添加了另一个事件处理函数。绑定的事件处理函数可以是一个函数名称，如本例中的 initiate 函数，也可以直接把匿名函数作为 addEventListener 的参数，例如：

```
myButton.addEventListener("click", function (e) {
    alert(this.id);
}, false);
```

函数参数 e 用于接收 event 对象。

由于调用移除事件处理函数 removeEventListener()时传入的参数与调用添加事件处理函数 addEventListener()时使用的参数必须相同，因此注册的匿名函数无法移除。要移除事件处理函数，应使用下面的代码。

```
var handler = function () {
    alert(this.id);
};
myButton.addEventListener("click", handler, false);    //绑定事件处理函数
myButton.removeEventListener("click", handler, false);//移除事件处理函数
```

运行【例 11-4】的代码，当用户单击“myButton”按钮时，依次弹出“myButton”“Hello World”“window click”3 个警示对话框。也就是说，按钮上的单击事件冒泡延续到了 window 对象，如果不希望事件向上传递，则可以在“myButton”按钮上将 click 事件改写为下面的形式：

```
myButton.addEventListener("click", function (e) {
    alert(this.id);
    e.stopPropagation();
}, false);
```

此时，再单击“myButton”按钮，将依次弹出“myButton”“Hello World”2 个警示对话框。

【例 11-5】使用 DOM 事件模型阻止浏览器的默认行为。

```
---------------------------------------------【11-5.html 代码清单】---------------------------------------------
<!doctype html>
<html>
<head>
    <meta charset = "utf-8">
    <title>阻止浏览器的默认行为示例</title>
</head>
<body>
    <a href = "11-4.html"    id = "link">单击超链接</a>
    <script type = "text/javascript">
    document.getElementById('link').addEventListener("click",function(e)
    {
        alert('单击事件');
        e.preventDefault(); // 阻止浏览器的默认行为（页面跳转）
    },false);
```

```
    </script>
  </body>
</html>
```

在本例中，如果没有 e.preventDefault();这句代码，单击超链接后会弹出“单击事件”警示对话框，单击“确定”按钮后跳转到“11-4.html”页面；如果加上这句代码，则单击“确定”按钮后不会发生跳转。

11.2 event 对象

当事件发生时，浏览器会自动建立一个 event 对象。事件处理函数通过 event 对象的属性来获取事件的类型、键盘按键的状态、鼠标光标位置的坐标等信息。在 DOM 事件模型中，event 对象以函数参数的形式传入。

表 11-1 列出了 DOM 事件模型 event 对象的常用属性。

表 11-1　DOM 事件模型 event 对象的常用属性

属　性	描　述
screenX/screenY	当事件发生时，鼠标光标在计算机屏幕中的 x 坐标和 y 坐标
pageX/pageY	当事件发生时，鼠标光标在网页中的 x 坐标和 y 坐标
clientX/clientY	当事件发生时，鼠标光标相对于浏览器窗口可视文档区域的 x 坐标和 y 坐标。不考虑文档的滚动情况
layerX/layerY	当事件发生时，鼠标光标在事件发生层中的 x 坐标和 y 坐标
currentTarget	事件传播过程中事件所传播到的元素
target	触发该事件的对象
cancelBubble	布尔属性，把它的值设置为 true 时，将停止事件进一步冒泡到包容层次的元素；e.cancelBubble = true;相当于 e.stopPropagation();
type	事件的类型
button	该属性返回一个整数，指示当事件被触发时哪个鼠标按键被按下
data	返回拖曳对象的 URL 字符串（见 11.3.4 节）
keyCode	对于 onkeypress 事件，该属性返回被按下的键生成的 Unicode 字符码。对于 onkeydown 和 onkeyup 事件，该属性指定了被按下的键的虚拟键盘码。虚拟键盘码可能和使用的键盘的布局相关（见【例 11-9】）

【例 11-6】DOM 事件模型 event 对象属性的应用，运行结果如图 11-2 所示。

```
---------------------------------------------【11-6.html 代码清单】---------------------------------------------
<!doctype html>
<html>
<head>
  <meta charset = "utf-8">
  <title>DOM 事件模型 event 对象的属性示例</title>
  <style>
    #d1 {
      width:300px;
      height:250px;
      margin:50px auto 0;
      border:#03F solid 1px;
    }
  </style>
  <script type = "text/javascript">
    function getCoordinate(e) {
      var oDiv = e.target;
```

图 11-2　运行结果

```
            oDiv.innerHTML = "事件类型：" + e.type + " 事件源：" + oDiv.id;
            oDiv.innerHTML += "<br>鼠标按键为：" + e.button;
            oDiv.innerHTML +="<br>光标相对于屏幕的水平位置：" + e.screenX + "<br>光标相对于屏幕的垂
直位置：" + e.screenY;
            oDiv.innerHTML +="<br>相对于浏览器窗口的水平坐标：" + e.clientX + "<br>相对于浏览器窗口
的垂直坐标：" + e.clientY;
            oDiv.innerHTML +="<br>相对于网页的水平坐标：" + e.pageX + "<br>相对于网页的垂直坐标：" 
+ e.pageY;
            oDiv.innerHTML +="<br>相对于层的水平坐标：" + e.layerX + "<br>相对于层的垂直坐标：" + e.layerY;
            e.cancelBubble = true;        //去掉该语句，事件会传到<body>节点
          }
          window.addEventListener("click",function() {
              alert("单击事件传到了<body>节点");
            },false);
      </script>
    </head>
    <body>
      <div id = "d1" onclick = "getCoordinate(event)">请在这单击...</div>
    </body>
    </html>
```

11.3 HTML5 事件

11.3.1 window 事件

window 事件由 window 对象触发，适用于<body>标记。window 事件属性及其描述如表 11-2 所示。

表 11-2 window 事件属性及其描述

属　性	描　述
onafterprint	在文档打印之后触发
onbeforeprint	在文档打印之前触发
onbeforeonload	在文档加载之前触发
onblur	当窗口失去焦点时触发
onerror	当错误发生时触发
onfocus	当窗口获得焦点时触发
onhaschange	当文档改变时触发
onload	当文档加载时触发
onmessage	当触发消息时触发
onoffline	当文档离线时触发
ononline	当文档上线时触发
onpagehide	当窗口隐藏时触发
onpageshow	当窗口可见时触发
onpopstate	当窗口历史记录改变时触发
onredo	当用户重新进行操作时触发
onresize	当调整窗口大小时触发
onstorage	当本地存储中的数据发生变化时触发

11.3.2 表单事件

表单事件是由 HTML 表单内部的动作触发的事件，适用于所有的 HTML5 元素，主要用于表单元素中。表单事件属性及其描述如表 11-3 所示。

表 11-3 表单事件属性及其描述

属　性	描　述
onblur	当元素失去焦点时触发
onchange	当元素改变时触发
oncontextmenu	当选择上下文菜单时触发
onfocus	当元素获得焦点时触发
onformchange	当表单改变时触发
onforminput	当表单获得用户输入时触发
oninput	当元素获得用户输入时触发
oninvalid	当元素无效时触发
onselect	当选取元素时触发
onsubmit	当提交表单时触发

【例 11-7】表单事件的应用。

```
---------------------------------------------【11-7.html 代码清单】---------------------------------------------
<!doctype html>
<html>
<head>
  <meta charset="utf-8">
  <title>表单事件示例</title>
  <script language="javascript">
    function p1(obj) {
      obj.select();
      obj.style.color = "#000";
    }
    function p2(obj) {
      if(obj.value == "") {
        obj.value = "请选择城市";
        obj.style.color = "#999";
      }
    }
    function p3(obj) {
      document.getElementById('text1').value = obj.value;
      document.getElementById('text1').style.color = "#000";
    }
  </script>
</head>
<body>
  <input type="text" id="text1" onfocus = "p1(this)" value = "请选择城市" style="color:#999"
onblur="p2(this)">
  <select type = "select" name = s1 onchange ="p3(this)" >
    <option selected value = "北京" >北京</option >
    <option value = "上海" >上海</option >
    <option value = "广州" >广州</option >
  </select>
```

```
</body>
</html>
```

当输入框 text1 获取焦点时，选中其中的文本，输入框 text1 的颜色变为黑色；当光标离开输入框 text1 时，如果它的内容为空，则将其值设置为“请选择城市”，字体颜色为灰色。当从下拉列表中选择不同的城市时，在输入框 text1 中显示选中的城市，并将字体颜色变为黑色。

11.3.3 键盘事件

键盘事件由键盘触发，表 11-4 列出了常用的键盘事件属性及其描述，这些属性适用于所有的 HTML5 元素。

表 11-4 常用的键盘事件属性及其描述

属　性	描　述
onkeydown	当按下字符键或功能键时触发，如果按住按键不放，则会持续触发
onkeypress	当按下字符键并松开按键时触发，如果按住按键不放，则会持续触发
onkeyup	当释放按键时触发

【例 11-8】键盘事件的应用。

```
---------------------------------------------【11-8.html 代码清单】---------------------------------------------
<!doctype html>
<html>
<head>
<meta charset = "utf-8">
  <title>键盘事件示例</title>
  <script type = "text/JavaScript">
    function handleEvent(ev) {
      var e = ev || window.event; // e 是事件对象
      var oTextbox = document.getElementById("text1");
      oTextbox.value +=e.type + " " + e.keyCode;
    }
  </script>
</head>
<body>
  请在输入框中操作键盘：<input type = "text"     size = "5"
      onkeydown = "handleEvent(event)"
      onkeyup = "handleEvent(event)"
      onkeypress = "handleEvent(event)"/>
  <textarea id = "text1" rows = "6" cols = "30"></textarea>
</body>
</html>
```

运行代码，当用户按下键盘按键时，将依次触发 onkeydown、onkeypress 和 onkeyup 事件，按键不松开，onkeydown 和 onkeypress 事件会连续触发。e.keyCode 用于返回按键的编码。

【例 11-9】创建一张可以自由增加、删除并输入数据的表格。初始状态如图 11-3 所示，在表单中输入数据，单击其他单元格，表单自动移动到被单击的单元格中，表单位于表格的最后一行时按回车键或下方向键可以自动添加一行，按上/下/左/右方向键可以移动表单到相邻的单元格中，单击“删除”按钮可以删除对应行。动态输入数据后的表格状态如图 11-4 所示。

本例使用了 Table、TableRow、TableCell 等 HTML 对象，它们的属性和方法可参考帮助文档。Table 对象代表一张 HTML 表格。在 HTML 文档中<table>标记每出现一次，一个 Table 对象就会被创建。TableRow 对象代表 HTML 表格的一行。TableCell 对象代表 HTML 表格的一个单元格。本例中的 table1 是一个 Table 对象，table1.rows[]是 table1 包含的 TableRow 对象数组，table1.rows[].cells[]是每个 TableRow 对象包含的 TableCell 对象数组。

图 11-3　表格初始状态

图 11-4　动态输入数据后的表格状态

```
---------------------------------------------【11-9.html 代码清单】---------------------------------------------
<!doctype html>
<html>
<head>
<meta charset="utf-8">
<title>表格动态操作</title>
<style>
.td1{
        text-align:left;
   }
</style>
<script type="text/javascript">
var inputtext;
window.addEventListener("load",fn,false);
function fn()
   {
      inputtext=document.getElementById("inputtext");
      var obj=document.getElementsByClassName("td1");
      for(var i=0;i<obj.length;i++)
         {
             obj[i].addEventListener("click",tdclick,false);
         }
      var objbutton=document.querySelectorAll("input");

      for(var i=0;i<objbutton.length;i++)
         {
            if(objbutton[i].type=="button")
              {
                  objbutton[i].addEventListener("click",deltr,false);
              }
         }
      inputtext.addEventListener("keyup",function(e){
if(e.keyCode==13||e.keyCode==38||e.keyCode==8||e.keyCode==39||e.keyCode==37||e.keyCode==40)
            {  p=inputtext.parentNode;
               cindex=p.cellIndex;
               t=p.parentNode;
               rindex=t.rowIndex;
               table1=document.getElementById("t1");
               if(e.keyCode==13||e.keyCode==40)
```

```
                {
                    if(rindex>=table1.rows.length-1)//添加一行
                        {
                            newtr=table1.rows[1].cloneNode(true);
                            table1.rows[1].parentNode.appendChild(newtr);
                             var obj=newtr.getElementsByClassName("td1");
                              for(var i=0;i<obj.length;i++)
                              {
                              obj[i].innerHTML=" "
obj[i].addEventListener("click",tdclick,false);
                              }
                             var objbutton=newtr.querySelectorAll("input");
                              for(var i=0;i<objbutton.length;i++)
                               {
                                 if(objbutton[i].type=="button")
                                  {
 objbutton[i].addEventListener("click",deltr,false);
                                 }
                             }
                             }
                     table1.rows[rindex+1].cells[cindex].click();
                }
                if(e.keyCode==8||e.keyCode==38)
                {
    if(rindex>=1)table1.rows[rindex-1].cells[cindex].click();
                }
                if(e.keyCode==37)
                {
    if(cindex>=1)table1.rows[rindex].cells[cindex-1].click();
                }
                if(e.keyCode==39)
                {
    if(cindex<table1.rows[1].cells.length-1)table1.rows[rindex].cells[cindex+1].click();
                }
      }
     },false);
    inputtext.focus();
  }
   function tdclick()
              {

                  if(inputtext.parentNode!=this)
                  {
                       if(inputtext.value!="")
                 var text=document.createTextNode(inputtext.value);
                       else
                             var text=document.createTextNode("");
                  inputtext.parentNode.appendChild(text);
                  if(this.innerHTML!=" ")
                       {inputtext.value=this.innerHTML;}
                   else
```

```
                    inputtext.value="";
                  this.innerHTML="";
                  this.appendChild(inputtext);
                }
                inputtext.focus();
            }
        function deltr()
        {
            var table=document.getElementById("t1");
            if(table.rows.length>2)
            {
            var tr=this.parentNode.parentNode;
            var index=tr.rowIndex;
            document.getElementById("t1").deleteRow(index);
            }
            else
            {
                alert("只剩一行了，不能删除");
            }
        }
</script>
</head>
<body><table width="455" border="1" cellspacing="0" cellpadding="0" id="t1">
  <tr align="center">
    <td width="150">名称</td>       <td width="100">单价</td>
    <td width="100">数量</td>       <td width="100">按钮</td>
  </tr>
  <tr>
    <td class="td1"><input type="text" id="inputtext" value=""    style="width:90px;" /></td>
    <td class="td1"> </td>       <td class="td1"> </td>
    <td align="center"><input type="button" value="删除" /></td>
  </tr>
</table>
</body>
</html>
```

11.3.4 鼠标事件

鼠标事件是由鼠标或相似的用户动作触发的事件，表 11-5 列出了常用的鼠标事件属性及其描述，这些属性适用于所有的 HTML5 元素。

表 11-5 常用的鼠标事件属性及其描述

属　性	描　述
onmousedown	当按下鼠标按键时触发
onmouseup	当松开鼠标按键时触发
onclick	当单击鼠标时触发
ondblclick	当双击鼠标时触发
onmousemove	当鼠标指针移动时触发
onmouseover	当鼠标指针移至元素上时触发

续表

属　性	描　述
onmouseout	当鼠标指针移出元素时触发
onscroll	当滚动元素的滚动条时触发
onmousewheel	当滚动鼠标滚轮时触发
ondragstart	当拖放操作开始时触发，被拖放元素需要设置该事件，一般在事件处理函数中设置拖放的数据源
ondrag	在拖放过程中触发，被拖放元素可以设置该事件
ondragenter	在拖放过程中鼠标指针进入目标元素时触发，一般目标元素设置该事件
ondragover	在拖放过程中鼠标指针在目标元素内移动时触发，一般目标元素设置该事件
ondragleave	在拖放过程中鼠标指针离开目标元素时触发，一般目标元素设置该事件
ondrop	当投放被拖放元素时触发，一般目标元素设置该事件
ondragend	当拖放操作结束时触发，一般目标元素设置该事件

表 11-5 中的事件分为鼠标按键事件、移动事件、滚动事件和拖放事件。当单击鼠标时，依次触发 onmousedown、onmouseup、onclick 事件；当双击鼠标时，依次触发 onmousedown、onmouseup、onclick、ondblclick 事件；当鼠标指针移动时，触发 onmousemove 事件，当鼠标指针移出或移进一个元素时，触发 onmouseout 和 onmouseover 事件。鼠标滚动事件和拖放事件是 HTML5 新增的事件。下面通过示例说明鼠标事件的用法。

【例 11-10】制作如图 11-5 所示的树状菜单。

```
---------------------------------------------【11-10.html 代码清单】---------------------------------------------
<!doctype html>
<html>
<head>
  <meta charset = "utf-8">
  <title>树状菜单</title>
  <style type = "text/css">
    ul {
      list-style-type:none;font-size: 12px;
    }
    div {
      color: #000000; line-height: 22px;
    }
    img {
      vertical-align: middle;
    }
    .red {color: #FF0000}
  </style>
  <script type = "text/javascript">
    function show(i) {
      obj = document.getElementById('d' + i);
      if(obj.style.display == 'none')
        obj.style.display = 'block';              //触动的层如果处于隐藏状态，则显示
      else
        obj.style.display = 'none';               //触动的层如果处于显示状态，则隐藏
    }
  </script>
</head>
<body>
```

图 11-5　树状菜单

```
    <ul style = "padding-left:40px;">
      <li onclick = "show('1')"   onmouseover = "this.className = 'red'" onmouseout = "this.className = "" >
      <img src = "image/z-1.jpg"   border = "0">分类讨论区</li>
      <div id = "d1" style = "display:none;padding-left:15px;">
        <img src = "image/z-top.gif" >BBS 系统<BR>
        <img src = "image/z-top.gif" >共建水木<BR>
        <img src = "image/z-top.gif" >站务公告栏<BR>
      </div>
      <li onclick = "show('2')" onmouseover = "this.className = 'red'" onmouseout = "this.className = "" >
        <img src = "image/z-2.jpg" border = "0" >社会信息</li>
      <div id = "d2" style = "display:none;padding-left:15px;" >
        <img src = "image/z-top.gif" >美容品与饰品代理<BR>
        <img src = "image/z-top.gif" >考研资料市场<BR>
        <img src = "image/z-top.gif" >商海纵横<BR>
      </div>
    </ul>
  </body>
  </html>
```

【例 11-11】鼠标拖放事件的应用。把网页中的“香蕉”图片拖放到矩形框中。拖放前的效果如图 11-6 所示，拖放后的效果如图 11-7 所示。需要注意的是，由于 IE10 浏览器不支持鼠标拖放事件，因此本例是在 Chrome 浏览器下运行的。

图 11-6　拖放前的效果

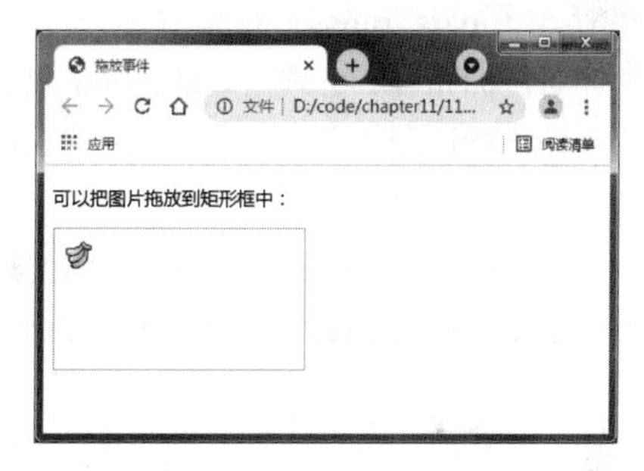

图 11-7　拖放后的效果

```
---------------------------------------------【11-11.html 代码清单】---------------------------------------------
<!DOCTYPE HTML>
<html>
<head>
  <meta charset = "utf-8">
  <title>拖放事件</title>
  <style type = "text/css">
  #div1 {width:200px;height:100px;padding:10px;border:1px solid #aaaaaa;}
  </style>
  <script type = "text/javascript">
  /*div1 的 ondragover 事件调用下面的 allowDrop()方法，功能是允许在 div1 上放置其他数据/元素*/
    function allowDrop(event) {
      event.preventDefault();
    }
    // “香蕉”图片元素的 ondragstart 事件调用下面的 drag()函数，用于设置被拖放的元素
    function drag(event) {
      event.dataTransfer.setData("text/plain ", event.target.id);
    }
    /*div1 的 ondrop 事件调用下面的 drop()函数，用于接收数据。当有数据被拖放到 div1 上时，会触发
```

```
ondrop 事件*/
            function drop(event) {
              event.preventDefault();
              var data = event.dataTransfer.getData("Text");
              event.target.appendChild(document.getElementById(data));
            }
        </script>
    </head>
    <body>
        <p>可以把图片拖放到矩形框中：</p>
        <div   id = "div1"   ondrop = "drop(event)"   ondragover = "allowDrop(event) "></div>
        <br />
        <!-- 为了使元素可拖放，把 draggable 属性值设置为 true -->
        <img id = "drag1" src = "files/image1.gif" draggable = "true" ondragstart = "drag(event)" />
    </body>
    </html>
```

从上例中可以看出，要实现拖放操作需要执行以下几个步骤。

（1）设置被拖放元素。为了使元素可拖放，首先要把该元素的 draggable 属性值设置为 true，然后设置它的 ondragstart 事件的事件处理函数，在事件处理函数中把要拖放的元素通过 event.dataTransfer.setData(format,data)方法存入 dataTransfer 对象，参数 format 一般为“text/plain”（用于文本数据）或“text/uri-list”（用于 URL）；参数 data 是要存入的数据。本例中把要拖放的图片的 id 值存入了 dataTransfer 对象中。

（2）针对目标元素，必须在 ondragend 或 ondragover 事件处理函数中调用 event.preventDefault()方法，因为系统默认无法将数据/元素放置到其他元素中。如果需要设置允许放置，必须阻止对元素的默认处理方式。

（3）针对目标元素，在 ondrop 事件处理函数中调用 event.preventDefault()方法关闭默认处理，然后调用 event.dataTransfer.getData(format)方法接收数据，并把收到的数据添加到目标元素中。

11.3.5 媒介事件

媒介事件是由视频、图像及音频等媒介触发的事件，适用于所有的 HTML5 元素，但在媒介元素（如 audio、embed、img、object 及 video）中最常用（用法见第 13 章）。媒介事件属性及其描述如表 11-6 所示。

表 11-6 媒介事件属性及其描述

属　性	描　述
onabort	当指定的媒介元素发生终止事件时触发
oncanplay	当指定的媒介元素能够开始播放但可能因缓冲而需要停止播放时触发
oncanplaythrough	当指定的媒介元素无须因缓冲而停止即可播放至结尾时触发
ondurationchange	当指定的媒介元素长度改变时触发
onended	当指定的媒介元素已抵达结尾时触发
onerror	当指定的媒介元素加载期间发生错误时触发
onloadeddata	当加载指定的媒介元素时触发
onloadedmetadata	当媒介元素的持续时间以及其他媒介数据已加载时触发
onloadstart	当浏览器开始加载指定的媒介元素时触发

续表

属 性	描 述
onpause	当指定的媒介元素暂停时触发
onplay	当指定的媒介元素将要开始播放时触发
onplaying	当指定的媒介元素已开始播放时触发
onprogress	当浏览器正在获取指定的媒介元素时触发
onratechange	当指定的媒介元素的播放速率改变时触发
onreadystatechange	当指定的媒介元素就绪状态（ready-state）改变时触发
onseeked	当指定的媒介元素的定位属性不再为真且定位已结束时触发
onseeking	当指定的媒介元素的定位属性为真且定位已开始时触发
onstalled	当取回指定的媒介元素过程中（延迟）存在错误时触发
onsuspend	当浏览器已在获取指定的媒介元素但在取回整个媒介文件之前停止时触发
ontimeupdate	当指定的媒介元素改变其播放位置时触发，Video 对象可以通过 ontimeupdate 事件来报告当前的播放进度
onvolumechange	当指定的媒介元素改变音量或者当音量被设置为静音时触发
onwaiting	当指定的媒介元素已停止播放但打算继续播放时触发

小结

本章从事件模型、event 对象和 HTML5 事件这三个方面对 JavaScript 事件处理方法进行了讲解。HTML5 支持 DOM 事件模型，在 HTML5 中新增了许多事件属性，本章重点介绍了鼠标拖放事件，其他新增事件的处理方法读者可参考本书后面章节。

习题

一、选择题

1．事件是按照 DOM 层次的结构由根节点到叶子节点的顺序依次触发的，则该事件流属于（　　）。

A．冒泡型　　B．捕捉型

C．DOM 型　　D．BOM 型

2．分析以下代码片段，输出结果应为（　　）。

```
<script  type = "text/javascript">
  function handleEvent()  {
   alert( "我被单击了！ ");
   }
  document.form1.button1.onclick = handleEvent;
</script>
<body>
  <form name = "form1">
    <input type = "button" name = "button1" value = "测试按钮" />
  </form>
</body>
```

A．输出“我被单击了！”

B．没有错误，但也没有任何输出

C．出现错误，没有任何输出

D．出现错误，但输出“我被单击了！”

3. 下列说法错误的是（　　）。

A. event 是 window 对象的一个属性，所以可以直接引用 event 对象

B. 不同浏览器的事件处理方式可能不同

C. 对于同一事件，子对象的事件处理函数会覆盖父对象的事件处理函数

D. 事件可以增强用户与页面的交互体验

4. 在制作级联菜单时调用的是下拉列表框的（　　）事件。

A. onclick　　B. onchange

C. selected　　D. onblur

5. onclick 事件属于（　　）事件。

A. 页面　　B. 鼠标

C. 键盘　　D. 表单

6. 在下列叙述中，错误的是（　　）。

A. blur()方法使元素失去焦点并触发 onblur 事件

B. click()方法通过引起 onclick 事件的触发来模拟一个鼠标单击动作

C. focus()方法可使元素获取焦点并执行由 onfocus 事件指定的代码

D. submit()方法用于提交表单并触发表单的 onsubmit 事件

7. 下列关于鼠标事件属性的描述，错误的是（　　）。

A. onclick 表示单击鼠标

B. ondblclick 表示右击鼠标

C. onmousedown 表示鼠标的按键被按下

D. onmousemove 表示鼠标指针进入某个对象范围，并且移动

8. 以下关于 JavaScript 中事件的描述，不正确的是（　　）。

A. onclick：鼠标单击事件

B. onfocus：获取焦点事件

C. onmouseover：鼠标指针移动到事件源对象上时触发的事件

D. onchange：选择字段时触发的事件

9. 在 HTML 页面上，当按键盘上的任意一个键时都会触发 JavaScript 的（　　）事件。

A. onfocus　　B. onblur

C. onsubmit　　D. onkeydown

二、填空题

1. 事件流按传播顺序分为__________和__________两种类型。

2. 在 DOM 事件模型中事件处理函数的注册函数是__________。

3. 在事件冒泡过程中可以把事件对象的__________属性值赋为 true 来停止事件冒泡。

4. 在 DOM 事件模型中通过事件对象的__________属性可以获得触发该事件的对象。

第 12 章　AJAX 基础

AJAX（Asynchronous JavaScript And XML，异步 JavaScript 和 XML）是一种用于快速创建动态网页的技术。AJAX 最大的优点是在不重新加载整个页面的情况下，可以与服务器交换数据并更新部分网页内容。

XMLHttpRequest 对象是 AJAX 和 Web 2.0 应用程序的技术基础。XMLHttpRequest 对象使得 JavaScript 脚本能够实现对服务器的异步请求，并使用收到的服务器响应数据动态更新网页的局部内容，从而避免每次发送请求时重新加载整个页面，既减轻了服务器的负担，又加快了响应速度，缩短了用户的等待时间。

XMLHttpRequest Level 2 对象是对 XMLHttpRequest 对象的增强。XMLHttpRequest 只支持文本数据的传送，在读取和上传二进制文件时需要把二进制数据伪装成文本数据发送；在传送和接收数据时，没有进度信息，只能提示是否完成；只能向同一域名的服务器请求数据。XMLHttpRequest Level 2 对象增加了许多新功能，例如，获取服务器端的二进制数据、上传文件时获得数据传输的进度信息、设置 HTTP 请求的时限、使用 FormData 对象管理表单数据、跨域请求数据等。

本章首先介绍 AJAX 的工作原理、XMLHttpRequest 对象及其应用，然后介绍 XMLHttpRequest Level 2 对象的新增功能及应用。

12.1　AJAX 简介

12.1.1　AJAX 工作原理

AJAX 不是一种新的编程语言，而是一种用于创建更好、更快及交互性更强的 Web 应用程序的技术。

AJAX 的工作原理是：当某个事件发生时，使用 JavaScript 创建 XMLHttpRequest 对象，通过这个对象向服务器提出请求，服务器处理请求并给出响应数据；浏览器接到响应数据后，在不需要刷新页面的情况下，就可以产生局部刷新的效果。

AJAX 技术使得 JavaScript 可在不重载页面的情况下与 Web 服务器交换数据，可使网页从服务器请求少量的信息，而不是整个页面信息。AJAX 的工作原理可以用图 12-1 表示。

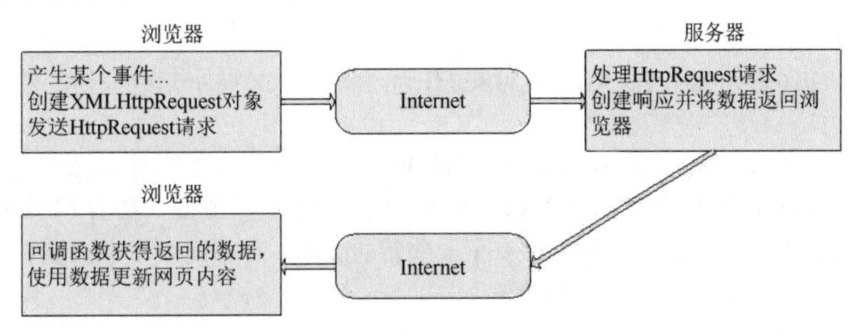

图 12-1　AJAX 的工作原理

12.1.2 AJAX 的应用场景

1．表单验证

传统的表单提交过程是：用户输入全部表单数据，单击“提交”按钮，后台处理完毕后页面刷新，如果输入数据不符合要求，则需要用户重新输入全部表单数据。使用 AJAX，当用户在输入框中输入数据后，系统立刻进行异步处理，并在页面上快速显示验证结果，不存在整个页面刷新的问题。

2．深层次的级联菜单（树）的遍历

深层次的级联菜单（树）的遍历是一项非常复杂的任务，使用 JavaScript 来控制显示逻辑，使用 AJAX 延迟加载更深层次的数据可以有效地减轻服务器的负担，即在初始化页面时只读出一级菜单的所有数据并显示，在用户操作一级菜单的其中一项时，会通过 AJAX 向后台请求当前一级菜单项所对应的二级子菜单的所有数据，如果再继续请求已经呈现的二级菜单中的一项，再向后面请求所操作二级菜单项对应的三级菜单的所有数据，以此类推，这样，用什么就取什么、用多少就取多少，不会有数据的冗余和浪费，减少了数据下载总量，而且更新页面时不用重载全部内容，只需更新需要更新的那部分即可，相对于后台处理并重载的方式，这种方式缩短了用户的等待时间，也把对资源的浪费程度降到了最低。

3．用户间的交流响应

在众多人参与讨论的场景下，使用 AJAX 加载新的回复，不需要让用户一遍又一遍地刷新页面来获知是否有新的讨论出现，可以把用户从分神的刷新中解脱出来。

4．文本输入场景

使用 AJAX 在输入框等输入表单中给予输入提示，或者实现自动完成功能，可以有效地改善用户体验。AJAX 尤其是适用于那些自动完成的数据可能来自服务器端的场合。

12.2 XMLHttpRequest 对象

12.2.1 XMLHttpRequest 对象概述

1．创建 XMLHttpRequest 对象

客户端如果需要应用 XMLHttpRequest 对象从服务器端获取数据，则必须首先创建 XMLHttpRequest 对象。所有现代浏览器（Chrome、IE7+、Firefox、Safari 及 Opera）都有内建的 XMLHttpRequest 对象。可以通过 new 运算符直接创建 XMLHttpRequest 对象，创建 XMLHttpRequest 对象的语法如下：

```
var xhr = new XMLHttpRequest();
```

在 IE 5.0 和 IE 6.0 中，XMLHttpRequest 对象是作为一个 ActiveX 控件实现的，创建 XMLHttpRequest 对象的语法如下：

```
var xhr = new ActiveXObject("Microsoft.XMLHTTP");
```

其中，Microsoft.XMLHTTP 是 XMLHttpRequest 对象的控件签名。随着 MSXML 库后续版本的发布，XMLHttpRequest 对象的控件有了一些新的版本，在不同版本中其签名也有所不同。各版本中 XMLHttpRequest 对象的控件签名如下：

```
Microsoft.XMLHttp
MSXML2.XMLHttp
```

```
MSXML2.XMLHttp.3.0
MSXML2.XMLHttp.4.0
MSXML2.XMLHttp.5.0
MSXML2.XMLHttp.6.0
```

新版本有更好的稳定性且速度更快，为了获得 XMLHttpRequest 控件的最佳版本，可以从高版本开始尝试创建对象，如果创建失败，会引发错误，因此把每次创建对象的尝试都放在 try…catch 块中。为了兼容不同的浏览器，把创建 XMLHttpRequest 对象的代码定义为 createXMLHttpReq()函数，放在一个 ajax.js 文件中，需要创建 XMLHttpRequest 对象时，导入 ajax.js 文件，直接调用 createXMLHttpReq()函数即可。创建 XMLHttpRequest 对象的代码如下：

```
var xhr = createXMLHttpReq();
```

ajax.js 文件的代码如下：

```
function createXMLHttpReq() {
  if( window.XMLHttpRequest ) {
    return new XMLHttpRequest();
  }
  else if( window.ActiveXObject ) {
    var aVersions = ["MSXML2.XMLHttp.6.0",
    "MSXML2.XMLHttp.5.0", "MSXML2.XMLHttp.4.0",
    "MSXML2.XMLHttp.3.0", "MSXML2.XMLHttp","Microsoft.XMLHttp"];
    for( var i = 0; i < aVersions.length; i++ ) {
      try {
        var xhr = new ActiveXObject( aVersions[i] );
        return xhr;
      }
      catch( oError ) {
        //Do nothing
      }
    }
  }
  throw new Error("不能创建 XMLHttpRequest 对象。");
}
```

创建 XMLHttpRequest 对象后，就可以使用 XMLHttpRequest 对象的各种属性、方法来处理和控制 HTTP 请求与响应。

2．XMLHttpRequest 对象的属性

（1）readyState 属性：用于描述 XMLHttpRequest 对象的当前状态。

当 XMLHttpRequest 对象把一个 HTTP 请求发送到服务器时将经历若干种状态，状态值可取下列整数之一。

- 0：“未初始化”状态，此时已经创建一个 XMLHttpRequest 对象，但是还没有初始化。
- 1：“载入”状态，此时已经调用 open()方法，准备把一个请求发送到服务器。
- 2：“载入完成”状态，此时已经通过 send()方法把一个请求发送到服务器，但是还没有收到一个响应。
- 3：“正在接收”状态，此时已经收到 HTTP 响应头部信息，但是消息体部分还没有完全接收结束。
- 4：“已加载”状态，此时响应已经被完全接收。

（2）onreadystatechange 属性：用于设置异步请求的事件处理函数。

当 readyState 的值发生改变时，XMLHttpRequest 对象会触发 readystatechange 事件。为

onreadystatechange 属性设置一个函数（回调函数），该函数一般用于对收到的数据进行处理。

（3）responseText 属性：用于获取客户端收到的 HTTP 响应文本。当 readyState 的值为 0、1 或 2 时，responseText 的值为空字符串。当 readyState 的值为 3 时，responseText 的值为还未完成的响应信息。当 readyState 的值为 4 时，responseText 包含完整的响应信息。

（4）responseXML 属性：用于获取客户端收到的 HTTP 响应的 XML 对象。

当客户端收到完整的 HTTP 响应时（readyState 的值为 4），如果响应信息标头的 Content-Type（指示如何对请求正文进行编码）指定的 MIME 类型为 text/xml、application/xml 或以+xml 结尾，responseXML 属性得到 XML 对象；如果 Content-Type 头部并不包含这些媒体类型之一或者 readyState 的值不为 4，那么 responseXML 的值为 null。

responseXML 属性值是一个文档接口类型的对象，用来描述被分析的文档。如果文档不能被分析（例如，文档不是结构良好的或不支持文档的字符编码），那么 responseXML 的值将为 null。

（5）status 属性：用于描述 HTTP 的状态代码。200 表示服务器响应正常、401 表示访问被拒绝、404 表示请求的资源不存在、500 表示服务器内部错误等。当 readyState 的值为 3 或 4 时，status 属性才可用；当 readyState 为其他值时，试图存取 status 的值将引发异常。

（6）statusText 属性：用于描述 HTTP 的状态代码文本。当 readyState 的值为 3 或 4 时，statusText 属性才可用；当 readyState 为其他值时，试图存取 statusText 的值将引发异常。

3．XMLHttpRequest 对象的方法

（1）abort()方法：取消当前 HTTP 请求，从而把 XMLHttpRequest 对象复位到未初始化状态。

（2）open()方法：初始化一个 HTTP 请求。用法如下：

```
xhr.open(method,url [,async] [,username] [,password]);
```

其中，method 参数是必填项，其值是一个字符串，用于指定发送请求的 HTTP 方法（get、post、put、delete 或 head）。该参数不区分字母大小写。

url 参数是必填项，其值是一个字符串，用于指定 XMLHttpRequest 对象请求数据的服务器绝对或相对地址。当使用 get 方法发送请求时，可以把请求参数附加在 url 后面，用问号（?）分隔。

async 参数是可选项，其值是布尔值，用于指定请求是否是异步的，默认值为 true，表示异步请求；值为 false，表示非异步请求。

username、password 参数是可选项，通过该参数向要求认证的服务器提供用户名和口令。

调用 open()方法后，XMLHttpRequest 对象的 readyState、responseText、responseXML、status 和 statusText 属性自动复位到初始值。

（3）send([data])方法：向服务器发送请求和数据，并接收响应。用法如下：

```
xhr.send(data);
```

调用 open()方法后，可以使用 send()方法向服务器发送请求和数据。如果 open()方法的 async 参数值为 true，调用 send()方法后立即返回，从而允许其他客户端脚本继续执行；如果 open()方法的 async 参数值为 false，调用 send()方法后冻结页面，其他客户端脚本停止运行，直到收到服务器的响应信息。

在调用 send()方法后，XMLHttpRequest 对象的 readyState 的值变为 2；当服务器返回任何消息体，但是消息没有完全加载时，readyState 的值变为 3；当消息完成加载时，readyState 的值变为 4；对于一个 head 类型的请求，XMLHttpRequest 对象的 readyState 值变为 3 后再立即变为 4。

data 是 send()方法的一个可选参数，用于存储欲通过此请求发送的数据。data 的值可以为 null 或者不使用 data 参数，表示不发送数据；大多数数据类型在调用 send()方法之前应该使用 setRequestHeader()方法（见后面的解释）先设置 Content-Type 头部；如果 Content-Type 的类型为字符串，数据将被编码为 utf-8 格式；如果 Content-Type 的类型为 XML，将使用由 data.xmlEncoding 指定的编码串行化该数据。

（4）setRequestHeader()方法：用于设置请求的头部信息。其语法格式如下：

```
xhr.setRequestHeader(header,value);
```

调用 open()方法后再调用该方法，否则，将得到一个异常。

例如：

```
xhr.setRequestHeader("Content-Type","application/x-www-form-urlencoded");
```

指定了 send()方法传递的数据应编码为名/值对。这是标准的编码格式。

（5）getResponseHeader()方法：用于检索响应的头部值。仅当 readyState 的值是 3 或 4 时，才可以调用这个方法，否则，该方法将返回一个空字符串。

（6）getAllResponseHeaders()方法：以一个字符串形式返回所有的响应头部（每一个头部单独占一行）。如果 readyState 的值不是 3 或 4，则该方法返回 null。

（7）overrideMimeType()方法：指定一个 MIME 类型来替代服务器指定的类型，使服务器端响应信息中传输的数据按照指定的 MIME 类型处理。其语法格式如下：

```
xhr.overrideMimeType(mimeType);
```

如果服务器没有指定一个 Content-Type 头部，则 XMLHttpRequest 对象默认 MIME 类型为 text/xml。如果接收的数据不是有效的 XML 类型，将会出现“格式不正确”的错误，可通过调用 overrideMimeType()方法指定各种类型来避免出现这种情况。例如：

```
xhr.overrideMimeType("text/plain; charset=x-user-defined");
```

该语句将改写服务器返回的数据的 mimeType，将返回的数据伪装成文本数据，并且告诉浏览器这是用户自定义的字符集。

12.2.2　AJAX 示例

使用 XMLHttpRequest 对象进行服务器异步数据请求一般需要下面几个步骤。

（1）创建 XMLHttpRequest 对象。

（2）调用 XMLHttpRequest 对象的 open()方法，以设置所用的请求方法，请求资源的 URL，并指定采用异步方式发送 HTTP 请求。

（3）设置 XMLHttpRequest 对象的 onreadystatechange 属性，以指定当请求状态改变时调用的事件处理函数。

（4）调用 XMLHttpRequest 对象的 send()方法，向服务器发送请求并接收响应。

（5）在事件处理函数中，对从服务器返回的 HTML 代码块、XML 数据或其他数据进行解析和处理，并插入 HTML 文档中，以实现页面的局部更新。

发送 get 请求的一般过程如下：

```
var xhr = createXMLHttpReq ();
var name = encodeURIComponent(document.getElementById("username").value);
var pwd = encodeURIComponent(document.getElementById("usepwd").value);
xhr.open('get', 'check_name.aspx?name = ' + name + '&pwd = ' + pwd, true);
xhr.onreadystatechange = processRequest;
xhr.send(null);
```

发送 post 请求的一般过程如下：

```
var xhr = createXMLHttpReq ();
xhr.open('post', ' check_name.aspx ', true);
 /* 如果发送的是 post 请求，需要设置消息头的编码格式 */
xhr.setRequestHeader('content-type', 'application/x-www-form-urlencoded');
xhr.onreadystatechange = processRequest;
xhr.send("name = " + encodeURIComponent(document.getElementById("username").value) + "&pwd = " + encodeURIComponent(document.getElementById("pwd").value));
```

processRequest 是事件处理函数，用来处理请求的结果，其一般编写形式如下：

```
function   processRequest () {
  if (xhr.readyState = = 4) {      // 判断对象状态，此时响应已经被完全接收
    if (xhr.status == 200) {       // 请求结果已经成功返回
      alert(xhr.responseText);  // 显示获取的数据
    }
    else { // 页面不正常
      alert("你请求的页面不正常");
    } }
}
```

发送 get 和 post 请求的区别主要有以下几个方面。

（1）get 使用 URL 或 cookie 传递参数，而 post 将数据放在 body 中。

（2）get 方式传递给服务器的数据长度受 URL 长度限制，post 传递给服务器的数据则可以非常大。

（3）post 比 get 更安全，因为数据在地址栏上不可见。

【例 12-1】利用 AJAX 从一个 TXT 文件中返回数据。把 ajax.js、test_xmlhttp1.txt 及 12-1.html 放入服务器根目录的 ajax 文件夹下，在浏览器地址栏中输入 http://localhost:8080/ajax/12-1.html，即可看到运行效果，如图 12-2 和图 12-3 所示。

```
----------------------------------------------【12-1.html 代码清单】----------------------------------------------
<!doctype html>
<html>
<head>
<meta charset="utf-8">
<script src="ajax.js"></script>
<title>利用 AJAX 从一个 TXT 文件中返回数据</title>
<script type="text/javascript">
var xhr=null;
function loadXMLDoc(url)
{
    xhr = createXMLHttpReq();
    if (xhr!=null)
      {
      xhr.onreadystatechange=processRequest;
      xhr.open("GET",url,true);
      xhr.send(null);
      }
    else
      {
        alert("你的浏览器不支持 XMLHTTP。");
      }
}
function processRequest()
```

```
{
    if (xhr.readyState==4)// 判断对象状态，此时响应已经被完全接收
      {
      if (xhr.status==200)// 请求结果已经成功返回
        {
        document.getElementById('d1').innerHTML=xhr.responseText;
        }
      else
        {
         alert("检索数据时出现问题:" + xhr.statusText);
        }
      }
}
</script>
</head>
<body onload="loadXMLDoc('/ajax/test_xmlhttp1.txt')">
<div id="d1" style="border:1px solid black;height:40;width:300;padding:5"></div><br />
<button onclick="loadXMLDoc('/ajax/test_xmlhttp2.txt')">单击获取新数据</button>
</body>
</html>
```

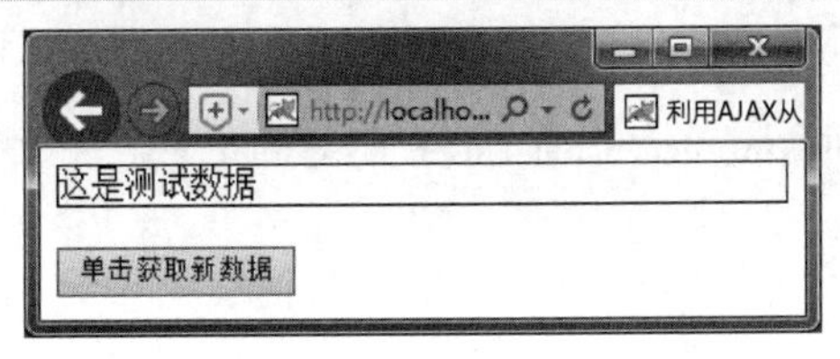

图 12-2　利用 AJAX 从一个 TXT 文件中返回数据（1）

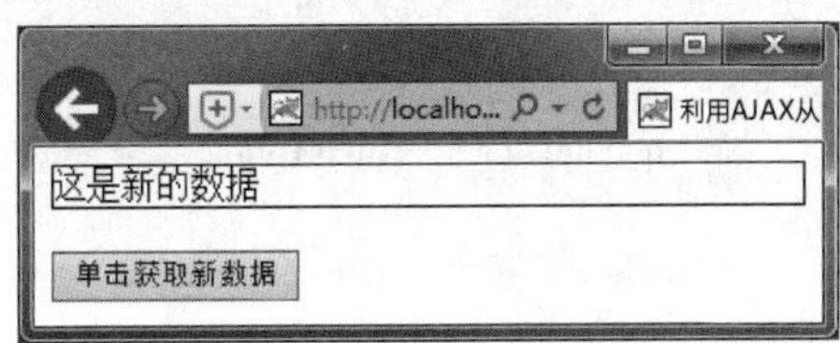

图 12-3　利用 AJAX 从一个 TXT 文件中返回数据（2）

【例 12-2】利用 AJAX 进行表单验证。编写一个如图 12-4 所示的简单注册页面，当光标离开“用户名”输入框时，以异步方式向服务器发送一个 get 请求，在数据库中查询用户名是否已存在（为了简化代码，本例以特定用户名代替数据库查询），如果当前输入的用户名已存在，返回“用户名××已被注册”提示，否则返回“××可以注册”提示。服务器端代码用 JSP 编写。

```
-------------------------------------【客户端 12-2.html 代码清单】-------------------------------------------
<!doctype html>
<html>
<head>
<meta charset="utf-8">
  <title>使用 get 方法请求数据示例</title>
  <script src="ajax.js"></script>
  <script type = "text/javascript">
    var xhr = false;
    function send_request(url) { //初始化，指定处理函数、发送请求的函数
      xhr = createXMLHttpReq(); //创建 XMLHttpRequest 对象
      /* 指定当服务器返回信息时客户端的处理方式 */
      xhr.onreadystatechange = processRequest;
      /* 确定发送请求的方法和 url 以及是否同步执行下段代码 */
      xhr.open("get", url,true);
      xhr.send(null);
    }
function processRequest() {
```

图 12-4　注册页面

```
            if (xhr.readyState == 4) { // 判断对象状态，此时响应已经被完全接收
                if (xhr.status == 200) { // 请求结果已经成功返回
                    document.getElementById("message").innerHTML = xhr.responseText;
                }
                else { //页面不正常
                    alert("你请求的页面不正常");
                }
            }
        }
        function userCheck() {
            var userName = document.getElementById("username");
                if (userName.value == "") {
                    alert("用户名不能为空！");
                    userName.focus();
                    return false;
                }
                else {
                    //发送异步请求
                    send_request("/upload/UserServlet?time="+new Date().getTime()+"&username=" + userName.value);
                }
        }
        function initiate() {
            document.getElementById("username").addEventListener("blur", userCheck, true);
        }
        window.addEventListener("load", initiate, false);
    </script>
</head>
<body>
    <form method="post" name="form1" id="form1">
    <table align="center" width="400" style="border:1px solid #083F91;" >
        <tr><td align="center">用户名：<input type="text" name="username" id="username"   />
        </td></tr>
        <tr><td align="center" id="message"></td></tr>
        <tr><td align="center">密　码：<input type="text" name="pwd" id="pwd"   /> </td> </tr>
        <tr><td align="center"><input id="myButton" type="button" value="注册" /></td></tr>
    </table>
    </form>
</body>
</html>
-----------------------------------【服务器端 UserServlet.java 代码清单】-----------------------------------------
public class UserServlet extends HttpServlet {
protected void doGet(HttpServletRequest request, HttpServletResponse response) throws ServletException,
IOException {
            String username = request.getParameter("username");
            byte[] buf = username.getBytes("ISO8859-1");
            username = new String(buf,"utf-8");
            System.out.println("username=" + username);
            String tip = "<span style= 'color:green'>可以注册</span>";
            if("aa".equals(username)){
                tip = "<span style= 'color:red'>用户名"+username+"已被注册</span>";
            }
            response.setContentType("text/html;charset=utf-8");
            PrintWriter pw = response.getWriter();
```

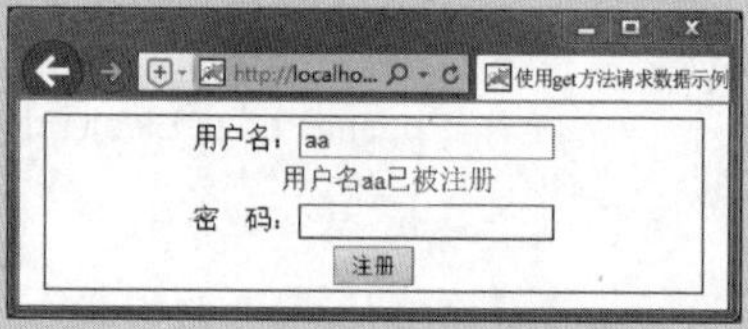

```
            pw.write(tip);
            pw.flush();
            pw.close();
        }
    }
```

本例介绍了使用 XMLHttpRequest 对象向服务器端发送 get 请求的方法。

编写常规 AJAX 代码并不容易，因为不同的浏览器对 AJAX 的实现并不相同，jQuery 解决了这个难题，它使得用户只需要编写一行简单的代码，就可以实现 AJAX 功能。jQuery 提供了多个与 AJAX 有关的方法，方便用户从远程服务器上请求文本、HTML、XML 或 JSON 数据，同时把这些外部数据直接载入网页的被选元素中。本书只介绍 AJAX 的基本原理，使用 jQuery 进行 AJAX 操作的内容读者可以参考相关资料。

12.3 XMLHttpRequest Level 2 对象

12.3.1 XMLHttpRequest Level 2 对象概述

1．创建 XMLHttpRequest Level 2 对象

在 HTML5 中通过构造函数创建 XMLHttpRequest Level 2 对象，语法格式如下：

```
var xhr = new XMLHttpRequest();
```

2．XMLHttpRequest Level 2 对象的新增属性

除了 readyState、onreadystatechange、responseText、responseXML、status 和 statusText 属性，XMLHttpRequest Level 2 对象还增加了以下几个新的属性。

（1）responseType 属性：用于设置 response 属性接收的返回数据类型。在发送请求前设置该属性。其语法格式如下：

```
xhr.responseType = value;
```

value 可以是“arraybuffer”“blob”“document”“json”“text”，分别表示 response 属性接收的返回数据类型为 ArrayBuffer 对象、Blob 对象、文档结构对象（如 XML）、JSON 对象或 String 对象。value 为空或者不设置 responseType 的属性，response 接收的返回数据类型为 String 对象类型。

（2）response 属性：包含返回的响应实体。responseType 属性值不同，response 属性将得到不同类型的数据。

（3）timeout 属性：用于设置 HTTP 请求的时限。其语法格式如下：

```
xhr.timeout = delay;
```

delay 表示等待的毫秒数。有时 AJAX 操作很耗时，而且无法预知要花费多少时间。如果网速很慢，用户可能会等很久。XMLHttpRequest Level 2 对象增加了 timeout 属性，可以设置 HTTP 请求的时限。例如：

```
xhr.timeout = 3000;
```

表示将最长等待时间设为 3000ms。过了这个时限，就自动停止 HTTP 请求，并触发 timeout 事件，通过 ontimeout 属性设置超时的回调函数。

```
xhr.ontimeout = function(event) {
   alert('请求超时！');
}
```

（4）withCredentials 属性：在跨域请求中，默认情况下是不发送验证信息的。要想发送验证

信息，需要设置 withCredentials 属性值为 true。如果服务器接收带凭据的请求，则会用“Access-Control-Allow-Credentials”的 HTTP 头部来响应。

支持 withCredentials 属性的浏览器有 Firefox 3.5+、Safari 4+和 Chrome，IE10 及更早版本都不支持。

（5）upload 属性：用于设置上传的 progress 事件。在传送数据时，有一个 progress 事件，用来返回进度信息。progress 事件分成上传和下载两种。下载的 progress 事件属于 XMLHttpRequest 对象属性，上传的 progress 事件属于 XMLHttpRequest.upload 对象属性。因此定义 progress 事件的回调函数采用下面的格式：

```
xhr.onprogress =callbackfunction;   //下载过程
xhr.upload.onprogress = callbackfunction;//上传过程
```

其中，callbackfunction 是回调函数，其一般定义格式如下：

```
function updateProgress(event) {
  if (event.lengthComputable) {
    var percentComplete = event.loaded / event.total;
  }
}
```

在回调函数中通过事件对象 event 获取数据的传送信息。event 中与事件和数据信息相关的常用属性如下。

① event.total：需要传送的总字节。

② event.loaded：已经传送的字节。

③ event.lengthComputable：返回传送的数据的总大小是否是已知的。

3．XMLHttpRequest Level 2 对象的事件

在 XMLHttpRequest Level 2 对象中，请求与响应的状态除了可以用 readyState 属性表示，以及用 onreadyStatechange 处理状态变化事件，还可以使用命名事件表示不同状态，这些命名事件具有相应的事件属性，可以将事件处理函数赋予各事件的事件属性。

（1）loadstart 事件：传输开始时触发该事件。

（2）progress 事件：在请求发送或接收数据期间，在服务器指定的时间间隔内触发。

（3）abort 事件：传输被用户取消时触发该事件。

（4）error 事件：传输中出现错误时触发该事件。

（5）load 事件：传输完成时触发该事件。

（6）timeout 事件：HTTP 请求的时限结束时触发该事件。

（7）loadend 事件：请求完成时触发该事件，无论请求是成功还是失败。

4．FormData 对象

AJAX 操作往往需要传递表单数据。为了方便表单的处理，HTML5 新增了一个 FormData 对象来模拟表单。使用 FormData 对象上传数据的过程如下。

（1）新建一个 FormData 对象。

```
var formData = new FormData();
```

（2）添加表单项。

```
formData.append('username', '张三');
formData.append('id', 123456);
```

（3）直接传送 FormData 对象。这与提交网页表单的效果完全一样。

```
xhr.send(formData);
```

12.3.2 发送和接收文本数据

下面的例子介绍了使用 XMLHttpRequest Level 2 对象从服务器发送和接收文本数据的方法。

【例 12-3】用 XMLHttpRequest Level 2 对象实现【例 12-2】的功能。服务器端代码用 JSP 编写。

```
------------------------------------------【客户端 12-3.html 代码清单】----------------------------------------------
<!doctype html>
<html>
<head>
  <meta charset="utf-8">
  <title>使用 post 方法请求数据示例</title>
  <script language=javascript>
    var xhr = false;
    function send_request(url,data) {//初始化，指定处理函数、发送请求的函数
      xhr =   new XMLHttpRequest(); //创建 XMLHttpRequest 对象
      /* 指定当服务器返回信息时客户端的处理函数 */
      xhr.onload = processRequest;
      /* 确定发送请求的方法和 url 以及是否同步执行下段代码 */
      xhr.open("post",url, true);
     /*表单数据编码格式有一个正式的 MIME 类型，即 application/x-www-form-urlencoded，当使用 post
方法提交这种顺序表单时，必须设置 Content-Type 请求头为该类型来模仿表单数据的提交*/
      xhr.setRequestHeader('content-type', 'application/x-www-form-urlencoded');
      xhr.send("username="+data);
    }
    function processRequest() {
      if (xhr.readyState == 4) { // 判断对象状态，此时响应已经被完全接收
        if (xhr.status == 200) { // 请求结果已经成功返回
          document.getElementById("message").innerText = xhr.response;
        }
        else { //页面不正常
          alert("你请求的页面不正常");
        }
      }
    }
    function userCheck() {
      var userName = document.getElementById("username");
      if (userName.value == "") {
        alert("用户名不能为空！");
        userName.focus();
        return false;
      }
      else {
        send_request("${pageContext.request.contextPath}/UserServlet?time="+new      Date().getTime(),
userName.value); //发送异步请求
      }
    }
    function initiate() {
     document.getElementById("username").addEventListener("blur", userCheck, true)
    }
    window.addEventListener("load", initiate, false);
  </script>
</head>
<body>
```

```
    <form method="post" name="form1" id="form1">
    <table align="center" width="400" style="border:1px solid #083F91;" >
      <tr><td align="center">用户名：<input type="text" name="username" id="username"   />
       </td></tr>
       <tr><td align="center"><span id="message"></span></td></tr>
      <tr><td align="center">密　码：<input type="text" name="pwd" id="pwd"   /> </td> </tr>
       <tr><td align="center"><input id="myButton" type="button" value="注册" /></td></tr>
    </table>
    </form>
  </body>
  </html>
  ------------------------------------【服务器端 UserServlet.java 代码清单】------------------------------------------
  public class UserServlet extends HttpServlet {
      public void doPost(HttpServletRequest request, HttpServletResponse response)throws ServletException,
IOException {
          request.setCharacterEncoding("utf-8");
          String username = request.getParameter("username");
          System.out.println("username=" + username);
          String tip = "<span style= 'color:green'>可以注册</span>";
          if("aa".equals(username)){
               tip = "<span style= 'color:red'>用户名"+username+"已被注册</span>";
          }
          response.setContentType("text/html;charset=utf-8");
          PrintWriter pw = response.getWriter();
          pw.write(tip);
          pw.flush();
          pw.close();
      }
  }
```

本例采用 post 请求方法发送文本数据。在 HTML5 中还可以直接向服务器发送表单对象。把本例的 send_request()方法改写为如下形式，可以通过 FormData 对象向服务器发送文本数据。

```
function send_request(url,data) {
  xhr = new XMLHttpRequest();
  xhr.onload = processRequest;
  xhr.open("post",url, true);
  var formData = new FormData();
  formData.append('username', data);
  xhr.send(formData);
}
```

12.3.3 文件上传和接收二进制数据

通过 FormData 对象不仅可以向服务器发送文本数据，还可以向服务器上传文件。通过 file 表单获取文件。

```
<input type = "file" name = "fileToUpload" id = "fileToUpload" />
```

在上传文件时，将文件装入 FormData 对象中。

```
fd.append("title", document.getElementById('fileToUpload').files[0].name);//其中 fd 是一个 FormDate 对象
fd.append("file", document.getElementById('fileToUpload').files[0]);
```

然后，发送这个 FormData 对象。

```
xhr.send(fd);
```

【例 12-4】将介绍通过 FormData 对象上传图片文件的基本方法。在上传过程中显示上传进

度，上传成功后从服务器读取该图片并显示在网页中。从服务器读取图片需要从服务器取回二进制数据。

XMLHttpRequest 对象只能从服务器取回文本数据，如果要取回二进制数据，则需要改写数据的 MIME 类型，将服务器返回的二进制数据伪装成文本数据，并且告诉浏览器这是用户自定义的字符集，核心代码如下：

```
xhr.overrideMimeType("text/plain; charset = x-user-defined");
```

然后，用 responseText 属性接收服务器返回的二进制数据。

```
var binStr = xhr.responseText;
```

由于此时浏览器把它当作文本数据，因此还必须再逐字节地还原成二进制数据。

```
for (var i = 0, len = binStr.length; i < len; ++i) {
   var c = binStr.charCodeAt(i);
   var byte = c & 0xff;
}
```

位运算“c & 0xff”表示只保留每个字符中的后一字节，将前一字节扔掉。原因是浏览器在解读字符时，会把字符自动解读成 Unicode 的 0xF700-0xF7ff 区段。

XMLHttpRequest Level 2 对象支持直接取回二进制数据。通过设置 responseType 属性值为“arraybuffer”或“blob”实现。

HTML5 新增了 ArrayBuffer 对象和 Blob 对象用于处理二进制数据。ArrayBuffer 对象表示二进制数据的原始缓冲区，该缓冲区用于存储各种类型化数组的数据。Blob 对象代表原始二进制数据。【例 12-4】将介绍从服务器取回 Blob 对象的方法。

【例 12-4】利用 XMLHttpRequest Level 2 对象向服务器上传图片文件，上传过程中显示上传进度，上传成功后从服务器读取该图片并显示在网页中，如图 12-5 所示。服务器端代码用 JSP 编写。

```
--------------------------------------------【客户端 12-4.html 代码清单】--------------------------------------------
<!DOCTYPE html>
<html>
<head>
<meta charset="utf-8">
   <title>上传图片示例</title>
   <script type = "text/javascript">
      function uploadFile() {
         var fd = new FormData();
         fd.append("title", document.getElementById('fileToUpload').
files[0].name);
         fd.append("file", document.getElementById('fileToUpload').files[0]);
         var xhr = new XMLHttpRequest();
         xhr.upload.addEventListener("progress", uploadProgress, false);
         xhr.addEventListener("load", uploadComplete, false);
         xhr.addEventListener("error", uploadFailed, false);
         xhr.addEventListener("abort", uploadCanceled, false);
         xhr.open("POST", "/upload/FileServlet");
         xhr.send(fd);
      }
      function uploadProgress(evt) {
         if (evt.lengthComputable) {
            var imgname = document.getElementById('fileToUpload').files[0].name
            var percentComplete = Math.round(evt.loaded * 100 / evt.total);
```

图 12-5　上传图片

```
                var progressBar = document.getElementById('progress');
                progressBar.style.display = "block";
                progressBar.value = percentComplete;
                document.getElementById('filename').innerHTML = imgname;
                document.getElementById('progressNumber').innerHTML =
percentComplete.toString() + '%';
            }
            else {
                document.getElementById('progressNumber').innerHTML = '上传出错';
            }
        }
        function uploadComplete(evt) {          //上传完成后，从服务器下载图片
            var imgname = document.getElementById('fileToUpload').files[0].name
            send_request("/upload/upload/" + imgname);
        }
        function uploadFailed(evt) {
            alert("上传出错！");
        }
        function uploadCanceled(evt) {
            alert("上传中断或被取消");
        }
        function send_request(url){          //从服务器读取二进制数据
            var xhr = new XMLHttpRequest();
            xhr.open("get", url, true);
            xhr.responseType = "blob";
            xhr.onload = function () {
                if (this.status == 200) {
                    var blob = this.response;          /* this.response 就是请求返回的 Blob 对象 */
                    var img = document.createElement("img");
                    img.onload = function (e) {
                        window.URL.revokeObjectURL(img.src); // 清除释放
                    };
                    img.src = window.URL.createObjectURL(blob);
                    document.getElementById("d1").appendChild(img);
                }
            }
            xhr.send();
        }
    </script>
</head>
<body>
    <form id = "form1" enctype = "multipart/form-data" method = "post" action = "/upload/FileServlet">
        <label for ="fileToUpload">上传图片</label>
        <input type = "file" name = "fileToUpload" id = "fileToUpload"/>
        <input type ="button" onclick = "uploadFile()" value = "上传" /><br />
        <div style = " line-height:16px;">
            <span id = "filename"></span><progress min = "0" max = "100" value = "0" id = "progress" style =
"display:none;float:left; height:16px; vertical-align:text-bottom; "></progress>
            <br>
            <span id = "progressNumber"></span>
        </div>
        <div id = "d1"></div>
    </form>
```

```
</body>
</html>
--------------------------------------【服务器端 FileServlet.java 代码清单】--------------------------------------
public class FileServlet extends HttpServlet {
protected void doGet(HttpServletRequest request, HttpServletResponse response) throws ServletException,
IOException {
    try {
        // 1. 创建工厂对象
        FileItemFactory factory = new DiskFileItemFactory();
        // 2. 文件上传核心工具类
        ServletFileUpload upload = new ServletFileUpload(factory);
        upload.setHeaderEncoding("utf-8");        // 对中文文件进行编码处理
        // 判断
        if (upload.isMultipartContent(request)) {
            // 3. 把请求数据转换为 list 集合
            List<FileItem> list = upload.parseRequest(request);
            // 遍历
            for (FileItem item : list){
                // 判断：文件表单项
                if (!item.isFormField()){
                    /******** 文件上传 ***********/
                    // a. 获取文件名称
                    String name = item.getName();
                    if(name.contains("\\")){
    name=name.substring(name.lastIndexOf("\\")+1);
                    }
                    // b. 得到上传目录
        String basePath = getServletContext().getRealPath("/upload");
                    // c. 创建要上传的文件对象
                    File file = new File(basePath,name);
                    // d. 上传
                    item.write(file);
                    //item.delete();  // 删除控件运行时产生的临时文件
                }
            }
        }
    } catch (Exception e) {
        e.printStackTrace();
    }
}
}
```

12.3.4 跨域资源共享

跨域资源共享（Cross-Origin Resource Sharing，CORS）是指通过一个站点中的资源去访问另外一个不同域名站点上的资源。例如，通过<style>标记加载外部样式表文件、通过<img>标记加载外部图片、通过<script>标记加载外部脚本文件、通过 Webfont（网页字体）加载字体文件等。新版本的 XMLHttpRequest 对象可以向不同域名的服务器发送 HTTP 请求。

使用“跨域资源共享”的前提是浏览器必须支持这个功能，而且服务器端必须同意这种“跨域”请求。如果能够满足上面的条件，则代码的写法与不跨域的请求完全一样。

目前，除了 IE8 和 IE9，主流浏览器都支持 CORS。

服务器端对 CORS 的支持主要是通过设置 Access-Control-Allow-Origin 来完成的。如果浏览器检测到相应的设置，就允许 AJAX 进行跨域的访问。

不同的服务器设置 Access-Control-Allow-Origin 的方法不同。

Apache 服务器需要使用 mod_headers 模块来激活 HTTP 头的设置，它默认是激活的。开发者只需在 Apache 服务器配置文件的<Directory>、<Location>、<Files>或<VirtualHost>里加入以下内容即可。

```
Header set Access-Control-Allow-Origin: *
```

在 PHP 程序中使用如下代码设置对 CORS 的支持。

```
<?php
header("Access-Control-Allow-Origin:*");
?>
```

在 ASP.NET 程序中使用如下代码设置对 CORS 的支持。

```
Response.AddHeader("Access-Control-Allow-Origin", "*");
```

以上配置的含义是允许任何域发起的请求获取当前服务器的数据。这样存在很大的危险，应该尽量有针对性地限制安全的来源，例如，下面的设置使得只有 http://rj.hau**.edu.cn/这个域才能跨域访问服务器。

```
Access-Control-Allow-Origin: http://rj.hau**.edu.cn/
```

在 Java 中解决跨域问题的方法比较多，这里不再叙述。

【例 12-5】跨域请求的应用，服务器端代码用 C#编写。

打开 Microsoft Visual Studio 建立两个项目，在一个项目中添加一个 12-5.html 文件，输入下面【12-5.html 代码清单】中的代码。在另一个项目中添加一个 CrossDomainRequest. aspx 文件，输入下面【服务器端 CrossDomainRequest.aspx.cs 代码清单】中的代码。分别运行这两个项目。注意将下面斜体加粗部分的代码分别替换为项目运行后两个地址栏的地址。如图 12-6 和图 12-7 所示，单击图 12-6 中的“开始测试”按钮，从 CrossDomainRequest.aspx 文件中请求的数据显示在按钮下面。在运行时要保证两个项目都运行。

图 12-6　跨域请求示例

图 12-7　跨域请求服务器端效果

```
--------------------------------------------【12-5.html 代码清单】--------------------------------------------
<!doctype html>
<html>
<head>
  <title>跨域请求示例</title>
  <script type="text/javascript">
      var xhr = new XMLHttpRequest();
      var url = 'http://localhost:63807/CrossDomainRequest.aspx';
      function crossDomainRequest() {
        document.getElementById("content").innerHTML = "开始……";
        if (xhr) {
          xhr.open('GET', url, true);
          xhr.onload = handler;
          xhr.send();
        }
```

```
            else {
                document.getElementById("content").innerHTML = "不能创建 XMLHttpRequest";
            }
        }
        function handler(ev) {
            if (xhr.readyState == 4) {
                if (xhr.status == 200) {
                    var response = xhr.responseText;
                    document.getElementById("content").innerHTML = "结果：" + response;
                }
                else {
                document.getElementById("content").innerHTML = "不允许跨域请求。";
                }
            }
            else {
                document.getElementById("content").innerHTML  +=  "<br/> 执 行 状 态   readyState ：  " +
xhr.readyState;
            }
        }
    </script>
</head>
<body>
    <form id = "form1" enctype = "multipart/form-data" method = "post" >
        <input type='button' value='开始测试' onclick='crossDomainRequest()' />
        <div id="content"></div>
    </form>
</body>
</html>
-----------------------------【服务器端 CrossDomainRequest.aspx.cs 代码清单】-----------------------------
using System;
using System.Collections.Generic;
using System.Linq;
using System.Web;
using System.Web.UI;
using System.Web.UI.WebControls;

public partial class CrossDomainRequest : System.Web.UI.Page
{
    protected void Page_Load(object sender, EventArgs e)
        {
            Response.AddHeader("Access-Control-Allow-Origin", "http://localhost:1843/12-5.html");
            Response.Write("跨域测试成功！");
        }
}
```

小结

本章主要介绍了 XMLHttpRequest 对象及通过它从服务器获取数据的方法，XMLHttpRequest Level 2 对象以及使用它从服务器请求文本和二进制数据、向服务器上传文件、跨域资源共享的原理与方法。

第 13 章　HTML5 Canvas 绘制图形

Canvas 是 HTML5 中新增的一个重要元素，专门用来绘制图形。HTML5 Canvas API 可以动态生成和展示图形、图表、图像、动画等。在页面上放置一个 Canvas 元素就相当于在页面上放置了一块“画布”，可以在其中描绘图形，可以使用 JavaScript 脚本在 Canvas 中进行一系列基于命令的图形绘制操作。本章主要讲解如何使用 Canvas 元素进行基本绘图操作，以及完成简单的动画和用户交互任务，并通过示例说明 Canvas 元素在帮助构建 Web 图形类应用时所起的作用。

13.1　HTML5 Canvas 概述

13.1.1　Canvas 的发展历程

Canvas 的概念最初是由苹果公司提出的，用于在 Mac OS X 系统的 WebKit 中创建控制板部件（Dashboard Widget）。在 Canvas 出现之前，若要在浏览器中使用绘图 API，需要使用 Adobe 公司的 Flash 和 SVG（Scalable Vector Graphics，可伸缩矢量图形）插件，或者使用只有 IE 浏览器支持的 VML（Vector Markup Language，矢量标记语言），以及其他一些 JavaScript 脚本技巧。

假如要在没有 Canvas 元素的条件下绘制一条对角线，如果没有二维绘图 API，这会是一项相当复杂的工作。HTML5 Canvas 能够提供这样的功能，对客户端来说此功能非常有用，因此 Canvas 被纳入了 HTML5 规范。

Canvas 本质上是一个位图画布，在上面绘制的图形是不可以缩放的，不能像 SVG 图形那样可以被放大或缩小。此外，用 Canvas 绘制出来的对象不属于页面 DOM 结构或者任何命名空间。SVG 图形可以在不同的分辨率下流畅地缩放，并且支持单击检测（能检测到鼠标单击了图像上的哪个点）。尽管 Canvas 有明显的不足，但 HTML5 Canvas API 有两方面优势可以弥补：首先，不需要将所绘制图形中的每个图元当作对象存储，因此执行性能非常好；其次，HTML5 Canvas API 比其他编程语言的二维绘图 API 实现起来更简单。

13.1.2　HTML5 Canvas 标记

Canvas 标记只是在页面中定义了一块矩形区域，并无特别之处，只有配合使用 JavaScript 脚本，才能够绘制各种图形、线条以及完成复杂的图形变换操作，与基于 SVG 来实现同样绘图效果相比较，Canvas 绘图是一种像素级别的位图绘图技术，而 SVG 则是一种矢量绘图技术。鉴于这种本质机理的不同，如何更快速、高效地进行 Canvas 渲染成为各主流浏览器引擎性能比拼的重要指标之一。目前，Chrome 的 V8、Firefox 的 SpiderMonkey 及 Safari 的 Nitro 等引擎都已经能够很好地满足二维绘图所需的必要性能指标，虽然在运行一些基于 Canvas 的游戏时 CPU 占用率还是相对较高的，但是随着 NVIDIA 和 AMD 等一系列硬件厂商的参与，硬件加速技术将大大提升 Canvas 在 Web 应用中的性能。

在网页上使用 Canvas 元素时，需要在页面中加入下面的标记：

```
<canvas></canvas>
```

该标记会创建一块矩形区域。在默认情况下，该矩形区域宽300px，高150px，可以通过它的width和height属性自定义其具体的大小，或者通过CSS设置Canvas元素的宽度和高度以及其他特性。例如，通过应用CSS的样式来增加边框，设置内边距、外边距等，而且一些CSS属性还可以被Canvas内的元素继承，比如字体样式，在Canvas区域内添加的文字，其默认样式同Canvas元素本身是一样的。

在页面中加入Canvas元素后，可以通过JavaScript脚本来自由地控制它，可以在里面添加图片、线条及文字，也可以在里面绘图，还可以加入动画。

使用HTML5 Canvas API编程，首先要获取其上下文（Context），其次在上下文中执行动作，最后将这些动作应用到上下文中。Canvas中的坐标是从左上角开始的，x轴沿水平方向（以px为单位）向右延伸，y轴沿垂直方向向下延伸，左上角坐标为$x=0$，$y=0$的点称作原点。

虽然Canvas的功能非常强大，用处也很多，但在某些情况下，如果使用其他元素可以完成某个操作，就不应该再使用Canvas。例如，使用Canvas在HTML页面中动态绘制不同的标题时，就不如直接使用标题标记（<h1>、<h2>等）。

13.2 HTML5 Canvas API

本节将深入探讨HTML5 Canvas API。通过示例来演示如何使用HTML5 Canvas API动态生成和展示图形、图表、图像及动画等。

13.2.1 检测浏览器支持情况

在创建HTML5 Canvas元素之前，首先要确保浏览器能够支持它。如果浏览器不支持，则需要为浏览器提供一些替代文字。【例13-1】是检测浏览器是否支持HTML5 Canvas元素的一种方法。

【例13-1】创建一个网页，检测浏览器是否支持HTML5 Canvas元素，运行效果如图13-1所示。

```
--------------------------------------------【13-1.html代码清单】--------------------------------------------
<!DOCTYPE html>
<html>
<head><meta charset = "utf-8"><title>检测浏览器是否支持HTML5 Canvas元素</title></head>
<body onload = "test();">
  <canvas id = "canvas" width = "150" height = "150">
    <p>您的浏览器不支持HTML5 Canvas元素。</p>
  </canvas>
  <script type = "text/javascript">
    function test() {
      var canvas = document.getElementById("canvas");
        if (canvas.getContext) {
        alert("您的浏览器支持HTML5 Canvas元素 ");
      }
    }
  </script>
</body>
</html>
```

上述代码中的test()函数用于获取网页中的Canvas对象，并判断Canvas对象是否有上下文getContext属性，进而得知该浏览器是否支持HTML5 Canvas元素。如果浏览器不支持HTML5

Canvas 元素，则在页面显示替换文字；如果浏览器支持 HTML5 Canvas 元素，则弹出警示对话框。

以上示例代码能判断浏览器是否支持 HTML5 Canvas 元素，但不能判断具体支持 HTML5 Canvas 元素的哪些特性。本章示例中使用的 API 已经很稳定并且各浏览器都提供了很好的支持。

图 13-1　浏览器是否支持 HTML5 Canvas 元素的两种结果对比

13.2.2　绘制简单图形

在绘制图形之前，首先要了解 getContext()方法。为了在 Canvas 上绘制图形，必须先得到一个画布上下文对象的引用，其内部表现为笛卡儿平面坐标，并且左上角坐标为(0,0)，在该平面中往右则 x 坐标增加，往下则 y 坐标增加。每一个 Canvas 元素仅有一个上下文对象，获取 Canvas 元素上下文对象的格式如下：

```
context = canvas.getContext(contextId);
```

Canvas 元素的 getContext()方法返回一个指定 contextId 的上下文对象，如果指定的对象不被支持，则返回 null。需要注意的是，当前唯一被强制必须支持的是“2d”，也许在将来会支持“3d”，另外，指定的 id 名称的字母大小写是敏感的。

Canvas 中所有的操作都是通过上下文对象来完成的。在 HTML5 Canvas API 编程中也一样，因为所有涉及视觉输出效果的功能都只能通过上下文对象而不是画布对象来实现。这种设计使 Canvas 拥有了良好的可扩展性，通过从其中抽象出的上下文类型，Canvas 将来可以支持多种绘制模型。本章示例中对 Canvas 采取的各种操作，实际上是画布所提供的上下文对象。

要在页面中进行图形绘制，需要插入一个 Canvas 元素。下面通过编写一个 HTML 页面来说明在页面中如何放置 Canvas 元素。

【例 13-2】创建一个页面，在页面中放置 Canvas 元素，并在 Canvas 上绘制一条直线。

```
----------------------------------------------【13-2.html 代码清单】-----------------------------------------------
<!DOCTYPE html>
<html>
<head>
  <meta charset = "utf-8"><title>绘制直线</title>
  <script type = "text/javascript">
    function draw() {
      /* 取得 Canvas 元素及其绘图上下文 */
      var canvas = document.getElementById("myCanvas");
      var context = canvas.getContext("2d");
      context.beginPath();          //用绝对坐标来创建一条路径
      context.moveTo(70, 140);
      context.lineTo(140, 70);
      context.stroke();             //将这条线绘制到 Canvas 上
    }
    window.addEventListener("load", draw, true);
  </script>
</head>
<body>
```

```
<canvas id = "myCanvas" style = "border:1px solid;"width = "200" height = "200">
  </canvas>
</body>
</html>
```

页面显示效果如图 13-2 所示。

图 13-2　在 Canvas 上绘制直线

通过【13-2.html 代码清单】可以看出，使用 HTML5 Canvas API 绘制直线的流程如下：

（1）通过 document.getElementById("myCanvas")获取 id 为 myCanvas 的 Canvas 对象，并存储在 canvas 变量中。

（2）调用 Canvas 对象的 getContext()方法，并传入希望使用的 Canvas 类型（【13-2.html 代码清单】中传入的是“2d”）来获取一个二维上下文，存储在 context 变量中。

（3）执行画线的操作。得到二维上下文相当于有了一张画布，就可以在这张“画布”上绘画了。在【13-2.html 代码清单】中，分别调用了 beginPath()、moveTo()和 lineTo() 3 个方法来传入这条线的起点和终点的坐标。

（4）完成线条的绘制。moveTo()方法和 lineTo()方法实际上并不画线，而是在结束 Canvas 操作时，通过调用 stroke()方法完成线条的绘制。对上下文的操作不会立即显示到页面上，beginPath()、moveTo()及 lineTo()方法都不会直接修改 Canvas 的显示结果。在 Canvas 中很多用于设置样式和外观的函数也同样不会直接修改显示结果，只有当对路径应用绘制（stroke()）或填充（fill()）方法时，结果才会显示出来。

13.2.3　绘制路径

路径可以比较简单，也可以非常复杂，复杂路径由多条线段、曲线段、子路径组成。在 Canvas 上绘制任意形状的路径，需要使用路径 API。下面介绍路径 API 的主要方法。

（1）beginPath()方法：该方法没有参数，通过调用该方法开始路径的创建。在循环创建路径的过程中，每次开始创建时都要调用 beginPath()方法。

（2）closePath()方法：该方法能够关闭一个打开的路径。将路径关闭后，路径的创建工作就完成了，需要说明的是，这时只是路径创建完毕，并没有真正地绘制任何图形。

> **注意：**
>
> 有时候即使不用 beginPath()和 closePath()方法也可以进行填充和描边，如果不使用路径，在最后填充时将把所有路径当作一个路径进行填充。

（3）moveTo(x,y)方法：该方法用于把窗口的左上角移动到一个指定的坐标位置。参数 x 为窗口新位置的 x 坐标值，参数 y 为窗口新位置的 y 坐标值。moveTo()方法相当于在画图时将画笔移动到画布的另一个地方，在这个过程中并没有绘制路径。

（4）lineTo(x,y)方法：该方法用于为当前子路径添加一条直线。参数 x、y 为直线的终点坐标。这条直线从当前点开始，到坐标(x, y)结束。当方法返回时，当前点是(x,y)。相比 moveTo()方法，lineTo()方法相当于在刚刚提笔的地方开始画一条线，这条线的结束点就是(x,y)，当前画笔的位置是(x,y)这个点。

下面通过一个例子来说明绘制路径的过程。

【例 13-3】创建一个页面，在页面中绘制一个简单的图形——三角形，显示效果如图 13-3 所示。

```
------------------------------------------【13-3.html 代码清单】------------------------------------------
<!DOCTYPE html>
<html>
  <meta charset = "utf-8"><title>绘制一个简单的三角形</title>
<body>
  <canvas id = "myCanvas" style = "border:1px solid;"width = "200" height = "200">
  </canvas>
</body>
  <script type = "text/javascript">
    function draw() {
var canvas = document.getElementById("myCanvas");
var context = canvas.getContext("2d");
context.beginPath();            //用绝对坐标来创建一条路径
context.moveTo(75,50);
context.lineTo(50,75);
context.lineTo(100,75);
context.closePath();            //关闭路径
context.stroke();               //将三角形绘制到 Canvas 上
    }
    window.addEventListener("load", draw, true);
  </script>
</html>
```

图 13-3　绘制三角形

从上面的代码中可以看出，要绘制一条路径，首先要获取 Canvas 的上下文对象，然后调用 beginPath()方法，通知 Canvas 将要开始绘制一个新的图形了。对于 Canvas 来说，beginPath()方法最大的用处是 canvas 需要据此来计算图形的内部和外部范围，以便完成后续的描边和填充操作。

路径会跟踪当前坐标，默认值是原点。Canvas 本身也跟踪当前坐标，可以通过绘制代码来修改。调用了 beginPath()方法之后，就可以使用 context 的各种方法（如 moveTo()及 lineTo()）来绘制想要的形状了。

moveTo(x, y)与 lineTo(x, y)方法的区别在于，moveTo(x, y)方法是提起画笔，移动到新位置，而 lineTo(x, y)方法是告诉 Canvas 用画笔从画布上的旧坐标画一条直线到新坐标。不管调用两个方法中的哪一个，都不会真正画出图形，因为还没有调用 stroke()或者 fill()方法。目前只是在定义路径的位置，以便后面绘制时使用。

最后调用 closePath()方法。这个方法的行为与 lineTo()方法类似，区别在于，closePath()方法会将路径的起始坐标自动作为目标坐标。closePath()方法还会通知 Canvas 当前绘制的图形已经闭合或者形成了完全封闭的区域，这对将来的填充和描边都非常有用。可以在已有的路径中继续创建其他的子路径，或者随时调用 beginPath()方法重新绘制新路径并完全清除之前的所有路径。

路径闭合后，调用 stroke()方法绘制三角形。三角形显示到页面上，绘制过程结束。

13.2.4　绘图样式

绘图样式分为描边样式和填充样式，分别通过调用 stroke()方法与 fill()方法来实现。

1．描边样式

stroke()方法使用 lineWidth、lineCap、lineJoin 及 strokeStyle 属性对路径进行描边。lineWidth

属性用于设置线条宽度，lineCap 属性用于设置线段末端的样式，lineJoin 属性用于设置线段的连接方式，strokeStyle 属性用于设置线条颜色。下面通过示例说明如何使用描边样式绘制三角形。

【例 13-4】使用描边样式绘制三角形，显示效果如图 13-4 所示。

```
------------------------------------------【13-4.html 代码清单】------------------------------------------
<!DOCTYPE html>
<html>
  <meta charset = "utf-8"><title>描边样式</title>
<body>
  <canvas id = "myCanvas" style = "border:1px solid;"width = "200" height = "200">
  </canvas>
</body>
<script type = "text/javascript">
    function draw() {
      /* 取得 Canvas 元素及其绘图上下文 */
      var canvas = document.getElementById("myCanvas");
      var context = canvas.getContext('2d');
      context.beginPath();   //用绝对坐标来创建一条路径
      context.moveTo(75,50);
      context.lineTo(50,75);
      context.lineTo(100,75);
      context.closePath();                  // 关闭路径
      context.lineWidth = 4;                // 加宽线条
      context.lineJoin = 'round';           // 设置路径的接合点为平滑
      context.strokeStyle = '#663300';      // 设置线条颜色为棕色
      context.stroke();
  }
    window.addEventListener("load", draw, true);
  </script>
</html>
```

图 13-4　使用描边样式绘制三角形

在本例中对描边样式做了如下设置。

（1）设置 lineWidth 属性值为 4，将线条宽度加粗到 4px。

（2）将当前形状中线段的连接方式（lineJoin 属性值）设置为 round，让拐角变得更圆滑；也可以把 lineJoin 属性值设置为 bevel 或者 miter（相应的 context.miterLimit 值也需要调整）来变换拐角样式。

（3）通过 strokeStyle 属性改变线条的颜色。在本例中，使用了 CSS 来设置颜色，在后面的示例中，strokeStyle 属性的值还可以用于生成特殊效果的图案或者渐变色。

另外还有一个没有用到的属性 lineCap，该属性的值可设置为 butt、square 或 round，以此来指定线段末端的样式。本例中的线条是闭合的，没有端点。

2．填充样式

图形外观除使用描边样式改变外，另一个常用于修改图形外观的方法是指定如何填充路径和子路径。fill()方法使用 fillStyle 属性填充子路径，未闭合的子路径在填充时按照闭合方式填充，但不影响实际的子路径集合。

【例 13-5】使用填充样式绘制三角形。

在【例 13-4】代码的 draw()函数中添加如下代码：

```
context.fillStyle = '#339900'; // 将填充色设置为绿色并填充三角形
context.fill();
```

显示效果如图 13-5 所示。

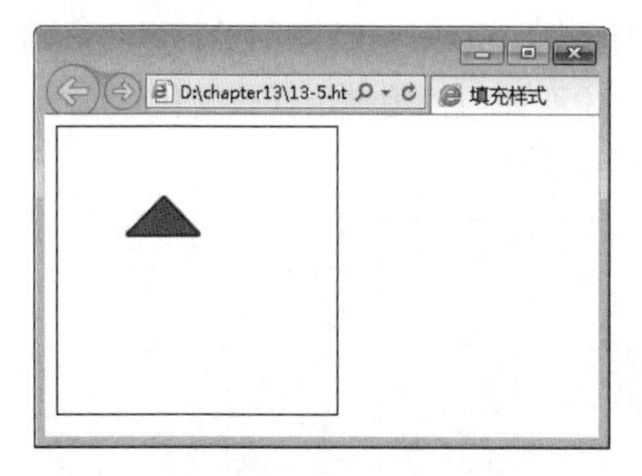

图 13-5　填充样式

通过 fillStyle 属性可以把填充色设置为合适的颜色，也可以把填充色设置为渐变色或者图案。然后，只要调用 context 的 fill()方法就可以让 Canvas 对当前图形中所有闭合路径内部的像素点进行填充。

本例代码是先描边后填充，因此填充会覆盖一部分描边路径。示例中的描边路径是 4px 宽，这个宽度是沿路径线居中对齐的，而填充是把路径轮廓内部的所有像素全部填充，所以会覆盖描边路径的一半。如果希望看到完整的描边路径，则可以在绘制路径之前先进行填充，即先调用 context.fill()方法再调用 context.stroke()方法。

13.2.5　绘制矩形

Canvas 中有 3 个绘制矩形的方法可以调用。

（1）context.fillRect(x, y, w, h)：该方法使用当前的填充风格填充指定的区域。

（2）context.strokeRect(x, y, w, h)：该方法使用当前给定的绘制风格，绘制一个盒子模型区域，影响其绘制风格的有 strokeStyle、lineWidth、lineJoin 属性。

（3）context.clearRect(x, y, w, h)：该方法在给定的矩形内清除所有的像素显示为透明黑。

在这 3 个方法中，参数 x 为矩形起点 *x* 坐标，y 为矩形起点 *y* 坐标，w 为矩形宽度，h 为矩形高度。

【例 13-6】在 Canvas 中绘制矩形。

```
---------------------------------------------【13-6.html 代码清单】---------------------------------------------------
<!DOCTYPE html>
<html>
  <meta charset = "utf-8"><title>绘制矩形</title>
  <canvas id = "myCanvas"style = "border:1px solid;"width = "400"height = "300">
  </canvas>
  <script type = "text/javascript">
    function draw(id) {
      var canvas = document.getElementById(id)
      if (canvas = =   null)
        return false;
      var context = canvas.getContext("2d");
      context.fillRect(0, 0, 100, 100);          // 默认 fillStyle 的值为 black
      context.strokeRect(120, 0, 100, 100);   // 默认 strokeStyle 的值为 black
      /* 设置纯色 */
      context.fillStyle = "red";
      context.strokeStyle = "blue";
      context.fillRect(0, 120, 100, 100);
      context.strokeRect(120, 120, 100, 100);
      /* 设置透明度的值大于或等于 0 且小于或等于 1，值越低，越透明，值等于 1 时为纯色，值等于
0 时为完全透明 */
      context.fillStyle = "rgba(255,0,0,0.2)";
      context.strokeStyle = "rgba(255,0,0,0.2)";
      context.fillRect(240,0 , 100, 100);
      context.strokeRect(240, 120, 100, 100);
    }
```

```
        window.addEventListener("load", draw("myCanvas"), true);
    </script>
</html>
```

显示效果如图 13-6 所示。

本例中通过调用 3 次 fillRect()与 strokeRect()方法绘制了 6 个矩形，通过对 fillStyle 和 strokeStyle 属性的设置，6 个矩形分别展现了不同的线条颜色、填充色及透明度。

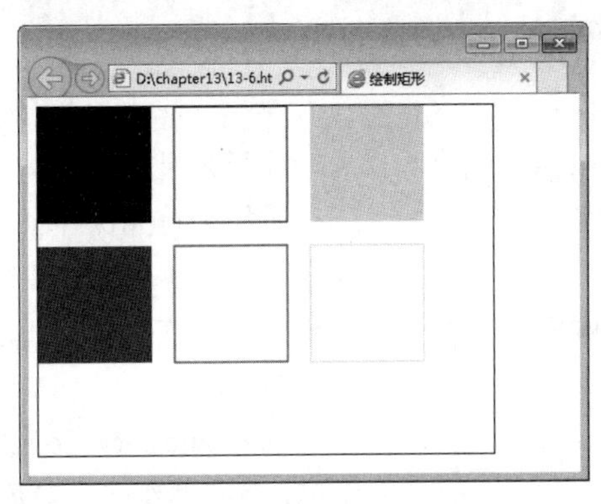

图 13-6　绘制不同样式的矩形

13.2.6　绘制曲线

在实际绘图中有时还需要绘制曲线。Canvas 使用贝塞尔曲线方法来绘制曲线。在数学的数值分析领域中，贝赛尔曲线（Bezier Curve）是计算机图形学中相当重要的参数曲线，高维度的贝赛尔曲线被称作贝塞尔曲面。

绘制曲线的方法有以下两种调用格式：

```
bezierCurveTo(cp1x, cp1y, cp2x, cp2y, x, y)
quadraticCurveTo(cpx, cpy, x, y)
```

上面两个方法分别是三次贝赛尔曲线和二次贝赛尔曲线的调用格式。它们的主要区别在于曲线的控制点不一样。其起始点均为子路径的最后一个点，结束点均为(x,y)；在最后均要把(x,y)点加入子路径中。三次贝赛尔曲线有(cp1x, cp1y)、(cp2x, cp2y)两个点作为曲线平滑的控制点，而二次贝塞尔曲线仅有(cpx, cpy)一个点作为曲线平滑的控制点。

【例 13-7】使用二次贝塞尔曲线绘制一条小路。

```
---------------------------------------------【13-7.html 代码清单】-----------------------------------------------
<!DOCTYPE html>
<html>
  <meta charset = "utf-8"><title>二次贝塞尔曲线</title>
  <canvas id = "myCanvas" style = "border:1px solid;"width = "400" height = "600">
  </canvas>
<script type = "text/javascript">
    function draw(id) {
      var canvas = document.getElementById(id)
      if (canvas = = null)
        return false;
      var context = canvas.getContext("2d");
      context.save();                                        //保存 Canvas 的状态并绘制路径
      context.translate(-10, 350);
      context.beginPath();
      context.moveTo(0, 0);
```

```
        context.quadraticCurveTo(170, -50, 260, -190);      //第一条曲线向右上方弯曲
        context.quadraticCurveTo(310, -250, 410,-250);      //第二条曲线向右下方弯曲
        context.strokeStyle = '#663300';                     //使用棕色的粗线条来绘制路径
        context.lineWidth = 20;
        context.stroke();
        context.restore();                                   //恢复之前的 Canvas 状态
    }
    window.addEventListener("load", draw("myCanvas"), true);
  </script>
</html>
```

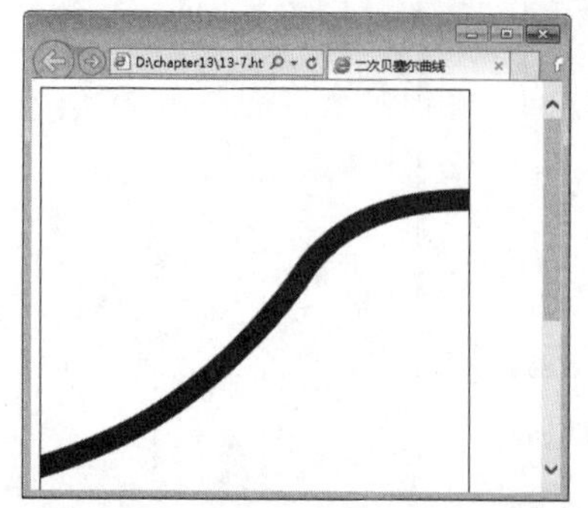

图 13-7　使用二次贝塞尔曲线绘制一条小路

显示效果如图 13-7 所示。

本例中首先保存了当前 Canvas 的 context 状态，因为即将变换坐标系并修改轮廓设置。要画小路，首先要把坐标恢复到修正层的原点，然后向右上角画一条曲线。

quadraticCurveTo()方法绘制曲线的起点是当前坐标，带有两组(x,y)参数：第一组代表控制点；第二组代表曲线的终点。所谓的控制点位于曲线的旁边（不是曲线之上），其作用相当于对曲线产生一个拉力。通过调整控制点的位置，就可以改变曲线的曲率。在右上方再绘制一条一样的曲线。这两条线条比较粗，以便形成一条小路的效果。最后，把这条小路绘制到 Canvas 上。

HTML5 Canvas API 的其他曲线功能还涉及 bezierCurveTo()、arcTo()和 arc()方法。这些方法通过多种控制点（如半径、角度等）让曲线更具可塑性。

【例 13-8】使用三次贝塞尔曲线绘制爱心，显示效果如图 13-8 所示。

```
---------------------------------------------【13-8.html 代码清单】---------------------------------------------
<!DOCTYPE html>
<html>
<head>
  <meta charset = "utf-8"><title>三次贝塞尔曲线</title>
</head>
<body onload = "draw();" >
  <canvas id = "myCanvas" width = "150" height = "150">
  </canvas>
</body>
  <script type = "text/javascript">
    function draw() {
      var canvas = document.getElementById("myCanvas");
      if (canvas.getContext) {
        var context = canvas.getContext("2d");
        context.beginPath();                    //开始绘制路径
        context.moveTo(75,40);
        /* 绘制 6 条三次贝塞尔曲线 */
        context.bezierCurveTo(75,37,70,25,50,25);
        context.bezierCurveTo(20,25,20,62.5,20,62.5);
        context.bezierCurveTo(20,80,40,102,75,120);
        context.bezierCurveTo(110,102,130,80,130,62.5);
        context.bezierCurveTo(130,62.5,130,25,100,25);
        context.bezierCurveTo(85,25,75,37,75,40);
```

图 13-8　使用三次贝塞尔曲线绘制爱心

```
            context.fillStyle = 'red';                    // 使用红色来填充图形
            context.fill();
        }
    }
  </script>
</html>
```

本例通过调用 6 次三次贝赛尔曲线来绘制爱心。其起始点均为子路径的最后一个点，结束点为参数的最后一组(x,y)坐标，最后要把这组(x,y)坐标加入子路径中。三次贝赛尔曲线使用参数的前两组(x,y)坐标作为曲线平滑的控制点。

13.2.7 绘制图像

Canvas 可以引入图像，在 Canvas 区域中显示图像非常简单。Canvas 可以用于图像合成或者制作背景等，也可以在图像中加入文字。Canvas 可以引入多种图像格式，如 PNG、GIF、JPEG 等。而且，其他的 Canvas 元素也可以作为图像的来源通过修正层为图像添加印章、拉伸图像或者修改图像等，并且图像通常会成为 Canvas 上的焦点。用 HTML5 Canvas API 内置的几个简单命令可以轻松地为 Canvas 添加图像。

图像增加了 Canvas 操作的复杂度，必须等到图像完全加载后才能对其进行操作。浏览器通常会在页面脚本执行的同时异步加载图像。如果试图在图像未完全加载之前就将其呈现到 Canvas 上，Canvas 将不会显示任何图像。因此，在呈现之前，应确保图像已经加载完毕。Canvas 绘制图像的方法有以下 3 种。

（1）context.drawImage(image,x,y)：该方法有 3 个参数，第 1 个参数可以是一个 img 元素，也可以是一个 video 元素，还可以是 JavaScript 创建的 image 对象；参数 x、y 表示图像在画布中的起始点坐标。

（2）context.drawImage(image,x,y,w,h)：该方法有 5 个参数，image 表示图像来源，x 表示绘制图像的 *x* 坐标，y 表示绘制图像的 *y* 坐标，w 表示绘制图像的宽度，h 表示绘制图像的高度。通过调整参数 w 和 h，可以对图像进行缩放。

（3）context.drawImage(image,sx,sy,sw,sh,dx,dy,dw,dh)：该方法有 9 个参数，可以进行裁切，把图像从(sx,sy)开始且宽、高为 sw、sh 的这一部分像素放置到画布的(dx,dy)处，宽、高分别变为 dw、dh。

【例 13-9】在 Canvas 中绘制图像，显示效果如图 13-9 所示。

```
--------------------------------------------【13-9.html 代码清单】--------------------------------------------
<!DOCTYPE html>
<html>
<head>
  <meta charset = "utf-8"><title>在 Canvas 中绘制图像</title>
  </head>
  <section><header><h1>绘制图像 drawImage(image,x,y)</h1></header>
    <canvas id = "canvas1" width = "200" height = "100"></canvas></section>
  <section><header><h1>绘制图像 drawImage(image,x,y,w,h)</h1></header>
    <canvas id = "canvas2" width = "200" height = "100"></canvas></section>
  <script type = "text/javascript">
    /* 3 个参数 drawImage(image,x,y) */
    function draw1(id) {
        /*  加载图像 flower.jpg */
        var image = new Image();
```

```
            image.src = "flower.jpg";
            var canvas =
              document.getElementById(id);
            if (canvas = =    null)
              return false;
            var context = canvas.getContext("2d");
            context.fillStyle = "#EEEEFF";
            context.fillRect(0, 0, 200, 100);
            /*  图像加载完成后，将其显示在 Canvas 上的(0,0)位置  */
            image.onload = function () {
              context.drawImage(image,0,0);
            }
          }
          /* 5 个参数 drawImage(image,x,y,w,h) */
          function draw2(id) {
            /*  加载图像 flower.jpg*/
            var image = new Image();
            image.src = "flower.jpg";
            var canvas = document.getElementById(id);
            if (canvas = =    null)
              return false;
            var context = canvas.getContext("2d");
            context.fillStyle = "#EEEEFF";
            context.fillRect(0, 0, 200, 100);
            /*  图像加载完成后，将其显示在 Canvas 上的(25,25)位置，大小为(50,50)*/
            image.onload = function () {
              context.drawImage(image, 25, 25, 50, 50);
            }
          }
          window.addEventListener("load", draw1("canvas1"), true);
          window.addEventListener("load", draw2("canvas2"), true);
      </script>
      </html>
```

图 13-9　在 Canvas 中绘制图像

本例中加载 flower.jpg 图像供 Canvas 使用。为了保证在呈现之前图像已经完全加载，使用了回调函数，即仅当图像加载完成时才执行后续代码。为 flower.jpg 图像添加了 onload()处理函数，以保证仅在图像加载完成时才调用绘图函数。这样做保证了后续的调用能够把图像正常显示出来。

在这段代码里，使用图像对 fillRect()方法所绘制的矩形进行填充。在 drawImage()方法中，除了图像本身，还指定了 x、y、w 和 h 参数。这些参数会对图像进行调整以适应设定的 200px×100px 区域。另外可以把原图的尺寸传进来，以便在裁切区域内对图像进行更多的控制。

13.2.8　图形渐变

Canvas 可以像一般的绘图软件一样，用线性或者径向的渐变来填充区域或对图像进行描边，使用渐变功能需要执行以下 3 个步骤。

1．创建渐变对象

（1）createLinearGradient(x1,y1,x2,y2)：该方法用于创建线性渐变对象，有 4 个参数，其中(x1,y1)表示渐变的起点，(x2,y2)表示渐变的终点。例如：

```
var lineargradient = ctx.createLinearGradient(0,0,150,150);
```

（2）createRadialGradient(x1,y1,r1,x2,y2,r2)：该方法用于创建放射性渐变对象，有 6 个参数，其中前 3 个参数定义了一个以(x1,y1)为原点、r1 为半径的圆，后 3 个参数则定义了另一个以(x2,y2)为原点、r2 为半径的圆。例如：

```
var radialgradient = ctx.createRadialGradient(75,75,0,75,75,100);
```

2．为渐变对象设置颜色并指明过渡方式

addColorStop(position, color)：该方法有 2 个参数，分别为偏移量和颜色，position 参数必须是一个 0.0～1.0 的数值，表示渐变中颜色所在的相对位置，例如，0.5 表示颜色会出现在正中间。color 参数必须是一个有效的 CSS 颜色值（如#FFF、rgba(0,0,0,1)等），表示在偏移位置描边或填充时所使用的颜色。

3．在 context 上为填充样式或者描边样式设置渐变

可以将渐变看作颜色沿着一条线进行的缓慢变化。如果为渐变对象提供 A、B 两个点，无论是绘制还是填充，只要是从 A 移动到 B，就都会带来颜色的变化。

假如要建立一个从点(0,0)到点(0,100)的渐变，并指定在 0.0 偏移位置使用白色，在 1.0 偏移位置使用黑色。当使用绘制或者填充的动作从(0,0)画到(0,100)后，就可以看到颜色从白色（起始位置）渐渐转变成黑色（终止位置）。除了可以变换颜色，还可以为颜色设置 alpha 值（透明度），并且 alpha 值是可以变化的。为了达到这样的效果，需要使用颜色值的另一种表示方法，即内置 alpha 组件的 rgba()函数。

【例 13-10】使用 Canvas 实现图形的线性渐变。渐变效果如图 13-10 所示。

```
------------------------------------------【13-10.html 代码清单】------------------------------------------------
<!DOCTYPE html>
<html>
<head>
  <meta charset = "utf-8"><title>图形的线性渐变</title>
</head>
<body>
  <section><header>线性渐变</header>
    <canvas id = "canvas1" width = "400" height = "300"></canvas></section>
  <script type = "text/javascript">
    function draw1(id) {
      var canvas = document.getElementById(id);
      if (canvas = =   null)
        return false;
      var context = canvas.getContext('2d');
      var g1 = context.createLinearGradient(0, 0, 0, 300); // 创建垂直渐变
      g1.addColorStop(0,'rgb(255,255,0)');                 // 上边为黄色
      g1.addColorStop(1,'rgb(0,255,255)');                 // 下边为浅蓝
      context.fillStyle = g1;
      context.fillRect(0, 0, 400, 300);                    // 使用渐变色填充矩形
      var n = 0;
      var g2 = context.createLinearGradient(0, 0, 300, 0); // 创建水平渐变
      g2.addColorStop(0, 'rgba(0,0,255,0.5)');             // 左边为蓝色
      g2.addColorStop(1, 'rgba(255,0,0,0.5)');             // 右边为红色
      /* 循环输出 10 个圆形 */
      for (var i = 0; i < 10; i++) {
        context.beginPath();
        context.fillStyle = g2;
        // 绘制圆形
        context.arc(i * 25, i * 25, i * 10, 0, Math.PI * 2, true);
```

```
            context.closePath();
            context.fill();
        }
    }
  window.addEventListener("load", draw1("canvas1"), true);
  </script>
</body>
</html>
```

Canvas 除了支持本例用到的线性渐变，还支持放射性渐变，所谓放射性渐变，是指颜色在介于两个指定圆间的锥形区域平滑变化。放射性渐变和线性渐变使用的颜色终止点是一样的。

【例 13-11】使用 Canvas 实现图形的放射性渐变。渐变效果如图 13-11 所示。

```
-------------------------------------------【13-11.html 代码清单】-------------------------------------------
<!DOCTYPE html>
<html>
  <meta charset = "utf-8"><title>图形的放射性渐变</title>
  <section><header>放射性渐变</header><canvas id = "canvas" width = "400"
    height = "300"></canvas></section>
  <script type = "text/javascript">
    /* 以同一个圆心绘制圆 */
    function draw2(id) {
      var canvas = document.getElementById(id);
      if (canvas = =   null)
        return false;
      var context = canvas.getContext('2d');
      var g1 = context.createRadialGradient(200, 150, 0, 200, 150, 100);  //创建放射性渐变
      /* 添加颜色 */
      g1.addColorStop(0.1, 'rgb(255,0,0)');
      g1.addColorStop(1, 'rgb(50,0,0)');
      context.fillStyle = g1;
      context.beginPath();
      context.arc(200, 150, 100, 0, Math.PI * 2, true);
      context.closePath();
      context.fill();                                          //使用渐变色填充圆弧
    }
    window.addEventListener("load", draw2("canvas"), true);
  </script>
</html>
```

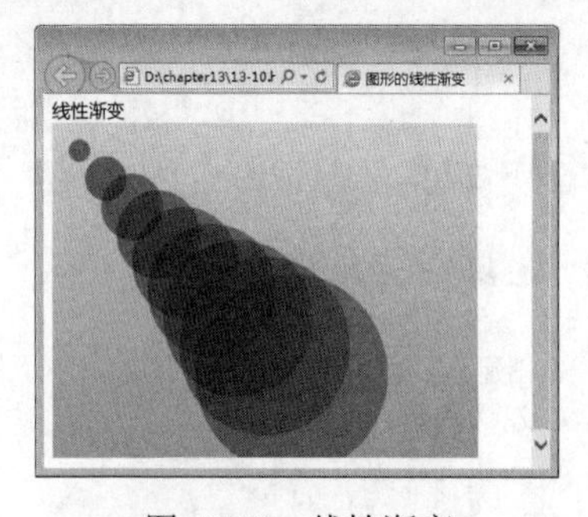

图 13-10　线性渐变

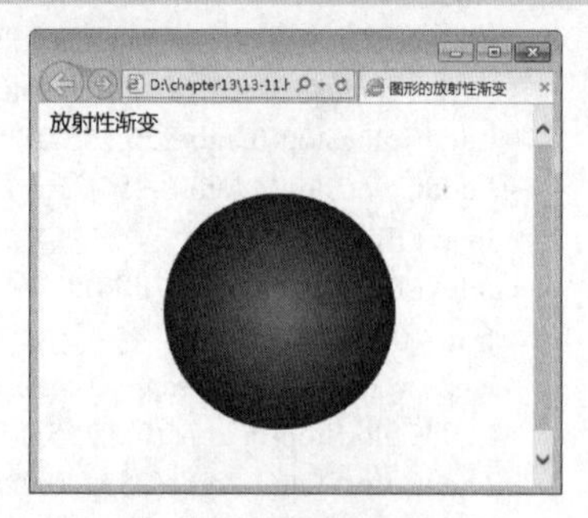

图 13-11　放射性渐变

13.2.9　图形变形

Canvas 可以实现图形的变形，主要包括图形平移、旋转及缩放。

1．状态保存和恢复

在学习图形变形之前，先要了解两个绘制复杂图形必不可少的方法。

（1）context.save()：状态保存，调用该方法后，保存当前 context 的状态、属性。

（2）context.restore()：状态恢复，调用该方法后，恢复已保存的 context 的状态、属性。

save()和 restore()方法是用来保存和恢复 Canvas 状态的，都没有参数。Canvas 的状态就是当前画面应用的所有样式和变形的一个快照。状态是以堆栈（Stack）的方式保存的，每次调用 save()方法后，当前的状态就会被推入堆栈中保存起来。这种状态包括 strokeStyle、fillStyle、globalAlpha、lineWidth、lineCap、lineJoin、miterLimit、shadowOffsetX、shadowOffsetY、shadowBlur、shadowColor、globalCompositeOperation 的值以及当前的裁切路径（Clipping Path），可以任意调用多次 save()方法。每次调用 restore()方法后，最后一个被保存的状态就从堆栈中弹出，所有设定都被恢复。

2．图形平移

变换（Transformation）是在 Canvas 上绘制图形的另一种方式。接下来的例子会在页面上显示两个三角形，其中第二个三角形的绘制用到了平移。在以后的编程中将会用到大量变换操作，这对熟悉 HTML5 Canvas API 的复杂功能是至关重要的。

图形变换可使用 translate(x, y)方法，它用来移动图形到一个不同的位置，该方法有两个参数，参数 x 是左右偏移量，参数 y 是上下偏移量。

【例 13-12】创建一个网页，绘制一个三角形，使用平移在 Canvas 上绘制另一个三角形。

```
---------------------------------------- 【13-12.html 代码清单】 ------------------------------------------------
<!DOCTYPE html>
<html>
  <meta charset = "utf-8"><title>简单三角形平移</title>
  <canvas id = "myCanvas" style = "border:1px solid;"width = "200" height = "200">
  </canvas>
  <script type = "text/javascript">
    function draw() {
      var canvas = document.getElementById('myCanvas');
      var context = canvas.getContext('2d');
      /* 用绝对坐标来创建一条路径，绘制三角形 */
      context.beginPath();
      context.moveTo(75,50);
      context.lineTo(50,75);
      context.lineTo(100,75);
      context.closePath();                    // 关闭路径
      context.stroke();                       // 将三角形绘制到 Canvas 上
      context.save();                         // 保存当前绘图状态
      context.translate(50, 50);              // 向右下方移动绘图上下文
      /*通过平移再绘制一个三角形 */
      context.beginPath();
      context.moveTo(75,50);
      context.lineTo(50,75);
      context.lineTo(100,75);
    context.closePath();
    context.stroke();                         //将三角形绘制到 Canvas 上
      context.restore();
  }
    window.addEventListener("load", draw, true);
```

```
    </script>
    </html>
```

显示效果如图 13-12 所示。

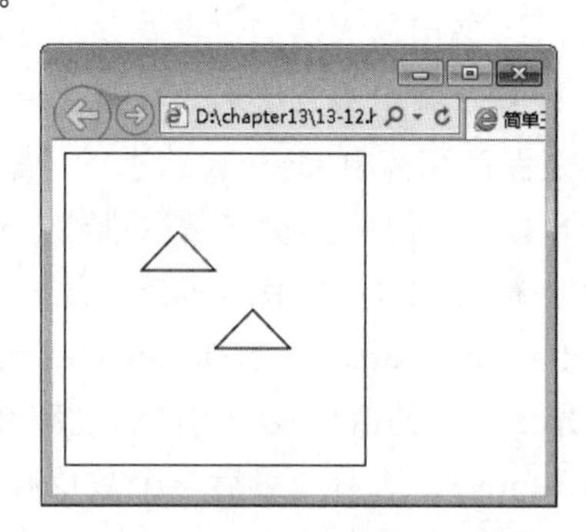

图 13-12　图形的平移变换

在本例中，首先保存尚未修改的 context 状态，以保证即使进行了绘制和变换操作，也可以恢复到初始状态。如果不保存，那么在进行平移和缩放等操作以后，其影响会带到后续的操作中。

然后在 context 中调用 translate()方法。当平移动作发生时，提供的变换坐标会被加到结果坐标（三角形）上，就是将要绘制的对角线移动到新的位置上。不过，三角形呈现在 Canvas 上是在绘制操作结束之后。

应用平移后，就可以使用普通的绘制操作来绘制三角形了。代码中调用了 beginPath()、moveTo()及 lineTo()来绘制三角形。在线条勾画出来之后，通过调用 stroke()方法将其显示在 Canvas 上。

最后，恢复 context 至原始状态，这样后续的 Canvas 操作就不会被刚才的平移操作影响了。本例使用图形的平移功能使新绘制的三角形看起来与前面的一模一样。

3．图形旋转

下面介绍 context.rotate()方法，它用于以原点为中心旋转图形。context.rotate(angle)方法只有一个参数 angle，表示旋转的角度，图形按照顺时针方向，以度为单位进行旋转。旋转的中心点始终是 Canvas 的原点，如果要改变它，可以使用 translate()方法移动原点。

【例 13-13】创建一个网页，绘制一个三角形，通过旋转变换绘制另一个三角形。把【例 13-12】代码中的 context.translate(50, 50);替换为：

```
    context.rotate(Math.PI*0.1);
```

可以实现顺时针把绘图上下文旋转 18 度，页面效果如图 13-13 所示。

4．图形缩放

图形缩放是指通过增减图形在 Canvas 中的像素数目来实现对形状、位图的缩小或放大，使用方法如下。

context.scale(x, y)：该方法有两个参数 x、y，分别是横轴和纵轴的缩放因子，必须是正值。值如果比 1.0 小则表示缩小，如果比 1.0 大则表示放大，值为 1.0 时保持原始大小。

在默认情况下，Canvas 中的 1 个单位就是 1px。如果设置缩放因子的值为 0.5，那么 1 个单位就对应 0.5px，这样绘制出来的形状大小就会是原先的一半。同理，当设置为 2 时，1 个单位就对应变成了 2px，绘制的结果就是图形放大了 2 倍。

【例 13-14】创建一个网页，绘制一个三角形，通过缩放变换绘制另一个三角形。把【例 13-12】

代码中的 context.translate(50, 50);替换为：

```
context.scale(2, 2);    // 使用缩放变换把绘图上下文放大
```

可以实现图形的缩放，页面效果如图 13-14 所示。

在本例中，scale()方法的两个参数 x、y 分别是 2、2，横轴和纵轴的缩放因子的值比 1.0 大，图形放大，1 个单位就对应变成了 2px，绘制的结果是图形放大了 2 倍。

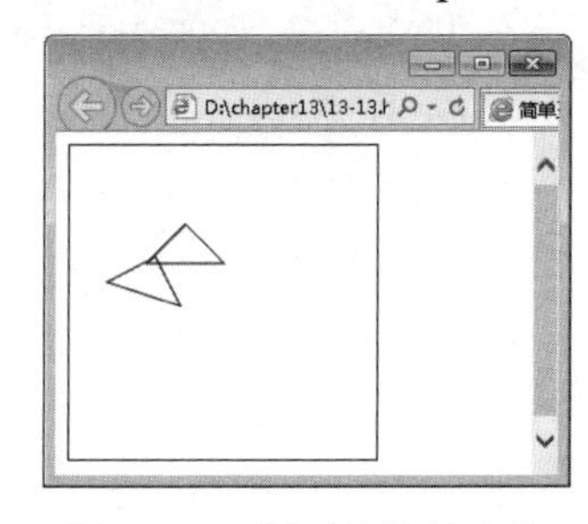

图 13-13　图形的旋转变换

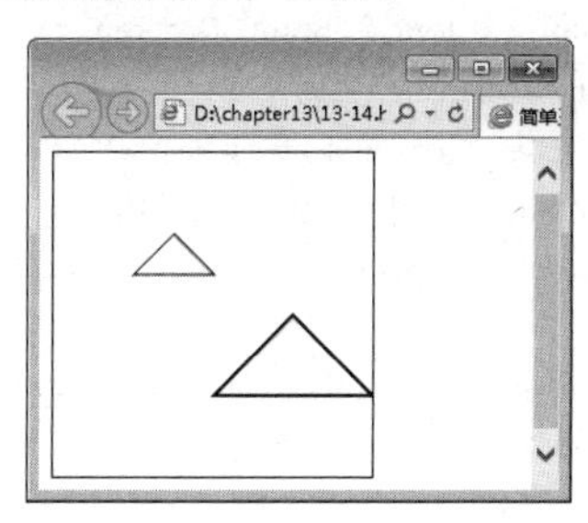

图 13-14　图形的缩放变换

13.2.10　绘制文本

HTML5 Canvas API 具有强大的文本功能。操作 Canvas 文本的方式与操作其他路径对象的方式相同，可以描绘文本轮廓和填充文本。所有能够应用于其他图形的变换和样式都能应用于文本。

context 对象的文本绘制可以使用如下两个方法。

- fillText(text,x, y,maxwidth)：用于填充文本。
- strokeText(text,x,y,maxwidth)：用于绘制文本轮廓。

两个方法的参数完全相同，必选参数包括文本参数（text）以及用于指定文本位置的坐标参数(x,y)。text 表示要绘制的文本，(x,y)为文本起点的坐标，maxwidth 是可选参数，用于限制字体大小，它会将文本字体强制收缩到指定尺寸。可以使用 context.font 属性设置字体样式，context.textAlign 属性设置水平对齐方式（start、end、right、center），context.textBaseline 属性设置垂直对齐方式（top、hanging、middle、alphabetic、ideographic、bottom），以及 context.measureText(text)方法计算字体长度（px），该方法会返回一个度量对象，其中包含了在当前 context 环境下指定文本的实际显示宽度。

【例 13-15】使用 Canvas 绘制文本。

```
------------------------------------------【13-15.html 代码清单】------------------------------------------
<!DOCTYPE html>
<html>
  <meta charset = "utf-8"><title>绘制文本</title>
  <section><header><h1>绘制文本</h1></header>
  <canvas id = "canvas" width = "400" height = "300"></canvas></section>
  <script type = "text/javascript">
    function draw1(id) {
      var canvas = document.getElementById(id);
      if (canvas = =   null)
        return false;
      var context = canvas.getContext("2d");
      context.fillStyle = "#EEEEFF";
      context.fillRect(0,0,400,300);
      context.fillStyle = "#996600";                    // 将文本填充为棕色
```

```
        context.font = "italic 30px sans-serif";        // 字号为30px，字体为sans-serif
        context.textBaseline = 'top';                   // 设置文本对齐方式
        var txt = "fill 绘制文本"                        // 填充字符串
        context.fillText(txt, 0, 0);                    // 绘制文本
        var length = context.measureText(txt);
        context.fillText("长" + length.width + "px", 0, 50);
        context.font = "bolid 30px impact";             // 字号为30px，字体为impact
        txt = "stroke 绘制文本";
        length = context.measureText(txt);
        context.strokeText(txt,0,100);
        context.fillText("长" + length.width + "px", 0, 150);
      }
      window.addEventListener("load", draw1("canvas"), true);
    </script>
  </html>
```

页面效果如图 13-15 所示。

图 13-15　绘制文本

13.2.11　绘制阴影

HTML5 Canvas API 可以使用下面 4 个属性实现阴影效果。

（1）context.shadowOffsetX：表示阴影的横向位移量（默认值为 0）。

（2）context.shadowOffsetY：表示阴影的纵向位移量（默认值为 0）。

shadowOffsetX 和 shadowOffsetY 分别用来设定阴影在 x 轴和 y 轴的延伸距离，不受变换矩阵的影响。如果值为负则表示阴影会往上或往左延伸，值为正则表示会往下或往右延伸。

（3）context.shadowColor：用于设定阴影的颜色，其值可以是标准的 CSS 颜色值，默认是全透明黑色。

（4）context.shadowBlur：表示阴影的模糊范围（值越大越模糊），用于设定阴影的模糊程度，其值并不与像素数量相关，也不受变换矩阵的影响，默认值为 0。

【例 13-16】使用 Canvas 绘制阴影。

```
-------------------------------------------【13-16.html 代码清单】-------------------------------------------
<!DOCTYPE html>
<html>
  <meta charset = "utf-8"><title>绘制阴影</title>
  <section><header><h1>给图像绘制阴影</h1></header>
  <canvas id = "canvas" width = "400" height = "300"></canvas></section>
  <script type = "text/javascript">
    function draw(id) {
      var canvas = document.getElementById(id);
      if (canvas = =   null)
        return false;
      var context = canvas.getContext('2d');
      /* 将阴影向右移动10px，向下移动10px */
      context.shadowOffsetX = 10;
      context.shadowOffsetY = 10;
      /* 设置阴影的颜色，透明度为50% */
      context.shadowColor = 'rgba(100,100,100,0.5)';
      context.shadowBlur = 1.5;           // 轻微模糊阴影
```

```
            context.fillStyle = 'rgba(255,0,0,0.5)';
            context.fillRect(50, 50, 200, 100);
        }
        window.addEventListener("load", draw("canvas"), true);
    </script>
</html>
```

页面效果如图 13-16 所示。

在上述代码中，Canvas 渲染器会自动应用阴影效果，直到恢复 Canvas 状态或者重置阴影属性。由 CSS 生成的阴影只有位置上的变化，无法与变换生成的阴影保持同步。

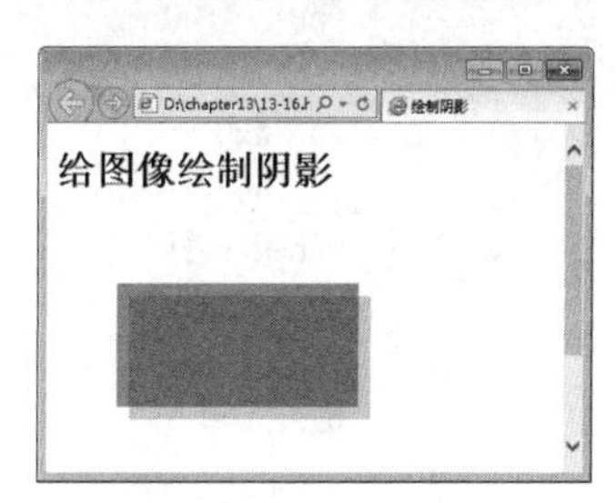

图 13-16　绘制阴影

13.2.12　基本动画

用户可以使用 JavaScript 脚本对 Canvas 对象进行操控，所以在 Canvas 上实现一些交互动画是相当容易的。但 Canvas 不是专门为动画而设计的，难免会有些限制，比如图形一旦绘制出来，就一直保持不变。如果需要移动它，需要对所有对象（包括之前的）进行重绘。

要实现基本动画的一帧，需要执行以下步骤。

（1）清空 Canvas：除非接下来要绘制的内容会完全充满 Canvas（如背景图像），否则需要清空 Canvas 的所有内容。最简单的方法是使用 clearRect()方法。

（2）保存 Canvas 状态：如果要改变 Canvas 状态的设置（样式、变形等），但又要保证在每画一帧之前都是原始状态，这时就需要先保存 Canvas 状态。

（3）绘制动画图形（Animated Shapes）：这一步是重绘动画帧。

（4）恢复 Canvas 状态：前面已经保存了 Canvas 的状态，在重绘下一帧之前，需要先恢复 Canvas 状态。

（5）操控动画（Controlling an animation）：在 Canvas 上绘制内容是用 Canvas 提供的或者用户自定义的方法，通常在脚本执行结束后才能看见结果，比如在 for 循环里面完成动画是不太可能的，需要使用一些可以定时执行重绘的方法。

可以通过 setInterval()和 setTimeout()方法来控制在设定的时间点上执行重绘，格式如下：

```
setInterval(animateShape,500);
setTimeout(animateShape,500);
```

如果不需要任何交互操作，那么用 setInterval()方法定时执行重绘比较合适。在上面的代码里，animateShape()方法每半秒（500 微秒）执行一次。setTimeout()方法会在预设时间点上执行操作。

【例 13-17】使用动画功能在页面中实现移动的方块的效果。

```
-------------------------------------------【13-17.html 代码清单】-----------------------------------------------
<!DOCTYPE html>
<html>
<meta charset = "utf-8"><title>移动的方块</title>
  <section><header><h1>简单动画</h1></header>
  <canvas id = "canvas" width = "400" height = "300"></canvas></section>
  <script type = "text/javascript">
    function draw(id) {
      var canvas = document.getElementById(id);
      if (canvas = =   null)
```

```
            return false;
        var context = canvas.getContext("2d");
        /* 调用 setInterval()方法，定时执行重绘 */
        var interal = setInterval(function (){
            move(context);}, 1);
        }
        var x = 100;                //矩形 x 坐标
        var y = 100;                //矩形 y 坐标
        var mx = 0;                 //值为 0 表示向右，值为 1 表示向左
        var my = 0;                 //值为 0 表示向下，值为 1 表示向上
        var ml = 1;                 //每次移动的长度
        var w = 20;                 //矩形宽度
        var h = 20;                 //矩形高度
        var cw = 400;               //Canvas 宽度
        var ch = 300;               //Canvas 高度
        /* 绘制方块 */
      function move(context) {
        context.clearRect(0, 0, 400, 300);
        context.fillStyle = "#EEEEFF";
        context.fillRect(0, 0, 400, 300);
        context.fillStyle = "red";
        context.fillRect(x, y, w, h);
        /* 判断方块是否到达边缘 */
        if (mx = =   0) {
          x = x + ml;
          if (x > =   cw-w) {
            mx = 1;
          }
        }
        else {
          x = x - ml;
          if (x < =   0) {
            mx = 0;
          }
        }
        if (my = =   0) {
          y = y + ml;
          if (y > =   ch-h) {
            my = 1;
          }
        }
        else {
          y = y - ml;
          if (y < =   0) {
            my = 0;
          }
        }
      }
      window.addEventListener("load", draw("canvas"), true);
  </script>
  </html>
```

页面效果如图 13-17 所示。

图 13-17　简单动画——移动的方块

13.3　HTML5 Canvas 应用

使用 HTML5 Canvas API 可以创建多种应用，如对图形、图表、图片的编辑等，然而最有趣的一个应用是修改或者覆盖已有对象。最流行的覆盖图被称为热点图。热点图听起来是用于度量温度的，而热度图可以用于任何可测量的活动。地图上活跃程度高的部分使用暖色（如红色、黄色或白色）标记，活跃程度低的部分不显示颜色变化，或者显示浅黑色或浅灰色。

热点图可以用于在城市地图上标记交通路况，或者在世界地图上显示风暴的活动情况。在 HTML5 中这些应用都非常容易实现，只需将 Canvas 叠放在地图上显示即可。实际上就是用 Canvas 覆盖地图，然后基于相应的活动数据绘制出不同的热度级别。

下面的例子是使用前面学习过的 HTML5 Canvas API 知识来绘制一个简单的热点图。在这个示例中，热度数据不是来源于外部，而是来源于鼠标指针在地图上的移动情况。鼠标指针移动到某个区域，会使这个区域的“热度”增加，将鼠标指针放在特定区域不动会让该区域的“热度”迅速增长至极限，效果如图 13-18 所示。

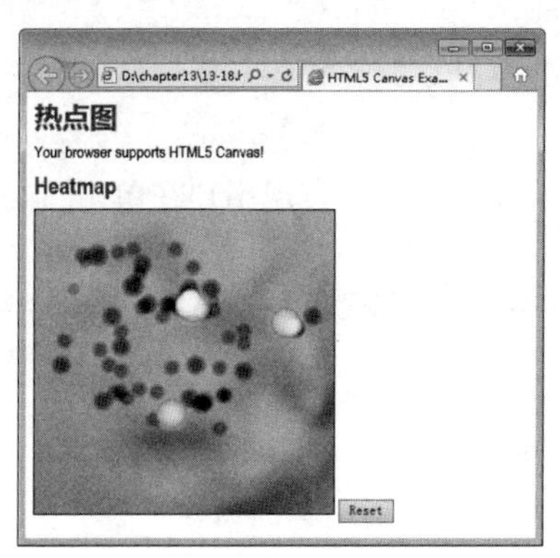

图 13-18　热点图应用

【例 13-18】热点图应用。

图 13-18 是热点图应用的最终效果，下面分析实现代码。

在源代码的 HTML 元素中，包含了标题（热点图）、画布和按钮（“Reset”按钮，用来复位热点图）。Canvas 上显示的背景图片是 mapbg.jpg，通过 CSS 代码应用到 Canvas 中。

```
----------------------------------------------【13-18.html 代码清单】----------------------------------------------
<style type = "text/css">
  #heatmap {
    background-image: url("mapbg.jpg");
  }
```

```
</style>
<h2>热点图 </h2>
<canvas id = "heatmap" class = "clear" style = "border: 1px solid ; " height = "300"        width = "300">
</canvas>
<button id = "resetButton">Reset</button>
```

另外声明了一些变量，然后对其进行了初始化。

```
var points = {};
var SCALE = 3;
var x = -1; var y = -1;
```

为了支持全局绘制操作，为 Canvas 设置一个高透明度值，并且设置为混合模式，让新的绘制操作点亮底层的像素而不是替换它们。

下面设置 addToPoint()函数，在鼠标移动时或者每隔 1/10s 调用它以改变显示效果。

```
----------------------------------------【代码段清单——loadDemo()函数】----------------------------------------
function loadDemo() {
  document.getElementById("resetButton").onclick = reset;
  canvas = document.getElementById("heatmap");
  context = canvas.getContext('2d');
  context.globalAlpha = 0.2;
  context.globalCompositeOperation = "lighter"
function sample() {
  if (x ! =    -1) {
    addToPoint(x,y)
  }
  setTimeout(sample, 100);
}
canvas.onmousemove = function(e) {
  x = e.clientX - e.target.offsetLeft;
  y = e.clientY - e.target.offsetTop;
  addToPoint(x,y);
}
sample(); }
```

使用 Canvas 的 clearRect()方法，就可以实现用户在单击“Reset”按钮时，将整个 Canvas 区域清空并重置回原始状态。

```
----------------------------------------【代码段清单——reset()函数】----------------------------------------
function reset() {
  points = {};
  context.clearRect(0,0,300,300);
  x = -1;
  y = -1;
}
```

然后建立一张颜色查找表，以便在 Canvas 上执行绘制操作时使用。下面代码中列出了颜色亮度由低到高的范围，不同的颜色值会被用来代表不同的热度。intensity 的值越大，返回的颜色越亮。

```
----------------------------------------【代码段清单——getColor()函数】----------------------------------------
function getColor(intensity) {
  var colors = ["#072933", "#2E4045", "#8C593B", "#B2814E", "#FAC268", "#FAD237"];
  return colors[Math.floor(intensity/2)];
}
```

在页面里，只要鼠标指针移过或者悬停在 Canvas 的某个区域，就会有一个点被绘制出来。鼠标指针在特定区域中停留的时间越长，这个点就越大（同时越亮）。如下面的代码所示，使用

context.arc()方法根据特定的半径值绘制圆形，通过传到 getColor()函数中的半径值来判断，半径值越大画出的圆越亮、颜色越热。

```
-----------------------------------------【代码段清单——drawPoint()函数】-----------------------------------------
function drawPoint(x, y, radius) {
  context.fillStyle = getColor(radius);
  radius = Math.sqrt(radius)*6;
  context.beginPath();
  context.arc(x, y, radius, 0, Math.PI*2, true);
  context.closePath();
  context.fill();
}
```

每次鼠标移动或者悬停时都会调用 addToPoint()函数，Canvas 特定点上的热度值会升高并保存下来。下面的代码中显示了最高的热度值是 10。给定像素点的当前热度值一旦被检测到，相应的像素值以及相关的热度、半径值就会被传递到 drawPoint()函数中。

```
-----------------------------------------【代码段清单——addToPoint()函数】-----------------------------------------
function addToPoint(x, y) {
  x = Math.floor(x/SCALE);
  y = Math.floor(y/SCALE);
  if (!points[[x,y]]) {
    points[[x,y]] = 1; } else if (points[[x,y]] =   = 10) {
    return ;   }else {
  points[[x,y]]++;
}
  drawPoint(x*SCALE,y*SCALE, points[[x,y]]);
}
```

代码的最后面，注册了一个 loadDemo()函数，用来在窗口加载完毕时调用。

```
window.addEventListener("load", loadDemo, true);
```

这个例子大概有一百行代码，说明了 HTML5 Canvas API 不用任何插件或者外部技术就可以实现非常高级的功能。在前面的示例中介绍了可以把 Canvas 应用在图片上。另外还可以把 Canvas 应用在整个浏览器窗口或者其中的一部分之上，这种技术通常被称作“玻璃窗”。在 Web 页面中放置玻璃窗后，可以做很多之前意想不到的事情。例如，可以编写函数来获取页面中所有 DOM 对象的绝对位置，然后创建循序渐进的帮助功能，从而引导 Web 应用的用户一步步地学会操作。另外，可以借助 Canvas 玻璃窗并利用鼠标事件让用户在 Web 页面上绘制反馈。在使用此功能时，请注意以下三点。

（1）需要将 Canvas 的 CSS 属性 position 的值设置为 absolute，并且指定 Canvas 的位置、宽度和高度。如果没有明确指定宽度和高度，那么 Canvas 将保持默认尺寸（0px）。

（2）将 Canvas 的 CSS 属性 z-index 的值设置得大一些，使其能够盖在所有显示内容的上面。如果 Canvas 被其他内容覆盖在最下面，就没什么用处了。

（3）设置 Canvas 玻璃窗会阻塞后续的事件访问，因此在不需要时要记得“关窗”。

小结

本章介绍了 HTML5 Canvas API 提供的强大功能，利用 HTML5 Canvas API 可以动态生成和展示图形、图表、图像及动画。利用它可以直接修改 Web 应用的外观，而不必借助各种第三方技术。HTML5 Canvas API 还可以通过自由组合图像、渐变和复杂路径等方式来创建各种效果。需要注意的是，绘制工作通常应以原点为起点，在呈现图像之前要先完成加载。如果能熟练驾驭 Canvas，就能在网页上创建出富有创意的应用。

第 14 章　HTML5 音频和视频技术

HTML5 能够实现音频和视频的播放来丰富网页的内容，增强页面的效果。在 HTML5 中使用新增的<video>标记与<audio>标记分别处理视频数据与音频数据，使用 JavaScript Media API 创建 HTML5 音频和视频的自定义控件来操纵音频和视频的播放。本章主要介绍 HTML5 多媒体应用开发的基础知识，使用 HTML5 标记在 Web 文档中嵌入音频和视频以及如何使用 JavaScript Media API 控制 audio 对象。

14.1　HTML5 音频

在网页中播放声音文件，让用户在浏览器上浏览，现在还没有一个统一的标准。现在大多数音频是通过插件（如 Flash）来播放的，但并不是所有浏览器都拥有同样的插件。HTML5 规定了通过添加<audio>标记来包含音频的标准方法。<audio>标记能够播放声音文件或者音频流，用户可使用 Audio API 创建 HTML5 音频自定义控件来控制音频的播放。

14.1.1　音频格式

目前，大部分浏览器已经支持<audio>标记，IE 浏览器从 IE9 开始支持 MP3 格式的音频文件。现在<audio>标记支持三种音频格式，表 14-1 显示了支持三种音频格式的浏览器版本。

表 14-1　支持三种音频格式的浏览器版本

音 频 格 式	浏览器版本				
	IE9	Firefox 3.5	Opera 10.5	Chrome 3.0	Safari 3.0
Ogg Vorbis		√	√	√	
MP3	√			√	√
Wav		√	√		√

14.1.2　<audio>标记

要实现在 HTML5 中播放音频，需要加入下面的标记：

```
<audio src = "卷珠帘.mp3" controls = "controls" >
</audio>
```

在浏览器的窗口中将显示一个音频播放控件。<audio>标记的 controls 属性的功能是显示“播放”、“暂停”和音量控制按钮。<audio></audio>之间插入的内容是不支持<audio>标记的浏览器显示的内容。

HTML5<audio>标记的属性及其含义如下。

（1）autoplay：如果使用该属性，则音频在就绪后自动播放。

（2）controls：如果使用该属性，则在页面中显示控件，如“播放”按钮。

（3）loop：如果使用该属性，则每当音频结束时重新开始播放。

（4）preload：如果使用该属性，则音频在页面加载时进行加载，并预备播放。如果使用autoplay属性，则忽略该属性。

（5）src：要播放的音频的URL。

【例 14-1】HTML5<audio>标记的应用。

```
------------------------------------------------【14-1.html 代码清单】------------------------------------------------
<!DOCTYPE HTML>
<html>
<head>
  <meta charset = "utf-8"><title>音频播放</title>
</head>
<body>
  <audio src = "卷珠帘.mp3" controls = "controls" autoplay = "autoplay" loop = "loop">
    浏览器不支持 HTML5<audio>标记。
  </audio>
</body>
</html>
```

使用IE浏览器播放的效果如图14-1所示。

图 14-1　使用IE浏览器播放的效果

本例播放了一个MP3文件。autoplay属性表示音频在就绪后自动播放；loop属性表示每当音频结束时重新开始播放；controls属性用于控制是否显示播放控件，去掉该属性可以在网页中加入背景音乐。

在<audio>标记的开始标记与结束标记之间，可以按照顺序逐一列出不同格式的音频文件。如果浏览器无法呈现第一种文件格式，它将试图使用第二种文件格式，依次类推。例如：

```
<!DOCTYPE HTML>
<html><meta charset = "utf-8">
<body>
  <audio controls = "controls">
  <source src = "卷珠帘.mp3" type = "audio/mpeg">
  <source src = "卷珠帘.ogg" type = "audio/ogg">
  浏览器不支持 HTML5<audio>标记。
  </audio>
</body>
</html>
```

上述代码表示<audio>标记有两个<source>标记。<source>标记分别链接"卷珠帘.mp3"与"卷珠帘.ogg"两个不同的音频文件，浏览器将使用第一个可识别的文件格式。

14.1.3　使用 JavaScript 操控 audio 对象

14.1.2节介绍了<audio>标记的属性，在HTML5 DOM中可以使用JavaScript对<audio>标记的属性、方法及事件进行操作。

1. HTML5<audio>标记的属性

Media.error：值为null表示正常。

Media.error.code：值为1表示用户终止，值为2表示网络错误，值为3表示解码错误，值为4表示URL无效或格式不被支持。

Media.currentSrc：返回当前资源的 URL。

Media.src：返回或设置当前资源的 URL。

Media.networkState：读取当前网络状态，值为 0 表示元素处于初始化状态，值为 1 表示网络正常但没有建立网络连接，值为 2 表示正在下载数据，值为 3 表示没有支持的编码格式，不执行加载。

Media.buffered：返回一个对象，该对象用于实现 TimeRanges 接口，确认浏览器是否已缓存媒体数据。

Media.preload：值为 none 表示不预载，值为 metadata 表示预载资源信息，值为 auto 表示加载全部资源信息。

Media.currentTime：当前播放的位置，赋值可改变位置。

Media.startTime：值一般为 0，若不为 0 则表示流媒体或者不从 0 开始的资源。

Media.duration：当前媒体文件的总播放时间。

Media.paused：是否处于暂停状态，返回一个布尔值，true 为是，false 为否。

Media.defaultPlaybackRate：默认的回放速度，可以设置速度值，1.0 表示正常速度，0.5 表示半速（更慢），2.0 表示倍速（更快），-1.0 表示向后，正常速度，-0.5 表示向后，半速。

Media.playbackRate：当前播放速度，设置后播放速度马上改变，值的设置与 defaultPlaybackRate 一样。

Media.played：返回已经播放的时间段。

Media.ended：是否播放完毕，返回一个布尔值，true 为是，false 为否。

Media.seekable：返回请求到的数据的时间段。

Media.seeking：返回一个布尔值，表示浏览器是否正在请求特定播放位置的数据。

Media.autoPlay：是否在就绪后立即播放。

Media.loop：是否循环播放。

Media.controls：是否显示控件，如“播放”按钮。

Media.volume：设置音量大小，值的范围为 0.0～1.0。

Media.muted：设置是否静音。

2．HTML5<audio>标记的方法

Media.play()：播放音频。

Media.pause()：暂停播放音频。

Media.canPlayType(type)：是否能播放某种格式的资源。

Media.load()：重新加载 src 指定的资源。

3．HTML5<audio>标记的事件

loadstart：客户端开始请求数据。

progress：客户端正在请求数据。

suspend：客户端非主动获取媒介数据，但没有加载完整的媒介资源。

abort：因为有错误发生，客户端主动终止下载。

error：请求数据时遇到错误。

stalled：获取媒介数据异常，网络失速。

play：play()和 autoplay 开始播放时触发。

pause：调用 pause()方法时触发。

loadedmetadata：成功获取资源时长和尺寸。

loadeddata：已加载当前播放位置的数据。

waiting：等待数据，并非错误。

playing：开始播放。

canplay：可以播放，但中途可能因为加载而暂停。

canplaythrough：可以播放，歌曲全部加载完毕。

seeking：正在请求数据（seeking 属性值为 true）。

seeked：停止请求数据（seeking 属性值为 false）。

timeupdate：当前播放位置（currentTime 属性）发生改变。

ended：播放由于媒介结束而停止。

ratechange：默认播放速率（defaultPlaybackRate 属性）或播放速率（playbackRate 属性）发生改变。

durationchange：资源长度（duration 属性）发生改变。

volumechange：音量（volume 属性）发生改变或静音（muted 属性）。

对<audio>标记进行操作时首先要获取 audio 对象；然后对获取的 audio 对象进行属性、方法和事件的操作。例如，document.getElementById("audio1").play();表示播放 audio 对象中指定的音频。

在<audio>标记中，controls 属性表示是否显示控件，如果<audio>标记不包含 controls 属性，则 Audio 播放器将不会呈现在页面上。在这种情况下，用户无法使用标准控件来启动音频播放。在不呈现 Audio 播放器的情况下，可以通过 JavaScript 调用 audio 对象的 play()方法启动音频播放。下面的例子将启动音频播放的方法放在页面的 onload 事件中。

【例 14-2】隐藏 HTML5 Audio 播放器。

```
------------------------------------------【14-2.html 代码清单】------------------------------------------------
<!DOCTYPE HTML>
<html>
<head>
  <meta charset = "utf-8"><title>隐藏 Audio 播放器</title>
  <script type = "text/javascript">
    function playmusic() {
      document.getElementById("audio1").play();
    }
  </script>
</head>
<body onload = "playmusic();">
  <audio src = "卷珠帘.mp3" id = "audio1">
    浏览器不支持 HTML5 <audio>标记。
  </audio>
  <div style = "margin-left:40px;">
  <h3>Audio 播放器被隐藏</h3>
  <br><br>
</body>
```

上述代码在<audio>标记中移除了 controls 属性，在页面加载时调用 playmusic()函数，在该函数中，调用了<audio>标记的 play()方法。当用户在浏览器中打开该页面时，页面将自动播放指定的音频文件。

页面播放效果如图 14-2 所示。

图 14-2　页面播放效果

14.1.4　HTML5 audio 对象示例

下面通过制作一个带进度条的音频播放器来说明 JavaScript 是如何调用<audio>标记的事件来控制音频播放的。通过前面的内容我们了解到使用 JavaScript 调用 Audio API 能够管理音频的播放和暂停操作，而且可以进一步控制播放进程等。

此例将通过 JavaScript 调用 Audio API 来实现对页面的按钮控件及 Canvas 标记的事件的处理，实现带进度条的音频播放功能。

【例 14-3】制作带进度条的音频播放器并实现 API 控制。

```
--------------------------------------------【14-3.html 代码清单】--------------------------------------------------
<!DOCTYPE html>
<html>
<head>
  <meta charset="utf-8">
  <title>通过进度条控制播放进度</title>
  <style id="inlinecss" type="text/css">
    /* 设置 Canvas 元素样式 */
    #canvas {
      margin-top:10px;
      border-style:solid;
      border-width:1px;
      padding:3px;
    }
  </style>
  <script type="text/javascript">
    var currentFile = "";        // 存放播放文件的全局变量
    /* 更新进度条 */
    function progressBar() {
      var oAudio = document.getElementById('myaudio');
      var elapsedTime = Math.round(oAudio.currentTime);   /* 取得进度条的当前进度 */
      if (canvas.getContext) {
        var ctx = canvas.getContext("2d");
        ctx.clearRect(0, 0, canvas.clientWidth, canvas.clientHeight);
        ctx.fillStyle = "rgb(255,0,0)";
        var fWidth = (elapsedTime / oAudio.duration) * (canvas.clientWidth);
        if (fWidth > 0) {
          ctx.fillRect(0, 0, fWidth, canvas.clientHeight);
        }
      }
    }
    /* 音频的播放与暂停 */
    function playAudio() {
      try {
        var oAudio = document.getElementById('myaudio');
        var btn = document.getElementById('play');
```

```
            var audioURL = document.getElementById('audiofile');
            /* 判断是否需要重新加载文件 */
            if (audioURL.value !== currentFile) {
                oAudio.src = audioURL.value;
                currentFile = audioURL.value;
            }
            /* 检查“播放”按钮的状态 */
            if (oAudio.paused) {
                oAudio.play();
                btn.textContent = "Pause";
            }
            else {
                oAudio.pause();
                btn.textContent = "Play";
            }
        }
        catch (e) {
            if (window.console && console.error("Error:" + e));
        }
    }
    /* 播放进度快退 30s */
    function rewindAudio() {
    try {
        var oAudio = document.getElementById('myaudio');
        oAudio.currentTime -= 30.0;
    }
    catch (e) {
        if (window.console && console.error("Error:" + e));
    }
    }
    /* 播放进度快进 30s */
    function forwardAudio() {
        try {
            var oAudio = document.getElementById('myaudio');
            oAudio.currentTime += 30.0;
        }
        catch (e) {
        if (window.console && console.error("Error:" + e));
    }
}
    /* 重新播放音频文件 */
    function restartAudio() {
        try {
            var oAudio = document.getElementById('myaudio');
            oAudio.currentTime = 0;
        }
        catch (e) {
            if (window.console && console.error("Error:" + e));
        }
    }
    /* 添加事件 */
    function initEvents() {
        var canvas = document.getElementById('canvas');
```

```
      var oAudio = document.getElementById('myaudio');
      /* “播放”按钮事件 */
    oAudio.addEventListener("playing", function() {
      document.getElementById("play").textContent = "Pause";
      }, true);
    /* “暂停”按钮事件 */
    oAudio.addEventListener("pause", function() {
      document.getElementById("play").textContent = "Play";
      }, true);
    /* 拖曳进度条事件 */
    oAudio.addEventListener("timeupdate", progressBar, true);
    /* 单击进度条事件 */
    canvas.addEventListener("click", function(e) {
      var oAudio = document.getElementById('myaudio');
      var canvas = document.getElementById('canvas');
      if (!e) {
        e = window.event;
      }
      try {
        /* 按照鼠标单击进度条的位置计算播放进度 */
        oAudio.currentTime = oAudio.duration * (e.offsetX / canvas.clientWidth);
      }
      catch (err) {
        if (window.console && console.error("Error:" + err));
      }
     }, true);
   window.addEventListener("DOMContentLoaded", initEvents, false);
  </script>
</head>
<body>
  <h3>带进度条的音频播放器</h3>
  <p>
  <input type="text" id="audiofile" size="80" value="卷珠帘.mp3" />
  </p>
  <audio id="myaudio">
    浏览器不支持 HTML5<audio>标记。
  </audio>
  <p>
  <button id="play" onclick="playAudio();" disabled>播放</button>
  <button id="rewind" onclick="rewindAudio();" disabled>后退</button>
  <button id="forward" onclick="forwardAudio();" disabled>快进</button>
  <button id="restart" onclick="restartAudio();" disabled>重新播放</button>
  </p>
  <p>
  <canvas id="canvas" width="500" height="20">
    浏览器不支持 HTML5 Canvas。
  </canvas>
  </p>
  <script type="text/javascript">
    if (window.HTMLAudioElement) {
      document.getElementById("play").disabled = false;
      document.getElementById("rewind").disabled = false;
```

```
            document.getElementById("forward").disabled = false;
            document.getElementById("restart").disabled = false;
        }
    </script>
</body>
</html>
```

在浏览器中的显示效果如图 14-3 所示。

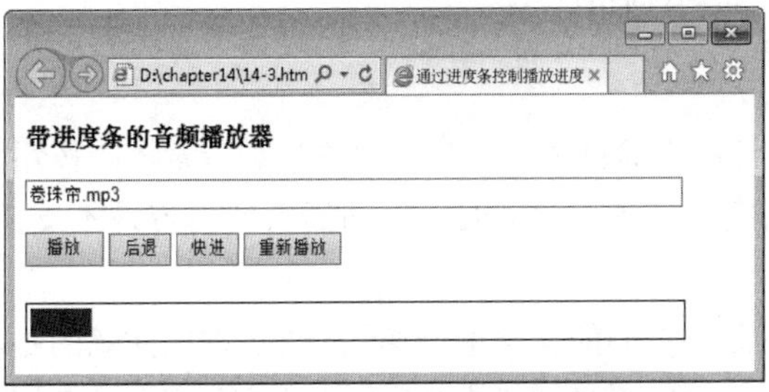

图 14-3　带进度条的音频播放器

在本例的 HTML 部分，为 audio 对象指定 id="audiofile" 和源文件"卷珠帘.mp3"。定义 id="play" 的按钮和触发 playAudio() 的 JavaScript 函数的 onclick 事件。

在 JavaScript 脚本中，使用 document.getElementById()返回 audio 对象。play()和 pause()方法用于控制音频播放。button 对象可以在“播放”和“暂停”之间切换按钮标签，具体情况取决于 audio 对象的 paused 属性的状态。每次调用 playAudio()函数时都会检查该状态。如果音频文件正在播放，则 paused 属性返回 false，并且调用 pause() 方法来暂停播放，按钮标签设置为“播放”。

如果音频文件已暂停播放，则 paused 属性返回 true，并且调用 play() 方法，按钮标签更新为“暂停”。第一次加载音频文件时，即使尚未显式调用 pause() 方法，paused 属性也返回 true。

当音频文件正在播放时，currentTime 属性会跟踪当前播放的音频在音频剪辑中的位置。通过更改 currentTime 的值，可以快进、快退或重新播放音频文件。示例中包括三个调用 rewindAudio()、forwardAudio()和 restartAudio()函数的按钮。rewindAudio()和 forwardAudio()函数将 currentTime 的值减少或增加 30s。开发者可以将增量值更改为更大或更小的跳跃幅度。在 restartAudio()函数中，将 currentTime 的值设置为“0”，表示文件的开头。

14.2　HTML5 视频

现在在网页上显示视频的标准还不统一。大多数视频是通过插件（如 Flash）来显示的。然而，并非所有浏览器都拥有同样的插件。HTML5 规定了一种通过<video>标记来包含视频的标准方法。

14.2.1　视频格式

目前，大部分浏览器已经支持<video>标记，IE 浏览器从 IE9 开始支持 MPEG4 格式的视频文件。<video>标记支持三种视频格式，表 14-2 显示了支持三种视频格式的浏览器版本。

表 14-2　支持三种视频格式的浏览器版本

视 频 格 式	浏览器版本				
	IE	Firefox	Opera	Chrome	Safari
Ogg	No	3.5+	10.5+	5.0+	No
MPEG4	9.0+	No	No	5.0+	3.0+
WebM	No	4.0+	10.6+	6.0+	No

Ogg 为带有 Theora 视频编码和 Vorbis 音频编码的文件。

MPEG4 为带有 H.264 视频编码和 AAC 音频编码的文件。

WebM 为带有 VP8 视频编码和 Vorbis 音频编码的文件。

14.2.2 <video>标记

要实现在 HTML5 中播放视频，需要加入下面的标记：

```
<video src = "bear.mp4" width = "320" height = "240" controls = "controls">
</video>
```

页面将显示一个视频播放控件。controls 属性用于提供“播放”、“暂停”和音量控制按钮。width 和 height 属性用于指定视频的宽度和高度。<video></video>之间插入的内容是不支持<video>标记的浏览器显示的内容。

HTML5 <video>标记可以使用如下属性，下面对它们的含义进行详细介绍。需要注意的是，在所有属性中，只有 width 和 height 属性是立即可用的，其他属性在视频的元数据加载后才可用。

（1）source 属性。

source 属性用于给视频标记指定多个可选择的文件地址，且只能在媒体标记没有使用 src 属性时使用。浏览器按<source>标记的顺序检测标记指定的视频是否能够播放（可能是视频格式不支持、视频不存在等），如果不能播放，则换下一个。此方法多用于兼容不同浏览器的情况。<source>标记本身不代表任何含义，不能单独出现。此标记包含 src、type、media 三个属性。

- src 属性：用于指定媒体的地址。
- type 属性：用于说明 src 属性指定媒体的类型，帮助浏览器在获取媒体前判断是否支持此类型的媒体。
- media 属性：用于说明媒体在何种媒介中使用，默认值为 all，表示支持所有媒介。

（2）preload 属性。

preload 属性用于定义视频是否预加载。该属性有三个可选择的值：none、metadata、auto。如果不使用此属性，则默认为 auto。

- none：不进行预加载。使用此属性值，表示页面制作者认为用户不期望看到此视频，或者希望减少 HTTP 请求。
- metadata：部分预加载。使用此属性值，表示页面制作者认为用户不期望看到此视频，但为用户提供了一些元数据。
- auto：全部预加载。

（3）src 属性和 poster 属性。

src 属性用于指定视频的地址；而 poster 属性用于指定一张图片，在当前视频数据无效时显示（预览图）。视频数据无效可能是视频正在加载，也可能是视频地址错误等。

（4）loop 属性。

loop 属性用于指定视频是否循环播放，是一个布尔属性。

（5）autoplay 属性。

autoplay 属性用于设置视频是否自动播放，是一个布尔属性。当<video>标记使用该属性时，表示自动播放，不使用该属性则表示不自动播放。需要注意的是，HTML 中布尔属性的值不是 true 和 false。正确的用法是，在标记中使用此属性表示 true，此时属性没有值，或者其值恒等于它的名字（此处，自动播放为<video autoplay/>或者< video autoplay = "autoplay" />）；而在标记中不使用此属性则表示 false（此处，不进行自动播放为<video/>）。

（6）width 属性和 height 属性。

width 属性和 height 属性用于指定视频的宽度和高度。

（7）controls 属性。

controls 属性用于向浏览器指明页面没有使用脚本生成播放控制器，需要浏览器启用本身的播放控制栏。控制栏包括播放/暂停控制、播放进度控制、音量控制等。

【例 14-4】HTML5 <video>标记的应用。

```
---------------------------------------------【14-4.html 代码清单】------------------------------------------------
<!DOCTYPE HTML>
<html>
<body>
  <video src = "bear.mp4" width = "320" height = "240" controls = "controls"
   autoplay = "autoplay" loop = "loop" poster="novideo.jpg">
     浏览器不支持 HTML5<video>标记。
  </video>
</body>
</html>
```

页面播放效果如图 14-4 所示。

图 14-4　视频播放

上面的例子使用 IE 浏览器播放了一个 MPEG4 文件，视频就绪后马上播放，并且每当视频结束后重新开始播放。<video>标记允许有多个<source>标记。<source>标记可以链接不同的视频文件。例如：

```
<!DOCTYPE HTML>
<html><meta charset = "utf-8">
<head>
<title>视频播放</title>
</head>
<body>
  <video width = "320" height = "240" controls = "controls">
    <source src = "bear.ogg" type = "video/ogg">
    <source src = "bear.mp4" type = "video/mp4">
      浏览器不支持 HTML5<video>标记。
  </video>
 </body>
```

上述代码表示<video>标记有两个<source>标记。<source>标记分别链接“bear.ogg”与“bear.mp4”两个不同的视频文件，浏览器将使用第一个可识别的文件格式。

小结

本章介绍了 HTML5 中新增的两个标记，即<video>标记与<audio>标记，可以使用它们分别处理视频数据与音频数据。通过<audio>标记和<video>标记可以向网页添加音频和视频，而无须使用外部控件或程序。<audio>标记能够播放声音文件或者音频流，<video>标记能够播放视频文件或者视频流。若要对加载的音频文件及视频文件拥有更多的控制，可将<audio>、<video>标记与 JavaScript 结合使用。

反侵权盗版声明

举报电话：（010）88254396；（010）88258888

传　　真：（010）88254397

E-mail：dbqq@phei.com.cn

通信地址：北京市万寿路 173 信箱

电子工业出版社总编办公室

邮　　编：100036